功能电介质
原理与应用

李 琦 编著

清华大学出版社
北京

内 容 简 介

本书全面阐述了功能电介质的基本原理、材料体系以及典型应用。全书共 11 章，第 1 章概述了电介质的相关基本概念和经典理论，后续章节按照功能电介质的种类分为：铁电材料、压电材料、热释电材料、介电弹性体、纳米复合电介质材料和智能响应电介质材料等。

本书内容兼顾理论深度与实践价值，不仅可作为高等院校工程学科领域需要学习材料学或电介质物理学的本科生或研究生的教学用书，也可供从事功能电介质研究的科研人员参考使用。

版权所有，侵权必究。举报：010-62782989，beiqinquan@tup.tsinghua.edu.cn。

图书在版编目（CIP）数据

功能电介质原理与应用 / 李琦编著. -- 北京：清华大学出版社，2025.3.
ISBN 978-7-302-68338-4

Ⅰ. O48

中国国家版本馆 CIP 数据核字第 2025NH0421 号

责任编辑：王　欣　赵从棉
封面设计：常雪影
责任校对：赵丽敏
责任印制：宋　林

出版发行：清华大学出版社
网　　址：https://www.tup.com.cn，https://www.wqxuetang.com
地　　址：北京清华大学学研大厦 A 座　　邮　　编：100084
社 总 机：010-83470000　　邮　　购：010-62786544
投稿与读者服务：010-62776969，c-service@tup.tsinghua.edu.cn
质量反馈：010-62772015，zhiliang@tup.tsinghua.edu.cn
印 装 者：大厂回族自治县彩虹印刷有限公司
经　　销：全国新华书店
开　　本：185mm×260mm　　印　张：18.5　　字　数：445 千字
版　　次：2025 年 3 月第 1 版　　印　次：2025 年 3 月第 1 次印刷
定　　价：68.00 元

产品编号：109938-01

前言

电介质材料是电子器件和电力装备中不可或缺的基础材料,涉及从能源到国防、从工业到民用的广泛领域。器件和装备的功能性、高效性、稳定性和可靠性归根结底取决于其内部使用的材料种类及性能。传统电介质材料一般可用于电子器件封装、电力设备绝缘等,其优良的电、热、机械性能是保障器件和装备安全可靠运行的重要基础;电介质材料也可用于基础电子元器件中,例如薄膜电容器,在换流阀、逆变器等核心电能转换装备中,电容器是仅次于绝缘栅双极晶体管等功率半导体器件的核心电力元件。

近年来,随着新型电力系统的提出与加速建设,智能、清洁、安全、高效等已成为电网的主要发展目标。提高电力设备的可靠性和使用寿命是当前的研究重点。为应对电力设备实际运行中的潜在风险,提出构建智能电网感知系统,通过安装振动、超声、温度等传感器,实时采集并处理现场信息,实现对电网及设备运行状态的在线监测与防护。若进一步将环境中的机械能、热能等能量进行有效收集并转换为电能,实现监测元件的自供电,则可保证传感器的长期自主稳定工作,提高电网安全性。从另一角度,实现电力设备本身对损伤的主动规避、预警与修复同样对保证电网的可靠供电有着重要意义。而上述发展趋势下的一系列变革与挑战,无不对电力装备与电子器件中使用的电介质材料提出了更高的要求。

功能电介质,如铁电材料、压电材料、热释电材料、介电弹性体、纳米复合材料等,可实现光、电、热、磁、力等不同形式能量的交互与转换或能对光、电、热、磁、力等外部激励产生响应。这些特性使其不只局限于用作传统绝缘介质,而且在能量收集与转换、传感、致动、制冷等领域都具有广泛的应用潜力。此外,仿照生命系统设计的智能响应介电材料(自适应、自诊断、自修复材料)能够有效避免、诊断或修复电气或机械损伤,提高电力设备本身的可靠性和耐用性,进而大幅降低电力系统灾难性故障发生的风险。

目前,工程学科相关课程使用的教材在对电介质的阐述部分,基本聚焦在传统电介质极化、损耗、击穿等性能,主要关注材料在绝缘方面的应用。为了适应工程学科及对应行业的发展要求,需及时完善和补充功能电介质的专业教材。在此背景下,本书系统介绍了铁电材料、压电材料、热释电材料、介电弹性体、纳米复合电介质材料、智能响应材料等功能性电介质知识体系,涵盖基本原理、材料体系、典型应用等多个方面。全书共 11 章,第 1 章简述电介质的相关基本概念和经典理论，第2、3、4章为铁电材料部分，第5、6章为压电材料部分，第7、8章为热释电材料部分，第9章为介电弹性体部分，第10章为介电聚合物纳米复合材料部分，第11章为智能响应介电绝缘材料部分。书中行文力图深入浅出，每种功能材料均先从物理/化学理论基础、材料种类进行概述，随后介绍其发展现状，并最终落脚于其具体应用场景。

本书主要面向高等院校工程学科领域无材料学、电介质物理学理论基础或基础较薄弱的本科生，可帮助初学者建立对功能电介质领域的全面认知体系，并了解当前该领域的前沿研究现状和应用前景。因此，书中的理论部分在沿用相关经典教材（如《电介质物理学（第二版）》）（殷之文主编）和"*Dielectric Phenomena in Solids：with Emphasis on Physical Concepts of Electronic Processes*"（Kwan Chi Kao））结构框架的基础上，又根据本书的读者群体进行了调整和补充。此外，本书在介绍功能电介质具体应用的过程中更多地选用了近年来最新的研究进展，因此也可作为从事功能电介质相关工作的研究生和科研人员的参考读物。在此，对相关教材和文献的作者一并表达诚挚的谢意！

功能电介质领域涉及面广泛，近年来发展十分迅速，新的研究成果不断涌现。由于作者水平有限，时间仓促，书中难免存在错误和疏漏之处，恳请读者提出宝贵意见。

李 琦

2024年11月于清华园

目录

第1章 电介质理论基础 ································· 1
  1.1 介电现象的发展历史和基本概念 ···················· 1
    1.1.1 介电现象 ································· 1
    1.1.2 电介质的基本特性 ························· 2
  1.2 静电场中的电极化 ································ 2
    1.2.1 极化强度 ································· 2
    1.2.2 介电常数 ································· 5
  1.3 电极化的机理 ···································· 7
    1.3.1 电子极化 ································· 7
    1.3.2 离子极化 ································· 8
    1.3.3 偶极极化 ································· 8
    1.3.4 空间电荷极化 ····························· 9
    1.3.5 电介质材料分类 ··························· 9
    1.3.6 各种极化的对比 ·························· 10
  1.4 局域场 ··· 10
    1.4.1 非极性材料的局域场 ······················ 10
    1.4.2 克劳修斯-莫索提方程 ···················· 12
  1.5 时变电场下的介电响应 ··························· 12
    1.5.1 复介电常数 ····························· 12
    1.5.2 时变电场下的电极化 ······················ 13
  1.6 介电弛豫现象 ··································· 16
    1.6.1 弛豫时间近似方法 ························ 17
    1.6.2 德拜弛豫模型 ···························· 17
    1.6.3 Cole-Cole图 ···························· 19
    1.6.4 双势阱弛豫模型 ·························· 20

习题 ·· 21
第2章　铁电现象及特性 ·· 23
　2.1　铁电体的发现 ·· 23
　2.2　铁电体的结构特征 ·· 24
　　2.2.1　晶体结构基础 ·· 24
　　2.2.2　铁电畴的结构特点 ·· 27
　2.3　铁电体的极化特性 ·· 29
　　2.3.1　铁电畴的极化反转 ·· 29
　　2.3.2　铁电体的电滞回线 ·· 30
　　2.3.3　缺陷对极化的影响 ·· 32
　2.4　铁电相变 ·· 33
　　2.4.1　相变基础 ·· 33
　　2.4.2　铁电相变的基本特征 ·· 35
　　2.4.3　铁电相变的热力学方法 ··· 37
　　2.4.4　弛豫铁电体 ··· 41
　　2.4.5　诱导铁电相变 ·· 42
　　2.4.6　反铁电体 ·· 44
　　习题 ·· 46
　　参考文献 ·· 46
第3章　铁电材料 ·· 48
　3.1　铁电材料分类 ·· 48
　　3.1.1　铁电晶体 ·· 48
　　3.1.2　铁电液晶 ·· 52
　　3.1.3　铁电高分子 ··· 52
　3.2　钛酸钡基铁电晶体 ·· 53
　　3.2.1　钛酸钡 ··· 53
　　3.2.2　掺杂钛酸钡 ··· 54
　3.3　锆酸铅基反铁电晶体 ··· 56
　　3.3.1　锆钛酸铅 ·· 56
　　3.3.2　锆酸铅 ··· 57
　　3.3.3　掺杂锆酸铅 ··· 59
　3.4　铌镁酸铅基弛豫铁电晶体 ·· 62
　　3.4.1　铌镁酸铅 ·· 62
　　3.4.2　铌镁酸铅-钛酸铅 ·· 63
　3.5　聚偏氟乙烯 ··· 64
　　3.5.1　聚偏氟乙烯的链结构 ·· 65
　　3.5.2　聚偏氟乙烯的聚集态结构 ·· 66
　　3.5.3　铁电相聚偏氟乙烯的制备 ·· 68
　3.6　聚偏氟乙烯的二元共聚物 ·· 69

目录

   3.6.1 偏氟乙烯-三氟乙烯共聚物 ... 70
   3.6.2 偏氟乙烯-三氟氯乙烯共聚物 ... 72
   3.6.3 偏氟乙烯-六氟丙烯共聚物 ... 73
 3.7 聚偏氟乙烯的三元共聚物 ... 73
 3.8 聚偏氟乙烯的接枝共聚物 ... 77
 3.9 交联聚偏氟乙烯 ... 79
 习题 ... 80
 参考文献 ... 80

第4章 铁电材料的应用 ... 83
 4.1 热自稳定非线性介质元件 ... 83
 4.2 铁电存储器 ... 84
 4.3 高能电脉冲发生器 ... 85
 4.4 电介质电容器 ... 87
   4.4.1 多层陶瓷电容器 ... 88
   4.4.2 薄膜电容器 ... 90
 习题 ... 100
 参考文献 ... 100

第5章 压电效应 ... 102
 5.1 压电原理 ... 102
   5.1.1 压电产生机理 ... 103
   5.1.2 蝴蝶曲线 ... 104
   5.1.3 电致伸缩效应 ... 105
 5.2 压电系数 ... 105
 5.3 压电陶瓷 ... 108
   5.3.1 PZT 压电陶瓷 ... 108
   5.3.2 弛豫铁电体-铁电体压电陶瓷 ... 109
   5.3.3 无铅压电陶瓷 ... 112
 5.4 单晶压电体 ... 113
 5.5 压电聚合物 ... 116
   5.5.1 PVDF 及其共聚物 ... 116
   5.5.2 PVDF 压电性的来源 ... 118
   5.5.3 生物大分子的压电性 ... 122
 习题 ... 123
 参考文献 ... 124

第6章 压电材料的应用 ... 125
 6.1 压电超声换能器 ... 125
 6.2 压电传感器 ... 129
 6.3 压电致动器 ... 131
 6.4 压电发电装置 ... 134

6.5　压电声电元件 ··· 142
　　6.6　其他应用 ··· 144
　习题 ··· 147
　参考文献 ··· 147

第7章　热释电效应 ··· 150
　7.1　热释电原理 ·· 150
　　7.1.1　热释电系数 ·· 151
　　7.1.2　热释电系数的测量 ·· 153
　7.2　热释电材料 ·· 154
　　7.2.1　有机小分子热释电材料 ·· 154
　　7.2.2　无机晶体热释电材料 ··· 154
　　7.2.3　有机聚合物热释电材料 ·· 159
　7.3　热释电的逆效应——电卡效应 ··· 159
　7.4　电卡材料 ··· 163
　习题 ··· 167
　参考文献 ··· 167

第8章　热释电与电卡材料的应用 ··· 169
　8.1　热释电传感 ·· 169
　　8.1.1　热释电辐射探测器 ·· 169
　　8.1.2　热释电红外热像仪 ·· 172
　8.2　热释电能量收集 ·· 175
　　8.2.1　热释电能量收集原理与循环模式 ··································· 175
　　8.2.2　热释电能量收集器件 ··· 181
　8.3　电卡制冷 ··· 184
　　8.3.1　电卡制冷原理与循环模式 ··· 184
　　8.3.2　电卡制冷器件 ·· 187
　习题 ··· 192
　参考文献 ··· 193

第9章　介电弹性体的特性及应用 ··· 195
　9.1　弹性体的定义 ··· 195
　9.2　弹性体的结构特点 ··· 196
　9.3　典型的介电弹性体材料 ··· 199
　　9.3.1　天然橡胶 ·· 199
　　9.3.2　硅橡胶 ··· 200
　　9.3.3　丙烯酸酯弹性体 ··· 201
　9.4　介电弹性体传感器 ··· 201
　9.5　介电弹性体电能收集 ·· 205
　9.6　介电弹性体致动器 ··· 207
　习题 ··· 211

参考文献 ··· 212

第 10 章　介电聚合物纳米复合材料 ·· 214
10.1　介电聚合物纳米复合材料简述 ·· 214
10.2　聚合物/纳米粒子的界面理论 ··· 215
10.3　基于宏观体系的界面表征 ··· 218
　　10.3.1　界面组成结构研究 ·· 218
　　10.3.2　界面动力学研究 ··· 222
　　10.3.3　界面电荷输运研究 ·· 228
10.4　基于原位微区的界面表征 ··· 228
　　10.4.1　界面微区的电极化 ·· 229
　　10.4.2　界面微区的电荷特性 ··· 235
　　10.4.3　界面微区的化学结构分析 ·· 238
10.5　介电聚合物纳米复合材料的应用 ·· 240
　　10.5.1　电介质电容器 ·· 240
　　10.5.2　压电能量收集 ·· 242
　　10.5.3　热释电能量收集与电卡制冷 ·· 244
习题 ·· 247
参考文献 ··· 248

第 11 章　智能响应介电绝缘材料 ··· 255
11.1　智能响应介电绝缘材料研究背景 ·· 255
11.2　自适应电介质材料 ·· 256
　　11.2.1　传统均压技术 ·· 257
　　11.2.2　自适应电介质材料设计 ·· 258
　　11.2.3　自适应电介质材料性能及应用 ··· 261
11.3　自诊断电介质材料 ·· 263
　　11.3.1　传统绝缘材料老化监测技术 ·· 264
　　11.3.2　自诊断电介质材料设计 ·· 266
　　11.3.3　自诊断效果及应用 ·· 270
11.4　自修复电介质材料 ·· 273
　　11.4.1　自修复电介质材料研究背景 ·· 273
　　11.4.2　自修复电介质材料设计 ·· 276
　　11.4.3　自修复效果及应用 ·· 278
习题 ·· 281
参考文献 ··· 281

第 1 章　电介质理论基础

电介质是指在电场作用下可产生电极化的一切物质,通常被认为是不导电或绝缘材料。在电介质中起主要作用的是束缚电荷,也称为极化电荷,区别于导体内的自由电荷。束缚电荷在电场、机械应力、温度等作用下的微观运动规律,即极化特性,决定了电介质的宏观介电性能。本章就电介质的介电现象、极化机理、局域场以及介电弛豫展开论述,作为后续章节研究各类功能电介质的理论基础。

1.1　介电现象的发展历史和基本概念

1.1.1　介电现象

公元前 600 年,古希腊哲学家泰勒斯(Thales)发现,经布料摩擦后的琥珀可以吸引谷壳碎片,这是对带电体会使靠近的电介质材料发生电极化行为的最早记载。1745 年,荷兰物理学家穆森布罗克(Pieter van Musschenbroek)发明了可以储存电荷的莱顿瓶(Leyden jar)。原始的莱顿瓶主要由导电金属棒、金属链条、绝缘橡木塞、玻璃瓶和内、外层金属箔组成,金属棒通过金属链条与内层金属箔形成电气连接,结构如图 1-1 所示。穆森布罗克发现在金属棒顶端和外层金属箔之间施加一定电压后再撤去,瓶子就能够储存电荷。莱顿瓶即为电容器的原始形式。1837 年,英国物理学家迈克尔·法拉第(Michael Faraday)称,改变莱顿瓶内外金属箔之间的材料,相同电压下其储存的电荷量不同。法拉第的结论等同于电容器的电容值大小取决于电容器的电介质材料的种类。这些现象的发现引起了各国学者对电介质这类物质的广泛重视和研究,促进了电介质物理的迅速发展。截至目前,受关注的介电现象主要有四类,分别为:①电极化、介电共振与介电弛豫;②电老化与电击穿;③电能存储与耗散;④电-热、机械与光效应及其相互关系。

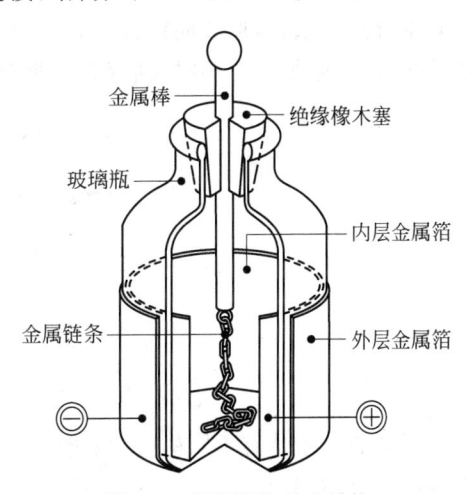

图 1-1　莱顿瓶的基本结构

1.1.2 电介质的基本特性

电介质"dielectric"的前缀源于希腊语"*dia*",意为穿过或通过。电介质允许电场通过,但不允许包括电子在内的任何粒子通过。更准确地说,电介质是在电场中没有稳定传导电流通过,而以感应的方式对外场做出相应扰动的物质的统称。电介质材料具有两个基本特性:①电阻率很高,可看作理想的绝缘体,无自由电荷;②以电极化方式传递、存储或记录电的作用和影响。

1.2 静电场中的电极化

1.2.1 极化强度

电介质在电、热、力作用下的极化特性决定了电介质材料的基本性能,本节介绍极化涉及的一些基本概念。首先,电偶极子是研究电介质的极化问题时需要用到的非常重要的基本物理模型。电介质体系呈电中性,其中包含原子核贡献的正电荷和电子云贡献的等量负电荷。基于此,电偶极子被定义为由空间中两个等量异号的点电荷组成的系统。设点电荷的带电量为 $\pm q (q>0)$,正负电荷之间的距离为 d,矢径 $\boldsymbol{d}$ 的方向规定为由负电荷指向正电荷,如图1-2所示。将电荷 q 与 $\boldsymbol{d}$ 的乘积定义为电偶极矩(也称电矩) $\boldsymbol{m}$,即

$$\boldsymbol{m} = q\boldsymbol{d} \tag{1.1}$$

图1-2 电偶极子示意图

电偶极矩是表征电偶极子性质的物理量,描述电荷在空间中的分布状态,单位是库仑·米(C·m)。另外,电偶极矩还有一个常用的非国际制单位——德拜(Debye),简写为D,1D=3.33×10^{-30} C·m。大多数分子的电偶极矩大小均在此数量级。

电偶极矩分为两类:一类为感应电矩,另一类为自发电矩。在非极性分子中,如图1-3(a)所示,无外电场作用的情况下,正、负电荷中心重合,电偶极矩为零。而施加电场时,正、负电荷受力向相反的方向运动,正、负电荷中心发生相对位移,沿电场方向产生感应电矩。在极性分子中,如图1-3(b)所示,除感应电矩外,由于不同元素吸电子的能力不同,其正、负电荷中心本身并不重合,形成偶极分子,产生自发电矩。无电场作用时,体系中的自发电矩随机杂乱排布,当施加外电场时,则存在偶极分子沿电场方向进行取向排列的过程。

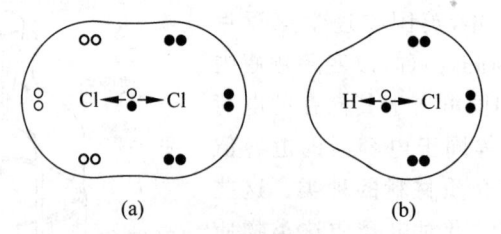

图1-3 电偶极矩的分类
(a) 非极性分子 Cl$_2$ 的净电矩为 0;(b) 极性分子 HCl 形成自发电矩

不同的分子具有不同的极化特性,为定量对比,定义电介质的分子极化率为 α,其与电偶极矩 $\boldsymbol{m}$ 的关系为

$$\boldsymbol{m} = \alpha \boldsymbol{E}_\text{i} \tag{1.2}$$

1.2 静电场中的电极化

α 在数值上等于单位 E_i 下电偶极矩 m 的大小，表示某一种分子在电场作用下产生电极化能力的强弱。E_i 是作用在分子上的有效电场强度，关于有效场的具体介绍见 1.4 节。

下面举例计算典型的极性分子——水分子的电偶极矩。如图 1-4 所示，水分子的每 1 个 O—H 键可看作 1 个电偶极子，键偶极矩的矢量和即为水分子的电偶极矩。首先计算 1 个电偶极矩的大小，已知 O—H 键的键长 d 取 $0.932\text{Å}(1\text{Å}=10^{-10}\text{m})$，电荷量 δ 取 $0.335e$，则 O—H 键的电偶极矩 $m_1 = \delta d = 0.335 \times 1.6 \times 10^{-19} \times 0.932 \times 10^{-10} = 5.05 \times 10^{-30}(\text{C}\cdot\text{m})$。考虑到 H—O—H 键角为 $106.0°$，得到水分子的电偶极矩 $m = 2m_1\cos(106°/2) = 2 \times 5.05 \times 10^{-30} \times 0.602 = 6.08 \times 10^{-30}(\text{C}\cdot\text{m})$，方向由 O 原子中心指向两个 H 原子的等效中心。

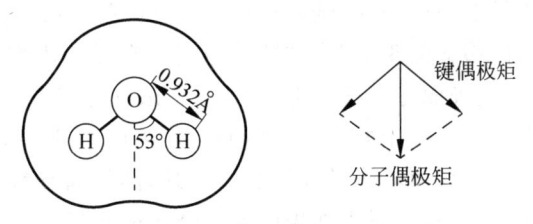

图 1-4 水分子电偶极矩的计算示意图

不难看出，上述几个概念均基于电偶极子这一微观模型，且讨论的是单个小分子的极化性质，因此均为表征电介质极化性质的微观参数。而电介质材料由大量原子和分子构成，由于原子或分子间的相互作用而形成复杂体系，下面讨论其电极化特性与宏观参数。作为极性分子，一个水分子具有自发电矩，而在无外界电场作用的情况下，由于分子不规则的热运动，一滴水中大量的自发电矩杂乱排列，此时电介质的宏观电偶极矩为零。当施加外电场时，每个分子都会受到电场力的作用而趋于沿外电场方向取向排列，从而产生宏观电偶极矩，这个过程即称为电极化。简言之，电极化是电介质在电场作用下产生宏观电偶极矩的现象。因此，电介质亦可被定义为在电场作用下产生电极化(electric polarization)的一类物质。

为了描述电介质在电场下的宏观极化程度的强弱，引入极化强度 P。极化强度是电介质单位体积内电偶极矩的矢量和，它是一个具有平均意义的宏观物理量，单位为库仑每平方米(C/m^2)。从微观角度，极化强度 P 可表示为

$$P = N\alpha E_i \tag{1.3}$$

式中，N 为单位体积内的分子数目。该式将分子极化率与电介质极化强度联系起来。从宏观角度，极化强度 P 可表示为

$$P = \lim_{\Delta V \to 0} \Sigma m / \Delta V \tag{1.4}$$

式中，Σm 是电介质体积微元 ΔV 内电偶极矩的矢量和，该式与极化强度的定义相对应。

下面举例计算 β 相聚偏氟乙烯(β-polyvinylidene fluoride, β-PVDF)的极化强度。β-PVDF 是一种典型的铁电高分子，其分子链结构和空间排列如图 1-5 所示。其中，重复单元指高分子链中化学组成可重复出现的最小单元，β-PVDF 的重复单元即为—CH_2—CF_2—。由于—F 取代基具有极强的吸电子能力，使 C—F 键高度极化，而 H 原子的电负性较弱，易失电子，故 PVDF 的重复单元可等效为具有强极性的电偶极子。已知其重复单元—CH_2—CF_2—的电偶极矩的大小为 $7 \times 10^{-30}\text{C}\cdot\text{m}$，重复单元的密度为 $1.9 \times 10^{28}\text{m}^{-3}$，假设重复单元在外电场作用下完全沿电场方向取向，则可得出 β-PVDF 的极化强度 $P = \Sigma m/\Delta V = 7 \times 10^{-30} \times 1.9 \times 10^{28} = 0.133(\text{C}/\text{m}^2)$，方向与外电场方向相同。

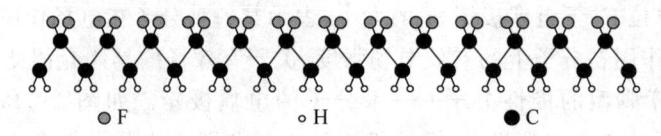

图 1-5 β相聚偏氟乙烯的分子链结构和空间排列

在电介质的电极化过程中，分子受电场力作用发生电荷的相对位移，进而形成宏观偶极矩，这一现象与金属在外电场下的静电感应(electrostatic induction)现象类似，但两种现象中起到关键作用的电荷种类存在本质区别。如图 1-6(a)所示，将金属小球放置在绝缘底座上，用带负电荷的橡胶棒靠近金属小球，金属小球内的自由电子由于同性相斥向远离橡胶棒的方向移动，留下不能自由移动的正电荷，这些感应电荷在导体内部形成附加电场，与外电场相抵消。最终金属球一侧表面分布净正电荷，另一侧表面分布等量净负电荷，球内部电场为零，达到静电平衡状态。这种由于外电场作用使导体内的电荷重新分布的现象称为静电感应。将金属小球一端接地，自由电子沿导线流入大地，然后将导线断开，金属小球保留多余的正电荷，再撤去橡胶棒，此时金属小球表面均匀分布正电荷。而理想电介质内部不存在可自由移动的电荷，当用带负电荷的橡胶棒靠近电介质小球时，电介质小球发生电极化，内部分子的正、负电荷中心在小范围内产生相对位移，与静电感应类似，在电介质两侧表面出现极性相反的电荷。但是，此时若将电介质小球一端接地，电介质分子内的正、负电荷彼此强烈地束缚着，电荷无法沿导线移动，因此并不会影响其电荷排布。在断开导线并撤去橡胶棒后，电介质小球仍保持整体电中性，如图 1-6(b)所示。不难看出，电极化与静电感应的重要区别在于：在静电感应现象中起主要作用的是自由电荷，而在电极化现象中起主要作用的是束缚电荷，正是电介质内部束缚电荷在电场作用下的相对位移使电介质出现宏观极化。

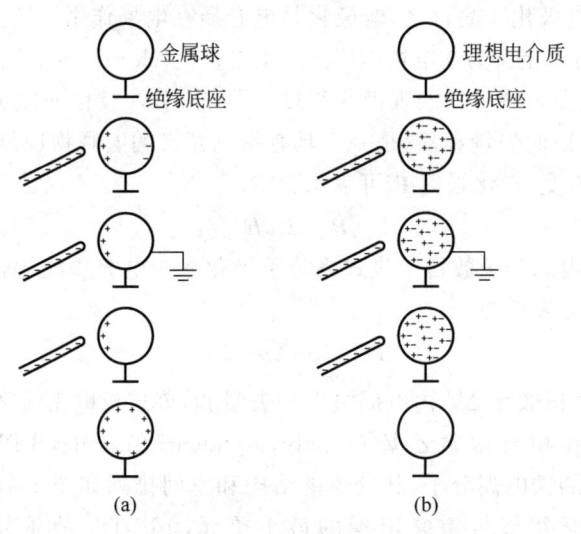

图 1-6 电极化和静电感应的区别
(a) 金属材料的静电感应现象；(b) 电介质材料的电极化现象

需要强调的是，如果电介质的外加电场过大，介质内部的束缚电荷就会脱离其分子而发生自由移动，变成自由电荷。这时电介质便丧失了绝缘性能，这种现象称为电介质的击穿，使电介质发生击穿的最小电场强度即称为击穿场强。

1.2.2 介电常数

所有的介电现象,包括电极化在内,都来源于电场力,其本质均为电荷之间的引力及斥力。这里不考虑磁的作用,与静电场相关的基本规律主要包括库仑定律和高斯定律。真空中库仑定律的表达式为

$$F_{12}=F_{21}=\frac{q_1 q_2}{4\pi\varepsilon_0 r^2} \tag{1.5}$$

式中,ε_0 为真空介电常数,值为 $8.854\,187\,817\times10^{-12}\,\mathrm{F/m}$;$q_1$ 和 q_2 分别为两个点电荷的电荷量;r 为点电荷之间的距离,如图 1-7 所示。库仑定律指出,真空中两个静止点电荷之间的相互作用力与电荷量乘积成正比,与距离 r 的平方成反比,与真空介电常数 ε_0 成反比。据此,将体积和电荷量都足够小且不会对带电体(带电量为 Q)产生电场有明显影响的某一微电荷 q(称为试探电荷)放置在带电体 Q 附近,则其受到的电场力即为 $F=Qq/(4\pi\varepsilon_0 r^2)$。电场强度 E 就被定义为放在电场中的试探电荷所受到的电场力 F 与其电荷量 q 之比,即

$$E=\frac{F}{q}=\frac{Q}{4\pi\varepsilon_0 r^2} \tag{1.6}$$

电场强度是矢量,规定电场中某一点的电场强度的方向与正试探电荷在该点所受电场力的方向相同,其单位是牛顿每库仑(N/C)。

由库仑定律可推导出真空中高斯定律的表达式为

$$\Phi_E=\oint_A \boldsymbol{E}\cdot\mathrm{d}\boldsymbol{A}=\frac{1}{\varepsilon_0}\int_V \rho\mathrm{d}V=\frac{Q}{\varepsilon_0} \tag{1.7}$$

式中,Φ_E 为通过封闭曲面的电场强度通量;$\boldsymbol{E}$ 为电场强度;$\mathrm{d}\boldsymbol{A}$ 为与面法向量方向相同的面微元;ρ 为封闭曲面内的体电荷密度;Q 为封闭曲面内的总电荷量;ε_0 为真空介电常数,如图 1-8 所示。高斯定律表示,真空中电场强度对任意封闭曲面的通量取决于封闭曲面内的电荷量 Q 和真空介电常数 ε_0。

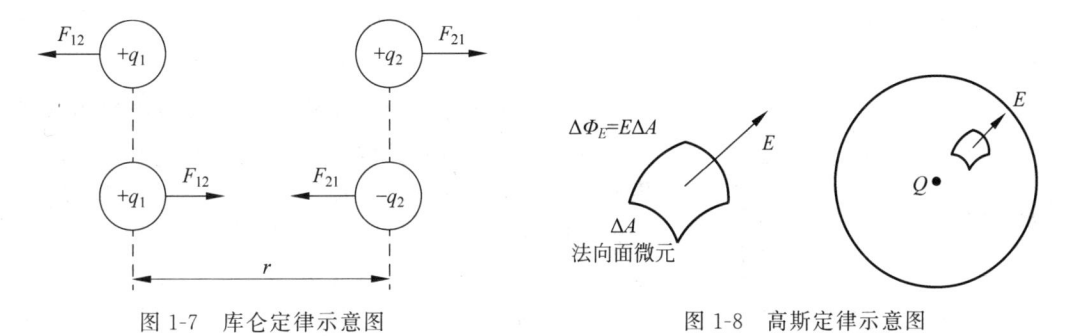

图 1-7 库仑定律示意图

图 1-8 高斯定律示意图

但在一般情况下,电场并不总存在于真空中,而可能存在于各种电介质材料中,可认为电介质中的静电场由自由电荷和介质束缚电荷在真空中共同作用产生。因此,电介质中的高斯定律可写作

$$\oint_A \boldsymbol{E}\cdot\mathrm{d}\boldsymbol{A}=\frac{q+q_b}{\varepsilon_0} \tag{1.8}$$

式中,q 为封闭曲面内的自由电荷;q_b 为封闭曲面内电介质极化产生的束缚电荷。根据电

磁学及场论中的相关推导,电介质中任一封闭曲面的极化强度通量与封闭曲面内极化电荷 q_b 的关系满足

$$q_b = -\oint_A \boldsymbol{P} \cdot \mathrm{d}\boldsymbol{A} \tag{1.9}$$

代入式(1.8)中,有

$$\oint_A (\varepsilon_0 \boldsymbol{E} + \boldsymbol{P}) \cdot \mathrm{d}\boldsymbol{A} = q \tag{1.10}$$

比较式(1.7)与式(1.10),进一步引入电位移矢量 $\boldsymbol{D}$,将其定义为

$$\boldsymbol{D} = \varepsilon_0 \boldsymbol{E} + \boldsymbol{P} \tag{1.11}$$

该式也是电介质的本构方程。对于各向同性的线性电介质,其极化强度 $\boldsymbol{P}$ 与电场强度 $\boldsymbol{E}$ 之间满足

$$\boldsymbol{P} = \chi \varepsilon_0 \boldsymbol{E} \tag{1.12}$$

式中,χ 是电介质的极化率,数值大于 0,无量纲。将式(1.12)代入式(1.11)得

$$\boldsymbol{D} = \varepsilon_0 \boldsymbol{E} + \chi \varepsilon_0 \boldsymbol{E} = (1 + \chi) \varepsilon_0 \boldsymbol{E} = \varepsilon \boldsymbol{E} \tag{1.13}$$

可见,真空中的电位移矢量 $\boldsymbol{D}$ 与电场强度 $\boldsymbol{E}$ 满足 $\boldsymbol{D} = \varepsilon_0 \boldsymbol{E}$,在电介质中亦有类似形式,即 $\boldsymbol{D} = \varepsilon \boldsymbol{E}$。$\varepsilon$ 被定义为电介质的介电常数,又称为电容率,是表征电介质电极化程度的宏观参数。为了方便工程应用,定义电介质的相对介电常数 ε_r 为电介质的介电常数 ε 与真空介电常数 ε_0 的比值,无量纲。由于任何电介质的极化率均满足 $\chi > 0$,故 $\varepsilon_r > 1$。对于各向同性的线性电介质,ε 是一个常数,而对于各向异性电介质,$\boldsymbol{D}$ 和 $\boldsymbol{E}$ 方向不同,ε 是一个张量。

综上所述,可推导出电介质中的库仑定律和高斯定律的表达式分别为

$$F_{12} = F_{21} = \frac{q_1 q_2}{4\pi \varepsilon r^2} \tag{1.14}$$

$$\oint_A \boldsymbol{E} \cdot \mathrm{d}\boldsymbol{A} = \frac{q}{\varepsilon} \tag{1.15}$$

不难看出,式(1.14)和式(1.15)与真空中的库仑定律和高斯定律具有相似的形式,但式中总电荷量被替换为自由电荷,不包含电介质的极化电荷,真空介电常数则被替换为电介质的介电常数。

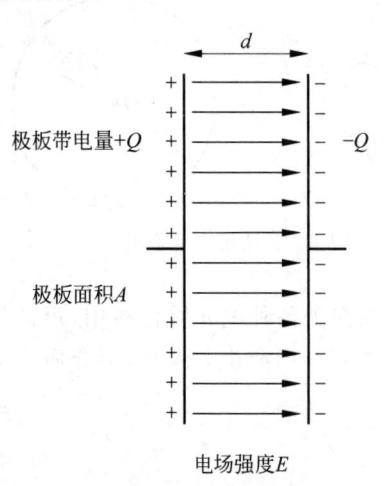

图 1-9 平板电容器结构示意图

以平板电容器为例,如图 1-9 所示,设电容器极板面积为 A,极板间距为 d,极板上的自由电荷量为 Q,则极板自由面电荷密度 $\sigma = Q/A$。根据高斯定律,$\Phi_E = EA = Q/\varepsilon = \sigma A/\varepsilon$,得 $E = \sigma/\varepsilon$。根据电容的定义式 $C = Q/V$,得 $C = \sigma A/(Ed) = \varepsilon_0 \varepsilon_r A/d$。可见除了电容的结构参数 A 和 d 外,介电常数决定了电容值的大小和电容存储电荷的能力,相对介电常数 ε_r 越高,电容值越大,对应单位电压下储存的自由电荷量越多。此即为介电常数也被称为电容率的原因。

对于正负电荷中心重合的非极性分子,ε_r 一般在 2～5 之间,如单原子分子(He、Ne、Ar 等)、相同原子组成的分子(H_2、N_2、Cl_2 等)、对称结构的多原子分子(CO_2、CCl_4、C_nH_{2n+2} 等)。对于正负电荷中心不重合的

极性分子，ε_r一般在 2.6~80 之间，如 H_2O、HCl 等。对于一些由正负离子组成的电介质，ε_r 可达 1000 以上，如钛酸钡、锆钛酸铅，这两种都是典型的铁电材料，后续章节将对其展开介绍。

作为衡量电介质电极化特性的重要参数，介电常数 ε 与前面讲述的极化强度 P 又有怎样的关系呢？仍以平板电容器为例，如图 1-10(a)所示，假设电容器处于真空中，在两极板之间加电压后形成电场 E，在两极板上会积累自由表面电荷，用 $\pm\sigma_0$ 表示其面电荷密度，则有

$$D_0 = \sigma_0 = \varepsilon_0 E \tag{1.16}$$

式中，D_0 为真空下的电位移矢量。这时将电容器极板间填充某种均匀且各向同性的线性电介质，介电常数为 ε，则电介质各处电场分布均匀，极化均匀，极化强度方向与外电场方向相同。在电场作用下，电介质内部束缚电荷相互抵消，仅在两侧表面产生净束缚电荷，面电荷密度为 $\mp\sigma_b$，形成与外电场方向相反的去极化场。由于两端电压恒定，为保持电场强度 E 不变，需要在两侧导电极板上再产生面电荷密度为 $\pm\sigma_b$ 的自由电荷以抵消电介质表面束缚电荷的影响，如图 1-10(b)所示，定量关系有

$$D = \sigma = \varepsilon E = \sigma_0 + \sigma_b = \varepsilon_0 E + (\varepsilon - \varepsilon_0)E \tag{1.17}$$

对比式(1.11)可得，对于均匀且各向同性的线性电介质而言，其极化强度 P 与介电常数 ε 及电场强度 E 的关系为

$$P = \sigma_b = (\varepsilon - \varepsilon_0)E = \varepsilon_0(\varepsilon_r - 1)E \tag{1.18}$$

在恒定电场作用下，电介质的极化强度越高，产生的反向去极化场越高，两侧导电极板上感应出的自由电荷越多，对应介电常数越大。当某种电介质材料的相对介电常数 ε_r 极高，如 1000 及以上时，在外电场一定的情况下，一般可认为极化强度与相对介电常数近似成正比关系。

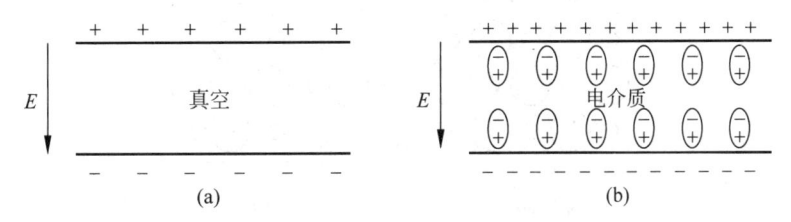

图 1-10 平板电容器在电场下的电荷分布
(a) 真空下的电荷分布；(b) 填充电介质后的电荷分布

1.3 电极化的机理

电介质在电场作用下产生电极化的程度由其结构决定，按照微观机理可将电介质极化分为 4 种基本类型：①电子极化；②离子极化；③偶极极化；④空间电荷极化。前 3 种均由电介质内部的束缚电荷的相对位移导致，而第 4 种则是由于电介质内部极少量的自由电荷的运动被束缚而形成。

1.3.1 电子极化

电子极化(electronic polarization)存在于一切电介质材料中。在外电场的作用下，构成电介质材料的分子、原子或离子中的原子核和核外电子云之间会发生相对位移而产生感应

偶极矩,如图 1-11 所示。电子极化的响应速率极快,在施加外电场后,经 $10^{-16} \sim 10^{-14}$ s 即可建立稳定极化,属于弹性极化,无能量损耗。

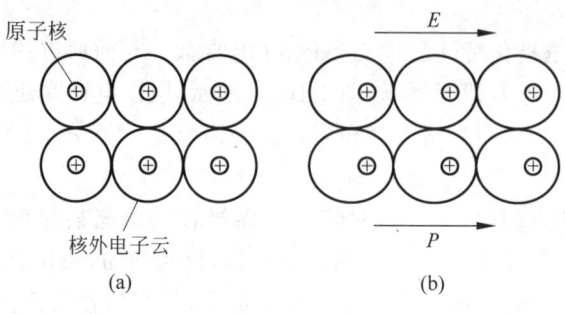

图 1-11 电子极化示意图
(a) 无电场;(b) 外加电场后

1.3.2 离子极化

离子极化又称为原子极化(ionic polarization or atomic polarization),出现在由异号离子构成的晶体结构中,如氯化钠(NaCl)、氯化钾(KCl)等。在外电场作用下,正、负离子之间发生相对位移而产生感应偶极矩,如图 1-12 所示。由于离子比电子的质量更大,因而离子极化的频率响应速度比电子极化略慢,约 $10^{-13} \sim 10^{-12}$ s,也属于弹性极化,几乎没有能量损耗。

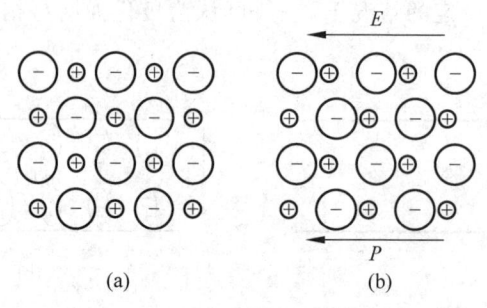

图 1-12 离子极化示意图
(a) 无电场;(b) 外加电场后

1.3.3 偶极极化

偶极极化又称为取向极化(dipolar polarization or orientational polarization),存在于由具有永久偶极矩的极性分子组成的电介质中。典型的偶极电介质如水(H_2O)、乙醇(C_2H_5OH)、聚偏氟乙烯(PVDF)等。当不存在外电场时,分子的自发电矩杂乱无章地随机排列,宏观电偶极矩为零,因而整个介质对外不表现出极性,如图 1-13(a)所示。当外部有电场作用后,原先排列杂乱的偶极子沿电场方向转动,作较有规则的排列,从而显示出极性,如图 1-13(b)所示。由于偶极子需要在紧密排列的结构中转动取向,会受到热扰动和来自周围分子的阻力,故偶极极化所需的时间较长,约 $10^{-10} \sim 10^{-2}$ s,且存在能量损耗。偶极极化部分对应的介电常数明显受温度和频率的影响。

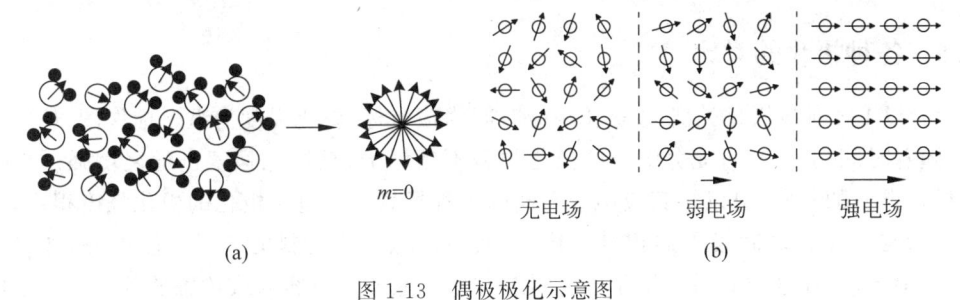

图 1-13 偶极极化示意图
(a) 无电场作用下偶极子排列；(b) 电场逐渐增大时的偶极子排列

1.3.4 空间电荷极化

空间电荷极化(space-charge polarization)包括跳跃极化和界面极化。实际的电介质材料中存在极少量自由载流子(正、负离子或电子)，且不可避免含有局部的介质不均匀及晶界、相界、气泡、杂质等缺陷。这些极少量的自由载流子可能在运动过程中被势阱捕获，称为跳跃极化。这是因为自由载流子沿物质的导带传导，但由于介质的不均匀性或缺陷的存在，有些位置相对于周围位置的能量较低，称为陷阱，自由载流子在经过陷阱时易被捕获和积聚，从而导致正负电荷中心的分离。在完整性较差、缺陷较多的晶体中，跳跃极化的贡献非常显著。此外，自由电荷也有可能堆积在介质不均匀的夹层相界面处，若两种电介质的介电常数或电导率不同，当施加外电场时，其接触界面处就会积累空间电荷，称为界面极化。空间电荷极化需要电荷在材料内部作长程运动，所需的时间长，可长达 10^5 s 以上，一般只在直流和低频条件下发生。

1.3.5 电介质材料分类

根据电极化机理的不同，一般电介质材料可分为非极性电介质、离子型电介质和极性电介质。非极性电介质由非极性分子构成，只包含电子极化，如二氧化硅(SiO_2，俗称石英)、聚丙烯(polypropylene，PP)、聚四氟乙烯等；离子型电介质中的正负离子通过离子键相互连接，既包含电子极化，也包含离子极化，如氯化钠(NaCl)、锆钛酸铅(lead zirconate titanate，PZT)陶瓷等；极性电介质由具有自发电矩的极性分子构成，既包含电子极化，也包含偶极极化，如 β 相聚偏氟乙烯(β-polyvinylidene fluoride，β-PVDF)、聚甲基丙烯酸甲酯、聚氯乙烯等。几种典型电介质材料的结构见图 1-14。

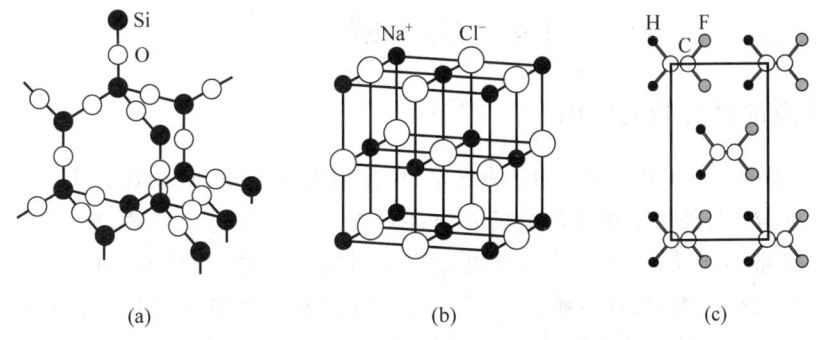

图 1-14 不同电介质材料的化学结构
(a) 石英/二氧化硅(SiO_2)；(b) 氯化钠(NaCl)；(c) β 相聚偏氟乙烯(β-PVDF)

1.3.6 各种极化的对比

综合以上4种电极化类型,以极化响应时间为横坐标,极化强度为纵坐标作图,如图1-15所示,随着时间的延长,可充分响应的极化类型不断增加,总极化强度也随之增强。根据电介质极化类型的不同,可以将其应用于不同的工程场景中。电子极化的极化强度很弱,仅涉及电子云与原子核之间极小的相对位移,一般对应电介质材料的绝缘性能更好,如二氧化硅、聚丙烯等,因而这类材料适用于电子封装和绝缘领域。电容器或传感器领域既要求电介质有一定的绝缘能力,又要求其具备较高的介电常数,在这种场合下,PZT、PVDF等则更为适用。而在对介电常数要求更高的领域,如高能量密度电容器,常考虑使用晶界层电容(grain boundary layer capacitance,GBLC)或制备纳米复合材料形成界面结构,以增加额外的空间电荷极化分量。

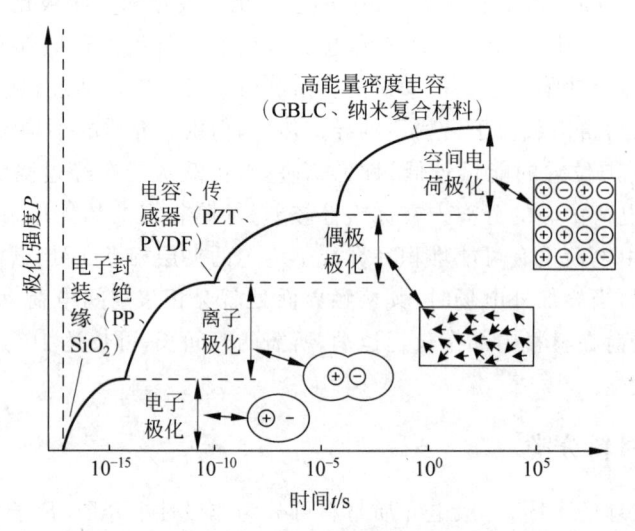

图1-15 电介质不同极化类型的对比与应用

在功能电介质材料研究领域,研究人员秉承"结构决定性能,性能决定应用"的设计思想,常从特定应用场景出发,列举材料需要具备的性能,依此选择具有合适结构的材料并对其结构进行再设计和再优化。由于结构的改变往往会导致不同性能间的此消彼长,因此这个过程常需反复修正与验证,以达到令人较为满意的研究结果。

1.4 局 域 场

1.4.1 非极性材料的局域场

式(1.3)中提到有效电场强度 E_i 的概念,极化强度 P 与 E_i 成正比。实际上,除一般的气态电介质外,E_i 与外加宏观平均电场 E 并不相等。对于气态电介质,粒子之间的相互作用往往可以忽略不计,但在液态或固态电介质中,粒子之间排列紧密,相互作用不可忽略。由于库仑力是长程作用,微观层面上,每个分子除受到宏观外加电场 E 的作用外,还受到周围其他分子极化产生的电偶极矩的电场作用,这两部分电场的矢量和即为作用在该分子上

1.4 局域场

的有效电场强度 E_i，又称为局域场。

局域场计算模型如图 1-16 所示。以充满均匀非极性电介质的平板电容器为例，假设所研究的分子位于电介质内某个半径为 r 的圆球中心位置（点 O 处），去除该部分的电介质球体，形成真空空腔。球腔体积很小，认为去除后不会影响电场原来的分布。球外区域可认为是连续介质，其极化作用可用宏观方法处理。设 E_0 为极板上自由电荷在球心 O 处产生的电场，E_1 为电介质两侧外表面束缚电荷在球心 O 处产生的去极化场，E_2 为球腔内表面上的束缚电荷在球心 O 处产生的电场，也称为洛伦兹场（Lorentz field），E_3 为球腔内部除 O 处分子外其他所有极化分子在球心 O 处产生的电场，通过 E_3 可将原被去除的电介质小球对 O 处分子的作用考虑在内。O 点处的局域场 E_i 就由以上四个分量叠加组成，即

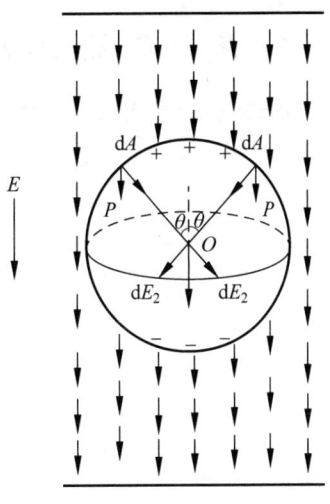

图 1-16 局域场计算模型

$$E_i = E_0 + E_1 + E_2 + E_3 \tag{1.19}$$

逐个计算 E_0、E_1、E_2 如下，

$$E_0 = \frac{\sigma}{\varepsilon_0} = \frac{D}{\varepsilon_0} = \frac{\varepsilon_0 E + P}{\varepsilon_0} = E + \frac{P}{\varepsilon_0} \tag{1.20}$$

$$E_1 = \frac{-\sigma_b}{\varepsilon_0} = -\frac{P}{\varepsilon_0} \tag{1.21}$$

$$\begin{aligned} E_2 &= \oint_A \frac{\sigma_1 \mathrm{d}A}{4\pi\varepsilon_0 r^2} \cos\theta \\ &= \int_0^\pi \frac{P\cos\theta}{4\pi\varepsilon_0 r^2} \cos\theta \times 2\pi r^2 \sin\theta \mathrm{d}\theta \\ &= \int_0^\pi \frac{P}{2\varepsilon_0} \cos^2\theta \sin\theta \mathrm{d}\theta \\ &= \frac{P}{2\varepsilon_0}\left(-\frac{1}{3}\cos^3\theta\right)\bigg|_0^\pi = \frac{P}{3\varepsilon_0} \end{aligned} \tag{1.22}$$

这里对洛伦兹场 E_2 做简要说明。按照图 1-16 中的标注，由式（1.9）推导可得，球腔内表面的束缚面电荷密度 $\sigma_1 = \boldsymbol{P} \cdot \boldsymbol{e}_n = P\cos\theta$。根据球面的对称性易得，$E_2$ 的方向与外电场 E 的方向相同，将球腔内表面的面电荷微元于 O 点处产生的电场在外电场 E 方向上的投影分量进行积分即得出 E_2，如式（1.22）所示。而关于 E_3 的大小，当仅考虑非极性材料时，由于球腔内其他各粒子的无规混乱分布，可以认为 $E_3 = 0$，莫索提（Mossotti）假设亦将 E_3 设为 0。综上可得，O 点处的局域场 E_i 的值为

$$E_i = E + \frac{P}{\varepsilon_0} - \frac{P}{\varepsilon_0} + \frac{P}{3\varepsilon_0} + 0 = E + \frac{P}{3\varepsilon_0} \tag{1.23}$$

由式（1.23）可见，局域场 E_i 除宏观外加电场 E 外，又有一个附加项 $E_2 = P/(3\varepsilon_0)$，称为洛伦兹修正项。

1.4.2 克劳修斯-莫索提方程

将式(1.3)和式(1.18)代入局域场表达式(1.23)中,消去 P、E 和 E_i 得

$$\frac{\varepsilon_r - 1}{\varepsilon_r + 2} = \frac{N\alpha}{3\varepsilon_0} \tag{1.24}$$

式(1.24)称为克劳修斯-莫索提方程(Clausius-Mossotti equation),其适用于非极性电介质。式中,N 为单位体积中的分子数;α 为分子极化率。将式(1.24)两端乘以电介质的摩尔体积 M/ρ 可得

$$\frac{\varepsilon_r - 1}{\varepsilon_r + 2} \frac{M}{\rho} = \frac{N_0 \alpha}{3\varepsilon_0} \tag{1.25}$$

式中,M 为分子的摩尔质量;ρ 为电介质的密度;N_0 为阿伏伽德罗常数。等式左侧为电介质的宏观参数——相对介电常数 ε_r、摩尔质量 M 和密度 ρ,右侧为电介质的微观参数——分子极化率 α。克劳修斯-莫索提方程提供了根据易测宏观参量计算分子极化率的方法。

但对于偶极材料而言,其极化率主要来自偶极子取向的贡献,相邻自发电矩之间的强相互作用产生很高的附加电场,反映为 $E_3 \neq 0$,故上式将不再适用,而需要其他形式的修正项对局域场进行修正。

1.5 时变电场下的介电响应

前几节均依据静电场的相关理论对电介质的介电行为进行静态响应分析,而实际上电极化本身是一个动态过程,由于不同的极化类型具有不同的响应速率,并会引起电介质的能量损耗,电介质在时变电场(time-varying electric field)下会表现出与静电场下完全不同的介电特性。电介质的动态响应规律揭示了材料更丰富的结构特性,因而具有更高的学术研究价值。同时,在工程应用中电介质常处于交变电场或冲击电场下,因此研究电介质在时变电场下的极化特性亦具有很高的技术应用价值。

目前研究电介质动态极化特性的方法主要有两种,分别是时域法(time-domain approach)和频域法(frequency-domain approach)。时域法是在施加阶跃电场的同时测试材料电极化随时间的上升规律,或者在撤去该阶跃电场的同时测试材料电极化随时间的衰减规律。这其实就是介电弛豫现象,即电极化在外部电场激励变化时的延迟变化规律。关于介电弛豫的更多阐述见 1.6 节。频域法则是在交变电场下测试材料介电常数随电场频率的变化规律。时域法比频域法操作简单,但数据分析较为复杂,两种研究方法的具体描述见 1.5.2 节。

1.5.1 复介电常数

仍以平板电容器为例,假设两极板之间为真空,电容器的电容值为 C_0。这时在这个电容器上施加一个角频率为 ω 的正弦交变电压 $\boldsymbol{V}$,则流过电容器的电流 $\boldsymbol{I} = \mathrm{j}\omega C_0 \boldsymbol{V}$。如果在电容器两极板间填充相对介电常数为 ε_r 的电介质,则电容器电容值将增大为 $C = \varepsilon_r C_0$,这时通过电容器的电流则为 $\boldsymbol{I} = \mathrm{j}\omega \varepsilon_r C_0 \boldsymbol{V}$。但实际的实验观测结果表明,通过电容器的电流与其两端电压的相位差总是略小于 90°。为了描述这个现象,引入复坐标系,取电压沿实轴方

向,并把电流实轴分量记为 $\omega\varepsilon_r''C_0V$,虚轴分量记为 $\omega\varepsilon_r'C_0V$,则有 $\boldsymbol{I}=\omega\varepsilon_r''C_0\boldsymbol{V}+\mathrm{j}\omega\varepsilon_r'C_0\boldsymbol{V}=\mathrm{j}\omega(\varepsilon_r'-\mathrm{j}\varepsilon_r'')C_0\boldsymbol{V}$。按照相似形式,就将 $\boldsymbol{\varepsilon}=\varepsilon'-\mathrm{j}\varepsilon''$ 定义为复介电常数(complex permittivity)。其中,ε' 与电介质中的无功电流成正比,与静电场下讨论的电介质的介电常数有相同的意义,反映电介质在极化过程中储存能量的能力;而 ε'' 与电介质中的有功电流成正比,表示电介质中介质损耗的大小,描述其能量耗散程度。需要注意的是,ε' 和 ε'' 并非相互独立,而是存在相互联系。

目前,已经建立了几类等效电路用于表征有损电介质材料的这一现象,如图 1-17 所示,如电容、电阻串联电路或电容、电阻并联电路,并可对应得出复介电常数的实部和虚部分量。通常,电介质在交变电场下的介质损耗由漏导损耗和极化损耗组成,若电介质的介质损耗主要由电导引起,则常用并联等效电路,而在串联等效电路中,所涉及的主要是与电导无关的纯粹介电极化响应问题。这两种电路虽然一定程度上反映了电介质在交变电场下的有损特性,但并不能确切反映电场作用下电介质中的物理过程,所以采用哪种等效模型进行计算需要根据具体问题确定,有时也用较为复杂的等效串并联组合电路进行描述。

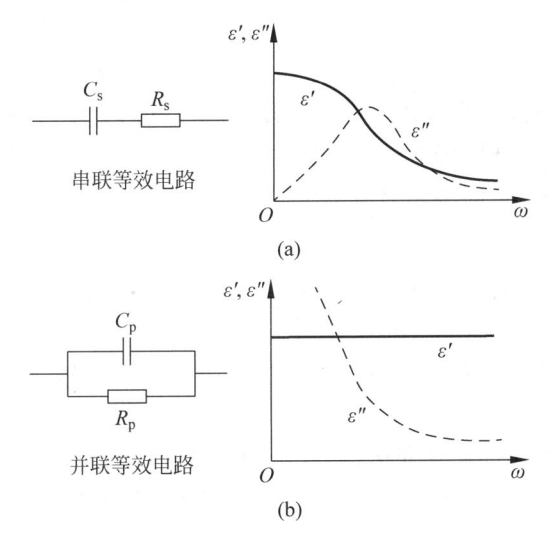

图 1-17 有损电介质等效电路
(a) 电容、电阻串联等效电路;(b) 电容、电阻并联等效电路

复介电常数的引入考虑了电介质在交变电场下的电导损耗和由偶极子转动等极化弛豫现象导致的介质损耗,进一步定义电介质损耗角正切(loss tangent)的表达式为

$$\tan\delta=\frac{\varepsilon''}{\varepsilon'} \tag{1.26}$$

电介质损耗角正切也称为损耗因子(dissipation factor)或介质损耗因数,无量纲。电介质损耗角正切 $\tan\delta$ 仅取决于电介质材料的结构特性,与材料的尺寸、形状无关,并能够直接通过实验测定,因此可作为描述电介质在交变电场下能量损耗程度的重要参数。

1.5.2 时变电场下的电极化

下面分别从时域和频域角度分析电介质在时变电场下的极化弛豫或极化损耗特征。首先,从时域角度分析电介质在阶跃电场作用下的极化响应。忽略空间电荷极化,某电介质材料

的总极化强度 P 可由电子极化强度 P_e、离子极化强度 P_i 和取向极化强度 P_o 叠加组成,即
$$P = P_e + P_i + P_o \tag{1.27}$$
根据 1.3 节各类极化的特点可知,电子极化和离子极化的极化响应速率极快,在 10^{-12} s 内即可建立稳定极化。假设其在外加电场的瞬间立刻完成极化,记为 P_∞。而外加恒定电场 E 后,当极化达到最终的静态平衡时,总极化强度 P_s 为
$$P_s = (\varepsilon_{rs} - 1)\varepsilon_0 E = P_\infty + P_{os} = (\varepsilon_{r\infty} - 1)\varepsilon_0 E + (\varepsilon_{rs} - \varepsilon_{r\infty})\varepsilon_0 E \tag{1.28}$$
式中,P_{os} 为电介质达到静态平衡后的取向极化强度分量;ε_{rs} 为电介质达到静态平衡后的相对介电常数;$\varepsilon_{r\infty}$ 为电介质达到静态平衡后的电子极化和离子极化部分所贡献的相对介电常数。由于取向极化强度 P_o 的变化相比于阶跃电场激励有时间延迟,假设其极化强度按照与最终平衡状态值和该时刻下瞬时值之间的差值 $(P_{os} - P_o(t))$ 成正比的速率变化,即
$$\frac{\mathrm{d}P_o(t)}{\mathrm{d}t} = \frac{P_{os} - P_o(t)}{\tau_0} = \begin{cases} \dfrac{(\varepsilon_{rs} - \varepsilon_{r\infty})\varepsilon_0 E - P_o(t)}{\tau_0}, & E(0^-) = 0, E(0^+) = E \\ \dfrac{-P_o(t)}{\tau_0}, & E(0^-) = E, E(0^+) = 0 \end{cases} \tag{1.29}$$

式中,τ_0 为宏观弛豫时间,值不随时间变化。关于该假设的更多解释见 1.6.1 节。根据边界条件 $P_o(0) = 0$(施加阶跃电场激励,极化)或 $P_o(0) = (\varepsilon_{rs} - \varepsilon_{r\infty})\varepsilon_0 E$(撤去阶跃电场激励,去极化)求解该微分方程,同时叠加瞬时极化强度 P_∞,可得
$$P(t) = \begin{cases} (\varepsilon_{r\infty} - 1)\varepsilon_0 E + (\varepsilon_{rs} - \varepsilon_{r\infty})\varepsilon_0 E (1 - \mathrm{e}^{-\frac{t}{\tau_0}}), & E(0^-) = 0, E(0^+) = E \\ (\varepsilon_{rs} - \varepsilon_{r\infty})\varepsilon_0 E \mathrm{e}^{-\frac{t}{\tau_0}}, & E(0^-) = E, E(0^+) = 0 \end{cases} \tag{1.30}$$

总极化强度 P 随时间呈指数趋势变化,如式(1.30)和图 1-18 所示。时域法可通过测试曲线算出电介质的宏观弛豫时间 τ_0,进而对比时变电场下不同材料的动态极化特性。

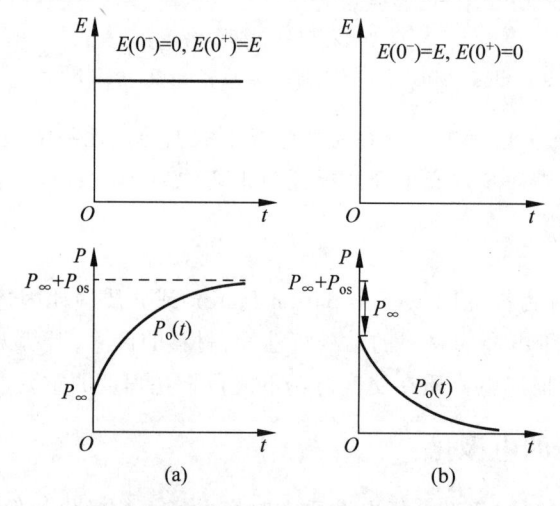

图 1-18 总极化强度随时间的变化曲线
(a) 施加阶跃电场;(b) 撤去阶跃电场

1.5 时变电场下的介电响应

下面继续从频域角度分析电介质在正弦交流电场作用下的极化响应。假设当 $u<t<u+\mathrm{d}u$ 时,存在阶跃激励 $\mathrm{d}E(u)$,则取向极化增量 $\mathrm{d}P_\mathrm{o}(t)$ 满足

$$\mathrm{d}P_\mathrm{o}(t)=(\varepsilon_\mathrm{rs}-\varepsilon_{\mathrm{r}\infty})\varepsilon_0(1-\mathrm{e}^{-\frac{t-u}{\tau_0}})\mathrm{d}E(u) \tag{1.31}$$

总极化增量 $\mathrm{d}P(t)$ 满足

$$\mathrm{d}P(t)=(\varepsilon_{\mathrm{r}\infty}-1)\varepsilon_0\mathrm{d}E(u)+(\varepsilon_\mathrm{rs}-\varepsilon_{\mathrm{r}\infty})\varepsilon_0(1-\mathrm{e}^{-\frac{t-u}{\tau_0}})\mathrm{d}E(u) \tag{1.32}$$

对于任意连续函数 $F(x)$,可将其垂直于 x 轴平均划分成若干份,当份数趋于无穷大时,每一份 $\mathrm{d}F(x)$ 可等价为一个阶跃函数。根据叠加原理,t 时刻的总极化强度 $P(t)$ 是 t 时刻前所有 $\mathrm{d}E(u)$ 作用的结果,即所有 $\mathrm{d}P$ 增量的叠加。假设外界电场激励 $E(u)$ 在 $u=t_0$ 前恒等于 0,则对式(1.32)积分可得

$$\begin{aligned}P(t)&=(\varepsilon_{\mathrm{r}\infty}-1)\varepsilon_0 E(t)+(\varepsilon_\mathrm{rs}-\varepsilon_{\mathrm{r}\infty})\varepsilon_0\int_{t_0^-}^{t}(1-\mathrm{e}^{-\frac{t-u}{\tau_0}})\mathrm{d}E(u)\\ &=(\varepsilon_{\mathrm{r}\infty}-1)\varepsilon_0 E(t)+(\varepsilon_\mathrm{rs}-\varepsilon_{\mathrm{r}\infty})\varepsilon_0\left[(1-\mathrm{e}^{-\frac{t-u}{\tau_0}})E(u)\big|_{t_0^-}^{t}-\int_{t_0^-}^{t}E(u)\mathrm{d}(-\mathrm{e}^{-\frac{t-u}{\tau_0}})\right]\\ &=(\varepsilon_{\mathrm{r}\infty}-1)\varepsilon_0 E(t)+(\varepsilon_\mathrm{rs}-\varepsilon_{\mathrm{r}\infty})\varepsilon_0\int_{t_0^-}^{t}\frac{E(u)}{\tau_0}\mathrm{e}^{-\frac{t-u}{\tau_0}}\mathrm{d}u\end{aligned} \tag{1.33}$$

当 $E(t)=E_\mathrm{m}\cos\omega t$($E_\mathrm{m}$ 为外加正弦交流电场的幅值,ω 为外加正弦交流电场的角频率,$\omega=2\pi f$,f 为频率)时,自然地,u 的积分下限 t_0^- 取 $-\infty$,积分上限取 t,代入式(1.33)中,得到总极化强度的表达式为

$$\begin{aligned}P(t)&=(\varepsilon_{\mathrm{r}\infty}-1)\varepsilon_0 E_\mathrm{m}\cos\omega t+(\varepsilon_\mathrm{rs}-\varepsilon_{\mathrm{r}\infty})\varepsilon_0\int_{-\infty}^{t}\frac{\mathrm{Re}(E_\mathrm{m}\mathrm{e}^{\mathrm{j}\omega u})}{\tau_0}\mathrm{e}^{-\frac{t-u}{\tau_0}}\mathrm{d}u\\ &=(\varepsilon_{\mathrm{r}\infty}-1)\varepsilon_0 E_\mathrm{m}\cos\omega t+(\varepsilon_\mathrm{rs}-\varepsilon_{\mathrm{r}\infty})\varepsilon_0\frac{E_\mathrm{m}}{\tau_0}\mathrm{Re}\left(\int_{-\infty}^{t}\mathrm{e}^{\frac{(1+\mathrm{j}\omega\tau_0)u-t}{\tau_0}}\mathrm{d}u\right)\\ &=(\varepsilon_{\mathrm{r}\infty}-1)\varepsilon_0 E_\mathrm{m}\cos\omega t+(\varepsilon_\mathrm{rs}-\varepsilon_{\mathrm{r}\infty})\varepsilon_0 E_\mathrm{m}\mathrm{Re}\left(\frac{\mathrm{e}^{\mathrm{j}\omega t}}{1+\mathrm{j}\omega\tau_0}\right)\\ &=(\varepsilon_{\mathrm{r}\infty}-1)\varepsilon_0 E_\mathrm{m}\cos\omega t+(\varepsilon_\mathrm{rs}-\varepsilon_{\mathrm{r}\infty})\varepsilon_0 E_\mathrm{m}\frac{\cos\omega t+\omega\tau_0\sin\omega t}{1+\omega^2\tau_0^2}\\ &=\left[(\varepsilon_{\mathrm{r}\infty}-1)\varepsilon_0 E_\mathrm{m}+\frac{\varepsilon_\mathrm{rs}-\varepsilon_{\mathrm{r}\infty}}{1+\omega^2\tau_0^2}\varepsilon_0 E_\mathrm{m}\right]\cos\omega t+\frac{\omega\tau_0(\varepsilon_\mathrm{rs}-\varepsilon_{\mathrm{r}\infty})}{1+\omega^2\tau_0^2}\varepsilon_0 E_\mathrm{m}\sin\omega t\\ &=(P_\infty+P_1)\cos\omega t+P_2\sin\omega t\end{aligned} \tag{1.34}$$

观察式(1.34),与外电场同相的分量 $(P_\infty+P_1)$ 是无损分量,而与外电场相位相差 $\pi/2$ 的分量 P_2 是损耗分量。当 $\omega\gg1/\tau_0$ 时,偶极子无法及时跟随外电场转动,使得取向极化强度 P_o 随角频率 ω 的增大而逐渐趋近于 0,总极化强度 P 趋于 P_∞。损耗分量 P_2 代表电介质在正弦交流电场下的介质损耗,当 $\omega=1/\tau_0$ 时,P_2 取最大值。分量 $(P_\infty+P_1)$ 和 P_2 随角频率 ω 的变化曲线如图 1-19 所示,实际试验通过施加很小的交流正弦电压信号(约 1V)获得复介电常数的实部 ε' 和虚部 ε'' 随频率 f 的变化曲线,称为宽频介电谱,从中可得到电介质材料多种极化类型的重要信息。电介质的极化强度或介电常数随频率变化的现象称为介电色散(dielectric dispersion)现象,这是电介质材料最重要的性质之一。

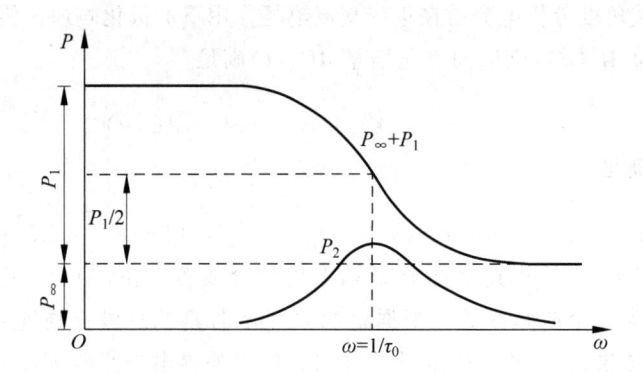

图 1-19　极化强度分量随角频率的变化曲线

1.6　介电弛豫现象

如前所述,在外部交变电场作用下,电介质自发电矩转向过程中与周围分子发生碰撞受阻,从而导致运动滞后于电场变化并有能量损失,进而出现极化弛豫现象。介电弛豫与介质损耗这两者实际上是从不同的角度描述同一问题。

根据热力学相关理论的定义,一个宏观系统由于周围环境的变化或它经受了一个外界的作用而变成非热平衡状态,这个系统经过一定时间由非热平衡状态过渡到新的热平衡状态的整个过程就称为弛豫。弛豫过程实质上就是系统中微观粒子由于相互作用而交换能量,最后达到稳定分布的过程。研究弛豫现象是获得微观粒子之间相互作用信息的最有效途径之一。同理,在外电场激励下,电介质内部的电偶极矩从受激状态过渡到稳定平衡状态的过程即为介电弛豫过程,研究介电弛豫过程可以获得电介质电极化类型的响应特点。

根据弛豫过程的不同,介电弛豫可分为弛豫型(relaxation)介电响应和共振型(resonance)介电响应。复介电常数的实部与虚部随频率的变化如图 1-20 所示,当频率很低时,多种极化形式均可参与作用,此时 $\varepsilon'(\omega)$ 为一常数,$\varepsilon''(\omega)$ 考虑漏导损耗和空间电荷极化损耗;随着频率的增加,分子自发电矩的取向极化逐渐落后于外部电场的变化,此时 $\varepsilon'(\omega)$ 随频率增加而降低,$\varepsilon''(\omega)$ 则出现峰值,与图 1-19 的极化强度随频率的变化趋势相同。由于这类极化形式需要时间克服周围介质的惯性以继续运动达到极化平衡,因而这种变化规律被称为弛豫型介电响应。当频率继续增加时,$\varepsilon'(\omega)$ 又逐渐达到相对恒定,$\varepsilon''(\omega)$ 也趋于 0,说明取向极化不再做出响应。当频率进入红外光区($10^{12} \sim 3.9 \times 10^{14}$ Hz),分子中的正负离子的电偶极矩振动频率与外部电场发生共振时,$\varepsilon'(\omega)$ 会突然增加,随后又急剧下降,同时 $\varepsilon''(\omega)$ 又出现一个峰值,此后,离子极化亦不再做出响应。频率继续增大至可见光区($3.9 \times 10^{14} \sim 7.5 \times 10^{14}$ Hz),此时只有电子极化对总极化有贡献,在某些光频率附近,$\varepsilon'(\omega)$ 也会出现突然增加后急剧下降的现象,$\varepsilon''(\omega)$ 又出现一个峰值,对应于电子跃迁的共振吸收。由离子或电子共振吸收导致的介电常数的变化规律被称为共振型介电响应。当频率更高($>10^{19}$ Hz)时,所有极化类型均不响应,电介质的介电常数就等于真空介电常数。本节讨论的介电弛豫规律只限于弛豫型介电响应。

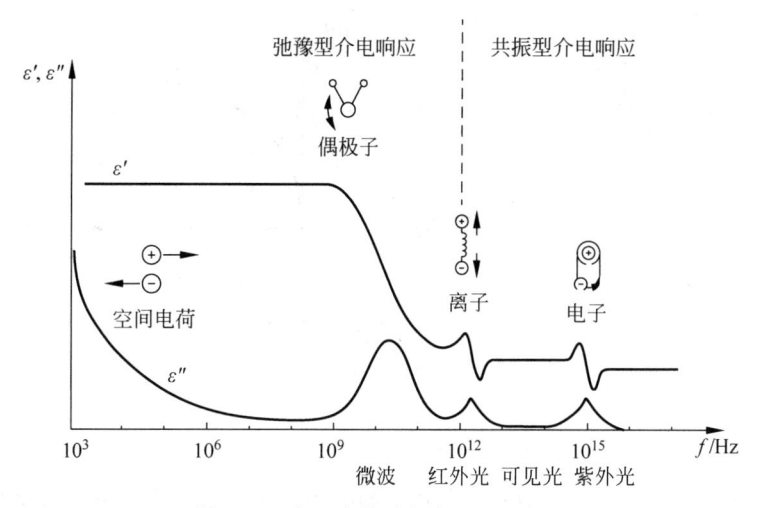

图 1-20　介电常数随频率的变化曲线

1.6.1　弛豫时间近似方法

弛豫过程主要通过粒子间的各种复杂、混乱的相互作用或碰撞来实现，在弱电场情形下，可用弛豫时间近似方法来处理，即认为碰撞引起的分布函数 f 的变化速率正比于分布函数相对其平衡值 f_0 的偏差 $(f-f_0)$。例如，电介质在外电场作用下建立了稳定的极化强度 P_0，在 $t=0$ 时刻突然撤去外电场，则系统的极化强度会逐渐下降并趋于平衡态的零值。在此过程中，极化强度 $P(t)$ 的减小速率正比于 $P(t)$，即

$$\mathrm{d}P(t) = -AP(t)\mathrm{d}t \tag{1.35}$$

代入初始条件 $P(0^-)=P_0$，解得

$$P(t) = P_0 \mathrm{e}^{-At} = P_0 \mathrm{e}^{-\frac{t}{\tau_0}} \tag{1.36}$$

式中，τ_0 为宏观弛豫时间，它是 P 减小至原来的 e^{-1} 倍时所用的时间。

类似地，若 $P(0^-)=0$，在 $t=0$ 的瞬间突然加上一个恒定电场，则电介质的极化强度 $P(t)$ 上升的速率与 $P_0-P(t)$ 成正比，其弛豫规律为

$$\mathrm{d}(P_0-P(t)) = -A(P_0-P(t))\mathrm{d}t \tag{1.37}$$

解得

$$P(t) = P_0(1-\mathrm{e}^{-At}) = P_0(1-\mathrm{e}^{-\frac{t}{\tau_0}}) \tag{1.38}$$

两种情况下电介质极化强度的弛豫规律曲线如图 1-21 所示。不难发现，该近似方法正是 1.5.2 节中对取向极化强度 P_0 随时间变化趋势的假设条件。实际上，这一弛豫规律能够描述自然界的许多弛豫现象，但在介电弛豫现象中，仅用单一弛豫时间 τ_0 的这种简单描述显然还远远不够。

1.6.2　德拜弛豫模型

在正弦交变电场作用下，电介质的复介电常数 ε 与电场角频率 ω 的关系通常可以用式(1.39)的形式来表述，即

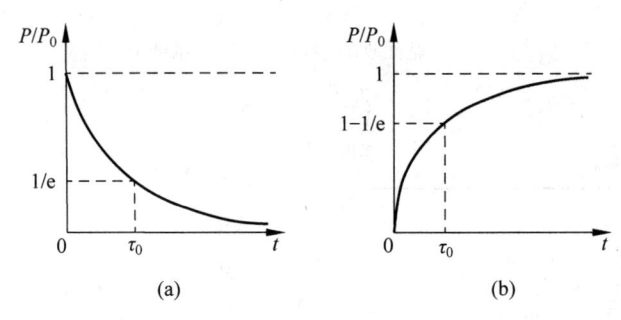

图 1-21 弛豫时间近似方法得到的弛豫规律
(a) 施加阶跃电场；(b) 撤去阶跃电场

$$\boldsymbol{\varepsilon}(\omega) = \varepsilon_\infty + \int_0^\infty \alpha(t) e^{j\omega t} dt \tag{1.39}$$

式中，ε_∞ 为电介质的光频介电常数；ω 为外电场的角频率；$\alpha(t)$ 为衰减因子，描述突然撤去或施加恒定电场后电介质极化强度的变化规律，决定了复介电常数随电场频率变化的具体形式。基于此，德拜(Debye)进一步令

$$\alpha(t) = \alpha_0 e^{-\frac{t}{\tau_0}} \tag{1.40}$$

式中，τ_0 为德拜弛豫时间。将式(1.40)代入式(1.39)，解得

$$\boldsymbol{\varepsilon}(\omega) = \varepsilon_\infty + \frac{\alpha_0 \tau_0}{1 - j\omega\tau_0} \tag{1.41}$$

取电介质的静态介电常数为 ε_s，即 $\boldsymbol{\varepsilon}(0) = \varepsilon_s$，则有

$$\varepsilon_s = \varepsilon_\infty + \alpha_0 \tau_0 \tag{1.42}$$

解得

$$\alpha_0 = \frac{\varepsilon_s - \varepsilon_\infty}{\tau_0} \tag{1.43}$$

将式(1.43)代入式(1.41)，可解得

$$\boldsymbol{\varepsilon}(\omega) = \varepsilon_\infty + \frac{\varepsilon_s - \varepsilon_\infty}{1 - j\omega\tau_0} \tag{1.44}$$

即有

$$\varepsilon' = \varepsilon_\infty + \frac{\varepsilon_s - \varepsilon_\infty}{1 + \omega^2 \tau_0^2} \tag{1.45}$$

$$\varepsilon'' = \frac{(\varepsilon_s - \varepsilon_\infty)\omega\tau_0}{1 + \omega^2 \tau_0^2} \tag{1.46}$$

$$\tan\delta = \frac{\varepsilon''}{\varepsilon'} = \frac{(\varepsilon_s - \varepsilon_\infty)\omega\tau_0}{\varepsilon_s + \varepsilon_\infty \omega^2 \tau_0^2} \tag{1.47}$$

其中，式(1.45)与式(1.46)称为德拜弛豫方程(Debye equation)。德拜弛豫规律对应复介电常数的实部和虚部随频率的变化曲线如图1-22所示，其给出了弛豫型极化响应的基本频谱特征。

将式(1.18)推广到复数范围，将介电常数 ε 替换为复介电常数 $\boldsymbol{\varepsilon}$，设外加电场 $E(t) = E_m \cos\omega t$，写作相量式

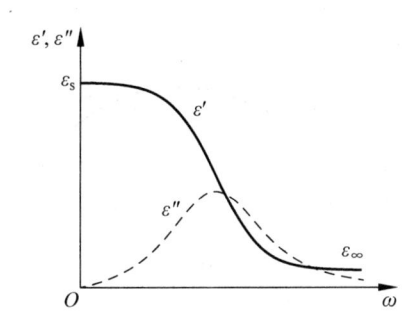

图 1-22 德拜弛豫方程对应的复介电常数随角频率的变化规律

$$\boldsymbol{P} = (\boldsymbol{\varepsilon} - \varepsilon_0)\boldsymbol{E} = (\varepsilon' - \varepsilon_0 - \mathrm{j}\varepsilon'')E_\mathrm{m}\angle 0° = (\varepsilon' - \varepsilon_0)E_\mathrm{m} - \mathrm{j}\varepsilon''E_\mathrm{m} \tag{1.48}$$

将式(1.34)也改写为相量式得

$$\boldsymbol{P} = \left[(\varepsilon_{\mathrm{r}\infty} - 1) + \frac{\varepsilon_{\mathrm{rs}} - \varepsilon_{\mathrm{r}\infty}}{1 + \omega^2\tau_0^2}\right]\varepsilon_0 E_\mathrm{m}\angle 0° + \frac{\omega\tau_0(\varepsilon_{\mathrm{rs}} - \varepsilon_{\mathrm{r}\infty})}{1 + \omega^2\tau_0^2}\varepsilon_0 E_\mathrm{m}\angle -90°$$

$$= \left[\left(\varepsilon_\infty + \frac{\varepsilon_\mathrm{s} - \varepsilon_\infty}{1 + \omega^2\tau_0^2}\right) - \varepsilon_0\right]E_\mathrm{m} - \mathrm{j}\frac{\omega\tau_0(\varepsilon_\mathrm{s} - \varepsilon_\infty)}{1 + \omega^2\tau_0^2}E_\mathrm{m} \tag{1.49}$$

对比式(1.48)与式(1.49),消去极化强度 $\boldsymbol{P}$,同样可推导出德拜弛豫方程。这说明德拜对衰减因子 $\alpha(t)$ 的假设与 1.6.1 节介绍的弛豫时间近似方法实际上是等价的。

当 $\omega = \omega_\mathrm{m} = 1/\tau_0$,即电场角频率取德拜弛豫时间的倒数时,$\varepsilon''(\omega)$ 取到最大值,此时分别计算 $\varepsilon'(\omega_\mathrm{m})$、$\varepsilon''(\omega_\mathrm{m})$ 和 $\tan\delta(\omega_\mathrm{m})$ 的值为

$$\varepsilon'(\omega_\mathrm{m} = 1/\tau_0) = \frac{\varepsilon_\mathrm{s} + \varepsilon_\infty}{2} \tag{1.50}$$

$$\varepsilon''(\omega)_\mathrm{max} = \varepsilon''(\omega_\mathrm{m} = 1/\tau_0) = \frac{\varepsilon_\mathrm{s} - \varepsilon_\infty}{2} \tag{1.51}$$

$$\tan\delta(\omega_\mathrm{m} = 1/\tau_0) = \frac{\varepsilon_\mathrm{s} - \varepsilon_\infty}{\varepsilon_\mathrm{s} + \varepsilon_\infty} \tag{1.52}$$

需要注意的是,由于此时 $\varepsilon'(\omega)$ 仍处于下降趋势,故 $\tan\delta$ 并未取到最大值,其最大值将出现在相对更高的频率处。当交流电场的频率很高时,由德拜弛豫方程可得,$\varepsilon'(\omega)$ 趋于 ε_∞,$\varepsilon''(\omega)$ 趋于 0。实际上,从对图 1-20 的分析中可知,光频电场也会使电介质出现极化损耗,但光频损耗在德拜弛豫理论模型中被略去了。在较低频率下,电介质的弛豫现象比在光频下复杂得多,因此德拜弛豫模型在实验和工程中有着十分重要的应用。

1.6.3 Cole-Cole 图

对比式(1.45)与式(1.46),将德拜弛豫方程中的变量 $\omega\tau$ 消去,可得

$$\left(\varepsilon' - \frac{\varepsilon_\mathrm{s} + \varepsilon_\infty}{2}\right)^2 + (\varepsilon'')^2 = \left(\frac{\varepsilon_\mathrm{s} - \varepsilon_\infty}{2}\right)^2 \tag{1.53}$$

若以 ε' 为横坐标,ε'' 为纵坐标作图,则该方程是一个以 $[(\varepsilon_\mathrm{s} + \varepsilon_\infty)/2, 0]$ 为圆心,$(\varepsilon_\mathrm{s} - \varepsilon_\infty)/2$ 为半径的半圆曲线,称为 Cole-Cole 图,如图 1-23 所示。德拜弛豫方程在数学意义上即为图中半圆曲线的参数方程,参数为 ω。其中,$\omega = 0$ 和 $\omega = \infty$ 对应的两点分别为半圆与横轴的交点,$\omega = 1/\tau_0$ 则对应半圆的最高点。当 ω 从 0 连续增大至 ∞ 时,曲线上的点按照图示箭头方向扫过半圆周。

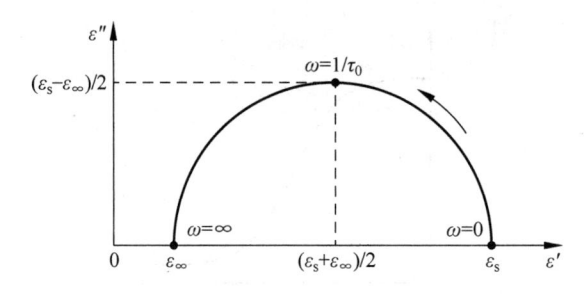

图 1-23 Cole-Cole 图

Cole-Cole 图在处理实验数据时非常有用,在不同频率下测得复介电常数的实部和虚部后,将测量数据标在复平面上,若实验点组成一个半圆周,则说明属于德拜型弛豫。很多电介质材料,尤其是小分子,均能较好地符合德拜型弛豫的特点。

但是,德拜弛豫模型的推导做了很多简化假设,如:①将有效场简化为外部电场;②忽略了电介质材料的电导;③电介质材料中的所有电偶极矩均具有相同的单一的弛豫时间 τ_0。这导致德拜方程的应用也具有一定的局限性,实际测量电介质材料所得到的 Cole-Cole 图有时并非标准的半圆周,而是一段弧线。

1.6.4 双势阱弛豫模型

除德拜弛豫模型外,弛豫型介电响应与电介质中微观粒子的越障运动有关。越障运动是越过一个势垒的运动,使用图 1-24 所示的双势阱弛豫模型可以描述这种运动。图中所示的粒子的势能曲线存在两个极小值点 A 和 B,两个位置的势垒高度记为 w,两点之间的空间距离记为 l。当无外电场时,两个势阱的深度相同;而当施加外部电场 E 后,电场方向假设由 A 指向 B,则电荷量为 q 的粒子在位置 A 处的势能比 B 处高 qlE。

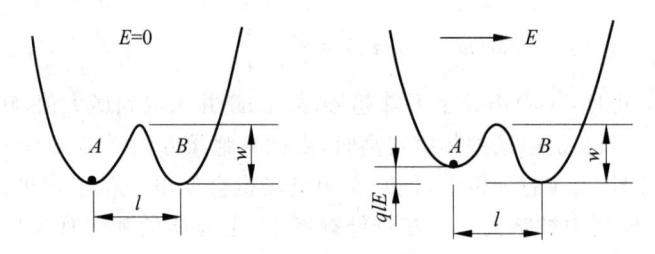

图 1-24 双势阱弛豫模型

模型中带电粒子发生越障运动的位置对应微观电偶极矩的形成,一个宏观系统内部具有很多对极化有贡献的微观粒子。这里忽略粒子之间的相互作用,同时假设势垒高度 $w \gg kT$,k 为玻尔兹曼常数,T 为热力学温度。在无外电场作用时,粒子在位置 A 或位置 B 的概率相等;而当加上外电场 E 后,根据玻耳兹曼分布规律,不同方向上粒子越过势垒的概率分别为

$$B \rightarrow A : P_{BA} = \frac{\omega_0}{2\pi} e^{-\frac{w}{kT}} \tag{1.54}$$

$$A \rightarrow B : P_{AB} = \frac{\omega_0}{2\pi} e^{-\frac{w-qlE}{kT}} \tag{1.55}$$

式中，ω_0 是粒子在势阱中的振动角频率。假设外电场不太大，满足 $qlE \ll kT$，则可近似有

$$\frac{P_{AB}}{P_{BA}} = e^{\frac{qlE}{kT}} \approx 1 + \frac{qlE}{kT} \tag{1.56}$$

$$P_{AB} + P_{BA} \approx 2P_{BA} \tag{1.57}$$

$$P_{AB} - P_{BA} \approx P_{BA} \frac{qlE}{kT} \tag{1.58}$$

设同一时刻位于位置 A 的粒子个数为 $N_1(t)$，位于位置 B 的粒子个数为 $N_2(t)$，体系内的粒子总数为 $N = N_1(t) + N_2(t)$，保持不变，则有

$$\frac{dN_1(t)}{dt} = -N_1(t)P_{AB} + N_2(t)P_{BA} \tag{1.59}$$

$$\frac{dN_2(t)}{dt} = N_1(t)P_{AB} - N_2(t)P_{BA} \tag{1.60}$$

将式(1.59)和式(1.60)作差有

$$\frac{d[N_2(t) - N_1(t)]}{dt} = -[N_2(t) - N_1(t)](P_{AB} + P_{BA}) + N(P_{AB} - P_{BA}) \tag{1.61}$$

将式(1.57)和式(1.58)代入微分方程(1.61)中，消去 P_{AB}，可得

$$\frac{d[N_2(t) - N_1(t)]}{dt} = -2P_{BA}[N_2(t) - N_1(t)] + NP_{BA}\frac{qlE}{kT} \tag{1.62}$$

根据边界条件 $N_1(0) - N_2(0) = 0$ 求解方程(1.62)得

$$N_2(t) - N_1(t) = \frac{NqlE}{2kT}(1 - e^{-2P_{BA}t}) \tag{1.63}$$

粒子跨越势垒形成电偶极矩，两个势阱处粒子数的差值与宏观极化强度 P 的大小成正比。不难看出，式(1.63)中粒子差值随时间的变化趋势与 1.6.1 节使用弛豫时间近似方法推导得出的极化强度 P 的表达式(1.38)的形式一致。对比两式易得

$$\tau_0 = \frac{1}{2P_{BA}} = \frac{\pi}{\omega_0} e^{\frac{w}{kT}} \tag{1.64}$$

式(1.64)给出了宏观弛豫时间与温度的关系，当势垒高度 $w > 0$ 时，温度 T 越高，对应弛豫时间 τ_0 越小。还可以发现，弛豫时间与势阱深度 w 和粒子的振动角频率 ω_0 都有关系。实际上，一个电介质体系内往往存在不止一种类型的双势阱，和不止一种类型的带电粒子，这也就导致出现多个不同的弛豫时间，甚至还可能出现弛豫时间在某一区间内的连续分布。同时，在双势阱弛豫模型中，假设 $w \gg kT$，根据式(1.64)，则有 $\tau_0 \gg 1/\omega_0$。而在德拜弛豫模型中，一般要求角频率 ω 的研究区间和 $1/\tau_0$ 的数量级不能相差太大，因此双势阱弛豫模型推导得出的弛豫型介电响应只出现在 $\omega \ll \omega_0$ 的频率范围内，其中 ω_0 为粒子在红外频率附近的振动角频率。

习 题

1. 名词解释：电介质、电极化、极化强度、介电常数、自发极化、局域场、介电弛豫。
2. 判断下列分子是否具有自发电矩：乙烯($CH_2 = CH_2$)、六氟化硫(SF_6)、氨(NH_3)、二氧化碳(CO_2)、二氧化硫(SO_2)、氯仿($CHCl_3$)、乙醇(CH_3CH_2OH)、苯(C_6H_6)。

3. 电介质极化率的大小与哪些因素有关？其极化机制包括哪几类？它们分别具有什么特点？

4. 列举一些典型的非极性、极性和离子型电介质，并注明相对介电常数。

5. 一般根据什么来判断聚合物电介质的极性强弱？具有较高极性的聚合物材料都含有哪些特征官能团？

6. 对于强极性电介质而言，偶极极化往往起到主要作用，其介电常数随温度的变化规律是怎样的？

7. 克劳修斯-莫索提方程只适用于非极性电介质材料，有哪些方程还考虑了极性电介质的固有电矩？修正项是什么？

8. 根据图 1-17 有损电介质的串联等效电路和并联等效电路，用电路参数 C_s、R_s、C_p 和 R_p 分别表示对应电介质的复介电常数和介质损耗因数，其与电压角频率 ω 具有什么关系？

9. 满足德拜型弛豫规律的电介质的 ε' 与 ε'' 之间满足什么关系？当外电场角频率取多少时，$\tan\delta$ 取到最大值？与 $\omega_m = 1/\tau_0$ 相比哪个更高？

第 2 章

铁电现象及特性

铁电材料具有单晶或多晶结构，在一定温度范围内产生自发极化，当外加一定强度的电场后，自发极化能够改变方向，使铁电体表现出较宽的电滞回线。铁电材料在微观结构上的特点赋予其许多独特的功能。本章将着重介绍铁电材料的发现过程、结构特征、极化特性及铁电相变的热力学理论。

2.1 铁电体的发现

在功能电介质领域，铁电、压电以及热释电材料占据着相当重要的地位，并且三者之间存在非常密切的联系。因此，在具体介绍铁电材料前，有必要对这三种功能电介质的命名起源与相互关系进行简述。

热释电材料(pyroelectrics)的英文前缀"pyro-"来自希腊语，意为"火"，指温度变化会引起极化强度变化(即电荷释放)的电介质，可实现热量和电能之间的相互转换。早在公元前314年，古希腊哲学家泰奥弗拉斯托斯(Theophrastus)就发现了电气石的热释电现象。1824年，英国物理学家大卫·布鲁斯特爵士(Sir David Brewster)首次用"pyroelectric"一词描述材料中的热释电现象。

压电材料(piezoelectrics)的英文前缀"piezo-"来自希腊语，意为"压"，指机械应力会引起极化强度变化(即电荷释放)的电介质，可实现机械能和电能之间的相互转换。1880年，法国物理学家皮埃尔·居里(Pierre Curie)和雅克·居里(Jacques Curie)在研究热释电现象时在石英单晶中发现了压电效应及其逆效应。

铁电材料(ferroelectrics, FE)的英文前缀"ferro-"来自拉丁文，意为"铁"，但铁电材料与铁元素并无直接关联。实际上，绝大多数的铁电材料不含铁，而之所以如此命名，与铁磁性有关。铁磁体(ferromagnetics)的发现时间比铁电体早得多，典型的铁磁材料有铁、钴、镍等。铁磁体的磁化强度随外部磁场变化存在滞后现象而表现为磁滞回线，这与铁原子最外层未成对电子产生的电子自旋磁矩密切相关。虽然铁电体与铁元素无关，但其极化强度随外加电场的变化特性与铁磁体的磁化强度在外加磁场下的变化特性类似，表现为电滞回线，因此被命名为铁电材料。

1655 年,法国拉谢尔(La Rochelle)的药剂师塞涅特(Seignette)首次合成酒石酸钾钠,其化学式为 $NaKC_4H_4O_6 \cdot 4H_2O$,后被称为罗谢尔盐(Rochelle salt)。这种无色晶体化合物在当时被用作泻药,研究者并未注意到其作为电介质所具有的特殊性质。直到 200 多年后,1920 年,约瑟夫·瓦拉塞克(Joseph Valasek)发现,罗谢尔盐晶体在外加电场作用下的极化强度表现出类似于铁磁体的滞后回线,并将这种特性称为塞涅特电性。随后,基于与铁磁体的类比,进一步将其命名为铁电性,将具有铁电性的材料称为铁电体。罗谢尔盐是第一个被发现的铁电体,但由于其复杂的晶体结构,后续近 20 年均难以分析其与铁电性相关的微观机理。1935—1938 年,乔治·布什(Georg Busch)和保罗·谢乐(Paul Scherrer)发现磷酸二氢钾也具有铁电性,而磷酸二氢钾的晶体结构比罗谢尔盐简单得多。1941 年,Slater 提出了磷酸二氢钾质子位置有序化微观模型。1945—1946 年,Wul 和 Goldman 等又发现了钛酸钡陶瓷的铁电性。1950 年,Slater 提出了钛离子位移模型。钛酸钡晶体具有钙钛矿结构,人们发现已存在的多种晶体都具有钙钛矿结构,并逐步验证其铁电性的存在,推动了铁电材料体系的建立和相关研究的发展。在如今已知的一千多种具有铁电性的晶体中,钙钛矿结构的铁电体是数目最多的一类。

2.2 铁电体的结构特征

2.2.1 晶体结构基础

要想表现出铁电性、压电性或热释电性,电介质材料首先必须具有长程有序排列结构,这就要求其必须为单晶材料或由微晶组成的多晶材料。晶体是指在三维空间中按照一定规律进行周期性重复排列的原子、离子或分子组成的固体物质。晶体中反映晶体结构周期性和对称性的最小重复单元称为晶胞(unit cell),当受到外部激励(如温度、机械应力或电场)时,晶胞尺寸会发生微小变化。若晶胞具有特定对称性,这种尺寸变化可能导致电介质宏观极化强度的改变,从而产生铁电、压电或热释电效应。

在了解铁电、压电及热释电材料的结构特征前,首先简单介绍结晶学基础知识,主要包括空间点阵、晶体对称性、结晶型点群等基本概念。为了描述晶体的几何特性,将晶体内周期性排列的粒子抽象为数学意义上的几何点,称为格点或阵点;三维空间中周期性排列的点的阵列即为空间点阵或空间格子,也称为晶格(lattice)。空间点阵由平行六面体单元沿三维方向周期性堆积构成,这种可以进行周期性平移的平行六面体被称为原始格子,平行六面体在 8 个顶点处的格点或阵点表示粒子位置。晶体结构特征即可通过数学抽象出的空间点阵和点阵不同位置格点对应的具体粒子类型(即物理意义上的结构基元)表示。不难发现,平行六面体重复单元的选择并不唯一。结晶学认为,空间点阵中体积最小的重复单元是原胞(primitive cell),但原胞往往无法反映晶体的对称性,因此又将同时反映晶体周期性和对称性的最小重复单元定义为晶胞。如图 2-1 所示,晶胞的形状和大小可用 3 个边长(a、b、c)和 3 条边之间的夹角(α、β、γ)

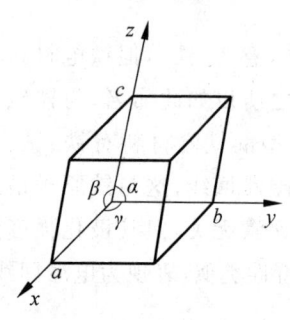

图 2-1 晶胞的晶格参数

2.2 铁电体的结构特征

进行表征,称为晶格参数。根据晶格参数的不同,可将晶胞划分为 7 大晶系,如表 2-1 所示。

表 2-1 7 大晶系的晶格参数

晶　　系	晶　　轴	晶轴夹角
三斜晶系(triclinic)	$a \neq b \neq c$	$\alpha \neq \beta \neq \gamma \neq 90°$
单斜晶系(monoclinic)	$a \neq b \neq c$	$\alpha = \gamma = 90°, \beta \neq 90°$
正交晶系(orthorhombic)	$a \neq b \neq c$	$\alpha = \beta = \gamma = 90°$
四方晶系(tetragonal)	$a = b \neq c$	$\alpha = \beta = \gamma = 90°$
六方晶系(hexagonal)	$a = b \neq c$	$\alpha = \beta = 90°, \gamma = 120°$
三方晶系(rhombohedral)	$a = b = c$	$\alpha = \beta = \gamma \neq 90°$
立方晶系(cubic)	$a = b = c$	$\alpha = \beta = \gamma = 90°$

由于晶胞中包括的结点不同,同一晶系中的晶格又可分为多种类型。在 7 大晶系中共有 14 种不同的晶格,称为布拉维格子(Bravais lattice),按照结点数目划分,可分为原始格子、底心格子、体心格子和面心格子。其中,原始格子的结点只分布在平行六面体的 8 个顶角上,且每个顶角上的结点被附近 8 个平行六面体所共有,因此 1 个原始格子中包含 $8 \times 1/8 = 1$ 个结点,原始格子也称为简单格子。底心格子除顶角的 8 个结点外还有两个结点位于一对平行面的中心,因此 1 个底心格子中包含 $8 \times 1/8 + 2 \times 1/2 = 2$ 个结点。体心格子除顶角的 8 个结点外还有一个结点位于平行六面体的中心,因此 1 个体心格子中包含 $8 \times 1/8 + 1 = 2$ 个结点。面心格子除顶点的 8 个结点外在 6 个面的面心都有一个结点,因此 1 个面心格子中包含 $8 \times 1/8 + 6 \times 1/2 = 4$ 个结点。这些包含两个或两个以上结点的格子称为复式格子。

晶体内部格子的结构决定了晶体的对称性,而晶体的特定对称形式则直接决定了宏观材料的铁电性、压电性或热释电性。对称性指对晶体进行某种规律操作后,晶体仍然能够与自身重合的性质,而使晶体复原的操作动作称为对称操作。根据晶体的定义可知,晶体自然地满足平移对称性,即将空间点阵沿某一方向移动某一特定长度的整数倍,整个点阵与原点阵重合。而考虑晶体的宏观对称性时,可包括对称中心、对称面和旋转轴 3 种对称元素。其中,对称中心对应的对称操作是将格子沿某一定点进行反演,如对称中心取为原点 O,即将格子上的某一结点 (x, y, z) 反演至 $(-x, -y, -z)$;当晶体满足这一对称性时,国际符号记为"$\bar{1}$"。对称面对应的对称操作是将格子相对于该平面进行镜像翻转;当晶体满足这一对称性时,国际符号记为"m"。对称轴对应的对称操作是将格子绕某一轴线旋转 $360°/n$,并称晶体具有 n 次轴。由于晶体平移对称性的限定,n 只能取 1、2、3、4 或 6。当晶体满足这一对称性时,国际符号分别记为"1""2""3""4"和"6"。除这 3 种基本对称元素外,还有一种复合对称元素,其为旋转与反演的叠加操作,即绕某一轴线旋转 $360°/n$ 后,再以轴线上某一点为对称中心进行反演,称晶体具有 n 次旋转倒反轴。与旋转轴类似,n 只能取 1、2、3、4 或 6,当晶体满足这一对称性时,国际符号分别记为"$\bar{1}$""$\bar{2}$""$\bar{3}$""$\bar{4}$"和"$\bar{6}$"。考虑到这些对称操作中存在重复,如 $\bar{2}$ 与 m 等价,$\bar{3}$ 可通过 3 与 $\bar{1}$ 叠加操作得到等,总的来看,晶体宏观对称性中共有 8 种独立对称元素,即 $\bar{1}$、m、1、2、3、4、6 和 $\bar{4}$。

对称操作的集合称为对称群。进一步对晶体的宏观对称性进行分析发现,这 8 种对称元素共有 32 种组合方式,对应晶体被划分为 32 类结晶型点群,如表 2-2 所示。这里对对称类型的表示符号做简单解释:首先,不同位次的符号分别对应晶体不同方向上的对称元素,如正交晶系 mm2 点群表示晶体垂直于 a 轴和 b 轴各有 1 个对称面,且有 1 个沿 c 轴方向的 2 次轴。其次,若晶体在某个方向同时具有对称轴和垂直于该轴的对称面,可写成分数形式,如单斜晶系 2/m 点群表示晶体有 1 个沿 b 轴方向的 2 次轴,并有一个垂直于 b 轴的对称面。

表 2-2 晶体 32 类结晶型点群的符号和对称性

晶 系	对 称 特 点	对 称 类 型	宏 观 特 性
三斜晶系	只有 1 次轴或 1 次旋转倒反轴	1	压电、热释电
		$\bar{1}$	—
单斜晶系	只在 1 个方向上有 2 次轴或 2 次旋转倒反轴	2	压电、热释电
		m	压电、热释电
		2/m	—
正交晶系	在 3 个方向上都有 2 次轴或 2 次旋转倒反轴	222	压电
		mm2	压电、热释电
		mmm	—
四方晶系	有 1 个 4 次轴或 4 次旋转倒反轴	4	压电、热释电
		$\bar{4}$	压电
		4/m	—
		422	压电
		4mm	压电、热释电
		$\bar{4}2m$	压电
		4/mmm	—
六方晶系	有 1 个 6 次轴或 6 次旋转倒反轴	6	压电、热释电
		$\bar{6}$	压电
		6/m	—
		622	压电
		6mm	压电、热释电
		$\bar{6}m2$	压电、热释电
		6/mmm	—
三方晶系	有 1 个 3 次轴或 3 次旋转倒反轴	3	压电、热释电
		$\bar{3}$	—
		32	压电
		3m	压电、热释电
		$\bar{3}m$	—
立方晶系	有 4 个 3 次轴	23	压电
		m3	—
		432	具有其他对称性,而不表现压电性
		$\bar{4}3m$	压电
		m3m	—

晶体的对称性除包括宏观对称元素外,还包括微观对称元素,即螺旋轴和滑移面。将宏观对称元素与微观对称元素进行组合,又可将晶体进一步划分为 230 种空间群,这里不再过多论述,读者可参阅其他结晶学相关书籍。

根据不同的宏观对称性,晶体可划分为 32 类结晶型点群。观察表 2-2 发现,在这 32 类点群中，有11类是中心对称的，其不具备压电、热释电或铁电效应。另外21类是非中心对称的，除去1类特殊点群(432点群)，其余20类点群均具有压电效应。在这20类中，有10类点群不具有自发极化，其宏观极化由机械应力产生；另外10类点群则具有自发极化，且极化强度随温度的变化而变化，因此具有压电效应和热释电效应。在这10类点群中，又有部分晶体具有自发极化，且自发极化具有可逆性，随外加电场的变化而变化，这部分晶体可表现出3种效应——压电性、热释电性和铁电性。材料极化特性与晶体结构的关系如图2-2所示。不难发现，具有铁电性的晶体一定具有压电性和热释电性，压电材料、热释电材料和铁电材料的相互关系如图2-3所示。

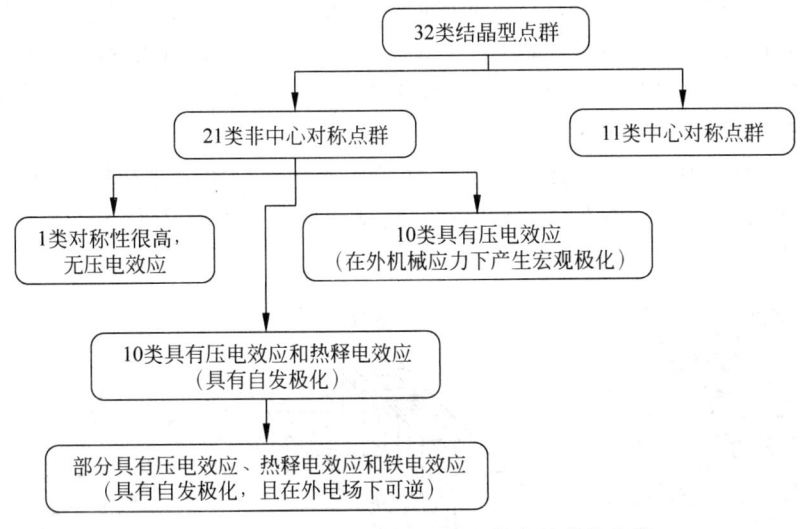

图 2-2　具有压电、热释电和铁电效应的晶体分类

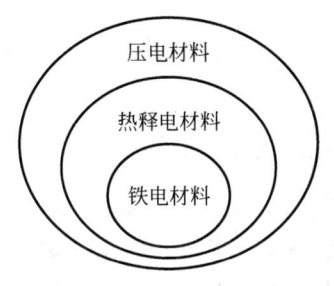

图 2-3　压电、热释电和铁电材料之间的关系

2.2.2　铁电畴的结构特点

铁电材料的结构特征可简要总结为两点：①具有有序的晶相结构(单晶或多晶)，且晶体满足特定的宏观对称性；②在一定温度范围内具有自发极化，且在外电场作用下极化可翻转。

铁电畴(ferroelectric domain)的存在是铁电体区别于其他电介质的基本微观特征。在铁电体的晶相中，存在偶极子有序排列、自发极化方向一致的局部区域，称为铁电畴。在一定温度范围内，铁电体晶胞内的正负电荷中心不重合，形成电偶极矩，每个晶胞形成的电矩自发地与相邻晶胞的电矩沿同向平行排列，形成铁电畴，这种无外电场作用下的链式取向过程称为自发极化。当铁电畴生长到一定尺寸后会停止生长,而继续形成另一个自发极化指向其他方向的铁电畴,以保证结构的稳定。畴与畴之间的过渡区域称为畴壁。

晶粒(grain)是晶体材料中晶格连续规整排列的区域,在某一个晶粒内部,晶格结构和位向基本相同。根据晶体空间结构的不同,铁电晶体可分为单晶体和多晶体。其中,单晶体的整块晶体只由一个晶粒组成,具有规则的宏观几何形状,而多晶体则是很多细小晶粒由界面相隔而形成的聚集体。在多晶体中,晶粒大小一般为微米级到毫米级,晶粒与晶粒之间的边界称为晶界。

由于畴是原子或离子作周期性有序排列的区域,而在晶格规整排列的框架下,原子或离子的位置可以发生微小畸变,因此铁电畴内的原子或离子的有序排列要求比晶粒要求更高,对应畴比晶粒的规整度更高,尺寸也更小。图 2-4(a)中虚线围成的闭合区域为一个晶粒,通过晶界相互隔开,一个晶粒内一般存在多个铁电畴,每个畴对应一个自发极化方向。若相邻两铁电畴的自发极化方向呈反向平行排列,称为 180°畴;若相邻两铁电畴的自发极化方向成 90°,称为 90°畴,如图 2-4(b)所示[1]。通常,铁电畴的畴壁附近晶格略有畸变,但不会破坏晶体结构的凝聚力,不影响晶体的稳定性。畴壁的厚度一般为几个晶格常数,约几纳米,如图 2-4(c)所示。

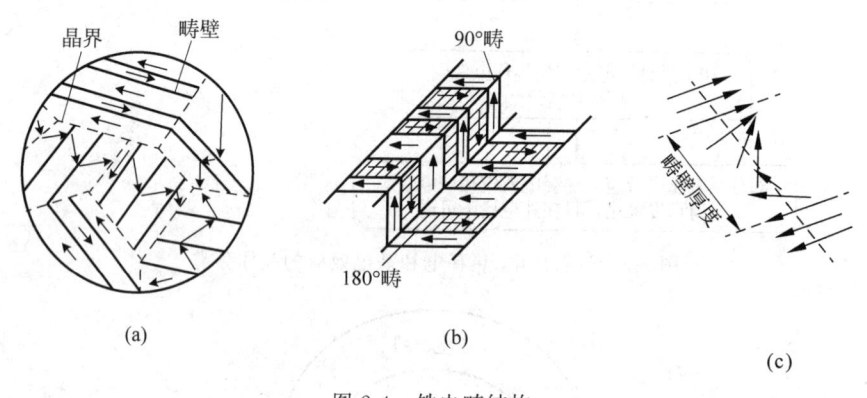

图 2-4 铁电畴结构
(a) 多晶体中的晶粒与铁电畴;(b) 90°畴与 180°畴[1];(c) 畴壁

使用扫描电子显微镜(scanning electron microscope,SEM)观测到铁电晶体的晶粒大小在几十微米至几百微米之间,如图 2-5(a)所示。使用透射电子显微镜(transmission electron microscope,TEM)观测铁电畴结构,尺寸在数百纳米,如图 2-5(b)所示。

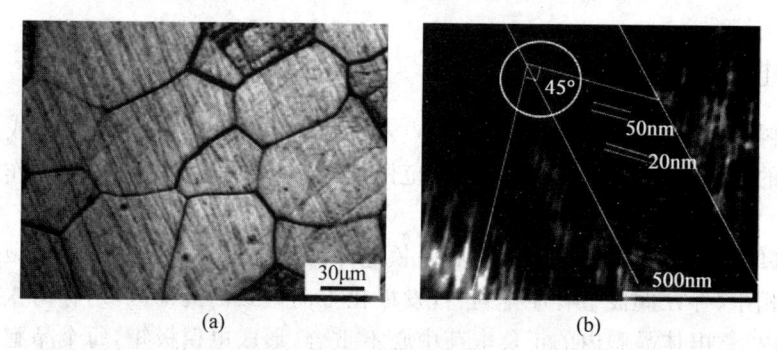

图 2-5 铁电体的结构表征
(a) SEM 观测到的晶粒结构;(b) TEM 观测到的 90°畴结构

2.3 铁电体的极化特性

不同铁电体的畴结构存在较大差异。例如，硫酸三甘肽（triglycine sulfate，TGS）的铁电畴的自发极化方向均沿一个方向平行，只存在 180°畴。钛酸钡（barium titanate，BTO）的化学式为 $BaTiO_3$，其存在 3 种不同的铁电相，畴结构比较复杂，具有 90°、180°、60°、120°、71° 和 109°共 6 种畴，如图 2-6 所示[2]。$BaTiO_3$ 陶瓷内部铁电畴的空间形貌常呈鱼骨状和正交网络状，如图 2-7 所示，图中，箭头指向为铁电畴的自发极化方向，A、B 为 90°畴壁，C 为 180°畴壁[2]。

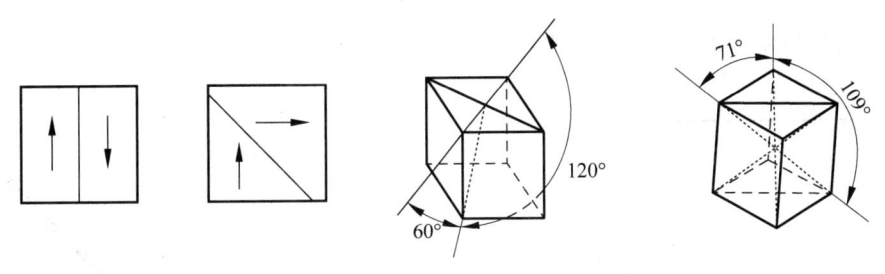

图 2-6 $BaTiO_3$ 晶体的铁电畴结构[2]

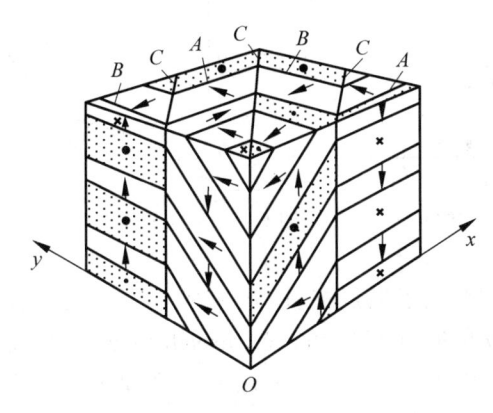

图 2-7 $BaTiO_3$ 陶瓷晶粒内铁电畴的空间分布[2]

2.3 铁电体的极化特性

2.3.1 铁电畴的极化反转

铁电畴在一定强度的电场作用下可发生极化反转是铁电体区别于其他功能电介质的重要特征之一。铁电畴的运动机制十分复杂，当通过施加矩形电场脉冲研究铁电体的极化反转过程时，即在 $BaTiO_3$ 晶体上作用一个正负交替的矩形电场脉冲，脉冲上升时间短于样品的极化反转时间，脉冲持续时间和幅值足以使极化反转过程充分进行，由于铁电畴的反转对应微观粒子的相对位移和自发极化方向的改变，故可观测到有微秒级的瞬态电流产生[3]，如图 2-8 所示。将短时电流的最大值记为 I_m，持续时间记为开关时间 t_s。

图 2-9 给出了短时电流幅值和开关时间与外加电压的关系。通过实验测试发现，脉冲电场 E 越高，短时电流幅值 I_m 越高，开关时间 t_s 越短，$BaTiO_3$ 晶体极化反转越快。在低场强下，开关时间 t_s 主要由单位时间内新畴的成核数决定，该成核过程与外加场强 E 呈指数关系，并可用表达式

进行较好的拟合。式中，t_∞ 为场强 E 为无穷大时的开关时间；α 为一个常数，其大小取决于温度和样品厚度。而当外加电场较高时，新畴的成核速度非常快，开关时间 t_s 由畴壁移动所需的时间决定，与外加场强 E 呈线性关系，即

$$\frac{1}{t_s} \propto v = \mu(E - E') \tag{2.2}$$

式中，v 为畴壁运动速度；μ 为畴壁迁移率；E' 为临界场强。

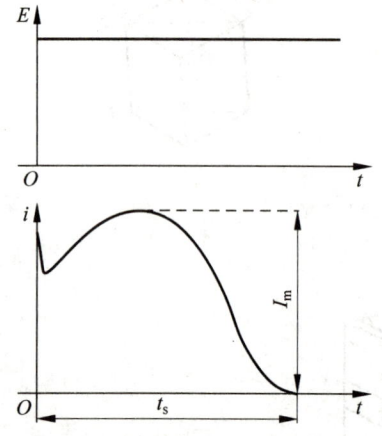

图 2-8 BaTiO$_3$ 晶体的极化反转过程[3]

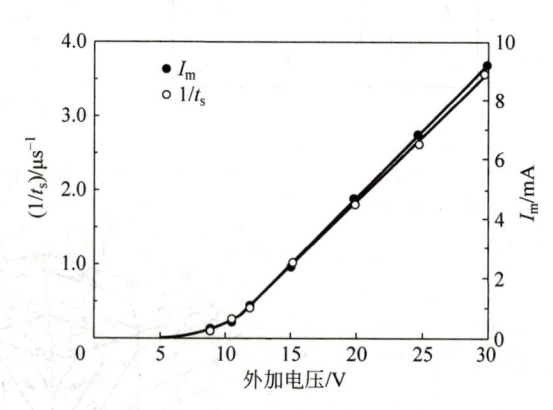

图 2-9 BaTiO$_3$ 晶体的 $1/t_s$ 和 I_m 与外加电压的关系[3]

实验表明，极化反转过程是新畴成核、长大、扩张和合并的过程，也是畴壁运动的结果，如图 2-10 所示。基于此现象提出了 Miller-Weinreich 模型[4]，从而唯象地讨论畴核的生长和运动。使用该模型可以得出，在 BaTiO$_3$ 晶体中，当外部场强 E 约 1kV/mm 时，畴壁的运动速度约 10^5 cm/s，这与实验观测到的高场强下畴壁移动速率比较接近。

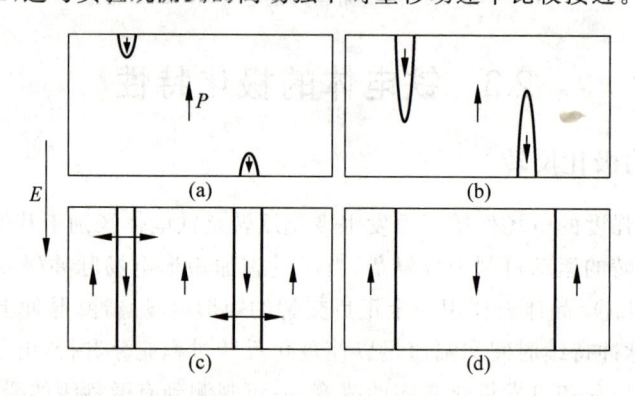

图 2-10 铁电畴的成核(a)、长大(b)、扩张(c)与合并(d)过程

2.3.2 铁电体的电滞回线

由于铁电畴的极化反转，铁电材料的宏观特征为，在一定温度下，其极化强度 P 在变化的外加电场 E 下表现出明显的滞后特性，$P(E)$ 曲线称为电滞回线，如图 2-11 所示。当无电

场作用时,初始状态下,铁电体中的畴取向并不相同,材料宏观偶极矩为零。当外加电场逐渐沿正向增加时,铁电畴逐渐开始沿电场方向取向排列,曲线由原点 O 沿点 A 移动至点 B。继续增大正向电场,在高场区域,转向大部分完成,极化基本饱和,点 B 至点 C 区间内的极化强度由于电介质的电子极化而继续呈小幅线性增长。当外加电场开始逐渐减小时,铁电畴有相当一部分仍保持其取向状态,曲线不再沿原路径返回,而沿点 B 移动至点 D。可以看到,当外加电场减小至 0 时,铁电体的极化强度并未恢复至 0,而是明显剩余了一部分,即 OD,被称为剩余极化 P_r(remanent polarization)。线性部分 BC 的反向延长线交 P 轴于点 E,OE 被称为自发极化 P_s(spontaneous polarization)。若要使极化强度变为 0,则需施加反向电场,曲线沿点 D 移动至点 R,此时极化强度为 0,外加电场 OR 被称为矫顽场 E_c(coercive field)。继续增大反向电场,铁电畴逐渐发生极化反转,曲线移动至点 G。减小反向电场至 0,曲线移动至点 H。增大正向电场,曲线从点 H 移动至点 C,形成 C-D-R-G-H-C 闭环。剩余极化 P_r、自发极化 P_s 和矫顽场 E_c 这 3 个参数对铁电材料的具体工程应用具有较大影响。电滞回线所包围的面积表示电场变化一个周期内单位体积的铁电材料消耗的能量,与线性电介质相比,铁电材料由于具有自发极化而表现出更高的损耗。

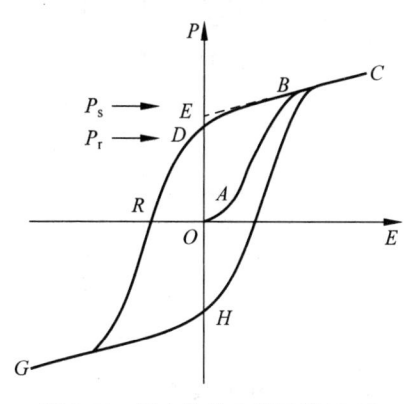

图 2-11 铁电体的电滞回线(P-E hysteresis loop)

不同铁电晶体的电滞回线的形状存在较大差异。对于单晶结构,其极化强度的反转非常明显,电滞回线呈现为"方形",如图 2-12(a)所示;而对于多晶结构,如铁电陶瓷,由于晶粒取向随机排布,其极化转向较为缓慢,不易定向排列,电滞回线呈现为"圆形",如图 2-12(b)所示。

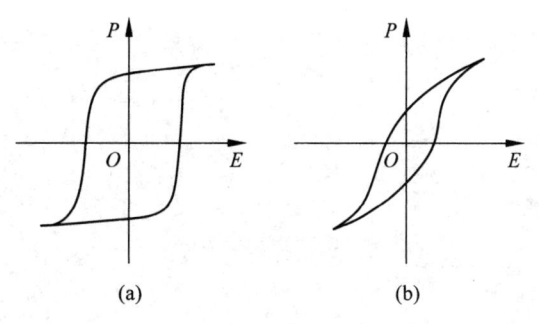

图 2-12 不同铁电晶体的电滞回线特征
(a) 铁电单晶体;(b) 铁电多晶体

电滞回线是铁电材料的重要特征之一,通过测量电滞回线,可以获得上述铁电材料的 3 个重要参数。测量铁电材料电滞回线的基本电路是 Sawyer-Tower 电路,如图 2-13 所示。将待测铁电样品厚度记为 d,电极面积记为 A,在电路中等效为电容 C,样品与参比电容 C_0 串联后两端加低频交流电压 V。示波器分别测量总电源电压 V 和参比电容 C_0 两端的电压 V_0。由 $E=V_c/d=(V-V_0)/d$ 得到样品的外加电场强度。由于两电容的极板电荷量相等,即 $Q=C_0V_0=CV_c$,得到样品的电位移矢量 $D=Q/A=C_0V_0/A$,进而测量出 P-E 电滞回线。

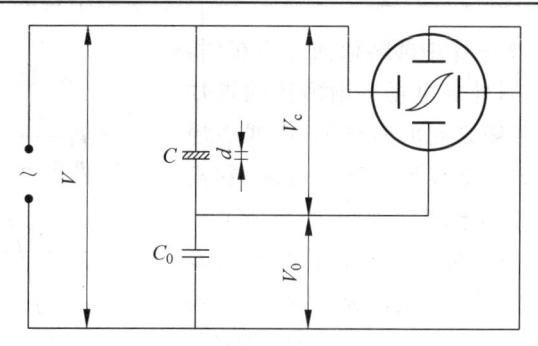

图 2-13　用于测量电滞回线的 Sawyer-Tower 电路

　　实际的电滞回线测试仪如图 2-14 所示,由信号发生器、功率放大器、计算机端测试软件等组成。电滞回线测试仪控制软件的界面如图 2-15 所示,可手动更改信号发生器的输出波形种类、频率、幅值,并输入样品的对应参数,以测得正确的电滞回线曲线。

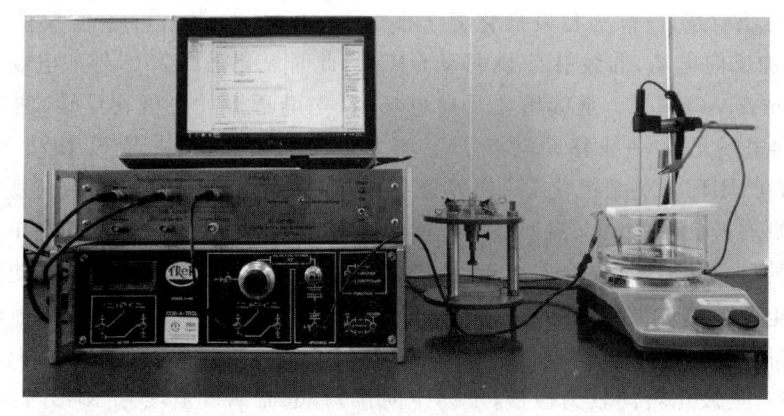

图 2-14　电滞回线测试仪

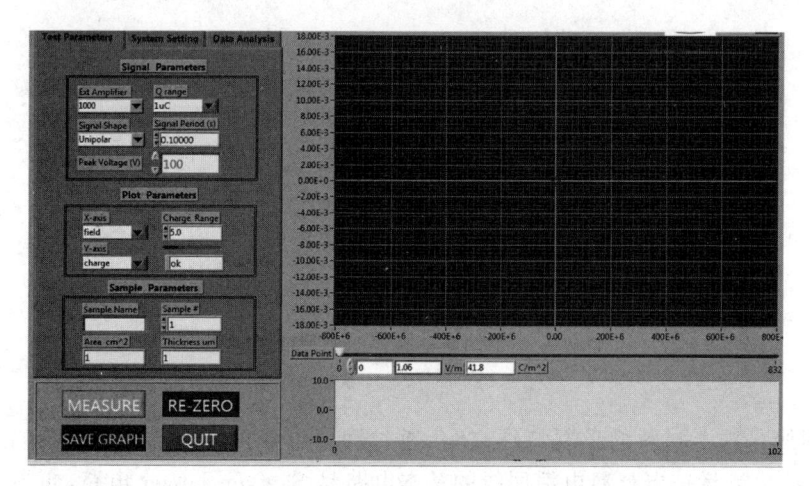

图 2-15　电滞回线测试仪控制软件

2.3.3　缺陷对极化的影响

　　实际晶体均具有缺陷,按照功能和形成原因可分为结构缺陷、化学缺陷、电子缺陷、工艺缺陷和环境缺陷等。缺陷引起的宏观极化变化可用来解释铁电体在实验中观察到的一些物理现象,其中,缺陷对矫顽场的影响最明显。当缺陷偶极矩的取向与晶体偶极矩取向一致时,矫顽场增大,电滞回线受缺陷所加偏置场而发生偏离,如图2-16(a)所示。而若缺陷对晶体电偶极矩的影响与铁电畴类似,则铁电体的电滞回线将呈现出双电滞回线,如图2-16(b)所示。

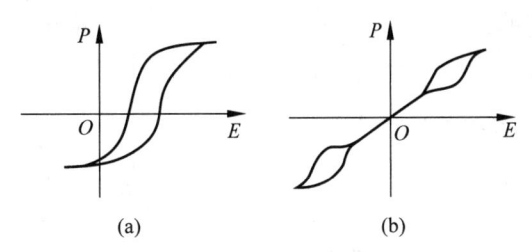

图2-16 铁电晶体中由缺陷引起的偏置电滞回线
(a)电滞回线受缺陷所加偏置场而偏离;(b)电滞回线出现双电滞回线

缺陷还会对铁电体的疲劳造成影响。疲劳是指铁电体在多次极化反转后,可反转的极化逐渐减小的现象。铁电体疲劳的起因可分为:①电畴的非180°转动在铁电体内形成局部应力;②极化反转时由电极注入载流子所形成的空间电荷钉扎屏蔽;③电化学反应;④缺陷的形成与迁移[5]。若考虑缺陷迁移,在交流电场作用下,缺陷作双向运动,当缺陷迁移到晶界、畴壁或铁电材料与电极的界面时,由于势能更低,缺陷容易被捕获,导致界面结构损伤,界面处的束缚电荷数量减少,使铁电体的极化强度降低。极化减小导致铁电体产生的去极化场降低,使作用在缺陷上的电场强度更高,缺陷运动的振幅越来越大,随着极化反转次数增加,缺陷离界面越来越近,更容易被界面捕获,如图2-17所示。

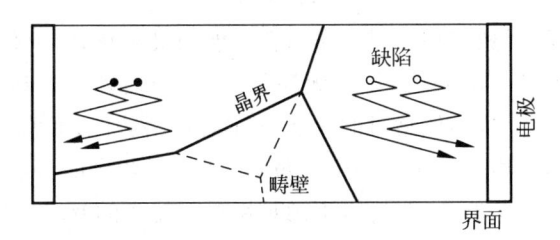

图2-17 缺陷在电场作用下的运动趋势[5]

2.4 铁电相变

2.4.1 相变基础

铁电材料在一定温度范围内具有自发极化,当超过一定温度后,铁电材料会发生相变,从而失去铁电性。相是指物质系统中物理、化学性质完全相同,与其他部分具有明显分界面的均匀部分。所谓相变,是指物质从一种相转变为另一种相的过程。以水为例,水有固、液、气三种相态(有时也包括等离子体),在不同的温度或压强条件下,三种相态之间可以相互转化,如图2-18所示。描述相平衡系统的组成与条件参数(如温度、压强)之间关系的图称为相图,如图2-19所示。根据相图信息,即可得出在某特定压强和温度条件下,水会以哪种平衡相态存在。

图 2-18　水的各相态之间的相变过程示意

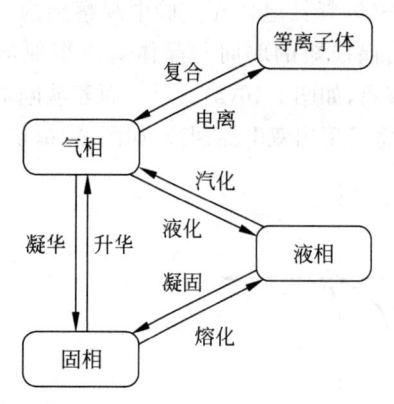

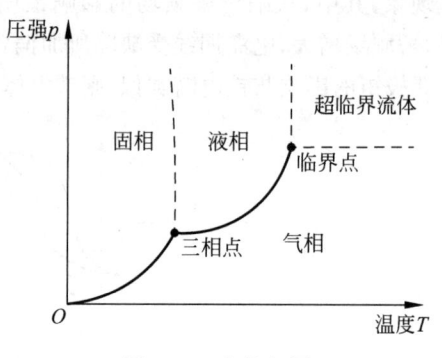

图 2-19　水的相图

物质之所以在不同外界条件下可能发生平衡相态的改变,是因为任何一个物质系统都倾向于达到所处条件下最稳定的相态,而最稳定的相态对应系统的自由能具有最小值,称为自由能最小原理。热力学中有一个十分重要的状态函数,称为吉布斯自由能(Gibbs free-energy),其定义式为

$$G = U - TS + pV \tag{2.3}$$

式中,U 为系统内能;T 为热力学温度;S 为熵;p 为压强;V 为体积。对于铁电材料而言,由于大多数实验均在大气压附近进行,pV 项的值比其他项小得多,可忽略不计,因此可将式(2.3)改写为

$$G = U - TS \tag{2.4}$$

观察式(2.4),不难发现,要想实现材料吉布斯自由能的最小化,需要使内能 U 尽可能小,同时使熵 S 尽可能大。首先,熵表征系统的无序化程度,熵值越高意味着材料内的原子或离子越趋于无序化排列。其次,晶体材料的内能 U 主要包括势能,通常为负值,势能最小化意味着材料内的原子或离子均须位于晶格格点位置,即位于各自的势阱底部。但这种固定位置的有序排列对应的系统熵值往往最低,不满足熵尽可能大的要求。实际上,在给定温度条件下,热的作用会使系统内能 U 和熵 S 趋于相互平衡,从而导致了晶体材料中所有原子或离子都在其格点平衡位置附近做微小振动的现象。

对于水而言,固定其他条件,其各相态的吉布斯自由能与温度的关系如图 2-20 所示。根据吉布斯自由能最小化原则,可推导出不同温度下水的平衡相态,图中所示规律与大气压

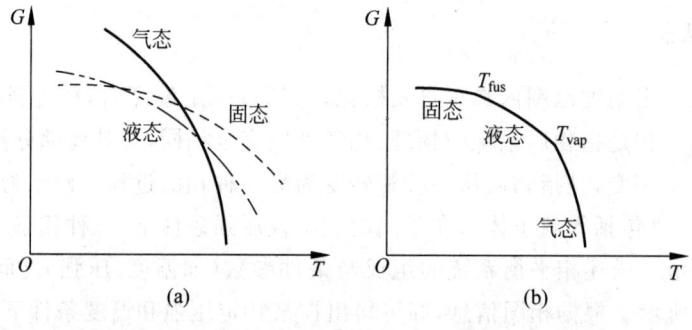

图 2-20　水的各相态的自由能与温度的关系

条件下实际观察到的现象相吻合,即随着温度不断升高,水从固态冰相变为液态水,最终相变为水蒸气。

相变不一定是气相、液相和固相之间的变化,也可能是一种液相转变为另一种液相,或一种固相转变为另一种固相。那么如何判断物质是否发生相变呢?物质相态的转变主要分为两种类型——一级相变和二级相变。

一级相变的特征为:①有相变潜热(吸热或放热),相变过程中吸热或放热但温度不变;②相变温度为一固定值或范围很窄;③相变过程中,序参量不连续变化。其中,序参量是系统相变前后最突出的标志,它表示系统的有序结构和类型,是对微观子系统集体运动的表征和度量。系统的序参量往往根据定义进行主观选取,如铁磁材料的序参量取自发磁化强度 M,铁电材料的序参量则取自发极化强度 P_s。典型的一级相变如:水的固-液-气态相变,其序分量为系统密度差 $\Delta \rho$,相变时序分量发生突变。

二级相变的特征为:①在没有体积变化的情况下,相变过程中不发生吸热或放热;②相变发生在较宽温度范围;③相变过程中,序参量连续变化。常见的二级相变如:正常液态氦(氦Ⅰ)与超流氦(氦Ⅱ)之间的转变、正常导体与超导体之间的转变、顺磁体与铁磁体之间的转变等。

一般来说,序参量在相变点处不连续,则相变为一级相变;序参量在相变点处连续而其一阶微分不连续,则相变为二级相变。在热力学理论中,也可以按照状态函数自由能 G 在相变点处的连续性来判别相变类型。在相变点处,自由能 G 必须连续,这是由能量守恒定律决定的。若自由能 G 的一阶微分不连续,则相变为一级相变。若自由能 G 的一阶微分连续,而二阶微分不连续,则相变为二级相变。

2.4.2 铁电相变的基本特征

温度变化可以引发从有序相到无序相的转变,对于铁电材料,在高于某临界温度后,铁电材料的铁电相结构不再稳定,倾向于转变为更稳定的顺电(paraelectric)相,其自发极化消失。铁电材料由铁电相转变为顺电相的临界温度被称为居里温度 T_C(Curie temperature),这一参数决定了铁电材料的可使用温度范围。

在铁电相变过程中,晶胞中离子或原子的相对运动导致材料性质显著变化。以 $BaTiO_3$ 为例,$BaTiO_3$ 属于 ABO_3 钙钛矿族,其中,A 和 B 为金属,A、B 正离子的总电荷数为+6,且两种离子尺寸存在较大差异,尺寸较小的离子是过渡金属。对于 $BaTiO_3$ 而言,Ba^{2+} 离子半径为 1.35Å,Ti^{4+} 离子半径为 0.68Å。当高于居里温度 T_C(120℃)时,Ba^{2+} 和 Ti^{4+} 与 O^{2-} 组成立方晶系结构,如图 2-21(a)所示。在 $BaTiO_3$ 的立方晶相中,B 位 Ti^{4+} 位于立方体的中心,A 位 Ba^{2+} 位于立方体的 8 个顶点,O^{2-} 位于立方体的面心位置,形成氧八面体结构。正负电荷中心均在立方体的中心位置,因此晶胞的电偶极矩为零,不表现出极性,为顺电相。当温度逐渐下降,到达居里温度 T_C 以下(5~120℃)时,晶胞的顺电相结构不再稳定,正、负离子移动到偏离中心的位置,如图 2-21(b)所示,Ba^{2+} 从其在立方结构的原始位置向上移动 0.05Å,Ti^{4+} 向上移动 0.1Å,O^{2-} 向下移动 0.04Å,形成四方晶系结构,属于 4mm 点群。由于正、负离子沿相反方向移动,正、负电荷中心不再重合,于是晶胞形成永久电偶极矩,且自发地与相邻晶胞的电矩平行排列,形成局部有序结构,即自发极化。由于在 $BaTiO_3$ 由立方顺电相转变为四方铁电相的过程中,晶胞中的正、负离子发生相对位移,因此其相变被称为位移型相变。

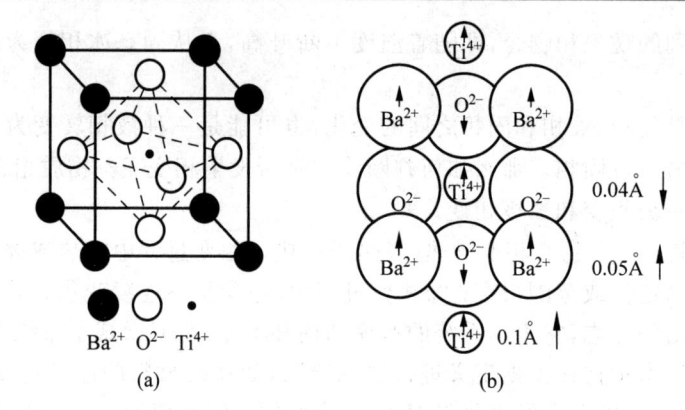

图 2-21 BaTiO₃ 的晶胞结构和相变示意图

(a) 立方晶胞结构；(b) 温度变化引起晶胞中离子位移

铁电材料发生相变时，由于晶体结构的改变，其宏观参数也会出现较大的变化。铁电材料的介电常数 ε_r 和自发极化强度 P_s 随温度的变化特性如图 2-22 所示，介电常数 ε_r 在居里温度 T_C 附近陡然上升至极高的峰值，可达 10^4 量级，后又显著下降。这种介电反常现象总是出现在相变点附近，在居里温度 T_C 以上的区间内，其变化趋势可以用居里-外斯定律 (Curie-Weiss relation) 进行描述，表达式为

$$\varepsilon_r = \frac{C}{T-T_0}, \quad T > T_C \tag{2.5}$$

式中，C 为居里-外斯常数；T_0 为居里-外斯温度。T_0 的大小与铁电材料的相变类型有关，对于二级相变，$T_0 = T_C$；对于一级相变，$T_0 < T_C$，具体讨论见 2.4.3 节。一些常见的铁电体在相变点附近的介电常数和自发极化强度变化特性如图 2-23 所示。除介电常数和极化强度外，铁电体的压电系数、弹性系数等参数在相变点附近也会出现较大幅度的改变。

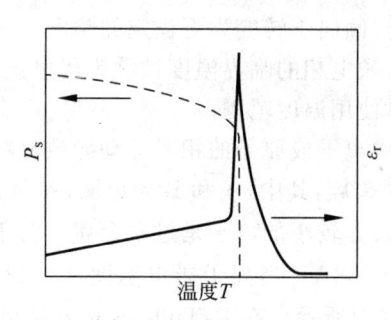

图 2-22 铁电材料的介电常数和自发极化强度随温度的变化特性

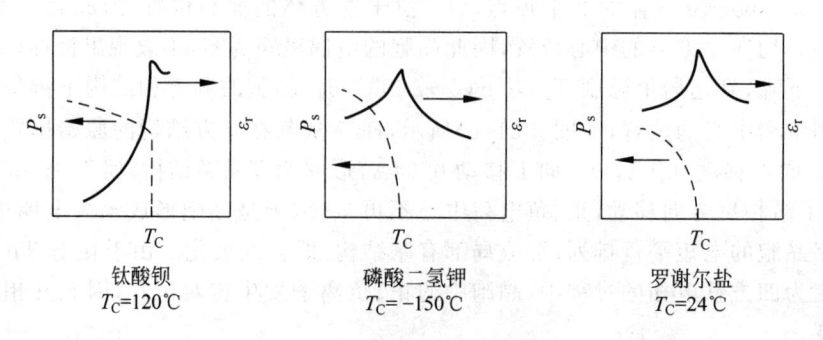

钛酸钡	磷酸二氢钾	罗谢尔盐
$T_C = 120℃$	$T_C = -150℃$	$T_C = 24℃$

图 2-23 不同铁电材料在相变点附近的变化特性

2.4.3 铁电相变的热力学方法

下面从热力学相关理论继续解释铁电相变。根据热力学第一定律,热量可以从一个物体传递到另一个物体,也可以与机械能或其他能量互相转换,但在转换过程中,能量的总值保持不变。即物体内能的增加 dU 等于物体吸收的热量 dQ 和外界对物体做功 dW 的总和。基于热力学第二定律,热力学温度 T 被定义为热力学广义力,其对应的广义位移为熵,记为 S。熵 S 的定义式为

$$\mathrm{d}S = \frac{\mathrm{d}Q}{T} \tag{2.6}$$

当物体受到外部机械应力和电场的作用时,其对物体做的功 dW 为

$$\mathrm{d}W = X\mathrm{d}h + E\mathrm{d}D \tag{2.7}$$

式中,X 为应力;h 为位移(应变);E 为电场;D 为电位移矢量。因此,物体内能的增量 dU 为

$$\mathrm{d}U = \mathrm{d}Q + \mathrm{d}W = T\mathrm{d}S + X\mathrm{d}h + E\mathrm{d}D \tag{2.8}$$

若实验控制的自变量取温度 T、机械应力 X 和电位移矢量 D,则铁电体自由能特征函数 $G(T,X,D)$ 的表达式可写作

$$G(T,X,D) = U - TS - Xh \tag{2.9}$$

式(2.9)的全微分可写作

$$\mathrm{d}G = E\mathrm{d}D - h\mathrm{d}X - S\mathrm{d}T \tag{2.10}$$

使铁电材料处于自由状态(无机械应力),$\mathrm{d}X = 0$。在恒温条件($\mathrm{d}T = 0$)下,可以发现,自由能的变化微元 dG 仅与铁电体电位移矢量 D 的变化有关。对于大多数铁电体,与极化强度 P 相比,$\varepsilon_0 E$ 项很小,基本可以忽略不计,即 $D \approx P$,因此铁电体的自由能特征函数 G 可进一步表示为

$$G(T,P) = G_0(T) + f(P) \tag{2.11}$$

这里需要指出的是,P 与 T 是非独立关系。

对于钙钛矿型铁电体而言,其自由能函数的数学形式由德文希尔(Devonshire)在幂级数形式的基础上制定,并由 Huibregtse 和 Young 进一步补充修正。德文希尔于 1949 年为 $BaTiO_3$ 铁电体提出第一个唯象模型,即朗道-德文希尔(Landau-Devonshire,L-D)理论[6],这是铁电相变理论发展的重要里程碑。L-D 理论是铁电相变通用理论,通过比较两相的自由能之差以解释铁电材料的相变过程。根据 L-D 理论,假设晶体的自发极化都沿某同一方向,则 $G(T,P)$ 的表达式为

$$G(T,P) = G_0(T) + \frac{1}{2}g_2 P^2 + \frac{1}{4}g_4 P^4 + \frac{1}{6}g_6 P^6 \tag{2.12}$$

式(2.12)根据朗道相变理论推出,其基于唯象理论,将事实规律用数学表达式进行概括和总结,是一种经验公式,而并非从本质推导得出,且对物理现象的内在原因不具备解释作用。式中,$f(P)$ 取到 P 的六阶幂级数展开式,可以发现,展开式中没有 P 的奇数次幂,这是因为在无外电场的条件下,极化方向导致的取值正负对自由能 G 不会产生影响。对于唯象系数 g_2、g_4 和 g_6,根据德文希尔的假设,在居里温度 T_C 附近,g_4 和 g_6 不随温度变化,仅 g_2 与温度 T 有关,近似用 T 的线性函数表示,即

$$g_2 = \beta(T - T_0) \tag{2.13}$$

式中,β 是大于 0 的常数。系数 g_4 的正负则决定了铁电材料的相变类型。对于系数 g_6,为使极化强度 P 的值很大时函数 G 随着 P 的增大而增大,以保证系统出现自由能 G 极小的热力学稳定状态,g_6 的取值大于 0。

下面使用数学方法分情况讨论不同相变类型下的铁电相变特征。要得到自由能 G 最小的稳定状态解,需要将式(2.12)对自变量 P 求一阶偏微分,并令其等于 0,得

$$\frac{\partial G}{\partial P} = g_2 P + g_4 P^3 + g_6 P^5 = P(g_2 + g_4 P^2 + g_6 P^4) = 0 \tag{2.14}$$

令

$$P_s = \sqrt{(2g_6)^{-1}(-g_4 + \sqrt{g_4^2 - 4g_2 g_6})} \tag{2.15}$$

$$P_m = \sqrt{(2g_6)^{-1}(-g_4 - \sqrt{g_4^2 - 4g_2 g_6})} \tag{2.16}$$

当两式均有意义时,有 $P_s > P_m$。

继续根据系数 g_4 的正负进行分类讨论,当 $g_4 > 0$ 时,求解式(2.14)得

$$\begin{cases} P_1 = 0, & g_2 > 0, T > T_0 \\ P_{1,2,3} = 0, & g_2 = 0, T = T_0 \\ P_1 = 0, P_{2,3} = \pm P_s, & g_2 < 0, T < T_0 \end{cases} \tag{2.17}$$

对自由能函数 G 计算二阶偏微分,即

$$\frac{\partial^2 G}{\partial P^2} = g_2 + 3g_4 P^2 + 5g_6 P^4 \tag{2.18}$$

以判断式(2.17)是否极值点及其极值类型。若 $\partial^2 G/\partial P^2 > 0$,则此处为极小值点;若 $\partial^2 G/\partial P^2 < 0$,则此处为极大值点;若 $\partial^2 G/\partial P^2 = 0$,则需要计算更高阶偏微分进行判断。据此可得,当 $T > T_0$ 时,式(2.14)有唯一解 $P = 0$,对应 G 最低,稳定相为顺电相;当 $T = T_0$ 时,式(2.14)有唯一解 $P = 0$,且 G 在 $P = 0$ 处的二阶、三阶偏微分等于 0,四阶偏微分大于 0,说明 $P = 0$ 处 G 为最小值,稳定相仍为顺电相;当 $T < T_0$ 时,式(2.14)有 3 个解,G 在 $P = 0$ 处取到极大值,在 $P = \pm P_s$ 处取到极小值,也是最小值,此时自发极化非零,稳定相为铁电相。在这种情况下,T_0 的值等于居里温度 T_C。

图 2-24(a)展示了 3 种情况($T > T_C$,$T = T_C$ 和 $T < T_C$)下自由能函数($G - G_0$)以 P 为自变量的变化曲线。随着参数 g_2 从正到负的转变,即温度从 T_C 以上逐渐降低至 T_C 以下,铁电材料从顺电相相变为铁电相,其自发极化强度 P 从 $T \geqslant T_C$ 时的 0 连续增长至 $T < T_C$ 时的有限值,属于二级相变,如图 2-24(b)所示。

当 $g_4 > 0$ 时,求解式(2.14)得

$$\begin{cases} P_1 = 0, & g_2 > g_4^2/4g_6, T > T_1 \\ P_1 = 0, P_{2,3,4,5} = \pm P_s = \pm P_m = \pm \sqrt{-g_4/2g_6}, & g_2 = g_4^2/4g_6, T = T_1 \\ P_1 = 0, P_{2,3} = \pm P_s, P_{4,5} = \pm P_m, & 0 < g_2 < g_4^2/4g_6, T_0 < T < T_1 \\ P_{1,2,3} = 0, P_{4,5} = \pm P_s = \pm \sqrt{-g_4/g_6}, & g_2 = 0, T = T_0 \\ P_1 = 0, P_{2,3} = \pm P_s, & g_2 < 0, T < T_0 \end{cases}$$

$$\tag{2.19}$$

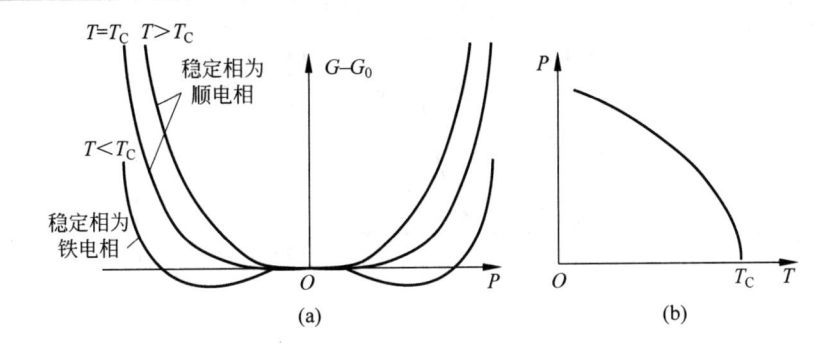

2.4 铁电相变

图 2-24 二级铁电相变
(a) $(G-G_0)$-P 曲线随温度的变化趋势；(b) 自发极化强度 P 的温度变化曲线

当 $g_2>0$ 时，要使 P_s 和 P_m 的表达式有意义，需满足判别式 $\Delta = g_4^2 - 4g_2g_6 \geq 0$，即 $g_2 \leq g_4^2/4g_6$。令 $g_4^2 - 4g_2g_6 = 0$，将式(2.13)代入得 $g_4^2 - 4\beta(T-T_0)g_6 = 0$，解得 $T = T_0 + g_4^2/4\beta g_6$，记作 T_1。当 $T>T_1$ 时，式(2.14)有唯一解 $P=0$，对应 G 最低，稳定相为顺电相。当 $T=T_1$ 时，式(2.14)有 3 个解，G 在 $P=0$ 处取到极小值，而在 $P=\pm P_s = \pm P_m$ 处的二阶偏微分等于 0，三阶偏微分不为 0，说明该处不是极值点，仅为拐点。G 在 $P=0$ 处的极小值也是最小值，稳定相为顺电相。当 $T_0<T<T_1$ 时，式(2.14)有 5 个解，G 分别在 $P=0$ 和 $P=\pm P_s$ 处取到极小值，在 $P=\pm P_m$ 处取到极大值，此时顺电相与铁电相中有一相为稳定相，另一相为亚稳定相，判断哪一相是稳定相需要比较 G 在 $P=0$ 和 $P=\pm P_s$ 处的具体大小。当 $T=T_0$ 时，式(2.14)有 3 个解，G 在 $P=0$ 处的二阶、三阶偏微分等于 0，四阶偏微分小于 0，说明 G 在 $P=0$ 处取到极大值。G 在 $P=\pm P_s$ 处取到极小值，也是最小值，自发极化非零，稳定相为铁电相。当 $T<T_0$ 时，式(2.14)有 3 个解，G 在 $P=0$ 处取到极大值。G 在 $P=\pm P_s$ 处取到极小值，也是最小值，自发极化非零，稳定相为铁电相。

通过以上分析可得，$T \geq T_1$ 时，顺电相是唯一稳定相；$T \leq T_0$ 时，铁电相是唯一稳定相。下面继续讨论 $T_0<T<T_1$ 范围内的具体情况。当 $T_0<T<T_1$ 时，为确定哪一相才是稳定相，假设 $G(P=0) = G(P=\pm P_s)$，得

$$\frac{1}{2}g_2 P_s^2 + \frac{1}{4}g_4 P_s^4 + \frac{1}{6}g_6 P_s^6 = 0 \tag{2.20}$$

代入 P_s 的表达式(2.15)得到相变临界温度为

$$T_C = T_0 + \frac{3g_4^2}{16\beta g_6} < T_1 \tag{2.21}$$

顺电相或铁电相由稳态转变为亚稳态的临界温度即为居里温度 T_C，$T_0<T_C<T_1$。注意到，此时的自发极化强度 P_s 是一个非零正数。

当 $T>T_C$ 时，G 在 $P=0$ 处取最小值，稳定相为顺电相；而 $T<T_C$ 时，G 在 $P=\pm P_s \neq 0$ 处取最小值，稳定相为铁电相，自发极化强度 P 在 $T=T_C$ 处发生不连续突变，属于一级相变。图 2-25(a)展示了 5 种情况下自由能函数$(G-G_0)$以 P 为自变量的变化曲线。随着参数 g_2 不断减小，温度从 T_C 以上逐渐降低至 T_C 以下，铁电材料的稳定相由顺电相转变为铁电相，其自发极化强度 P 从 $T>T_C$ 时的 0 跳变至 $T<T_C$ 时的非零有限值，如图 2-25(b)所示。纯净的 $BaTiO_3$ 单晶在 T_C 处的相变即为一级铁电相变，但是如果晶体不纯，一级相变可能会转变为二级相变。

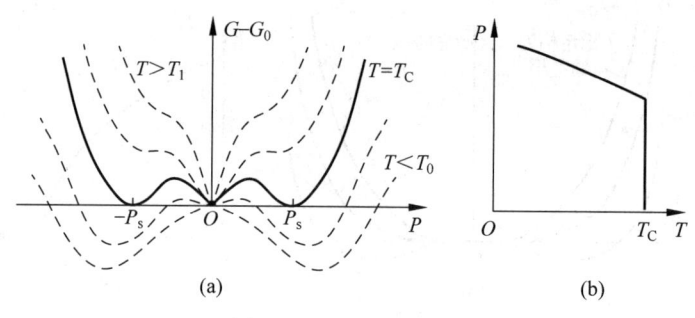

图 2-25 一级铁电相变
(a) $(G-G_0)$-P 曲线随温度的变化趋势；(b) 自发极化强度 P 的温度变化曲线

一级铁电相变的特点之一是在相变温度附近（$T_0 < T < T_1$），铁电体的顺电相和铁电相两相可以共存。当由铁电相缓慢升温时，铁电相以亚稳态继续存在，可滞后到 $T = T_1$ 时才发生转变成为顺电相，而当由顺电相缓慢降温时，顺电相以亚稳态继续存在，会滞后到 $T = T_0$ 时才发生转变成为铁电相。在实际实验中常遇到这种热滞（thermal hysteresis）现象，如图 2-26 所示。

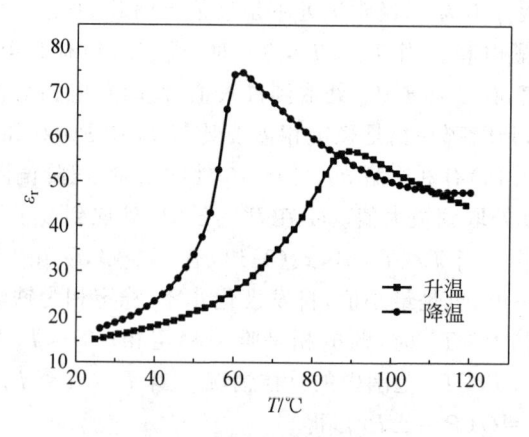

图 2-26 一级铁电相变的热滞现象

无论一级铁电相变还是二级铁电相变，当温度 $T > T_C$ 后，顺电相都是唯一稳定相。由式(2.10)可知，在恒定温度、无机械应力的情况下，电场 E 是自由能 G 对 P 的偏微分，表达式同式(2.14)。由式(2.14)计算 $\partial E/\partial P$ 得

$$\frac{\partial E}{\partial P}\bigg|_{P=0} = \frac{\partial^2 G}{\partial P^2}\bigg|_{P=0} = g_2 = \beta(T - T_0) \tag{2.22}$$

而由 P 与 E 的关系式(1.12)可得

$$\frac{\partial E}{\partial P} = \frac{1}{\varepsilon_0 \chi} \tag{2.23}$$

对比式(2.22)与式(2.23)可得

$$\chi = \frac{1}{\varepsilon_0 \beta(T - T_0)} \quad (P = 0) \tag{2.24}$$

可以发现，式(2.24)的形式即为居里-外斯定律的表达式(2.5)，其中，$(\varepsilon_0 \beta)^{-1}$ 对应为居里-外斯常数 C。这一热力学理论模型与根据实验拟合得到的居里-外斯定律能够很好地吻合。

需要注意的是,本节基于热力学模型的相关描述虽然在一定程度上定性解释了铁电体的一些宏观性质,但实际铁电体的铁电性是内部铁电畴运动的反映。不同铁电畴的极化强度 P 并不相等,且铁电畴尺寸可以达到微米级,而不属于宏观无限小、微观无限大的区域,不同铁电畴中的热力学的平均值问题已经超出平衡态热力学的适用范围。因此以热力学方法为基础的铁电唯象理论只能认为是基于铁电现象的过于简单化的数学拟合。

2.4.4 弛豫铁电体

了解铁电体的相变特点后,下面引出与铁电体相关的另外两个体系,其中之一是弛豫铁电体(relaxor ferroelectrics,RFE)。弛豫铁电体把传统理论认为互无联系的弛豫现象与铁电现象联系起来,与铁电体相比,其具有很多特殊性质,如:

(1) 弛豫铁电体的剩余极化 P_r 很小,如图 2-27 所示。

(2) 弛豫铁电体的"热滞"很小,在升温和降温过程中,介电常数峰值所对应的温度 T_0 与 T_1 相差不大,如图 2-28 所示。

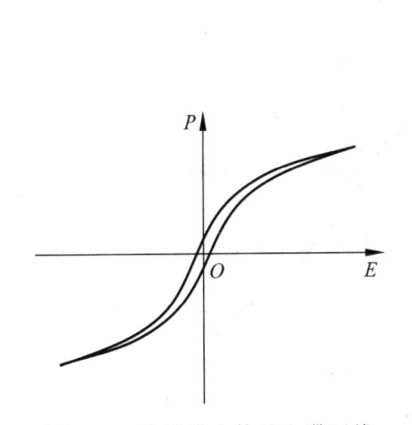

图 2-27 弛豫铁电体的电滞回线

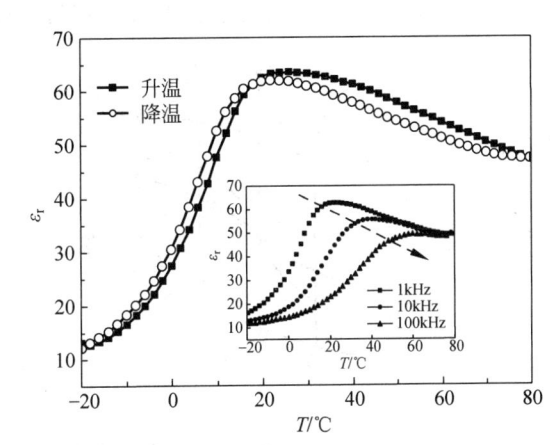

图 2-28 弛豫铁电体的"弥散相变"和频率色散现象

(3) 弛豫铁电体存在"弥散相变"现象,即某特征温度(记为 T_m)附近,原本很尖锐的介电常数异常峰变成弥散的、宽化的、平缓的介电常数异常峰。

(4) 弛豫铁电体存在频率色散现象,即介电常数随着测量频率的变化而变化,随着交流电场频率的增加,其介电常数峰值会朝着高温方向移动。在 T_m 及其以下一定温度范围内,弛豫铁电体的介电常数均存在很强的频率色散。而在铁电体中,介电常数异常峰对应的温度是定值,并不随频率变化。

(5) 在温度远低于 T_m 的条件下,弛豫铁电体又表现出铁电性,出现与铁电体类似的较宽的电滞回线。

需要注意的是,所谓"弥散相变"更多是沿用早期研究类比铁电体时的一种说法。以典型的弛豫铁电体——铌镁酸铅(lead magnesium niobate,PMN)为例,其自发极化并非在峰值温度 T_m 处突然消失,而是在该温度以下就已经逐渐衰减至零,在温度 T_m 处并未发生铁电-顺电相变,具体介绍见 3.4 节。弛豫铁电体具有的这些独特性质与其材料结构有关,以无机弛豫铁电体为例,一般认为,其内部成分的局部无序化分布导致极性纳米微区的产生,而极性纳米微区复杂的极化机制至今仍无定论。在某些弛豫铁电体中，随着温度的降低，被冻结的极性纳米微区能够自发转变为具有长程有序性的正常铁电态。

2.4.5 诱导铁电相变

接下来考虑外加电场的影响，以电场强度 E 为试验控制自变量继续讨论铁电体的介电行为。电场强度 E 是自由能 G 对 P 的偏微分，表达式同式(2.14)。在二级铁电相变的情况下，以 E 为横轴，P 为纵轴，得到不同温度下 $P(E)$ 的变化曲线如图2-29(a)所示。当 $T \geqslant T_C$ 时，极化强度 P 随电场 E 单调变化。而当 $T < T_C$ 时，极化强度 P 是电场 E 的多值函数，具体取值需要比较自由能的大小。2.4.3节所描述的热力学唯象模型以极化强度 P 为自变量，而当外电场 E 可控变化时，其自由能热力学函数的表达式将发生变化，对应的稳定状态也可能改变。以电场 E、温度 T、应力 X 为自变量的铁电体自由能函数 $G_1(T, X, E)$ 的表达式为

$$G_1(T, X, E) = G(T, X, D) - ED \tag{2.25}$$

将 $T < T_C$ 时对应的 $P(E)$ 曲线分段，并计算每一段自由能 G_1 的大小，如图2-29(b)所示。

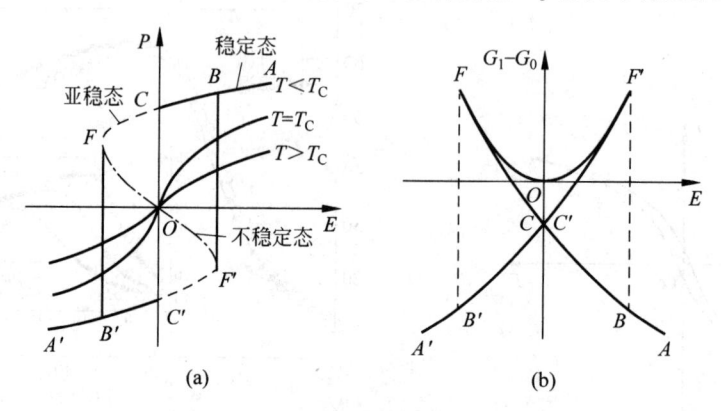

图 2-29 二级铁电相变点附近的 $P(E)$ 曲线

(a) $P(E)$ 变化曲线；(b) 铁电相的自由能 G_1

可见，ABC 和 $A'B'C'$ 段自由能最低，为稳定态；CF 和 $C'F'$ 段自由能略高，为亚稳态；OF 和 OF' 段自由能最高，为不稳定态。系统的稳定态和亚稳态可以出现，但不稳定状态不会出现。那么在居里温度 T_C 以下，材料处于铁电相，当电场 E 从负最大值变至正最大值时，$P(E)$ 曲线沿 A'-B'-C'-F' 移动，再从 F' 突变至 B，到达点 A。当电场反向再变化时，曲线又沿着 A-B-C-F-B'-A' 移动，形成电滞回线。这一热力学理论可定性解释铁电材料在居里温度以下会出现宽电滞回线的现象。

在一级铁电相变的情况下，图2-30给出了在一级相变温度 T_C 附近的一些 $P(E)$ 曲线，图中使用无量纲的坐标分度，标度常数 P_0 和 E_0 的表达式分别为

$$P_0 = \left(\frac{2g_6}{|g_4|} \right)^{-\frac{1}{2}} \tag{2.26}$$

$$E_0 = \left(\frac{2}{|g_4|} \right)^{-\frac{5}{2}} g_6^{-\frac{3}{2}} \tag{2.27}$$

不难发现，在一定温度区间内，极化强度 P 也是电场 E 的多值函数，不同段的曲线同样存在

2.4 铁电相变

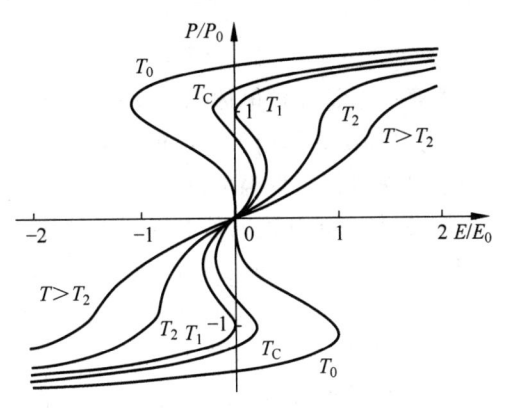

图 2-30 一级铁电相变点附近的 $P(E)$ 曲线

稳定态、亚稳定态与不稳定态之分,具体仍需根据自由能 G_1 的大小进行判断。若要使极化强度 P 变成电场 E 的单值函数,则要求 E 对 P 单调变化,即不存在极值,临界条件是出现拐点,即

$$\begin{cases} \dfrac{\partial E}{\partial P} = g_2 + 3g_4 P^2 + 5g_6 P^4 = 0 \\ \dfrac{\partial^2 E}{\partial P^2} = 6g_4 P + 20g_6 P^3 = 0 \end{cases} \tag{2.28}$$

将式(2.13)代入式(2.28),得

$$T_2 = T_0 + \frac{9g_4^2}{20\beta g_6} > T_1 \tag{2.29}$$

将解记为 T_2,这是一个新的临界温度,有 $T_0 < T_C < T_1 < T_2$。参考图 2-29(a)曲线不同分段的对应状态,一级铁电相变也可以根据图 2-30 中 $P(E)$ 曲线的形状得到类似的定性结果,如图 2-31 所示。当 $T < T_C$ 时,系统的稳定相为铁电相,$P(E)$ 曲线表现为正常的电滞回线;当 $T_C < T < T_1$ 时,在无外电场情况下,铁电相是亚稳态,只有在一定强度的外电场作用下,才能将铁电相从亚稳态拉回稳态;当 $T_1 < T < T_2$ 时,在无外电场情况下,铁电相不稳定,顺电相是唯一稳定相,但在足够高的外电场作用下,晶体可以从顺电相转变为铁电相,即通过高电场强行将铁电相诱导出来,电滞回线出现双回线。而当 $T > T_2$ 时,高于临界温度 T_2 后,P 随 E 单调变化,无论外加电场有多大,都无法再诱导出铁电相。例如,当在略高于居里温度 T_C 和足够高的电场条件下,$BaTiO_3$ 可以从立方顺电相中诱导出铁电相,从而表现出双电滞回线的特征。

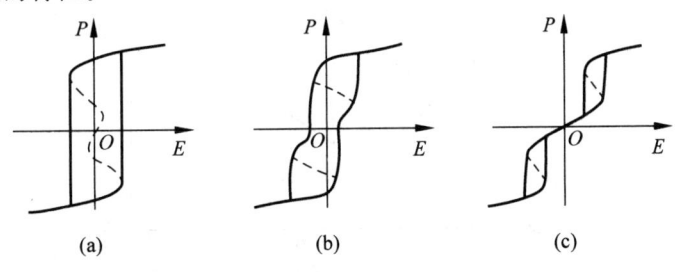

图 2-31 一级铁电相变点附近的电滞回线
(a) $T < T_C$;(b) $T_C < T < T_1$;(c) $T_1 < T < T_2$

2.4.6 反铁电体

与铁电体相关的另一个重要体系是反铁电体(antiferroelectrics,AFE)。对于反铁电体而言,其宏观特性之一即在较高电场诱导作用下会出现双电滞回线。然而,反铁电体由外电场诱导出铁电相的温度范围常出现在其居里温度 T_C 以下。更准确地说,当 $T<T_C$ 时,反铁电体的稳定晶相为反铁电相,施加一定强度的外电场可诱导其反铁电相转变为铁电相。

锆酸铅(lead zirconate,$PbZrO_3$)是首个被发现的反铁电体,其晶胞结构与 $BaTiO_3$ 类似,为钙钛矿型,T_C 为230℃。$PbZrO_3$ 在230℃以上为顺电相,当温度降至230℃以下后,发生一级铁电相变,但其宏观上不表现出自发极化 P_s,观察不到宽电滞回线的特征,且介电常数在 T_C 以下很低,这与铁电体形成显著区别。此时,邻近晶胞中的自发电偶极矩彼此反向平行排列,形成反铁电相。相邻晶胞的极化相互抵消,净自发极化强度为零。在 T_C 以下,当施加足够强的外电场时,这些反向排列的偶极子能够被翻转而朝着同一方向排列,进而产生宏观偶极矩,即材料被强外电场诱导出铁电相。晶体的这种性质就称为反铁电性。关于 $PbZrO_3$ 反铁电体的结构和性能的更多讨论见 3.3.2 节。

继 L-D 理论后,关于反铁电体的热力学理论由 C. Kittel 在 1951 年首次提出[7]。其假设反铁电晶体包含两个等效子晶胞,两个子晶胞可以独立极化且存在相互作用。用 P_a 和 P_b 分别表示两个子晶胞的自发极化强度,则反铁电体的自由能函数表示为

$$G(T,P_a,P_b)=G_0(T)+f(P_a^2+P_b^2)+gP_aP_b+h(P_a^4+P_b^4) \tag{2.30}$$

式中,f,g,h 是唯象系数,其大小同样与温度 T 有关。当 $P_a=-P_b$ 时,相邻晶胞的电偶极矩反向平行,材料的宏观极化强度为零,处于反铁电相。而反铁电相与铁电相的自由能哪一个更低则取决于唯象系数的大小,尤其是系数 g。

基于三维能量函数建立针对 $PbZrO_3$ 的更完整的热力学理论,并计算出 $PbZrO_3$ 正交反铁电相(orthorhombic antiferroelectric,A_O)、三方铁电相(rhombohedral ferroelectric,F_R)和立方顺电相(paraelectric,PE)的自由能随温度的变化曲线[8],如图 2-32 所示。图中,立方顺电相的能量作为基线,即 $G(PE)=0$。当 $T<T_{AF}$(约 220℃)时,$G(A_O)<G(F_R)<0$,稳定相是反铁电相,随着温度的增加,当升高至 T_{AF} 以上时,自由能 $G(A_O)$ 超过 $G(F_R)$,发生反铁电-铁电相变,稳定相转变为铁电相。继续升高温度,当 $T>T_C$(约 232℃)时,$G(F_R)>0$,发生铁电-顺电相变,稳定相转变为顺电相。值得注意的是,当 $T<T_{AF}$ 时,可以

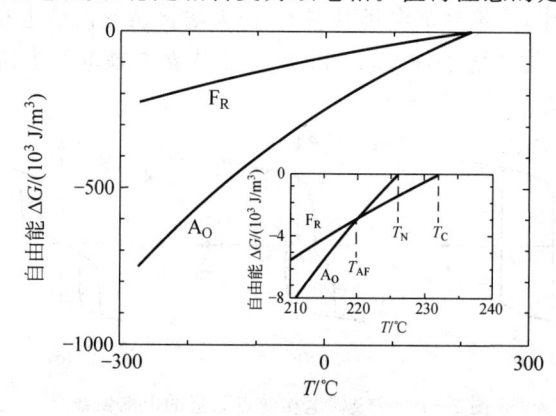

图 2-32 $PbZrO_3$ 不同相的自由能随温度的变化曲线[8]

2.4 铁电相变

通过外加电场改变铁电相与反铁电相的自由能，从而在电场诱导下实现反铁电相向铁电相的转变。但随着温度的降低，$G(F_R)$ 与 $G(A_O)$ 的自由能差值也不断增大，这意味着将需要更强的外部能量或更高的外电场以诱导反铁电-铁电相变。这一结论与 3.3.2 节中 $PbZrO_3$ 诱导相变所需的临界电场值随温度的变化规律一致。

与铁电体类似，反铁电体也有明显的温度依赖性。首先，反铁电相只能在特定的温度范围内存在，当 $T>T_C$ 时，反铁电性消失；其次，随着温度上升，反铁电体的介电常数先增大后减小，并在 T_C 处达到最大值，存在介电反常现象；最后，在 $T>T_C$ 的温度范围内，反铁电体的介电常数与温度的关系同样满足居里-外斯定律。

反铁电体的相变同时受温度和外加诱导电场的影响，图 2-33 为在 $T<T_C$ 条件下反铁电体的相对介电常数 ε_r 随外加电场 E 的变化曲线。在外加电场从 0 逐渐增加至最大值的过程中，反铁电体的介电常数先升高后降低，并在 A（或 A'）点处达到峰值，即在 A（或 A'）点处发生反铁电-铁电相变，对应的临界电场称为正向临界相变电场 E_F(critical forward phase field)。同样，当外加电场从最大值又逐渐降低至 0 时，反铁电体在 B（或 B'）点处达到峰值，即在 B（或 B'）点处又发生铁电-反铁电相变，对应的临界电场称为反向临界相变电场 E_A(critical backward phase field)。

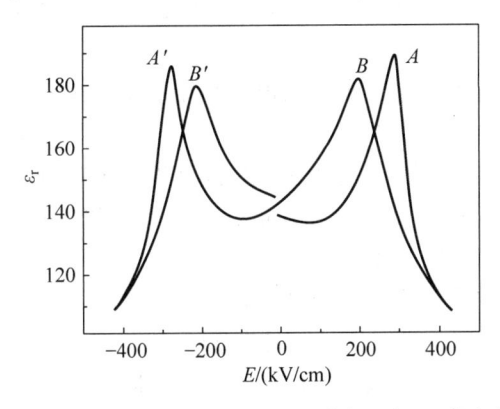

图 2-33 反铁电体的相对介电常数 ε_r 随外加电场 E 的变化曲线[9]

根据反铁电相的结构类型，可将反铁电体分为两种：正交反铁电体和四方反铁电体。由于反铁电相结构的差异，这两种反铁电体随温度的相变规律完全不同。随着温度升高，正交反铁电体先从反铁电相相变为铁电相，再相变为顺电相；而四方反铁电体先从铁电相相变为反铁电相，再相变为顺电相。$PbZrO_3$ 则属于第一类，即正交反铁电体。

根据诱导铁电相的稳定性，反铁电体又可被分为两类：若撤去外加电场后，诱导铁电相能自动回到原来的反铁电相，称为"硬"反铁电体；而若撤去外加电场后，诱导铁电相仍然可以保持，则称为"软"反铁电体。然而，诱导"软"铁电相是不稳定的，例如，当诱导铁电相被加热至 T_C 以上后再次降温，可以恢复至反铁电相；更有趣的是，施加足够高的机械压力也能使诱导铁电相恢复至反铁电相。反铁电体在铁电-反铁电相变过程中会导致自发极化强度的迅速降低，进而产生巨大的感应电流和电压，在极短的时间内释放出很高的脉冲功率，这使其成为用于高能电脉冲发生器和爆-电换能器的理想材料。

图 2-34 展示了 3 类铁电材料的电滞回线特征。可见，相比于铁电体，弛豫铁电体的电滞回线更加细长，剩余极化很小，这与其极性纳米畴结构有关；而反铁电体则呈现出双电滞

回线,几乎没有剩余极化,在较低电场下不表现出铁电性,当电场达到一定强度后,相邻晶胞中反向排列的电偶极矩会受力翻转,沿同一方向取向排列,从而将其铁电相充分诱导出来,具有场致相变的特征。

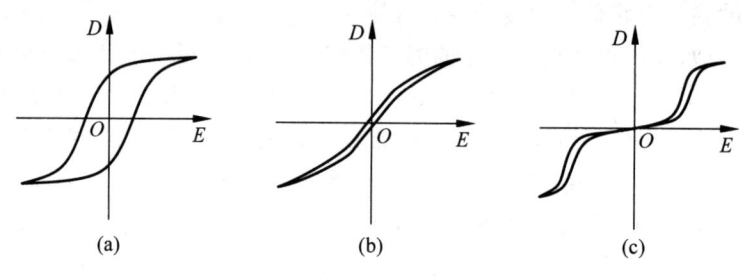

图 2-34 不同铁电材料的电滞回线
(a) 铁电体;(b) 弛豫铁电体;(c) 反铁电体

习 题

1. 名词解释:铁电体、铁电畴、铁电疲劳、居里温度、电滞回线、铁电相变、弛豫铁电体、反铁电体。
2. 什么是铁电体的介电反常现象?当温度高于居里温度 T_C 后,铁电体的介电常数随温度变化满足什么规律?
3. 根据热力学理论定性解释铁电体在居里温度以下出现电滞回线的原因。
4. 试根据铁电相变的热力学理论分别推导一级和二级铁电相变在居里温度 T_C 两侧的极化率倒数 $1/\chi$ 随温度变化曲线的斜率之比。
5. 一级铁电相变的热力学方法中出现的特征温度有哪些?其大小关系如何?
6. 铁电体与反铁电体的自发极化有什么区别?
7. 铁电体和反铁电体出现的双电滞回线有什么不同?
8. 弛豫铁电体具有哪些特征?其介电常数随测试频率和温度的变化特点是怎样的?

参 考 文 献

[1] MERZ W J. Domain formation and domain wall motions in ferroelectric BaTiO_3 single crystals[J]. Physical Review,1954,95(3):690.
[2] ARLT G,SASKO P. Domain configuration and equilibrium size of domains in BaTiO_3 ceramics[J]. Journal of Applied Physics,1980,51(9):4956-4960.
[3] MERZ W J. Switching time in ferroelectric BaTiO_3 and its dependence on crystal thickness[J]. Journal of Applied Physics,1956,27(8):938-943.
[4] MILLER R C,WEINREICH G. Mechanism for the sidewise motion of 180 domain walls in barium titanate[J]. Physical Review,1960,117(6):1460.
[5] YOO I K,DESU S B. Mechanism of fatigue in ferroelectric thin films[J]. Physica Status Solidi(a),1992,133(2):565-573.
[6] DEVONSHIRE A F. XCVI. Theory of barium titanate:Part I[J]. The London, Edinburgh, and Dublin Philosophical Magazine and Journal of Science,1949,40(309):1040-1063.

参考文献

[7] KITTEL C. Theory of antiferroelectric crystals[J]. Physical Review, 1951, 82(5): 729.

[8] HAUN M J, HARVIN T J, LANAGAN M T, et al. Thermodynamic theory of $PbZrO_3$[J]. Journal of applied physics, 1989, 65(8): 3173-3180.

[9] HAO X H, ZHAI J W, KONG L B, et al. A comprehensive review on the progress of lead zirconate-based antiferroelectric materials[J]. Progress in Materials Science, 2014, 63: 1-57.

第 3 章

铁 电 材 料

铁电体分布广泛,目前已知具有铁电性的材料已有上千种,可将其简单分类为铁电晶体、铁电液晶和铁电高分子。目前对无机铁电晶体和铁电高分子的研究较为广泛,本章将首先综述铁电材料的主要分类,然后具体介绍钙钛矿型铁电体和铁电聚偏氟乙烯及其共聚物的材料种类、化学结构、制备方法和铁电性能,并着重分析其构效关系。

3.1 铁电材料分类

3.1.1 铁电晶体

铁电晶体主要是一些无机材料,可分为含氧八面体铁电晶体和含氢键的铁电晶体。含氧八面体铁电晶体又分为钙钛矿型铁电体、含铋层结构的类钙钛矿层复合氧化物等结构。

钙钛矿型铁电体的结构比较简单,是为数最多、应用最广的一类铁电体,至今已发现500种以上。钙钛矿型铁电体的化学式通式为ABO_3,其中,A和B被称为A位和B位金属离子,并可分别由一种或多种金属离子复合而成。最早发现的钙钛矿型铁电体就是钛酸钡($BaTiO_3$),其结构如图 2-21 所示。在立方顺电相中,$BaTiO_3$晶胞的 8 个顶角被尺寸较大的 A 位 Ba^{2+} 占据,体心被尺寸较小的 B 位 Ti^{4+} 占据,6 个面心位置为 O^{2-},形成氧八面体结构。当发生相变时,钙钛矿晶胞中的正负离子发生相对位移,称为位移型相变。

含铋层状结构是一种类钙钛矿层复合氧化物,由铋层与类钙钛矿层交替排列而成,通式为 $A_{x-1}Bi_2B_xO_{3x+3}$。其中,A 为 Bi^{3+}、Ba^{2+}、Sr^{2+}、Ca^{2+}、Pb^{2+} 等,B 为 Ti^{4+}、Fe^{3+}、Nb^{5+}、Cr^{3+} 等。x 是两铋层$(Bi_2O_2)^{2+}$之间的氧八面体数目,$(x-1)$是赝钙钛矿层数,顺电的铋层与铁电的钙钛矿层交替排列,含铋结构的 $PbBi_2Nb_2O_9$ 的晶体结构如图 3-1 所示,图中,A 为铁电钙钛矿层,B 为赝钙钛矿层,C 为铋层。

此外,含氧八面体的铁电晶体还包含铌酸锂、钨青铜型等其他结构的铁电晶体。铌酸锂(lithium niobate,$LiNbO_3$)的自发极化强度极高,室温下约 $0.70C/m^2$,远高于 $BaTiO_3$,居里温度为 1210℃。虽然它的化学式也是 ABO_3 型,但其极化方向与钙钛矿型铁电体不同,铁电相属于三方晶系 3m 点群[1]。$LiNbO_3$ 的晶体结构如图 3-2(a)所示,图中,水平线为氧平面,当 $LiNbO_3$ 发生铁电相变时,Li^+ 和 Nb^{5+} 沿 c 轴发生位移,产生自发极化。钨青铜型铁

3.1 铁电材料分类

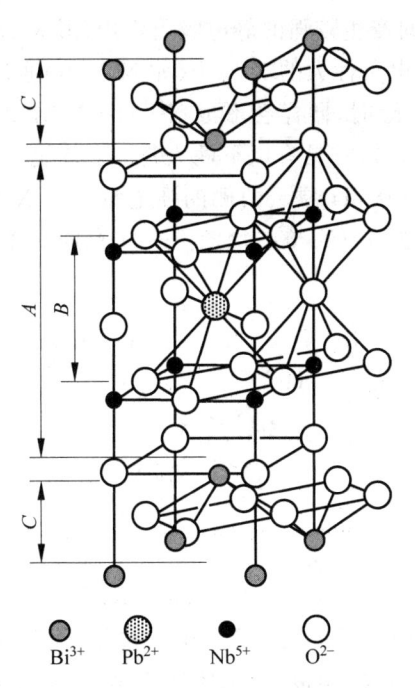

图 3-1 含铋层结构的 PbBi₂Nb₂O₉ 的晶体结构

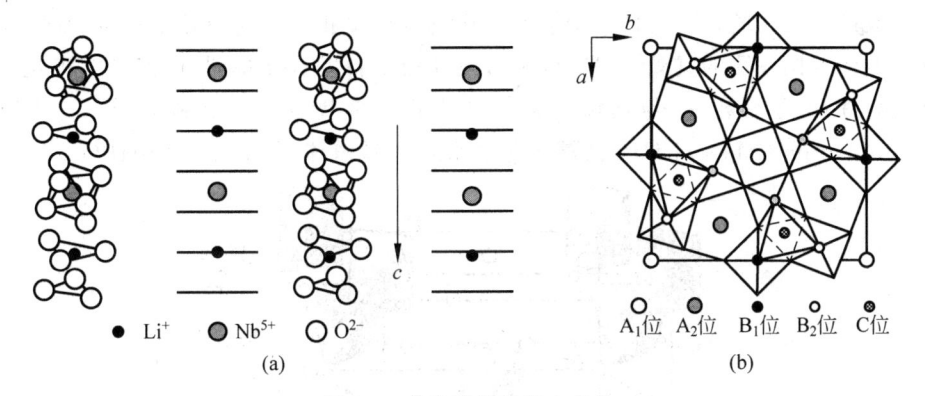

电体则是目前仅次于钙钛矿型的第二大铁电体类型,目前已发现 150 多种,其化学式通式为 $A_xB_2O_6$ 或 $(A_1)_4(A_2)_2B_{10}O_{30}$ 以及 $(A_1)_4(A_2)_2C_4B_{10}O_{30}$,晶体结构如图 3-2(b)所示[2]。典型的钨青铜型结构如铌酸钡锶,其化学式为 $Ba_xSr_{5-x}Nb_{10}O_{30}$,铁电相属于四方晶系 4mm 点群。

图 3-2 其他结构的铁电晶体
(a) LiNbO₃ 晶体结构[1];(b) 钨青铜型晶体结构[2]

含氢键的铁电晶体包括磷酸二氢钾、磷酸氢铅、罗谢尔盐、硫酸三甘肽等。首先,对氢键的概念和特点做简要解释。以水为例,如图 3-3 所示,在某一 H₂O 分子内部,H 原子与 O 原子之间通过共价键相连。O 的电负性很大,共用电子对强烈偏向 O 原子,由于 H 原子核外只有 1 个电子,其电子云向 O 原子偏移,使 H 原子带部分正电荷,O 原子带部分负电荷。附近另一个 H₂O 分子中的 O 原子同样带部分负电荷,可能靠近带部分正电荷的 H 原子,

这样就在两个 H_2O 分子之间产生较强的静电吸引作用,形成 O—H⋯O 的结构,称为氢键。除 O 原子外,H 原子与其他电负性大的 X 原子(如 N、F 等)通过共价键相连后,当与其他电负性大且半径小的 Y 原子接近时,同样会形成 X—H⋯Y 结构的氢键。其中,X、Y 可以是同种元素也可以是异种元素。氢键具有以下两大特点:首先,一个 X—H 只能与一个 Y 原子形成氢键,具有饱和性;其次,H 原子两侧的强电负性的 X 和 Y 原子互相排斥,而在 H 原子两侧呈直线排列,即氢键 H⋯Y 与共价键 X—H 在同一条直线上,因此氢键又具有方向性。

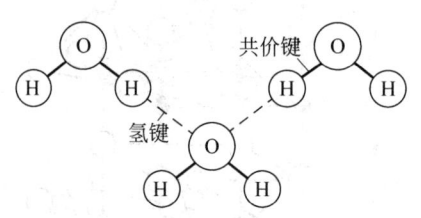

图 3-3 水中的氢键与共价键

磷酸二氢钾(potassium dihydrogen phosphate,KDP)是一种水溶性铁电晶体,居里温度 T_C 约为 −150℃,其铁电相属于正交晶系 mm2 点群。KDP 的化学式为 KH_2PO_4,由磷酸根[$(PO_4)^{3-}$]四面体、H^+ 和 K^+ 组成,其晶体结构如图 3-4 所示。其中,K^+ 在晶体中的位置固定,任一磷酸根[$(PO_4)^{3-}$]的上方氧原子与相邻[$(PO_4)^{3-}$]的下方氧原子通过氢键相连——H^+ 基本都处于两个氧原子的连线上,与其中一个氧原子为共价键连接,而与另一个氧原子为静电连接,形成氢键。注意到,H^+ 的平衡位置并非处于两个氧原子连线的正中间,而偏于某个氧原子的一方,即两个磷酸根[$(PO_4)^{3-}$]四面体之间的氢离子某一瞬间与其中一个磷酸根上的氧成键,而另一瞬间又与另外一个磷酸根上的氧成键。当处于顺电相时,这种交替成键是无序的,H^+ 与任一个氧原子成键的概率相等。而当处于铁电相时,氢离子只沿固定方向与同一侧的氧成键,呈有序态,使偶极子自发有序排列,产生自发极化。这类相变称为有序-无序型相变,与钙钛矿型铁电体的位移型相变的机制不同[3]。磷酸氢铅(lead hydrogen phosphate,LHP)也属于有序-无序型铁电体,化学式为 $PbHPO_4$。

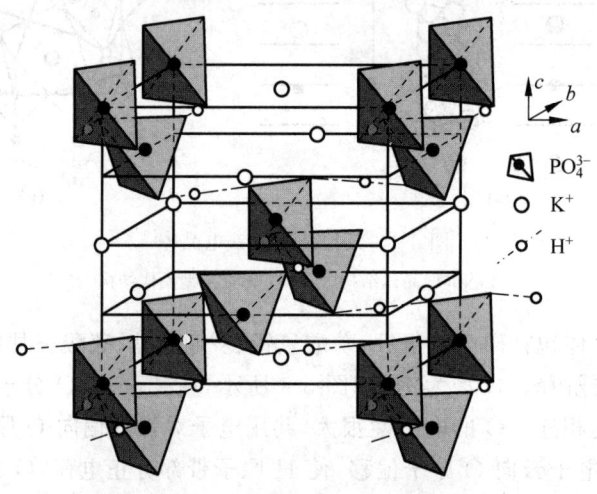

图 3-4 磷酸二氢钾(KDP)的晶体结构[3]

罗谢尔盐或酒石酸钾钠是最早被发现的铁电体,化学式为 $NaKC_4H_4O_6 \cdot 4H_2O$,其化学结构式与晶胞结构如图 3-5 所示。罗谢尔盐有两个居里点,铁电相只存在于 $-18\sim24℃$ 之间,铁电相属于正交晶系 222 点群。需要指出的是,研究表明,罗谢尔盐中的氢键对自发极化的贡献不大,图中 H_5 在 O_5 周围沿 a 轴的择优分布,才形成了沿 a 轴的电偶极矩。在处于铁电相时,几乎所有原子都相对于顺电相位置沿 a 轴方向发生了位移,靠近 Na 的氧原子位移最大,可能对铁电做出主要贡献[4]。

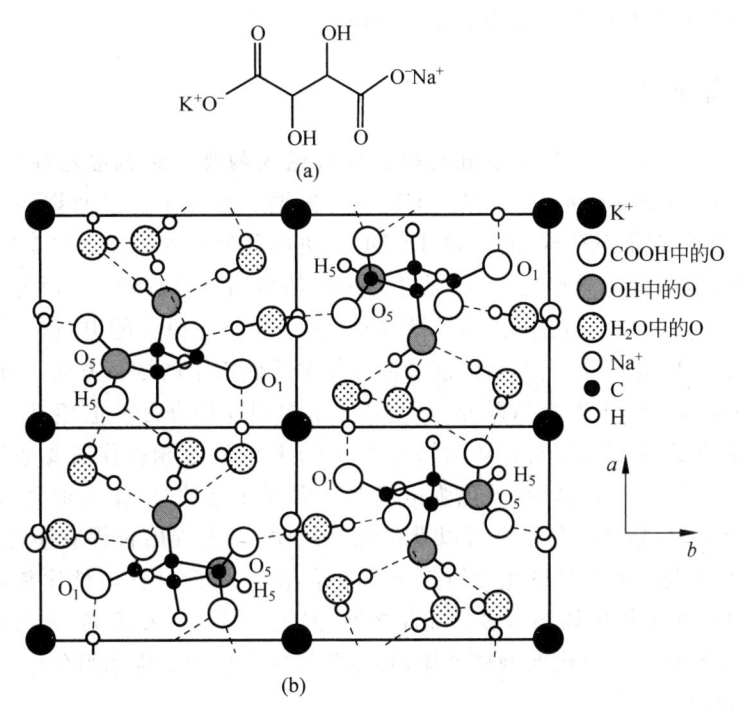

图 3-5 罗谢尔盐(酒石酸钾钠)的结构
(a) 化学结构式;(b) 晶胞结构[4]

硫酸三甘肽(triglycine sulfate,TGS)的化学式为 $(NH_2CH_2COOH)_3H_2SO_4$,其晶体结构如图 3-6 所示。TGS 的居里温度 T_C 为 49℃,铁电相属于单斜晶系 2 点群,氢键有序化是驱动铁电相变的机制[5]。

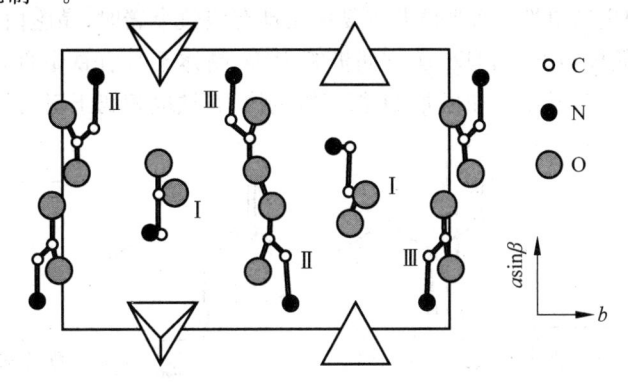

图 3-6 硫酸三甘肽(TGS)的晶体结构[5]

3.1.2 铁电液晶

液晶是介于液体和固体之间的一种物质状态,其宏观上可以流动,而微观上又含有各向异性的有序排列相。铁电液晶具有液晶的一般性质,但具有自发极化,且其自发极化方向可随外电场而转向。按照分子排列方式,铁电液晶可分为向列(丝状)相[6]、近晶(层状)相[7]和胆甾(螺旋)相[8]等。在向列相液晶中掺杂手性分子或接枝手性基团后可获得具有螺旋结构的胆甾相,故胆甾相有时也被描述为螺旋向列相。

3.1.3 铁电高分子

常见的铁电高分子主要有聚偏氟乙烯和奇数尼龙两类。聚偏氟乙烯(polyvinylidene difluoride,PVDF)的重复单元为—CH$_2$—CF$_2$—。根据单根分子链空间排列方式(即构象)和链段堆砌方式(即聚集态结构)的不同,PVDF 常见的晶型分为 α、β、γ 和 δ 相 4 种。其中,α 相是非极性相,也是热力学稳定相,可通过自然冷却结晶直接得到。β 相为全反式平面锯齿状构象,F 原子和 H 原子分别位于分子链的一侧。由于 F 原子的电负性很强,故 PVDF 重复单元的电偶极矩很高,同时 β 相锯齿状链重复单元偶极子的排布方向一致,因此 β 相的铁电性最强,铁电 β 相属于正交晶系 mm2 点群。γ 相和 δ 相也是铁电相,但因重复单元电偶极矩的部分抵消而表现出相对更弱的铁电性,PVDF 的铁电相往往需要通过额外的手段诱导得到,如机械拉伸、溶液诱导、外加强电场等。需要注意的是,作为聚合物,PVDF 的结晶度不高,约 50%,非晶区的分子链可以看作无规线团,不表现出长程有序性,对 PVDF 的前期研究中一般认为其铁电性的主要贡献来源于结晶区,因此其铁电性比常见的铁电晶体如 BaTiO$_3$ 等钙钛矿型铁电体弱得多。除此之外,偏氟乙烯与三氟乙烯、三氟氯乙烯等单体的二元或多元共聚物可以组成新型铁电体,其性质与共聚物的结构和组分比例有关,后续章节将对其展开介绍。

奇数尼龙(odd numbered nylons)又称为奇数聚酰胺(odd numbered polyamides),其重复单元为—NH—(CH$_2$)$_{2n}$—CO—。通常认为奇数尼龙的铁电性来自晶体中借助链间氢键规整排列的酰胺(—NH—CO—)基团。在全反式构象中,聚合物主链呈锯齿状排列,且主链上的碳原子分布在同一平面上,酰胺基团形成的电偶极矩与链轴(c 轴)垂直[9]。当尼龙的重复单元具有奇数个碳时,晶胞内分子链中的相邻酰胺基团所形成的电偶极矩方向相同,产生自发极化,表现出铁电性;而当尼龙重复单元具有偶数个碳时,晶胞内分子链中的相邻酰胺基团所形成的电偶极矩方向相反,净电偶极矩为零,晶体不具有铁电性,如图 3-7 所示。目前已确定尼龙 5、尼龙 7、尼龙 9 和尼龙 11 都是铁电体,其铁电相属于正交晶系 mm2 点群。

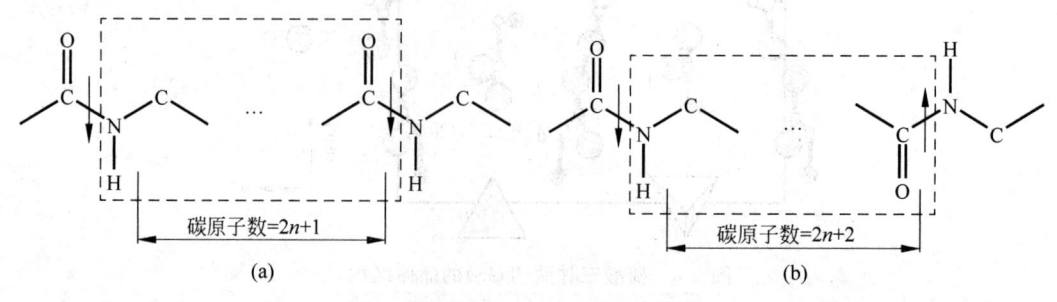

图 3-7 聚酰胺(尼龙)的分子链结构

3.2 钛酸钡基铁电晶体

3.2.1 钛酸钡

钛酸钡(barium titanate,BTO)的化学式为$BaTiO_3$,具有典型的ABO_3型钙钛矿结构,其铁电性在20世纪40年代末被首次发现,是铁电材料发展历史中的重要里程碑。$BaTiO_3$具有高介电常数和低介质损耗,是电子陶瓷中使用最广泛的材料之一,被誉为"电子陶瓷工业的支柱",在常见的电子设备中均有使用。其熔点为1625℃,密度为6.017g/cm³,T_C为120℃。

以$BaTiO_3$为例,铁电多晶陶瓷的制备方法可主要分为固相反应法、溶胶-凝胶法和水热法3种。其中,固相反应法主要依靠固相扩散传质,以金属氧化物(二氧化钛和氧化钡)或其碳酸盐(碳酸钡)为原料,经过球磨、成型、高温烧结的工艺得到陶瓷;溶胶-凝胶法是一种湿化学法,将钛和钡的化合物经水解、缩聚、溶胶、凝胶及相应热处理得到粉料,再通过成型、烧结工艺得到陶瓷,通过调整溶液浓度可以获得陶瓷片或陶瓷薄膜;水热法将含钛和钡的前驱体,一般是氢氧化钡和水合二氧化钛水浆体,置于高温高压条件下进行化学反应,再经过研磨、成型、烧结得到陶瓷,使用这种方法可以获得$BaTiO_3$纳米线或纳米片等不同形状的纳米材料。

如2.4.2节所述,$BaTiO_3$在温度降至120℃以下时,由立方晶相转变为四方晶相,正、负离子的电荷中心发生相对位移,产生自发极化,从而发生位移型铁电相变。实际上,$BaTiO_3$不止有1个相变点。当温度继续降低,从120℃降低至5℃以下时,晶胞沿面对角线方向拉伸,$BaTiO_3$从四方晶相转变为正交晶相;当温度从5℃降低至-90℃以下时,晶胞沿体对角线方向拉伸,$BaTiO_3$又从正交晶相转变为三方晶相,如图3-8所示。其中,除立方晶相外,$BaTiO_3$的四方晶相、正交晶相和三方晶相均为铁电相。$BaTiO_3$在120℃以下的相变均属于铁电-铁电相变,且均为一级相变。

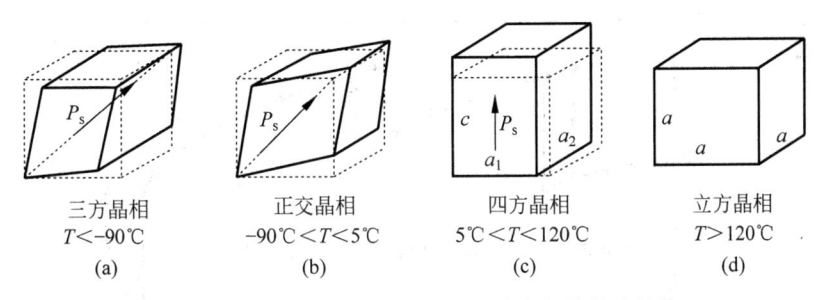

三方晶相	正交晶相	四方晶相	立方晶相
$T<-90℃$	$-90℃<T<5℃$	$5℃<T<120℃$	$T>120℃$
(a)	(b)	(c)	(d)

图 3-8 不同温度范围内$BaTiO_3$稳定相的晶胞结构

除晶胞参数的变化外,$BaTiO_3$在每个相变点附近都存在介电反常效应。当温度升高至T_C(120℃)以上后,介电常数与温度的变化规律满足居里-外斯定律。在每个相变点处,$BaTiO_3$晶体中的离子均会产生相对较大的位移以实现晶胞结构的改变,这将导致晶体电偶极矩发生很大的变化,对应介电常数的反常突变,如图3-9所示。当$T<T_C$时,$BaTiO_3$的介电常数在极性相中具有很强的各向异性,以四方晶相为例,$BaTiO_3$单晶沿晶胞自发极化强度对应方向(c轴)和沿其法向(a轴)的介电常数存在数量级差别。这是因为$BaTiO_3$单晶沿c轴方向的自发极化是饱和的,在电场作用下,晶体中的离子沿a轴方向具有更高的可移动性。

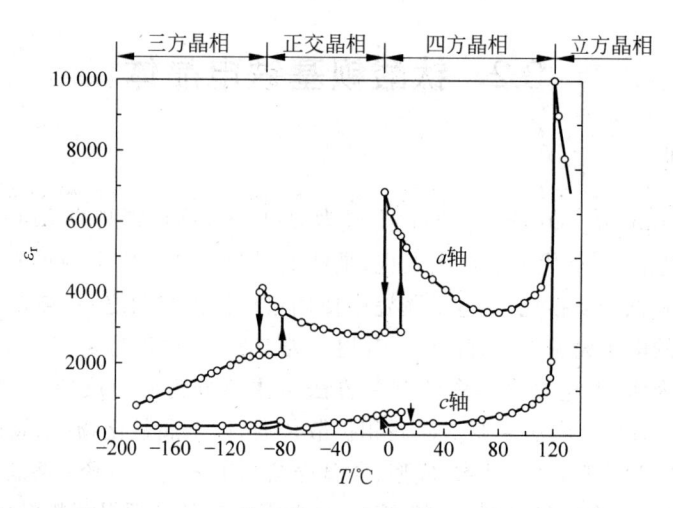

图 3-9 BaTiO₃ 单晶的介电常数随温度的变化曲线

  BaTiO₃ 单晶的相变属于一级铁电相变,在相变点附近,升温和降温过程中存在热滞现象,其介电常数、自发极化强度和矫顽场在相变点处随温度的变化曲线表现为滞回环线,如图 3-9 和图 3-10 所示。BaTiO₃ 的自发极化强度和矫顽场的大小与温度有关,不同温度下略有差异。一般来说,BaTiO₃ 单晶的自发极化强度 P_s 约 $25\mu C/cm^2$($0.25C/m^2$),矫顽场 E_c 约 $1kV/cm$($0.1MV/m$)。对于大部分无机铁电单晶来说,其矫顽场的值均较小,也基本在上述量级。但需要注意的是,陶瓷与单晶相比有很大的不同,陶瓷由很多随机排列的晶粒组成,具有多晶结构,且制备过程中晶粒之间不可避免存在微孔和杂质。孔隙率和晶粒尺寸对铁电陶瓷的性能均有明显影响,BaTiO₃ 陶瓷的自发极化强度 P_s 约 $7\mu C/cm^2$(或 $0.07C/m^2$),矫顽场 E_c 约 $4kV/cm$(或 $0.4MV/m$),这很大程度上取决于陶瓷样品的制备条件。

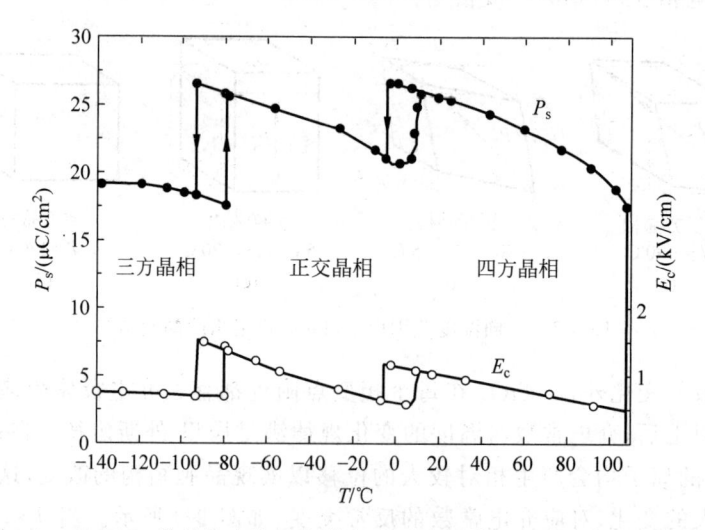

图 3-10 BaTiO₃ 单晶的自发极化强度 P_s 和矫顽场 E_c 随温度的变化曲线

3.2.2 掺杂钛酸钡

  铁电材料的顺电-铁电相变是其关键性质,很多应用功能的实现都利用了铁电体的相变特性,具体可参见第4章。而 BaTiO$_3$ 的铁电-顺电相变温度为120℃,由于纯 BaTiO$_3$ 的 T_C 是一个定值,在实际情况下利用其相变特性时可能出现温度不匹配的情况,因此如何通过材料改性实现其居里温度的可控调节就成为一个必要的研究问题。

对于 BaTiO$_3$ 这类 ABO$_3$ 型钙钛矿结构,处于 A 位或 B 位的金属离子不只局限于一种,可以通过掺杂的方法得到具有不同组分的固溶体。掺杂是无机铁电陶瓷最基本也是最重要的改性方法,进行这种改性的前提是掺杂的金属离子与原主体材料中被取代的金属离子在尺寸上比较接近,以保证晶格结构的稳定。

用其他金属离子,如锶离子(Sr^{2+})或铅离子(Pb^{2+})等,部分取代晶胞中处于 A 位的 Ba^{2+},得到钛酸锶钡或钛酸铅钡,可有效改变其居里温度。如图 3-11 所示,当增加 Pb 的摩尔分数时,固溶体的 T_C 呈线性升高;当增加 Sr 的摩尔分数时,固溶体的 T_C 呈线性降低。如图 3-12 所示,在 Sr 摩尔分数从 23% 增加至 33% 的过程中,介电常数的峰值点对应的温度(即居里温度 T_C)不断向低温移动,直至接近室温。这样就找到了 BaTiO$_3$ 铁电陶瓷结构与性能的定量关系,借助这一规律便可按实际应用需求实现对材料的可控设计。

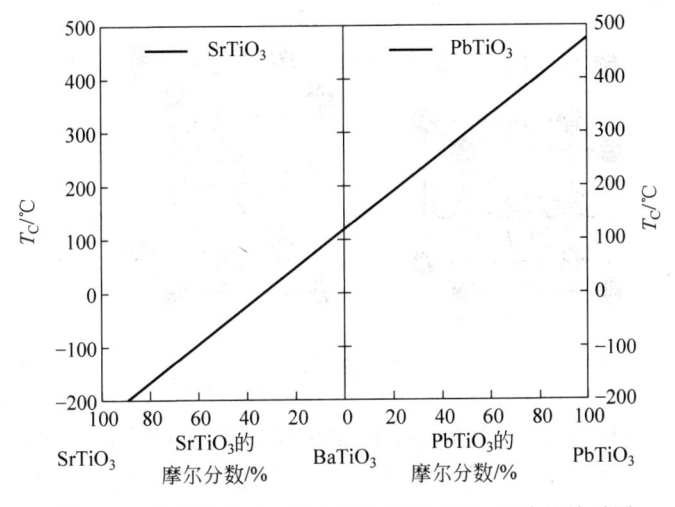

图 3-11 居里温度 T_C 与 A 位取代 BaTiO$_3$ 组分的关系图

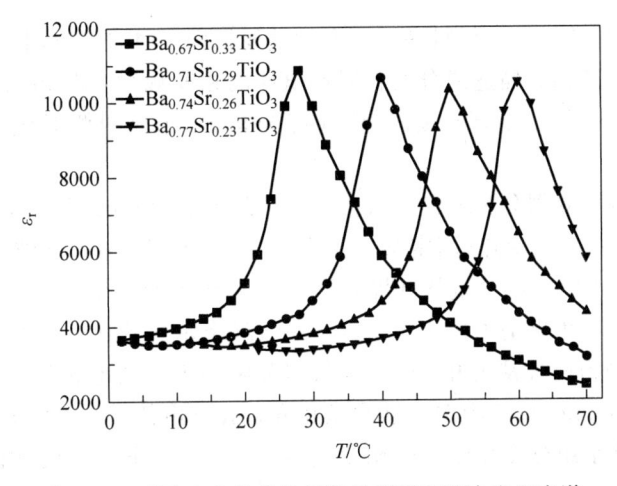

图 3-12 不同 A 位掺杂比例的钛酸锶钡的介电温度谱

通过掺杂方法,不仅可实现 $BaTiO_3$ 居里温度 T_C 的改变,还能够改变其第二相变点(铁电-铁电相变)温度。通过用钙离子(Ca^{2+})部分取代 Ba^{2+},可使其第二相变温度(5℃)明显向低温移动。

3.3 锆酸铅基反铁电晶体

3.3.1 锆钛酸铅

锆钛酸铅(lead zirconate titanate,PZT)的化学式为 $Pb(Zr_xTi_{1-x})O_3(0 \leqslant x \leqslant 1)$,同样具有钙钛矿结构,其铁电性发现于 20 世纪 50 年代初,紧随 $BaTiO_3$,在铁电材料发展史上占据重要地位。其 A 位金属离子是 Pb^{2+},而 B 位金属离子有两种,分别为 Zr^{4+} 和 Ti^{4+},晶胞结构如图 3-13 所示,当温度降低至 T_C 时发生位移型铁电相变,表现出自发极化。PZT 是锆酸铅和钛酸铅的合金,由于两者结构类似,且 Zr^{4+} 和 Ti^{4+} 的尺寸相近,所以锆酸铅和钛酸铅是无限固溶体,能够以任意比例形成稳定晶体。

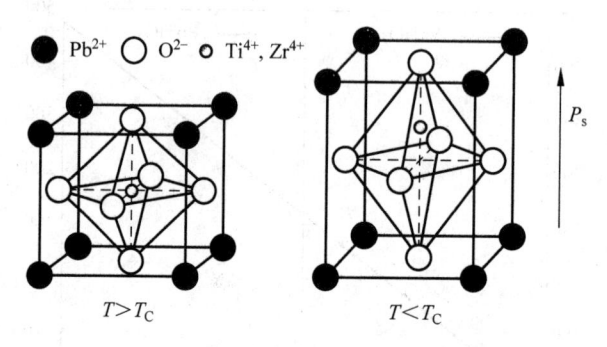

图 3-13 锆钛酸铅(PZT)的晶胞结构

PZT 的制备方法与 $BaTiO_3$ 类似,例如,采用固相反应法制备,不同的是原料采用氧化铅、二氧化钛和二氧化锆 3 种物质。PZT 的介电常数很高,工作温度可达 250℃。由于 PZT 压电陶瓷在压电性能与温度稳定性等方面远优于 $BaTiO_3$ 压电陶瓷,因此,PZT 是目前使用最普遍的一种压电材料。

铁电陶瓷的相图是对铁电材料进行研究的重要辅助工具,通常以相变温度为纵坐标,掺杂成分为横坐标进行绘制,描述成分变化时铁电体的相变规律。图 3-14 为 PZT 的相图,图中有多条曲线将图划分为若干区域,这些线即为相界,相界两侧对应铁电体不同的晶相结构。

为方便分析,将相界划分为 6 段。首先,第①段和第②段曲线组成的相界对应不同掺杂成分下材料的顺电-铁电相变点,固定某一掺杂成分后,便可依据该相界曲线找到固溶体的居里温度 T_C。随着 $PbTiO_3$ 含量从 0 提高至 100%,居里温度 T_C 从 235℃升至 490℃。其次,第③段曲线对应的相界基本位于 Zr/Ti=53/47(摩尔分数比)处,相界的富锆侧为三方铁电相(F_R),富钛侧为四方铁电相(F_T),这条划分两种不同铁电相的分界线称为准同型相界(morphological boundary,MPB)。准同型相界是在铁电体相图上随着成分改变而发生相变的两相边界,即掺杂组分变化驱动的相变边界。这条相界非常关键,因为对于铁电陶瓷而言,在两种铁电相的准同型相界附近,其压电效应最强,压电耦合系数达到最大值,对这一现

3.3 锆酸铅基反铁电晶体

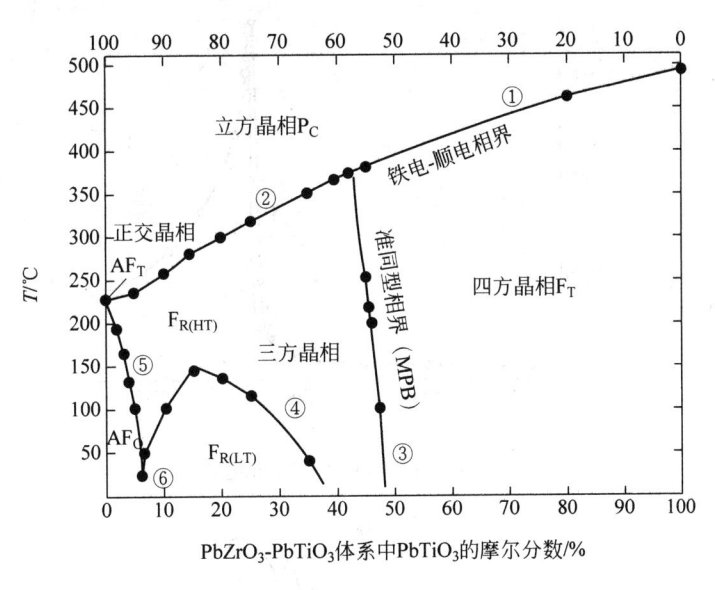

图 3-14 锆钛酸铅(PZT)的相图

象的讨论见 5.3 节。第三,第④段相界对应高温三方铁电相($F_{R(HT)}$)与低温三方铁电相($F_{R(LT)}$)之间的相互转变,两者的区别主要是晶胞自发极化方向的不同。最后,由第⑤段和第⑥段组成的准同型相界两侧分别对应三方铁电相(F_R)和正交反铁电相(AF_O),室温下的相界位置位于 Zr/Ti=95/5(摩尔分数比)处,PZT 95/5 的反铁电相和铁电相之间自由能差异相对较小,电场诱导的反铁电-铁电相变很容易实现。当钛含量降低至 0,或非常接近纯锆酸铅区域时,材料变为反铁电相,其结构和性质将明显区别于铁电体。

3.3.2 锆酸铅

1951 年,C. Kittel 首次提出反铁电的概念,他将反铁电态定义为单个晶胞发生自发极化,但相邻晶胞在反平行方向上极化,从而不表现出宏观极化态[10]。随后,众多学者对典型的反铁电体——$PbZrO_3$ 展开深入研究。测量 $PbZrO_3$ 的介电常数随温度的变化谱发现,$PbZrO_3$ 在 230℃出现介电常数的峰值,且介电常数在峰值附近的变化规律满足居里-外斯定律,确定了相变的发生,如图 3-15 所示,这与 $BaTiO_3$ 类似。但与 $BaTiO_3$ 不同的是,当温度下降至 T_C(230℃)以下时,较低电场下 $PbZrO_3$ 观察不到宽电滞回线,即材料宏观上并没有净自发极化,这与变温介电谱观测到的相变行为不符。然而,随着外加电场的增大,当超过某一临界值后,$PbZrO_3$ 的宏观自发极化又能够被诱导出来,表现出铁电性,其电滞回线具有双滞回线的特征,如图 3-16 所示。这种现象即为反铁电效应。将发生反铁电-铁电相变的临界相变电场记为 E_{crit}。反铁电体的临界相变电场既可以通过 P-E 电滞回线(图 3-16)也可以通过 ε_r-E 变化曲线(图 2-33)获得。

通过 X 射线分析,$PbZrO_3$ 在 T_C 以下存在超结构,该超结构可以用两个自发极化强度大小相等但方向相反的超晶胞来描述。而在 T_C 以上,这两种超晶胞在晶体学上是等效的,并且是非极化的,呈现出立方顺电相。如图 3-17 所示,当温度在 T_C 以下时,$PbZrO_3$ 相邻超晶胞中的离子沿反向发生相对位移,导致相邻自发电偶极矩彼此反向平行排列,形成正交反铁电相。在图 3-17(a)中,虚线方形区域为 $PbZrO_3$ 的立方顺电相晶胞,实线包围的区域

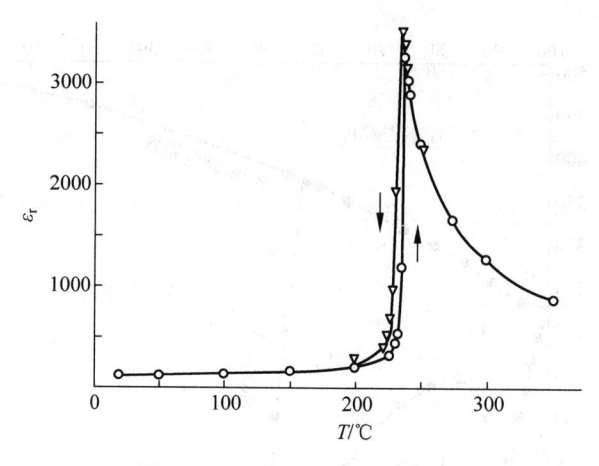

图 3-15 PbZrO₃ 的变温介电谱

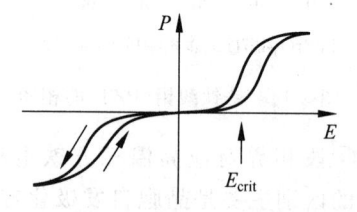

图 3-16 PbZrO₃ 陶瓷的电滞回线

为 PbZrO₃ 的某一个反铁电正交晶胞单元，晶胞尺寸大小为 $\sqrt{2}a \times 2\sqrt{2}a \times 2a$，其中，$a$ 为其立方顺电相的晶胞边长。图中箭头的指向是相比于立方顺电相，反铁电相中 Pb^{2+} 的位移方向和自发电偶极矩的方向。由于反铁电相具有对称中心，因此处于反铁电相的反铁电体并不具有压电性。当施加一定强度的外电场时，相邻反向排列的偶极子能够被翻转而朝着同一方向排列，材料被强外电场诱导出三方铁电相，这说明外加电场能够移动相界的位置，并有拓展铁电相区域的趋势。

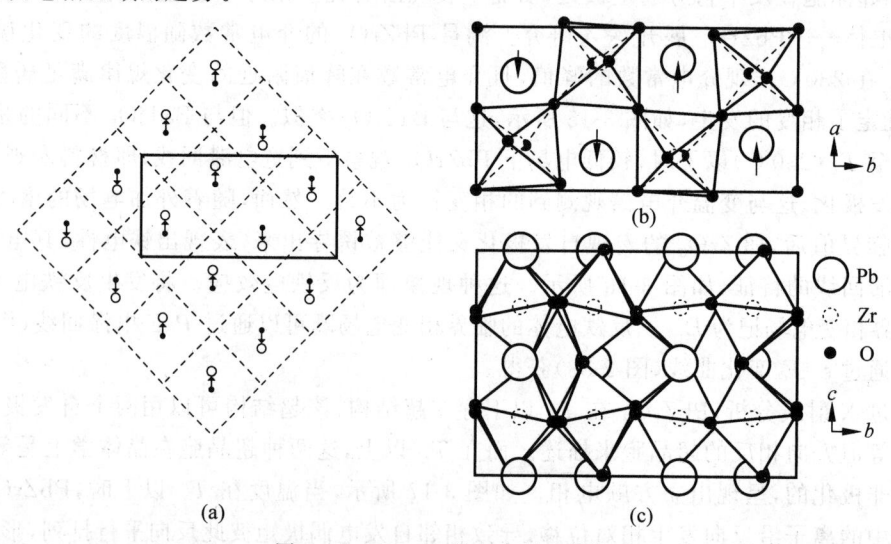

图 3-17 PbZrO₃ 的正交晶相结构
(a) 反铁电相偶极子排列方式[11]；(b) 重复单元沿 c 轴结构示意；(c) 重复单元沿 a 轴结构示意

PbZrO₃ 反铁电相的超晶胞结构非常稳定,在室温下很难通过施加强电场的方式诱导出铁电相。如图 3-18 所示,随着温度从 T_C(230℃)降低至 200℃,PbZrO₃ 的临界相变电场 E_{crit} 逐渐升高至 60kV/cm,并不断接近 PbZrO₃ 陶瓷的击穿场强。随着温度的继续降低,临界相变电场将超过击穿场强,导致 PbZrO₃ 陶瓷在材料失效前无法实现强电场诱导下的反铁电-铁电相变。在室温下,PbZrO₃ 陶瓷将无法观察到双电滞回线的特征,这一现象只能在 230℃ 以下的较高温度范围内出现。

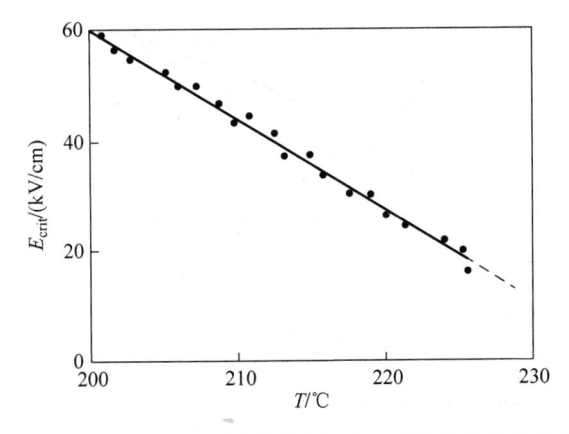

图 3-18 PbZrO₃ 的临界相变电场 E_{crit} 随温度的变化曲线

3.3.3 掺杂锆酸铅

由于在室温下观察不到 PbZrO₃ 陶瓷反铁电相-铁电相的场致相变特征极大地限制了 PbZrO₃ 的应用,研究学者开始着手对其进行掺杂改性以调控不同温度下诱导反铁电相相变所需的临界电场 E_{crit},进一步改变反铁电体的相变特性。由 2.4.6 节可知,PbZrO₃ 属于正交反铁电体,随着温度升高,PbZrO₃ 晶体先从反铁电相相变为铁电相,再相变为顺电相。其中,反铁电-铁电相变温度记为 T_{AF},铁电-顺电相变温度则为居里温度 T_C,通过掺杂即可改变 PbZrO₃ 反铁电体的相变特性,包括 E_{crit}、T_{AF} 和 T_C 等参数。

目前研究较为广泛的掺杂反铁电体主要包括:①A 位镧掺杂的锆钛酸铅,也称为锆钛酸铅镧(lead lanthanum zirconate titanate, PLZT),其化学式为 $(Pb_{1-3/2x}La_x)(Zr_{1-y}Ti_y)O_3$;②锆锡钛酸铅镧(lead lanthanum zirconate stannate titanate, PLZST),其结构简式为 $(Pb_{0.97}La_{0.02})(Zr,Sn,Ti)O_3$。

PLZT 在室温下的相图如图 3-19 所示,图中,横坐标为 B 位 Zr 的摩尔分数,纵坐标为 A 位掺杂 La 的摩尔分数。可以看出,在不同的掺杂比例下,PLZT 的室温相图中出现了正交反铁电相(AFE_O)、三方铁电相(FE_Rh)、四方铁电相(FE_Tet)、立方顺电相(PE_Cubic)和弛豫铁电相(RFE)共 5 种不同的相形态[12]。其中,反铁电相出现在富 Zr 侧,B 位 Ti 含量的增高更有利于铁电相的稳定形成。当不考虑 La³⁺ 掺杂时,室温下 AFE_O 和 FE_Rh 的准同型相界位于 $Pb(Zr_{0.95}Ti_{0.05})O_3$(PZT 95/5)。由于该掺杂组分下 AFE_O 和 FE_Rh 之间的自由能差异相对较小,PZT 95/5 陶瓷在室温下电场诱导的反铁电-铁电相变很容易实现,且撤去电场后诱导铁电相可稳定存在,这一性质使 PZT 95/5 陶瓷常被用于高能电脉冲发生器件中,具体见 4.3 节。当 A 位 La³⁺ 掺杂和 B 位 Ti⁴⁺ 掺杂共同作用时,PLZT 固溶体中反铁电相的组成和温度范围可以进一步扩大,如图 3-20 所示,随着 La 含量的增加,固溶体的居里温度呈下降趋势,反铁电相区域向富 Ti 侧扩展。但是 A 位 La 含量的微小改变就会导致相稳定区域发生很大变化,较高的 La 摩尔分数又会导致室温下立方顺电相的形成[13]。尽管掺杂少量 La 可有效调整固溶体的相特性,但组分窗口过于狭窄,不便于进一步的化学调控。

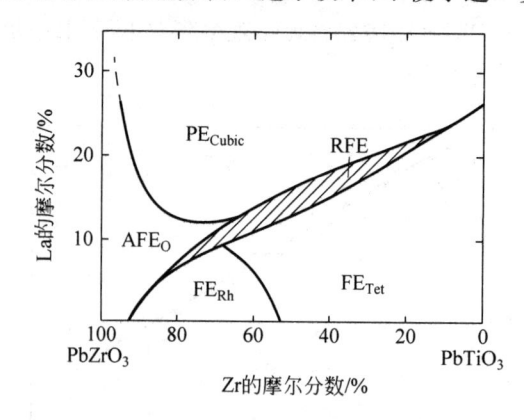

图 3-19 PLZT 在室温下的相图[12]

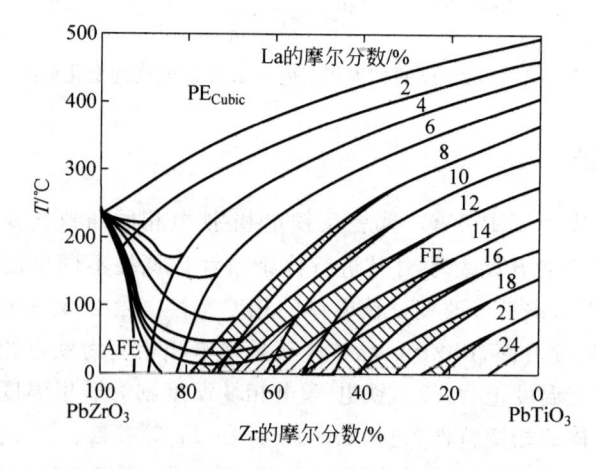

图 3-20 显示恒定 La 掺杂比例的 PLZT 相图[13]

$(Pb_{0.97}La_{0.02})(Zr,Sn,Ti)O_3$ 在 25℃下的三元相图如图 3-21 所示,可见 B 位 Ti 的掺杂有利于铁电相的形成,而 B 位 Sn 的掺杂则有利于反铁电相的形成[14]。随着 Ti 掺杂含量的增加,室温下$(Pb_{0.97}La_{0.02})(Zr,Sn,Ti)O_3$ 的稳定相的变化顺序依次为正交反铁电相(A_O)、四方反铁电相(A_T)、低温三方铁电相($F_{R(LT)}$)、高温三方铁电相($F_{R(HT)}$)和四方铁电相(F_T)。与 PLZT 反铁电体相比,PLZST 的相图中具有更宽的反铁电区域,组分调控的范围更大。

更具体地,采用溶胶-凝胶法制备不同掺杂组分的$(Pb_{0.97}La_{0.02})(Zr,Sn,Ti)O_3$反铁电薄膜,测量薄膜 $P\text{-}E$ 电滞回线和 $\varepsilon_r\text{-}E$ 变化曲线以研究 PLZST 电场诱导的反铁电-铁电相变行为及其与组分相关的临界相变电场[15]。比较表 3-1 中室温下不同掺杂比例的 PLZST 的正向临界相变电场 E_F 和反向临界相变电场 E_A 可以发现,Zr 含量越低、Ti 含量越高的 PLZST 具有更低的 E_F 和 E_A,室温下反铁电相与铁电相之间的自由能之差更低,反铁电相与铁电相之间更容易实现电场诱导相变。

3.3 锆酸铅基反铁电晶体

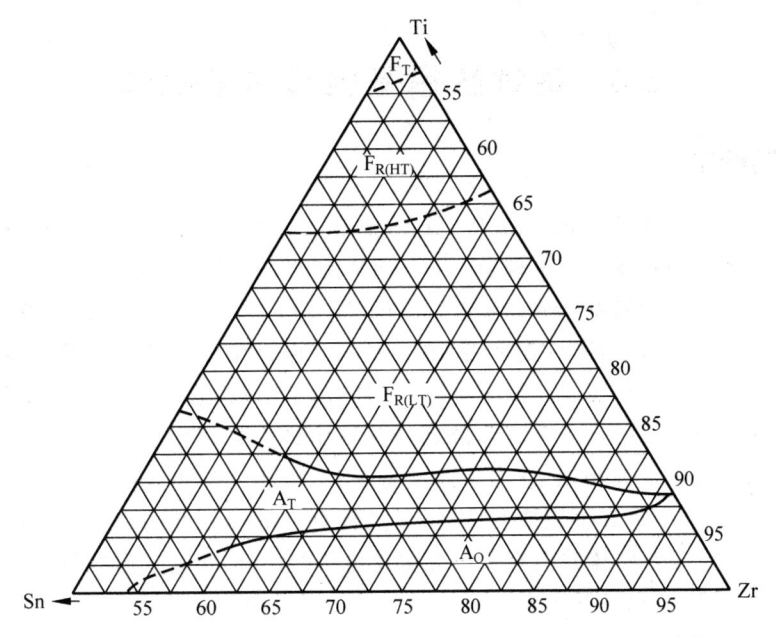

图 3-21 (Pb$_{0.97}$La$_{0.02}$)(Zr,Sn,Ti)O$_3$ 在 25℃下的三元相图[14]

表 3-1 不同掺杂组分 PLZST 的临界相变电场[15]   单位：kV/cm

PLZST 反铁电体化学式	相类型	P-E E_F	P-E E_A	ε_r-E E_F	ε_r-E E_A
(Pb$_{0.97}$La$_{0.02}$)(Zr$_{0.55}$Sn$_{0.40}$Ti$_{0.05}$)O$_3$(PLZST 2/55/40/5)	A$_T$	92	35	142	130
(Pb$_{0.97}$La$_{0.02}$)(Zr$_{0.75}$Sn$_{0.20}$Ti$_{0.05}$)O$_3$(PLZST 2/75/20/5)	A$_O$	140	69	157	127
(Pb$_{0.97}$La$_{0.02}$)(Zr$_{0.90}$Sn$_{0.05}$Ti$_{0.05}$)O$_3$(PLZST 2/90/5/5)	A$_O$	207	113	180	133
(Pb$_{0.97}$La$_{0.02}$)(Zr$_{0.75}$Sn$_{0.22}$Ti$_{0.03}$)O$_3$(PLZST 2/75/22/3)	A$_O$	209	122	221	171
(Pb$_{0.97}$La$_{0.02}$)(Zr$_{0.75}$Sn$_{0.18}$Ti$_{0.07}$)O$_3$(PLZST 2/75/18/7)	A$_T$	—	—	108	81

合理的掺杂改性能够有效调控 PbZrO$_3$ 的相变特性，而掺杂金属离子的选择需要借助理论进行设计和验证。目前，可以通过容差因子 t 在一定程度上评估掺杂 PbZrO$_3$ 反铁电相的稳定性[16]，t 定义为

$$t = \frac{r_A + r_O}{\sqrt{2}(r_B + r_O)} \tag{3.1}$$

式中，r_A、r_B 和 r_O 分别为 A 位金属离子、B 位金属离子和氧阴离子的离子半径。一般当 $t<1$ 时，认为反铁电相为稳定相；当 $t>1$ 时，认为铁电相为稳定相。t 值越大的掺杂 PbZrO$_3$ 越容易被诱导到铁电相。除此之外，近年来新兴的计算材料学通过人工智能辅助筛选合适的掺杂元素和掺杂比例，有利于研究者按照设计需求进行高效改性，得到大量可面向特殊应用场景的铁电材料。

3.4 铌镁酸铅基弛豫铁电晶体

3.4.1 铌镁酸铅

1959年,苏联学者Smolenskii和Agranovskaya首次在铌镁酸铅(lead magnesium niobate,PMN)观察到弛豫性铁电现象[17]。PMN的化学式为$Pb(Mg_{1/3}Nb_{2/3})O_3$,与铁电体相比,其表现出两大显著特征:①介温谱在温度T_m附近呈现出弥散性的宽峰,一般可扩展至几百摄氏度的温度区间,即"弥散相变"现象;②介温谱中的峰值大小及对应峰值温度随频率变化而变化,在峰值温度T_m及以下,介电常数均存在很强的频率色散现象,如图3-22所示。PMN在温度T_m附近的介电弥散宽峰与铁电体在居里温度T_C处的介电异常峰具有相同数量级,但与铁电体相比,它具有高度弥散性,峰值对应的温度T_m由于介电色散而随频率变化。弛豫铁电体在早期研究中被称为"具有弥散性相变的铁电体",但实际上在温度T_m附近,一些弛豫铁电体并没有真正发生铁电-顺电结构相变。研究发现,PMN在介电常数峰值温度T_m以上和以下均为立方晶相。

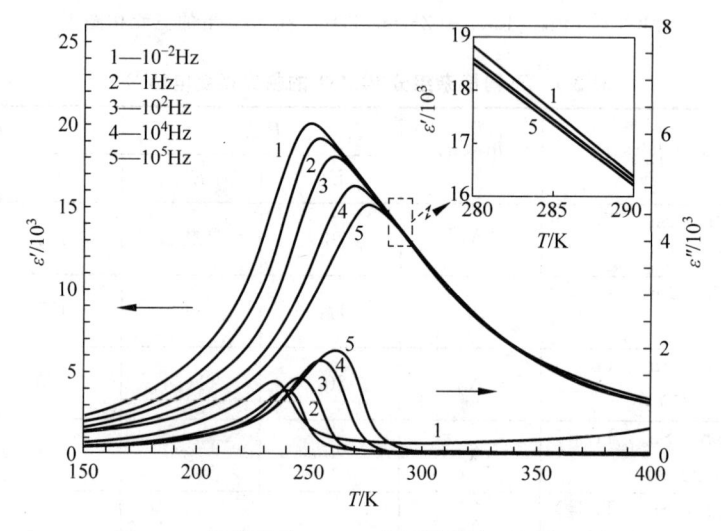

图3-22 铌镁酸铅(PMN)在不同频率下的介温谱

PMN表现出铁电体不具有的诸多特殊性质,这引起铁电界的广泛关注,随后研究者陆续在多个体系中均发现了弛豫铁电行为。偶极子的长程有序性是铁电体的关键微观特征,有序排列的偶极子形成铁电畴,并可在外加电场下重新取向。而在弛豫铁电体中,偶极子的长程有序性被无序分布的金属离子破坏,而在纳米尺度上表现出显著的局部不均匀性和复杂的极化态。目前已有大量工作间接或直接证明了弛豫铁电体中极性纳米微区(polar nanoregions,PNR)的存在,研究者普遍认为极性纳米微区对弛豫铁电体的介电行为有着重要影响,并先后提出了一系列理论模型尝试解释弛豫铁电现象,如弥散相变模型(diffuse phase transition model)、超顺电模型(superparaelectric model)、偶极玻璃化模型(dipolar glass model)、随机电场模型(random-field model)等。但弛豫铁电体内部PNR的形成过程及其复杂的极化机制至今仍没有定论[18]。以Smolenskii和Isupov提出的弥散相变模型为例,该模型认为出现介电弥散宽峰的原因是 PMN 固溶体在微观尺度上的化学不均匀性,这是由 B 位 Mg^{2+} 和 Nb^{5+} 成分的无序波动造成的。不同极性微区 Mg^{2+} 和 Nb^{5+} 浓度的变化导致不同局部区域的居里温度 T_C 存在差异,而不同的相变温度对应的介电常数异常峰叠加起来就出现了宏观弥散宽峰特征,如图 3-23 所示。虽然弥散相变模型解释了 PMN 的一些弛豫铁电性质,但后期研究者在介电弥散峰的附近并未观察到 PMN 的顺电-铁电结构相变,PMN 晶体始终保持为立方相,即峰值温度 T_m 处并不对应相变点,因此"弥散相变"这一说法目前还存在争议。

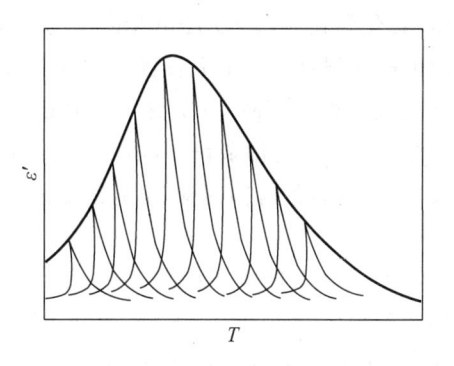

图 3-23 弥散相变模型对 PMN 介电弥散峰的解释

下面结合以上几种模型分析弛豫铁电体 PMN 随温度的变化特性。在 Burns 温度(T_B,约 345℃)以上,PMN 为顺电相,其介电常数变化规律遵循居里-外斯定律。当温度逐渐下降至 T_B 以下时,一些局部自发极化的极性纳米畴出现,但此时这些极性微区是随机取向的,在热扰动下呈高度动态且基本互不影响,其弛豫频率高于 10^7 Hz,因此在频率低于 10MHz 的典型介电测量中无法观察到频率色散。注意到,此时 PMN 的介电行为不再符合居里-外斯定律,而遵循关系式[19]

$$\frac{\varepsilon_A}{\varepsilon_r} = 1 + \frac{(T-T_A)^2}{2\delta^2}, \quad T_1 < T < T_2 \qquad (3.2)$$

式中,参数 ε_A、T_A 和 δ 通过对测试曲线进行最小二乘拟合得到;T_1 比 T_m 略高几摄氏度;T_2 比 T_B 低数十摄氏度。继续降低温度,极性纳米畴的运动变慢,弛豫频率降低,频率色散现象逐渐明显,并在温度 T_m(约 -10℃)处出现弥散介电宽峰。当温度降低至冻结温度 T_f(约 -56℃)以下后,极性纳米畴的尺寸开始增长,并且可以通过外部电场极化取向获得长程铁电畴,从而观察到正常的铁电电滞回线特征。弛豫铁电体 PMN 在各个温度范围内都保持为立方晶相。当温度在 T_B 以下附近时,极性纳米畴可以自由旋转且基本互不影响,当原本施加的电场撤去后,系统又会迅速回到自由能最低的状态,即宏观自发极化强度为 0,原本取向的纳米畴不会保持。而当温度降低至足够低时,纳米畴被冻结,运动受到明显限制,此时施加足够强度的极化电场可以将立方相不可逆地转变为铁电相。也就是说,其低温下的铁电行为仍需要外加电场诱导相变得到。表征 PMN 场致相变性质的两个关键参数分别为由诱导铁电相到顺电相的零场相变临界温度 T_C 和诱导相变的阈值电场强度 E_{th}。零场相变临界温度 T_C 实际上就是 PMN 铁电相的居里温度,约 -60℃,对应阈值电场强度 E_{th} 约为 1.75kV/cm。

与铁电体相比,弛豫铁电体的优异特性使其更受学术界和工业界关注,如:相对介电常数较高,且电滞损耗很低,可用于制备高能量密度电容器;具有优异的电致伸缩性能,且应变滞回损耗很低,可用于高精度微致动器;压电系数很高,可用于压电换能领域等。

3.4.2 铌镁酸铅-钛酸铅

铌镁酸铅-钛酸铅(lead magnesium niobite-lead titanate,PMN-PT)也是一种弛豫铁电

体,其化学式为$(1-x)Pb(Mg_{1/3}Nb_{2/3})O_3-xPbTiO_3$。PT 是铁电体,而 PMN-PT 诱导相变阈值电场强度 E_{th} 很大程度上取决于 PT 的掺杂量 x,当 $x=0.1$ 时,$E_{th}<0.5kV/cm$。具有较大 x 值的 PMN-PT 在温度降低过程中会自发相变至铁电相,而不需要外部电场诱导。继续增大 PT 的掺杂量 x,当 $x>0.3$ 时,发现 PMN-PT 的峰值温度 T_m 与测试频率不再相关,认为此时的峰值对应的就是铁电相变,即随着 x 的增加,PMN-PT 由弛豫铁电体转变为铁电体[20]。

PMN-PT 的相图如图 3-24 所示,图中 T 为四方晶相,R 为三方晶相,M_B 和 M_C 为两种单斜晶相。当 x 在 0.33~0.35 之间时,PMN-PT 存在准同型相界,该组分下的 PMN-PT 表现出极高的压电性能,压电系数高于 600pC/N,机电耦合系数可达 0.95,具体见 5.3 节。实验室曾制备过 $0.9Pb(Mg_{1/3}Nb_{2/3})O_3-0.1PbTiO_3$(PMN-0.1PT)弛豫铁电陶瓷,制备过程简要如下:首先,MgO 和 Nb_2O_5 球磨 12h,再于 1050℃条件下焙烧 4h,得到 $MgNb_2O_6$;随后将 $MgNb_2O_6$、PbO 和 TiO_2 球磨 12h,再于 850℃焙烧 2h。制备得到的 PMN-0.1PT 的介温谱如图 3-25 所示。

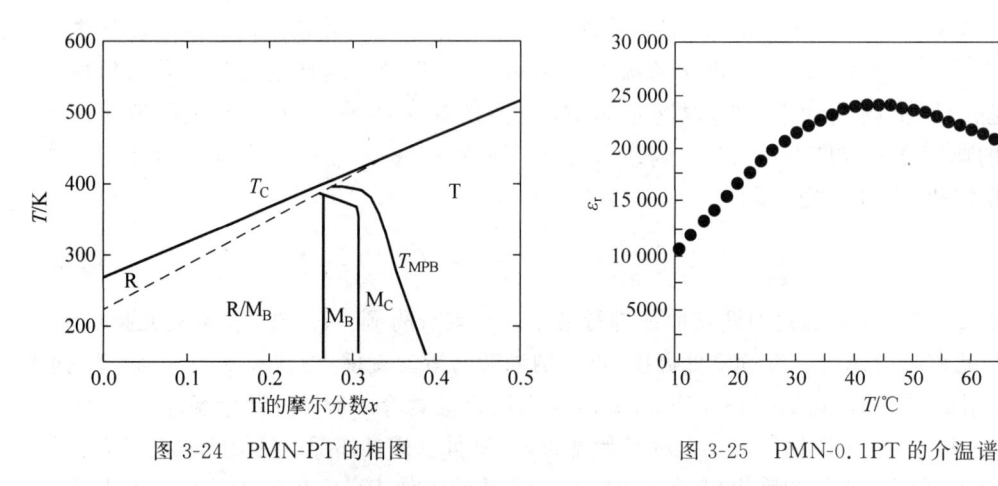

图 3-24　PMN-PT 的相图　　　　图 3-25　PMN-0.1PT 的介温谱

铁电陶瓷在铁电领域具有极为广泛的应用,其性能优异,但制备方法复杂,往往需要在极高温度下长期焙烧,耗能较高。此外,有些反应组分如铅等具有一定挥发性,在反应过程中易逸出体系,这导致实际化学计量难以精确控制,需要反复调整反应物比例才能得到具有预期结构的铁电陶瓷材料。

3.5　聚偏氟乙烯

聚偏氟乙烯(polyvinylidene fluoride,PVDF)是最具代表性的铁电聚合物。1969 年,日本学者 Kawai 首次发现机械拉伸且经外电场极化后的 PVDF 薄膜具有较强的压电性[21]。随后,1971 年,拉伸且经外电场极化的 PVDF 同样被发现具有热释电性,其热释电系数与铁电 $LiNbO_3$ 单晶相当[22]。1974 年,单轴拉伸 PVDF 的铁电性也被验证,室温下其在大于 300kV/cm 的正弦交流电场作用下表现出类似无机铁电晶体的电滞回线特性[23]。50 多年以来,PVDF 在铁电、压电和热释电领域引起众多学者的研究兴趣,其合成方法、结构特征、铁电性能及应用场景等都得到深入的探索。通过对 PVDF 进行化学改性和物理改性,已衍生出一系列 PVDF 基共聚物、接枝物、交联物及共混材料等,这些改性材料表现出的铁电特性各有不同。

作为有机铁电聚合物,PVDF 的铁电性能比无机铁电陶瓷弱很多,但 PVDF 具有诸多优势,如:制造成本低;聚合反应温度低,约 100～200℃;熔点较低,约 172℃;质量轻,密度约 1.8g/cm³;具有较好的机械柔韧性;击穿强度比无机铁电陶瓷高 1～2 个数量级,耐电压能力更强,使用可靠性高。目前,PVDF 铁电聚合物主要以致密薄膜的形式被广泛使用。以美国 PolyK 公司的商业 PVDF 薄膜为例,其典型厚度有 3μm、9μm、12μm、18μm、25μm、40μm、55μm、80μm、100μm、120μm、200μm 等,如图 3-26 所示。与陶瓷材料相比,PVDF 的加工简便易行,可使用多种加工技术,包括挤出、注塑、溶液流延、静电纺丝、相分离过程、冷冻干燥和印刷等,得到无孔致密薄膜、多孔薄膜、纤维、微球、3D 图案化等特定形状,以满足多变的应用要求。

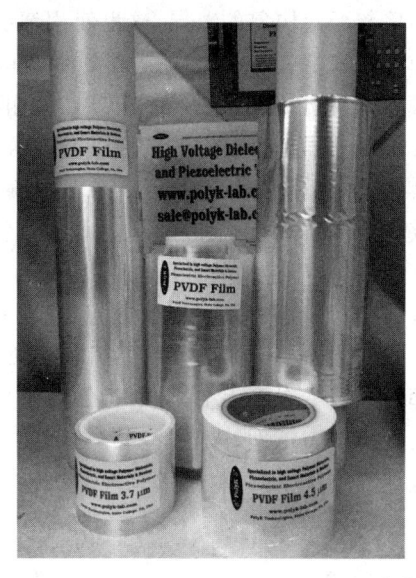

图 3-26 不同厚度的 PVDF 薄膜商品[24]

3.5.1 聚偏氟乙烯的链结构

聚合物由小分子单体通过加成或缩合反应聚合得到。PVDF 的单体为偏氟乙烯(vinylidene fluoride,VDF),与乙烯分子相比,VDF 某一个碳原子所连接的两个氢原子被替代为氟原子,气态 VDF 分子通过自由基聚合得到 PVDF,如图 3-27 所示。

图 3-27 PVDF 聚合物的合成反应
(a) 聚合物的合成机理;(b) PVDF 的自由基聚合

PVDF 的铁电性首先来自其特殊的化学结构,其重复单元为—CH_2—CF_2—。F 原子的电负性最高,—F 取代基具有极强的吸电子能力,从而使 C—F 键高度极化;而 H 原子的电负性较弱,易失电子,PVDF 的重复单元—CH_2—CF_2—可等效为具有强极性的电偶极子,电偶极矩的值大于 $4.0×10^{-30}$ C·m。

其次,单根分子链的空间排列方式同样决定了 PVDF 铁电性的强弱。高分子的聚合度高,分子链很长,但通常并不是伸直排列的。对于 PVDF 而言,其主链完全由 C—C 单键组成,而单键由 σ 电子组成,电子云呈轴对称分布。因此 C—C 单键可以绕轴旋转,称为内旋转。由于单键内旋转而导致单根分子链在空间上呈现的不同形态就称为构象。主链中相继的两个单键可能处于反式(trans,T)构象或旁式(gauche,G)构象[25]。为解释 PVDF 的反式构象与旁式构象的差异,这里使用纽曼投影式(Newman projection)作为辅助分析工具。纽曼投影式是表示有机化合物立体结构的一种方法,由美国化学家梅尔文·斯宾塞·纽曼(Melvin Spencer Newman)于 1952 年命名。沿 C—C 键的键轴的方向进行投影,以交叉的三根键表示位于前方的碳原子及其键,以被一个圆挡住的三根键表示位于后方的碳原子及其键,如图 3-28 所示。当 PVDF 的某一个重复单元—CH$_2$—CF$_2$—前后方引出的 C—C 键成 180°时称为反式构象,记为 T;当前后方引出的 C—C 键成 60°时称为旁式构象,若后方 C—C 键位于逆时针 60°方向上,称为左旁式构象,记为 G$^+$,若后方 C—C 键位于顺时针 60°方向上,称为右旁式构象,记为 G$^-$。PVDF 的链构象可分为 TG$^+$TG$^-$、TTTG$^+$TTTG$^-$ 和 TTTT(或 all-trans)3 种,如图 3-29 所示。PVDF 处于 TTTT 全反式构象时,C—C 单键全部位于同一个平面上,此时相邻重复单元对应的偶极子取向相同,单根分子链的极化强度最高。当 PVDF 处于 TG$^+$TG$^-$ 或 TTTG$^+$TTTG$^-$ 构象时,单根分子链的极化强度由于部分抵消而有所下降,但是仍表现出极性。

图 3-28　PVDF 分子链不同构象的纽曼投影式

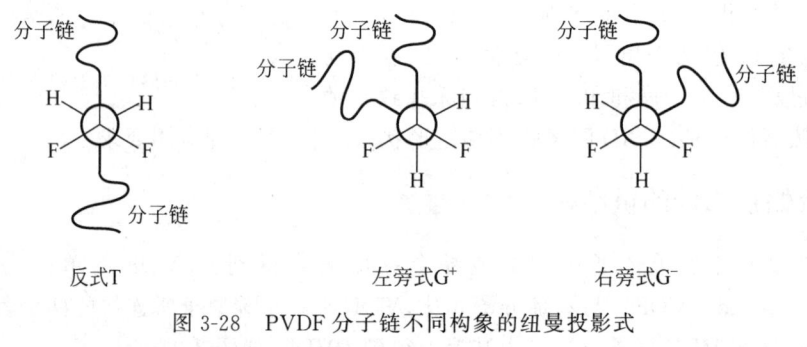

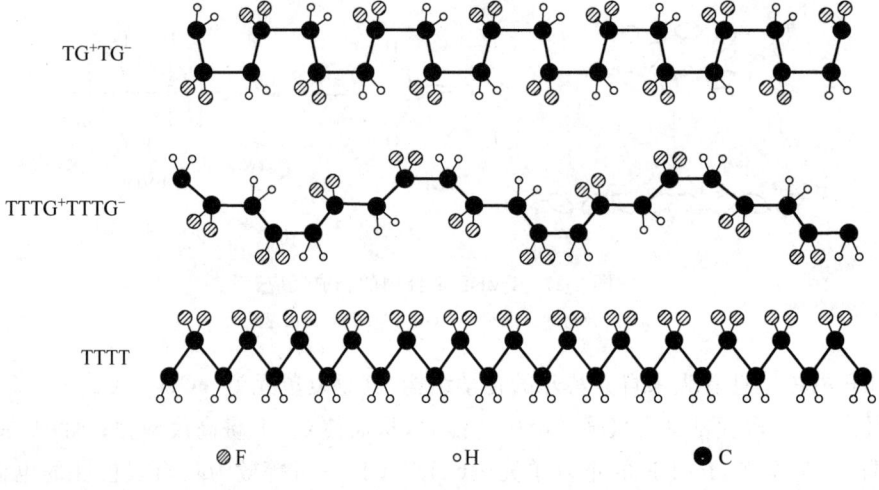

图 3-29　PVDF 分子链的不同构象

3.5.2　聚偏氟乙烯的聚集态结构

3.5.1 节介绍了 PVDF 的化学组成与其单根分子链的构象类型,而对于聚合物材料而言,除受上述因素的影响,聚合物链之间的排列与堆砌结构即聚集态结构对 PVDF 的铁电性同样起关键作用。

3.5 聚偏氟乙烯

聚合物的聚集态结构主要包括非晶态(又称为无定形态)结构和晶态结构,特殊的还涉及液晶态结构、取向态结构和聚合物共混物的织态结构[25]。以 PVDF 为代表的绝大多数结晶聚合物都是半结晶的,往往既包括晶区,又包括非晶区。对于非晶结构,这里简单介绍一种代表性模型——无规线团模型。无规线团模型认为,当聚合物处于非晶态时,分子链之间是任意贯穿和无规缠结的,链段的堆砌不存在任何有序结构,呈现无规线团的形态。而聚合物能否结晶,主导因素在于聚合物链的对称性和规整性。对于 PVDF 而言,VDF 单体是乙烯的一个 C 原子上的 H 被 F 对称取代获得,因此 PVDF 的分子链具有良好的结构对称性,容易结晶。其次,VDF 的连接方式对 PVDF 的结晶能力有较大影响。定义—CH$_2$ 基团为"首",—CF$_2$ 基团为"尾",理想情况下 VDF 通过自由基聚合形成首尾相连的键接,得到规整链序列。但在实际的聚合过程中偶尔会在完全首尾相连的序列中包含反向的单体单元,形成首首相连和尾尾相连的结构缺陷,如图 3-30 所示。这种无序结构的出现导致 PVDF 结晶度下降。通常在典型的聚合条件下,PVDF 链中缺陷基团的摩尔分数约在 3.5%~6%之间。

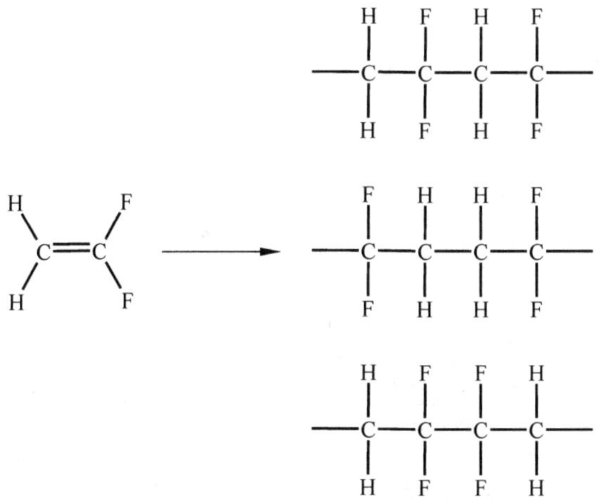

图 3-30 PVDF 的结构缺陷

PVDF 的分子链倾向于形成能量最低的构象,链与链之间平行排列并紧密堆砌,形成有序的晶相结构。关于结晶聚合物的晶区结构,这里介绍典型的折叠链模型。折叠链模型认为,分子链倾向于规整排列并自发往返折叠成带状结构,最终形成规则的片晶,如图 3-31 所示。当 PVDF 在浓溶液中析出或在熔体冷却结晶时,首先形成片晶,然后以某些晶核为中心继续沿各个方向呈放射状折叠生长,进一步堆砌组装形成球晶,球晶直径一般在 0.5~100μm 之间。除球晶外,根据外界结晶条件的不同还可能形成很多其他晶型,如树枝状晶、纤维晶、串晶等。晶区被无序非晶区包围,两区域没有明显的分界线,此时的晶区取向是随机的。

PVDF 有 4 种常见的晶型结构,分别为 α 相、β 相、γ 相和 δ 相。分子链在晶胞内的构象和晶胞参数如图 3-32 所示。其中,α 相是热力学稳定相,PVDF 熔融自然冷却得到的晶相即为 α 相。α 相中的分子链为 TG$^+$TG$^-$ 构象,但晶胞内相邻两个分子链反向平行排列,导致偶极矩被完全抵消,形成中心对称结构,因此 α 相是非极性相,不具有铁电性。β 相为全反式构象,具有最强的铁电性。γ 相为 TTTG$^+$TTTG$^-$ 构象。δ 相的构象与 α 相相同,均为

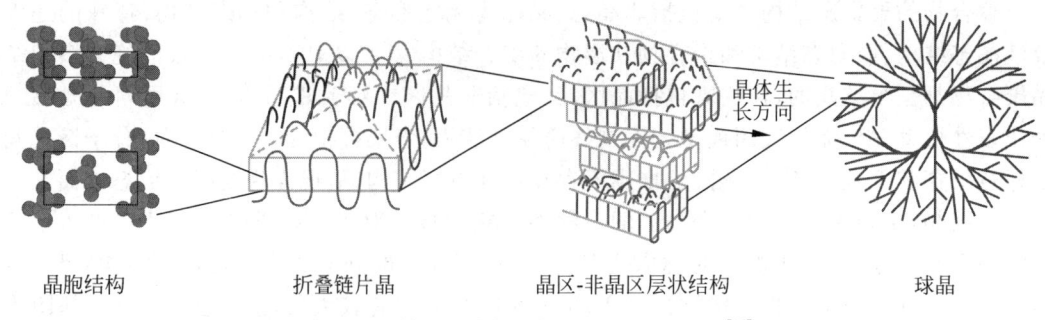

图 3-31 结晶聚合物的折叠链模型示意图[26]

TG⁺TG⁻,但是晶胞内相邻链同向排列,可以理解为 α 相的极性相。γ 相和 δ 相都是 PVDF 的弱极性相。由于铁电性要求材料具有长程有序排列形成的铁电畴,因此一般普遍认为 PVDF 铁电性的主要贡献来自其结晶区,但也受到非晶部分的影响。

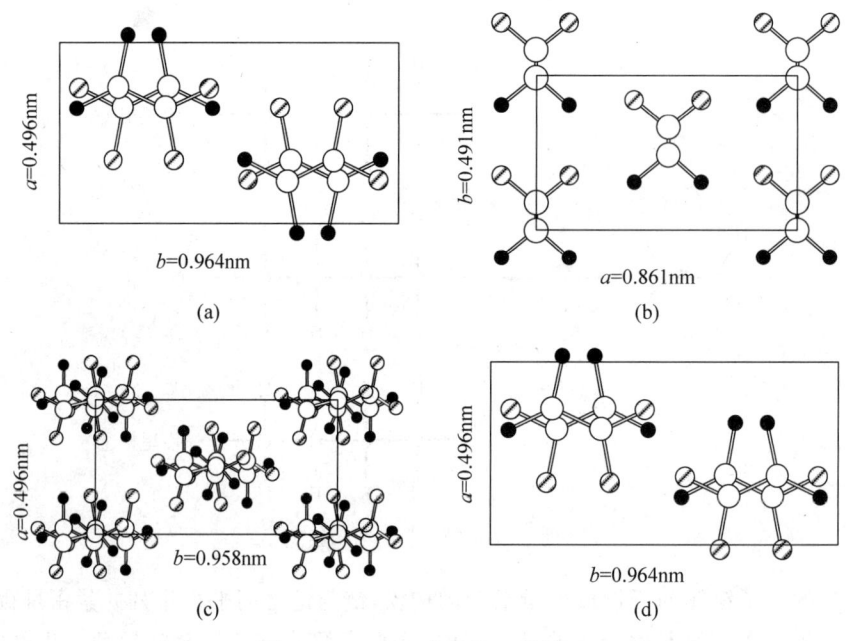

图 3-32 PVDF 常见的 4 种晶型
(a) α 相;(b) β 相;(c) γ 相;(d) δ 相

3.5.3 铁电相聚偏氟乙烯的制备

1.2.1 节计算的 β-PVDF 的最大极化强度可达 0.133C/m²,但由于存在结构缺陷, PVDF 的实际结晶度不高,理想情况下在 50% 左右,甚至更低,远不及无机铁电陶瓷。对于结晶度 50% 且 β 相比例为 100% 的 PVDF 而言,其最大自发极化强度 P_s 约为 0.065C/m², 矫顽场 E_c 约为 48MV/m,居里温度 T_C 在熔点以上,因此无法观察到铁电-顺电相变。

虽然 PVDF 的 β 相具有最强的铁电性,但是 β 相不是热力学稳定相,往往需要通过额外的手段诱导。例如,控制聚合手段合成具有 0.2%~23.5%(摩尔分数)结构缺陷的 PVDF, 发现当缺陷含量在 11.4%~15.5% 时,稳定的链构象类型发生改变,PVDF 室温自然结晶得到的晶相从α相转变为β相[27]。形成全反式β相所需的能量随着结构缺陷含量的增加而减少，在一定范围内增大结构缺陷的含量可使β相成为热力学稳定相。此外，PVDF不同晶相之间的转化还可以通过改变制备工艺实现，聚合物的聚集态结构会随材料加工条件的改变而发生很大的变化。图3-33展示了不同晶相的PVDF的制备工艺与常见的相互转化关系，PVDF熔体直接缓慢冷却结晶得到的是α-PVDF，而在高压力（>550MPa）下结晶或在低温（<30℃）下淬火冷却则可得到β-PVDF。α-PVDF通过机械拉伸、高压力下热处理或外加强电场可转变为β-PVDF，通过长时间高温退火可转变为γ-PVDF。需要注意的是，β-PVDF的制备条件一般较为苛刻，以外加强电场的诱导方式为例，α-PVDF在约150MV/m下转变为其极性相δ-PVDF，继续增大外电场，需要达到约500MV/m才能转变为β-PVDF，这一极高场强大大增加了制备过程中材料的击穿概率，导致材料失效。此外，使用溶液法干燥得到的PVDF的晶相结构一般取决于溶剂的种类和溶剂挥发的速率。使用高极性的溶剂有利于诱导极性相形成，如N,N-二甲基甲酰胺（N,N-dimethylformamide，DMF）、N-甲基吡咯烷酮（N-methylpyrrolidone，NMP）、N,N-二甲基乙酰胺（N,N-dimethylacetamide，DMAc）、二甲基亚砜（dimethyl sulfoxide，DMSO）等。

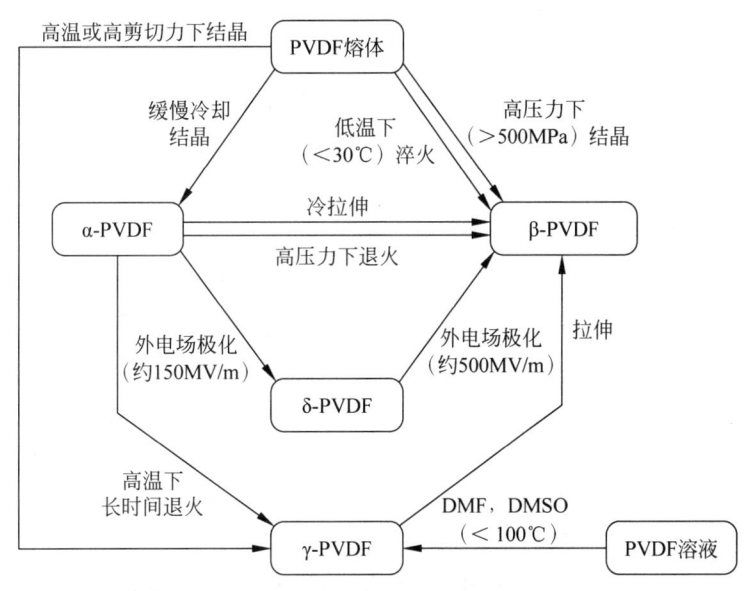

图3-33　不同晶相PVDF的制备工艺和相互转化关系

3.6　聚偏氟乙烯的二元共聚物

由于β-PVDF的获得往往需要较为苛刻的加工工艺，如高温、高压、高外部电场等，研究者开始尝试对PVDF进行结构改性，其中一个关键手段就是共聚。共聚指两种或以上的单体参与聚合反应。以二元共聚物为例，根据连接方式的不同，共聚物可分为嵌段共聚物、梯度共聚物和无规共聚物，如图3-34所示。共聚物的序列分布与单体性质、配比和聚合条件有关，大部分单体聚合得到的都是无规共聚物。与铁电陶瓷的掺杂改性原则类似，PVDF共聚改性选择的共聚单体与VDF单体应尽量具有相似的结构，否则无法聚合得到性质稳定的长链结构。目前，已实现共聚的单体主要有三氟乙烯（trifluoroethylene，TrFE）、三氟氯乙烯(chlorotrifluoroethylene，CTFE)、六氟丙烯(hexafluoropropylene，HFP)等，单体的化学结构如图 3-35 所示。

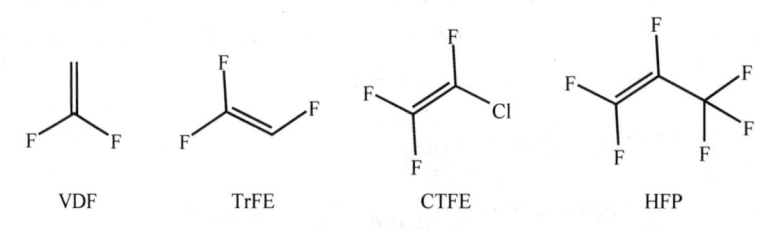

图 3-34 共聚物的不同类型

图 3-35 VDF 与其他共聚单体的化学结构式

3.6.1 偏氟乙烯-三氟乙烯共聚物

1979 年，日本学者 T. Yagi 和 M. Tatemoto 合成了 TrFE 单体摩尔分数从 0～100% 的偏氟乙烯-三氟乙烯(polyvinylidene fluoride-trifluoroethylene，P(VDF-TrFE))二元无规共聚物[28]，P(VDF-TrFE) 的化学结构式如图 3-36 所示。当 TrFE 单体的摩尔分数在 20%～50% 之间时，共聚物链的构象由 TG^+TG^- 转变为 TTTT，直接从熔体中结晶就能够得到与 β-PVDF 类似的晶相结构，并可观察到铁电-顺电相变点，这一现象在均聚 PVDF 中并不存在。

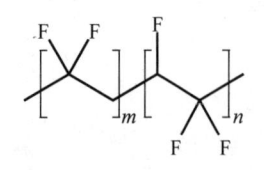

图 3-36 P(VDF-TrFE)的化学结构式

P(VDF-TrFE)的热力学稳定相由 α 相转变为 β 相，其原因主要是增强的空间位阻作用。由于 TrFE 与 VDF 单体的尺寸差别不大，故分子链中 VDF 与 TrFE 部分可以共同结晶。但 TrFE 与 VDF 相比，有一个 H 原子被取代为尺寸更大的 F 原子，而旁式构象引出的碳链之间只有 60°的夹角，空间较小，当形成旁式构象时，H 原子与 F 原子之间会紧密接触，导致结构的严重不稳定性，对比之下 P(VDF-TrFE)的反式构象变得更加稳定[29]。需要强调的是，F 原子的直径(0.270nm)仍略大于全反式碳链所提供的空间(0.256nm)，故 P(VDF-TrFE)的碳主链并不严格处于同一平面上，而是被随机偏转到平面的前后两侧以产生更大的容纳空间，呈现出疏松的略微扭曲的全反式构象。

β-PVDF 晶胞中的分子链间距为 0.426nm，由于空间位阻作用，P(VDF-TrFE)晶胞中的分子链间距增大，约 0.442nm，链间相互作用减弱，这使其从铁电相到顺电相的相变更容易发生，居里温度 T_C 降低。图 3-37 为 P(VDF-TrFE)的相图，可以看出，当 TrFE 的摩尔分数在20%~50%之间时,居里温度T_C随TrFE含量的提升而下降,且均在熔点T_m以下。P(VDF-TrFE) 74/26的T_C为120℃,而P(VDF-TrFE) 60/40的T_C则降至65℃。而当TrFE的摩尔分数在50%~70%之间时,P(VDF-TrFE)的方形电滞回线转变为双电滞回线,这一特征与反铁电体非常相似,但研究并未在该比例的P(VDF-TrFE)中观测到与反铁电陶瓷对应的反铁电相结构,因此只能称其为"类反铁电体"。继续增大TrFE的摩尔分数,铁电相区域变得模糊,最终消失。现如今商业售卖的P(VDF-TrFE)的比例主要有80/20、75/25、70/30和55/45,以适应不同的应用要求。

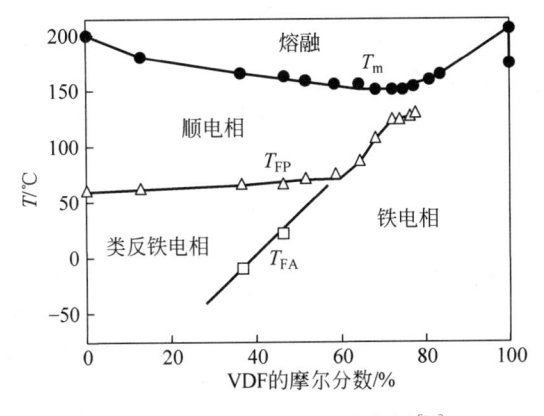

图 3-37 P(VDF-TrFE)的相图[30]

作为二元无规共聚物,P(VDF-TrFE)的链对称性和规整性相较于均聚PVDF有所降低,但在其居里温度T_C与熔点T_m之间的温度下退火一段时间后,P(VDF-TrFE)的晶片面积和厚度明显增大[31]。对P(VDF-TrFE) 73/27分别进行不同温度的热退火处理后,通过X射线衍射(X-ray diffraction,XRD)测量,经峰形拟合和积分以计算其结晶度,发现退火温度超过其居里温度T_C(120℃)后,P(VDF-TrFE) 73/27的结晶度显著增加,在150℃下退火后的结晶度甚至高达80%[32],如图3-38所示,这远高于前面所述的均聚PVDF的最大结晶度。因此,当VDF单体的摩尔分数在50%~80%之间时,P(VDF-TrFE)不仅具有自发稳定的β相结构,经热处理后还具有更高的结晶度,其铁电性能和压电性能均优于均聚PVDF。

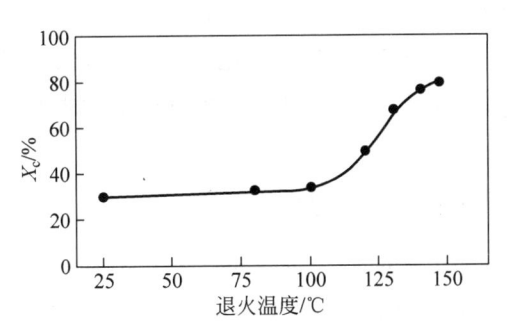

图 3-38 P(VDF-TrFE) 73/27的结晶度X_c与退火温度的关系[32]

随后,在对铁电P(VDF-TrFE)继续展开的改性研究中,又于1998年首次发现了有机聚合物材料的弛豫铁电现象。在对P(VDF-TrFE) 50/50薄膜进行适当的高能电子束辐照后,铁电 P(VDF-TrFE)50/50 的方形电滞回线消失,反而表现出细长且非线性的电滞回线,如图 3-39(a)所示[33]。此外,还可观察到辐照后 P(VDF-TrFE)50/50 的弥散相变与频率色散现象,如图 3-39(c)所示,这与无机弛豫铁电材料的特征相同。

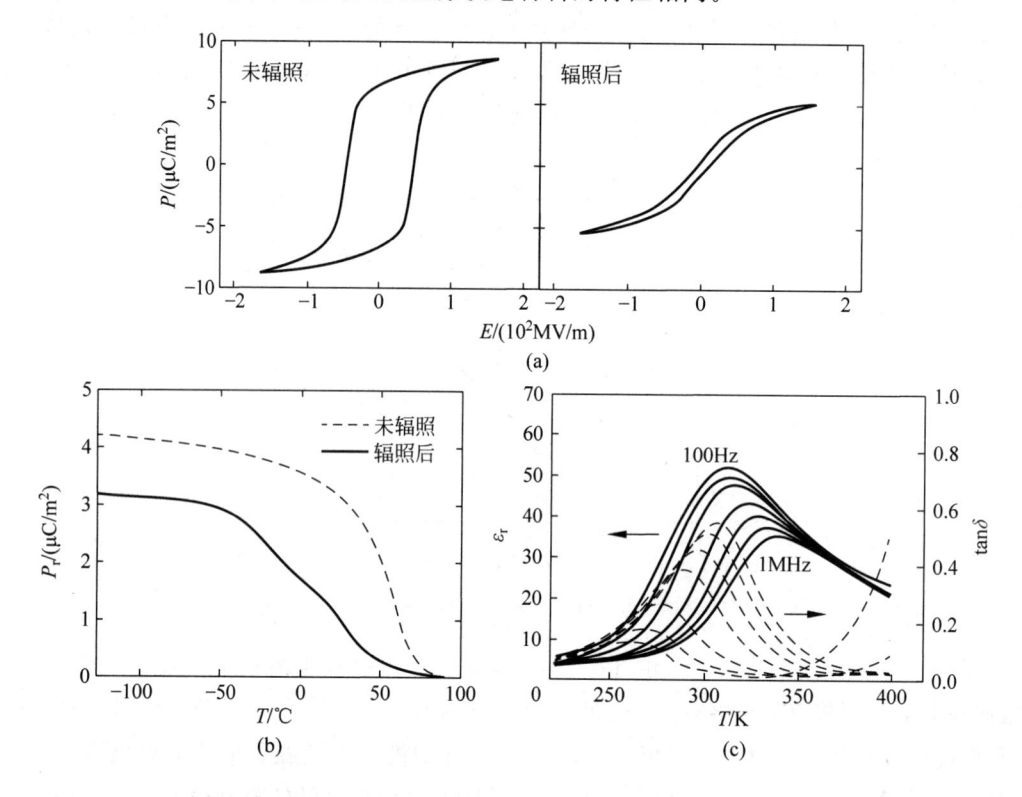

图 3-39　电子束辐照 P(VDF-TrFE)50/50 的弛豫铁电特性[33]
(a) P-E 电滞回线;(b) 剩余极化随温度的变化曲线;(c) 弥散介电峰与频率色散现象

研究者们对辐照后出现弛豫铁电性的解释是辐照在分子链上引入缺陷,将铁电体 P(VDF-TrFE)中尺寸较大的 β 相铁电畴分隔为极性纳米微区,并通过分子链之间形成的化学交联键限制住附近的铁电纳米畴。极性纳米畴可以在外部施加电场时在交联点之间转向极化,并于撤去电场后又在周围交联键的牵拉下快速恢复至非极化状态。

经电子束辐照改性得到的 P(VDF-TrFE)弛豫铁电聚合物具有高介电常数、低介电损耗和极高的电致伸缩系数,大大拓宽了 PVDF 系聚合物在储能电容器、致动、压电换能等领域的应用前景。

3.6.2　偏氟乙烯-三氟氯乙烯共聚物

聚偏氟乙烯-三氟氯乙烯(polyvinylidene fluoride-chlorotrifluoroethylene,P(VDF-CTFE))的化学结构式如图 3-40 所示。少量大尺寸 CTFE 单体的引入能够进一步稳定 TG$^+$TG$^-$ 链构象,即使经过单轴机械拉伸后,P(VDF-CTFE) 91/9(摩尔分数)的晶相仍以 α 相为主[34]。α 相的剩余极化很小,并不表现出铁电性,但 P(VDF-CTFE) 91/9 是一种具有高能量密度、低介电损耗和快速放电能力的新型介电聚合物,适用于储能领域。P(VDF-CTFE) 91/9 在 10Hz 单极性电场作用下的电滞回线如图 3-41 所示,与 PVDF 均聚物相比,其电滞损耗大大降低。

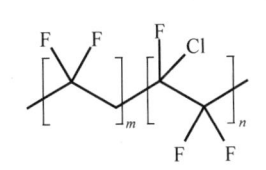

图 3-40　P(VDF-CTFE)的化学结构式

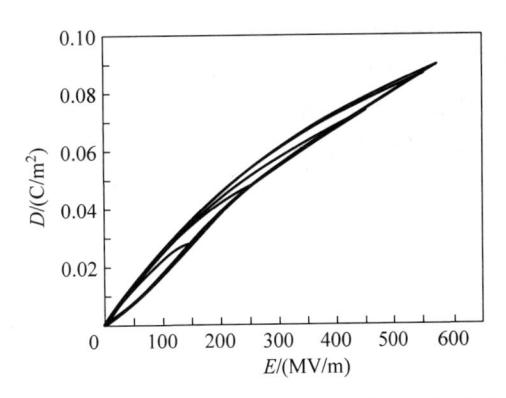

图 3-41　P(VDF-CTFE) 91/9 在单极性电场作用下的电滞回线[34]

Cl 原子的尺寸远大于 F 原子,CTFE 的体积远大于 VDF 和 TrFE,故 CTFE 具有更大的空间位阻,导致其很难与 VDF 共同结晶,只能以缺陷的形式存在于非晶相中。由于只有 VDF 部分能够结晶,故 TG$^+$TG$^-$ 构象反向平行排列形成的 α 相仍是热力学稳定相,且 P(VDF-CTFE)整体的结晶度有所下降。

3.6.3　偏氟乙烯-六氟丙烯共聚物

聚偏氟乙烯-六氟丙烯(polyvinylidene fluoride-hexafluoropropylene,P(VDF-HFP))的化学结构式如图 3-42 所示,首先由杜邦(DuPont)公司合成并推出,但当时主要用作弹性体。与 P(VDF-CTFE)相同,P(VDF-HFP)的稳定晶相为 α 相,不具有铁电性。与 CTFE 相比,HFP 单体尺寸更大,其作为分子链中的缺陷会破坏晶体的生长,使晶粒破碎,尺寸减小。当 HFP 单体的摩尔分数超过 20% 后,P(VDF-HFP)的结晶度很低,其中的微结晶区作为物理交联点,使材料表现出弹性体的力学性质,在受外力发生较大形变后仍可基本恢复至初始形状。

图 3-42　P(VDF-HFP)的化学结构式

3.7　聚偏氟乙烯的三元共聚物

前面提到,通过电子束辐照改性,P(VDF-TrFE)由铁电体转变为弛豫铁电体。然而这种改性方式的能耗很高,而且高能辐照导致的交联副反应使 P(VDF-TrFE)具有热固性,可重复加工性受到严重影响。一些研究开始向 P(VDF-TrFE)二元共聚体系中引入第三单体以调节其结晶特性,并得到一系列具有优异性能的三元共聚物。

P(VDF-TrFE-CTFE)是研究最为广泛的三元无规共聚物之一,其化学结构式如图 3-43 所示。向 P(VDF-TrFE)中引入大尺寸的共聚单体 CTFE,通过三种单体的基体聚合成功得到具有高电致伸缩应变的新型弛豫铁电聚合物 P(VDF-TrFE-CTFE)[35]。设 VDF 与 TrFE 单体的摩尔分数比为 $x/(100-x)$,$0<x<100$,CTFE 在三元共聚物中的摩尔分数为 $y\%$,$0<y<100$,将不同比例的 P(VDF-TrFE-CTFE)的标号记为 $x/(1-x)/y$。对 P(VDF-

TrFE-CTFE)65/35/10 进行研究发现，CTFE 单体的引入导致：①介电反常峰对应的温度降至室温附近；②介温谱的介电常数峰变宽，且随频率的增加向高温方向移动，如图 3-44(a)所示；③介温谱的升温与降温曲线之间几乎不存在热滞现象，如图 3-44(b)所示；④室温下的电滞回线为细长极化环，在-40℃下又表现出与铁电体类似的宽化的电滞回线，如图 3-44(c)所示。而现象②~④均为弛豫铁电体的典型特征。

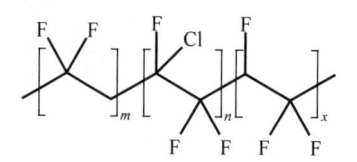

图 3-43　P(VDF-TrFE-CTFE)的化学结构式

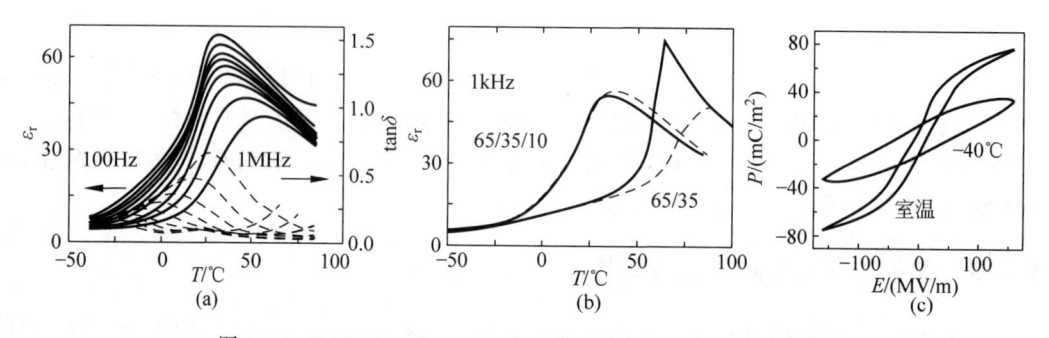

图 3-44　P(VDF-TrFE-CTFE)65/35/10 的弛豫铁电特征[35]
(a)"弥散相变"与频率色散现象；(b)介温谱的升温与降温曲线；(c)不同温度下的电滞回线

在 P(VDF-TrFE-CTFE)中，TrFE 单元诱导出全反式构象并保证极性 β 相的稳定性，分布在分子链中的大尺寸 CTFE 单元则会作为缺陷影响 β 相晶体的生长，并扩大分子链间距，这将同时抑制链内和链间的铁电耦合，从而破坏长程有序性，形成纳米极性畴。通过傅里叶变换红外光谱(Fourier transform infrared spectroscopy，FTIR)测量发现，不同构象的比例发生明显变化。在二元共聚物 P(VDF-TrFE)65/35 中，全反式构象比例高达 75%，TTTG$^+$TTTG$^-$ 占比 18%，TG$^+$TG$^-$ 占比 7%；而在 P(VDF-TrFE-CTFE)65/35/10 中，全反式构象比例降至 34%，TTTG$^+$TTTG$^-$ 占比则大幅提高至 61%，TG$^+$TG$^-$ 占比 5%。这一结果说明 CTFE 缺陷的引入导致其附近分子链段的构象由全反式转变为 TTTG$^+$TTTG$^-$，γ 相代替 β 相成为主导，P(VDF-TrFE-CTFE)65/35/10 内部被缺陷构象链段隔开的全反式构象链段堆叠排列为纳米有序微区，从而表现出弛豫铁电性。

P(VDF-TrFE-CTFE)弛豫铁电体的优异性能取决于其微观化学结构，不少研究者从合成策略上对其展开研究。目前除将 VDF、TrFE 和 CTFE 单体直接进行共聚外，还有一种特殊的方法——先聚合得到二元共聚物 P(VDF-CTFE)，再利用化学方法把 CTFE 单元中的 Cl 原子部分还原为 H 原子。即使用自由基引发剂偶氮二异丁腈(azobisisobutyronitrile，AIBN)和三(正丁基)锡氢化物(tri-butylstannanen，Bu$_3$SnH)对 P(VDF-CTFE)共聚物进行脱氯反应，通过定量还原 Cl 原子可将 CTFE 转化为 TrFE，反应过程如图 3-45 所示[36]。不同的合成策略直接影响三元共聚物的组成与微观结构，从而导致热性能与电性能的差异。通过脱氯还原方法合成的 P(VDF-TrFE-CTFE)三元共聚物在相同的化学成分下具有更高

3.7 聚偏氟乙烯的三元共聚物

比例的序列缺陷,如首-首缺陷和尾-尾缺陷,从而导致更低的结晶度和居里转变温度,进一步认为其在环境条件下具有更高的介电响应。与 VDF 和 CTFE 相比,TrFE 单体在生产、运输、储存过程中存在很高的爆炸风险,因此通过对 P(VDF-CTFE)进行还原改性制备 P(VDF-TrFE-CTFE)的方法更安全可靠。但还原改性过程在溶剂中进行,且需要通过复杂的纯化步骤除去副产物,导致该方法还未被应用于大规模工业生产[37]。

图 3-45 P(VDF-CTFE)还原改性制备 P(VDF-TrFE-CTFE)[36]

通过还原反应,将 P(VDF-CTFE)78.8/21.2 中部分 Cl 原子替换为 H 原子,发现随着还原 TrFE 摩尔分数的增加,P(VDF-TrFE-CTFE)的结晶度和熔融焓不断增大,且居里温度 T_C 也从 23℃(摩尔分数为 5%)上升至 98℃(摩尔分数为 21%)。通过控制 TrFE 和 CTFE 的摩尔分数,P(VDF-TrFE-CTFE)三元共聚物的介电性能可以在铁电体与弛豫铁电体之间进行灵活调节。图 3-46 为基于还原氢化反应制备的不同化学比例的 P(VDF-TrFE-CTFE)在频率 1kHz 下的室温相对介电常数。一般 PVDF 及其 P(VDF-TrFE)二元共聚物的相对介电常数在 10~14 之间,而由于 P(VDF-TrFE-CTFE)引入大体积 CTFE 单体作为缺陷,打破铁电长程有序性,形成纳米极性微区,偶极子迁移率提高,对外部电场更容易做出响应,因而具有更高的相对介电常数。其中,弛豫铁电体 P(VDF-TrFE-CTFE)78.8/7.2/14 的 ε_r 甚至可以达到 50 左右,使其在储能电介质应用领域具有更大的优势。

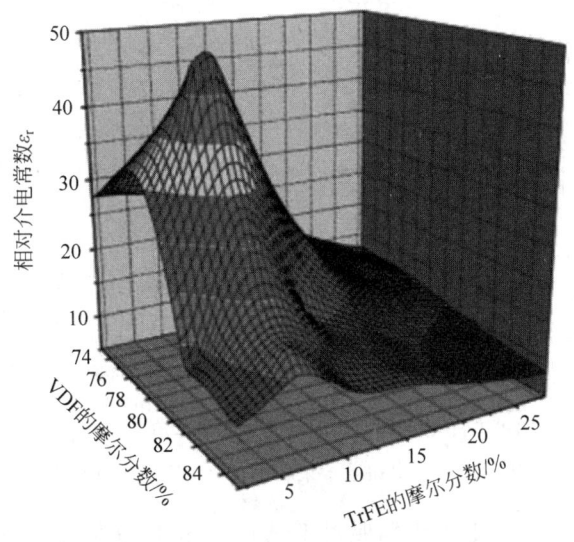

图 3-46 P(VDF-TrFE-CTFE)三元共聚物在 1kHz 下的室温(25℃)相对介电常数

通过对几种典型 PVDF 基共聚物铁电性质及其机制进行解释,不难发现,半结晶聚合物的长链结构导致 PVDF 及其衍生聚合物的铁电性来源与由离子晶体组成的铁电陶瓷间存在差异。图 3-47 是对 PVDF 基弛豫铁电聚合物微观机制的总结阐述[38-39]。首先,向 PVDF 分子链中引入尺寸稍大的 TrFE 单体,在保证共结晶的基础上有效增大分子链间距离,即 $l_2 > l_1$。如前所述,由于 CTFE 与 VDF 的尺寸差距过大,直接将 CTFE 单体引入 PVDF 中会导致 CTFE 部分不能参与分子链的结晶,只能被排斥而存在于无定形区中,无法影响非极性 α 相的稳定存在。这里,P(VDF-TrFE) 相比于 PVDF 增大的分子链间距可将更大尺寸的第三共聚单体继续引入,并保持共结晶结构。然后,将 CTFE 或 1,1-氯氟乙烯 (1,1-chlorofluoroethylene,CFE)继续引入 P(VDF-TrFE) 中,既可将 CTFE 或 CFE 的部分有效结合到 P(VDF-TrFE) 晶体中,又能够进一步增大分子链间距离,即 $l_3 > l_2$ 和 $l_4 > l_2$。这些较大的共聚单体作为缺陷沿分子链随机分布,可有效钉扎 P(VDF-TrFE) 链,形成极性纳米畴。由于链间距离的增大,这种物理钉扎(physical pinning)允许钉扎点之间的 P(VDF-TrFE) 链段更容易取向旋转,从而表现出弛豫铁电特性。需要注意的是,由于 CFE 单体的电偶极矩(1.8D)比 CTFE(0.64D)更大,且尺寸更小,因此 P(VDF-TrFE-CFE) 三元共聚物中 CFE 的物理钉扎作用较弱,在可逆电场作用下表现出双电滞回线的特性。相比之下,P(VDF-TrFE-CTFE) 三元共聚物由于 CTFE 更强的物理钉扎作用而在可逆电场下表现出相对更窄的电滞回线。

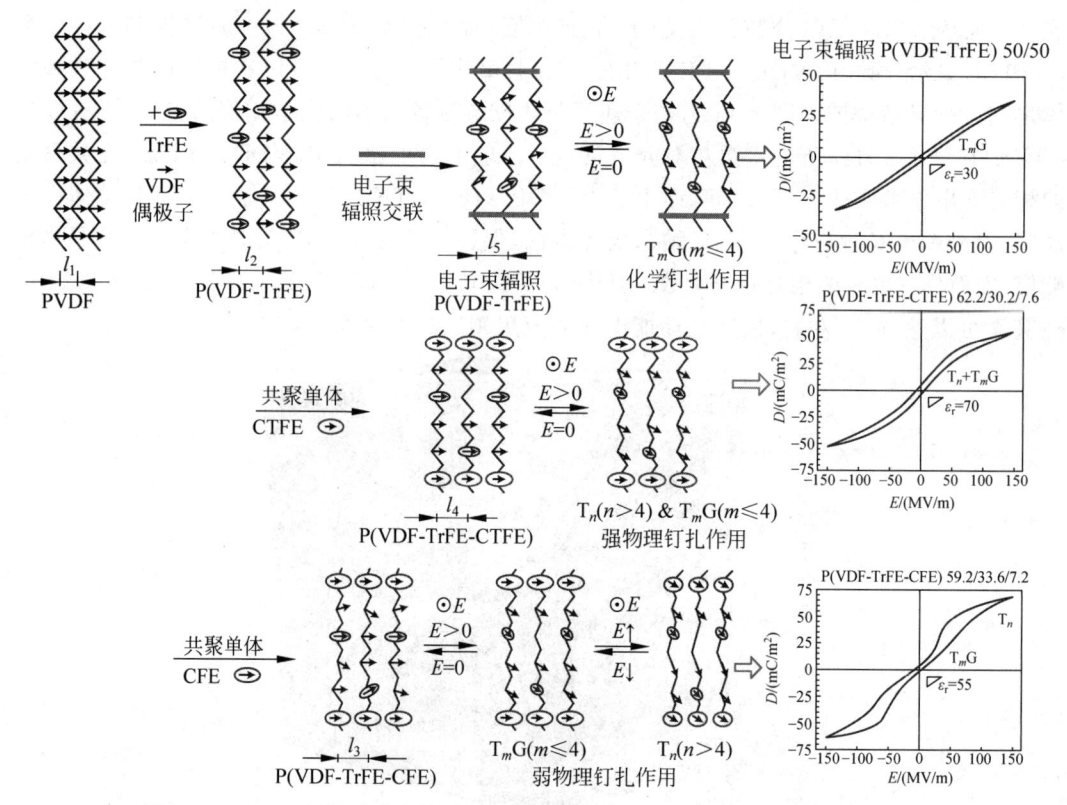

图 3-47 PVDF 基三元共聚物和电子束辐照 P(VDF-TrFE) 的弛豫铁电机制[39]

除引入第三单体外,使用电子束辐照对 P(VDF-TrFE) 进行原位化学交联同样可以得到弛豫铁电体。在充分的辐照后,P(VDF-TrFE) 的分子链间距离也会增大,即 $l_5 > l_2$。同时,辐照导致分子链之间形成化学交联点,并通过化学钉扎(chemical pinning)固定交联点之间的 P(VDF-TrFE)极性链段。

总的来看,通过引入合适的第三单体或电子束辐照在 P(VDF-TrFE)分子链上产生缺陷,可打碎原有的尺寸较大的铁电畴,形成具有自发极化的小尺寸纳米畴。这些缺陷同时对分子链产生钉扎作用,以保证纳米畴在撤去电场后尽可能恢复至初始状态。此外,由于分子链间距离的增大,铁电晶体中分子间的摩擦减小,有利于偶极子在电场作用下的迅速取向翻转,介质损耗降低。

3.8 聚偏氟乙烯的接枝共聚物

P(VDF-CTFE)二元共聚物的稳定相为非极性 α 相,剩余极化相比于极性 β 相小得多,但与线性电介质(如双向拉伸聚丙烯,biaxially oriented polypropylene,BOPP)相比,其损耗仍然较大,尤其受放电时间的影响。有研究表明,当放电时间从 1ms 减小至 1μs 时,P(VDF-CTFE)91/9 的放电能量密度降低约 40%[40],损耗大幅上升。而在 P(VDF-CTFE)93/7 上接枝(graft)不同含量的低损耗弱极性聚苯乙烯(polystyrene,PS)可有效改善 P(VDF-CTFE)-g-PS 接枝共聚物的损耗特性[41]。

P(VDF-CTFE)-g-PS 薄膜的制备方法如下:首先,通过原子转移自由基聚合(atom transfer radical polymerization,ATRP)在 P(VDF-CTFE)93/7 分子链上接枝一定含量的 PS。ATRP 是一种自由基活性聚合方法,使用过渡金属催化剂与配体控制聚合过程。低价态过渡金属 Cu(Ⅰ)配合物在 P(VDF-CTFE)93/7 分子链上夺取 Cl 原子,生成自由基,也称为活性位点,及高价态 Cu(Ⅱ)配合物。聚合物链上的活性点处继续引发苯乙烯(styrene,St)单体加成聚合得到接枝 PS 侧链。随后,Cl 原子又从高价态 Cu(Ⅱ)配合物上转移至自由基,通过这一可逆的氧化还原反应完成接枝过程,如图 3-48(a)和(b)所示。其次,将纯化后的原始接枝 P(VDF-CTFE)-g-PS 进行脱氯处理,即使用自由基引发剂 AIBN 和还原剂 Bu₃SnH 将接枝链末端的 Cl 原子还原为 H 原子,经多次沉淀、洗涤和干燥得到 P(VDF-CTFE)-g-PS 产物,如图 3-48(c)所示。最后,在 240℃下热压,并立即在冰水中淬火,将热压得到的厚膜在 110℃下单轴拉伸至 500% 得到测试样品。

以 10Hz 频率和 50MV/m 的步长逐渐增大单极性三角波电场直至试样击穿,得 P-E 电滞回线如图 3-49 所示。随着 PS 侧链含量的增加,电滞回线变得更为细长,曲线包围的损耗比例降低。由于介电常数与电滞回线的斜率对应,因此不难看出,随着非极性 PS 侧链的引入,P(VDF-CTFE)-g-PS 接枝共聚物的介电常数也逐渐降低,这又会导致放电能量密度略有下降。

接枝 PS 降低 P(VDF-CTFE)-g-PS 损耗的机理解释可参考图 3-50。PVDF 及其二元共聚物一般均由结晶区和非晶区组成,当受外部电场 E 作用时,晶区和非晶区都会产生偶极极化,其中,晶体内部偶极子取向产生极化分量 P_{in},并被非晶区的极化分量 P_{comp} 补偿。P_{in} 产生局部去极化场 $E_{depol} = P_{in}/\varepsilon_0$,而晶体外部由真空极化和非晶区极化共同产生局部极化场 $E_{pol} = (Q + P_{comp})/\varepsilon_0$,其中,真空极化 $Q = \varepsilon_0 E$。当受动态电场作用时,P_{in} 与 P_{comp} 可能不相等,两者的大小直接导致结晶区局部去极化场 E_{depol} 与局部极化场 E_{pol} 的差异,进

图 3-48 P(VDF-CTFE)-g-PS 接枝共聚物的合成方法

(a)、(b) ATRP 机理示意；(c) P(VDF-CTFE)-g-PS 的接枝与脱氯反应流程[41]

注：这里，2,2′-联吡啶(2,2′-bipyridyl,BPy)与过渡金属铜(Cu)形成配合物，作为 Cl 原子的载体，使其先从 P(VDF-CTFE)分子链上转移到低价态 Cu(Ⅰ)配合物，再从高价态 Cu(Ⅱ)配合物转移至自由基上。

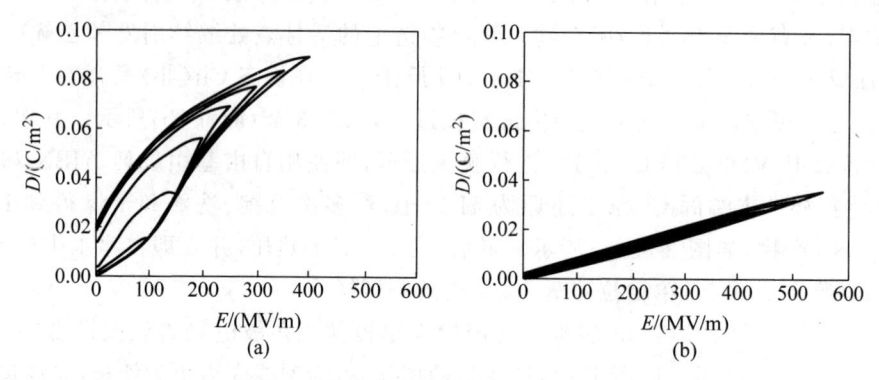

图 3-49 接枝前后薄膜的单极性电滞回线

(a) P(VDF-CTFE)93/7；(b) P(VDF-CTFE)-g-PS(34%)

而影响晶体内偶极子的动态反转特性。若 $P_{in}<P_{comp}$，撤去外部电场 E 后，$E_{pol}>E_{depol}$，晶体内偶极子仍倾向于沿原取向方向排列，从而产生很高的剩余极化；反之，则更有利于偶极子的反向转向。通过接枝弱极性 PS，P(VDF-CTFE)-g-PS 薄膜在结晶诱导微相分离后，PS 侧链被分离到 PVDF 晶体的周围，并在晶体表面形成非极性界面屏蔽层。由于界面处的 PS 层具有很低的极化率，补偿极化 P_{comp} 显著降低，当撤去外电场时，原本在高电场下定向排列的晶体偶极子更倾向于恢复至相反的方向，从而导致更低的剩余极化和铁电损耗。

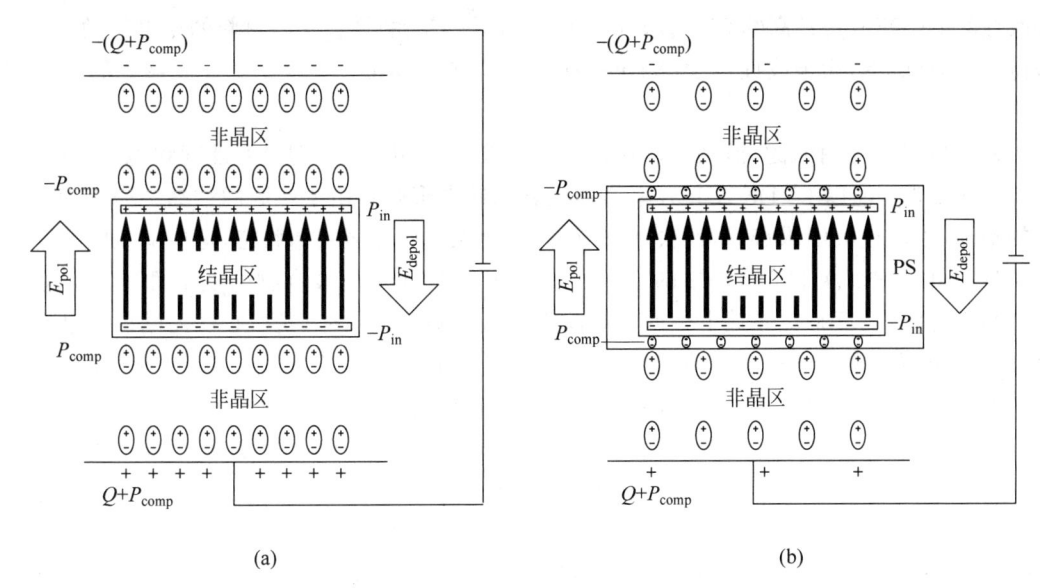

图 3-50　不同 PVDF 基聚合物的电极化机理示意图[41]
(a) PVDF；(b) P(VDF-CTFE)-g-PS

3.9　交联聚偏氟乙烯

交联手段使聚合物的线型分子链之间通过化学键或物理相互作用联结起来,形成更稳定的三维网状结构,能够有效提高材料的化学、机械和热性能。过去有很多研究报道过 PVDF 及其共聚物的交联方法,如电子束辐照、与遥爪二胺或过氧化物等交联剂反应等,但大部分交联改性的目的是得到弹性体,破坏了起到关键作用的晶相结构,仅有少数关注其铁电性能。根据交联方法和交联程度的不同,改性后的铁电体也表现出丰富多样的特性。

关于电子束辐照的交联改性方法已于 3.6.1 节提及,通过合适强度的电子束辐照,缺陷结构被引入,交联点的化学钉扎作用使 P(VDF-TrFE) 由铁电体转变为弛豫铁电体,在 150MV/m 电场作用下,沿膜厚方向的室温电致形变可达 4% 以上,且应变滞后损耗很小。

由于 P(VDF-TrFE) 中较大尺寸单体 TrFE 的引入,分子链间距离增大,链间相互作用减弱,从铁电相到顺电相的相变更容易发生,居里温度 T_C 降低。因此,虽然 P(VDF-TrFE) 二元聚合物比 PVDF 均聚物的压电性能更优,且无需后续额外的拉伸处理,但当材料的工作温度接近其居里温度时,压电性能会迅速下降。而交联改性往往能够显著改善聚合物在高温下的相关性能,例如,将二胺官能化的富勒烯 C_{60} 引入 P(VDF-TrFE) 70/30 分子链之间,并形成化学交联点,可进一步提高材料的耐热性和压电性能[42]。将二胺官能化的 C_{60} 纳米粒子与 P(VDF-TrFE) 进行溶液混合,充分超声分散后浇铸,干燥成膜,通过高温退火脱去 HF,实现分子链的化学交联。由于 C_{60} 碳纳米颗粒属于无机填料,因此得到的交联材料严格来讲属于复合材料。但无机纳米填料与聚合物基体之间通过化学键相连,以实现比较均匀的分散。经 XRD 测试发现,C_{60} 交联的复合材料仍保持着 β 相结构,而通过差示扫描量热法(differential scanning calorimetry,DSC)发现交联后材料的铁电相具有更高的热稳定性。含 13%(质量分数)C_{60} 的复合交联材料在室温下的压电系数 d_{33} 为 -40pC/N,比未改性的 PVDF-TrFE 高约 29%。140℃下，含 13% C_{60} 的复合交联材料的压电系数 d_{33} 仍保持在 $-34pC/N$，而未改性的 P(VDF-TrFE) 已降至 $-19pC/N$。有关压电系数的定义详见第 5 章。

铁电材料的应用广泛，但其受非弹性形变的限制，其中，铁电陶瓷的硬度和脆性大，断裂伸长率非常低；而以 PVDF 及其共聚物为代表的铁电聚合物由于较高的结晶度而表现出明显的塑性，当超过其屈服点后，撤去外部应力，形变无法恢复至初始状态，这些缺点阻碍了铁电材料在可拉伸柔性电子器件中的应用。一般认为 PVDF 基聚合物的铁电性能主要依赖其结晶相，高结晶度是优异铁电性的重要前提。然而对于弹性体而言，较低的结晶度甚至完全无定形相是实现良好弹性的关键，因此铁电性与弹性之间存在矛盾。有关弹性体的论述可参见第 9 章。有研究利用精准控制的微交联方法将端氨基聚乙二醇（polyethylene glycol，PEG）交联剂通过亚胺键引入 P(VDF-TrFE)55/45 分子链之间，成功得到具有良好弹性的交联铁电体[43]。由于聚乙二醇与 P(VDF-TrFE) 的不混溶性，交联主要发生在非晶区，保留了 P(VDF-TrFE) 结晶区的高极性 β 相，微量交联控制在尽可能限制结晶度降低的同时，大大提高了铁电聚合物的弹性。当加入 10%（质量分数）的 PEG 交联剂（交联密度为 1.44%）时，交联 P(VDF-TrFE) 薄膜表现出弹性体的应力-应变曲线特征，具有较低的模量，不再出现屈服点，且具有良好的应变循环特性。此时，交联 P(VDF-TrFE) 的剩余极化 P_r 约为 $4.5\mu C/cm^2$，且在高达 70% 的应变下经反复拉伸后仍具有稳定的铁电响应，大大提高了铁电材料的耐疲劳特性，有望应用于可穿戴、可拉伸的铁电器件中。

习　　题

1. 以 $BaTiO_3$ 和 KH_2PO_4 为例，分别解释位移型铁电相变和有序-无序型铁电相变的特点。
2. 以 $BaTiO_3$ 为例，描述钙钛矿型铁电体的晶胞结构；在不同温度范围下，$BaTiO_3$ 具有哪几种晶相？
3. 什么是铁电体的相图？当材料组分位于准同型相界附近时会表现出什么特殊性质？
4. 列举钙钛矿型铁电体、弛豫铁电体和反铁电体的典型材料种类。
5. 什么是反铁电效应？反铁电体临界相变电场的测量方法有哪些？
6. 分别从化学结构、分子链构象和聚集态结构解释聚合物 PVDF 具有铁电性的原因。
7. 得到 PVDF 的铁电 β 相的制备工艺有哪些？
8. 列举 PVDF 的二元和三元共聚物，并结合共聚单体的性质分析其铁电性能与 PVDF 不同的原因。
9. 尝试从铁电性能、制备工艺、机械柔韧性、热稳定性、电气强度等角度分析钙钛矿型铁电陶瓷与聚偏氟乙烯基铁电聚合物的优势与不足。

参 考 文 献

[1] WEIS R S, GAYLORD T K. Lithium niobate: Summary of physical properties and crystal structure [J]. Applied Physics A, 1985, 37(4): 191-203.

参考文献

[2] OLIVER J R, NEURGAONKAR R R, CROSS L E. Ferroelectric properties of tungsten bronze morphotropic phase boundary systems[J]. Journal of the American Ceramic Society, 1989, 72(2): 202-211.

[3] SLATER J C. Theory of the transition in KH2PO4[J]. The Journal of Chemical Physics, 1941, 9(1): 16-33.

[4] SUZUKI E, AMANO A, NOZAKI R, et al. A structural study of the ferroelectric phase of Rochelle salt[J]. Ferroelectrics, 1994, 152(1): 385-390.

[5] KAY M I, KLEINBERG R. The crystal structure of triglycine sulfate[J]. Ferroelectrics, 1973, 5(1): 45-52.

[6] NISHIKAWA H, SHIROSHITA K, HIGUCHI H, et al. A fluid liquid-crystal material with highly polar order[J]. Advanced Materials, 2017, 29(43): 1702354.

[7] SONG Y H, DENG M H, WANG Z D, et al. Emerging ferroelectric uniaxial lamellar (smectic a(F)) fluids for bistable in-plane polarization memory[J]. The Journal of Physical Chemistry Letters, 2022, 13(42): 9983-9990.

[8] NISHIKAWA H, ARAOKA F. A new class of chiral nematic phase with helical polar order[J]. Advanced Materials, 2021, 33(35): e2101305.

[9] NEWMAN B A, SCHEINBEIM J I, LEE J W, et al. A new class of ferroelectric polymers, the odd-numbered nylons[J]. Ferroelectrics, 1992, 127(1): 229-234.

[10] KITTEL C. Theory of antiferroelectric crystals[J]. Physical Review, 1951, 82(5): 729.

[11] SAWAGUCHI E, MANIWA H, HOSHINO S. Antiferroelectric structure of lead zirconate[J]. Physical review, 1951, 83(5): 1078.

[12] HAO X H, ZHAI J W, KONG L B, et al. A comprehensive review on the progress of lead zirconate-based antiferroelectric materials[J]. Progress in Materials Science, 2014, 63: 1-57.

[13] HAERTLING G H, LAND C E. Hot-pressed (Pb, La)(Zr, Ti)O_3 ferroelectric ceramics for electrooptic applications[J]. Journal of the American Ceramic Society, 1971, 54(1): 1-11.

[14] BERLINCOURT D. Transducers using forced transitions between ferroelectric and antiferroelectric states[J]. IEEE Trans. SonicsUltrason, 1966, 13(4): 116-124.

[15] HAO X, ZHAI J. Composition-dependent electrical properties of (Pb, La)(Zr, Sn, Ti)O_3 antiferroelectric thin films grown on platinum-buffered silicon substrates[J]. Journal of Physics D: Applied Physics, 2007, 40(23): 7447.

[16] GONNARD P, TROCCAZ M. Dopant distribution between A and B sites in the PZT ceramics of type ABO 3[J]. Journal of Solid State Chemistry, 1978, 23(3/4): 321-326.

[17] SMOLENSKII G A, AGRANOVSKAYA A I. Dielectric polarization of a number of complex compounds[J]. Soviet Physics-Solid State, 1960, 1(10): 1429-1437.

[18] YE Z G. Relaxor ferroelectric Pb($Mg_{1/3}Nb_{2/3}$)O_3: Properties and present understanding[J]. Ferroelectrics, 1996, 184(1): 193-208.

[19] BOKOV A A, YE Z G. Phenomenological description of dielectric permittivity peak in relaxor ferroelectrics[J]. Solid State Communications, 2000, 116(2): 105-108.

[20] COWLEY R A, GVASALIYA S N, LUSHNIKOV S G, et al. Relaxing with relaxors: a review of relaxor ferroelectrics[J]. Advances in Physics, 2011, 60(2): 229-327.

[21] KAWAI H. The piezoelectricity of poly(vinylidenefluoride)[J]. Japanese Journal of Applied Physics, 1969, 8(7): 975.

[22] BERGMAN Jr J G, MCFEE J H, CRANE G R. Pyroelectricity and optical second harmonic generation in polyvinylidene fluoride films[J]. Applied Physics Letters, 1971, 18(5): 203-205.

[23] TAMURA M, OGASAWARA K, ONO N, et al. Piezoelectricity in uniaxially stretched poly (vinylidenefluoride)[J]. Journal of Applied Physics, 1974, 45(9): 3768-3771.

[24] Specialty polymer film-fluoropolymer film[EB/OL]. (2012-01-06)[2024-06-16]. https://www.

polyktech.com/fluoropolymer-film.
[25] 何曼君,张红东,陈维孝,等. 高分子物理[M]. 3版. 上海:复旦大学出版社,2007.
[26] Topic 7: directly observing nucleation and producing nano-oriented crystal(NOC) polymers-spring-8 web site[EB/OL]. (2011-06-15)[2024-06-16]. http://www.spring8.or.jp/en/news_publications/publications/scientific_results/soft_matter/topic7.
[27] LOVINGER A J, DAVIS D D, CAIS R E, et al. The role of molecular defects on the structure and phase transitions of poly(vinylidene fluoride)[J]. Polymer, 1987, 28(4): 617-626.
[28] YAGI T, TATEMOTO M. A fluorine-19 NMR study of the microstructure of vinylidene fluoride-trifluoroethylene copolymers[J]. Polymer Journal, 1979, 11(6): 429-436.
[29] FURUKAWA T. Ferroelectric properties of vinylidene fluoride copolymers[J]. Phase Transitions: A Multinational Journal, 1989, 18(3-4): 143-211.
[30] FURUKAWA T, TAKAHASHI Y. Ferroelectric and antiferroelectric transitions in random copolymers of vinylidene fluoride andtrifluoroethylene[J]. Ferroelectrics, 2001, 264(1): 81-90.
[31] KOGA K, OHIGASHI H. Piezoelectricity and related properties of vinylidene fluoride and trifluoroethylene copolymers[J]. Journal of Applied Physics, 1986, 59(6): 2142-2150.
[32] TAJITSU Y, OGURA H, CHIBA A, et al. Investigation of switching characteristics of vinylidene fluoride/trifluoroethylene copolymers in relation to their structures[J]. Japanese Journal of Applied Physics, 1987, 26(4R): 554.
[33] ZHANG Q, BHARTI V V, ZHAO X. Giant electrostriction and relaxor ferroelectric behavior in electron-irradiated poly(vinylidene fluoride-trifluoroethylene) copolymer[J]. Science, 1998, 280(5372): 2101-2104.
[34] CHU B J, ZHOU X, REN K L, et al. A dielectric polymer with high electric energy density and fast discharge speed[J]. Science, 2006, 313(5785): 334-336.
[35] XU H, CHENG Z Y, OLSON D, et al. Ferroelectric and electromechanical properties of poly(vinylidene-fluoride-trifluoroethylene-chlorotrifluoroethylene) terpolymer[J]. Applied Physics Letters, 2001, 78(16): 2360-2362.
[36] LU Y Y, CLAUDE J, NEESE B, et al. A modular approach to ferroelectric polymers with chemically tunable curie temperatures and dielectric constants[J]. Journal of the American Chemical Society, 2006, 128(25): 8120-8121.
[37] SOULESTIN T, LADMIRAL V, DOS SANTOS F D, et al. Vinylidene fluoride-and trifluoroethylene-containing fluorinated electroactive copolymers. How does chemistry impact properties?[J]. Progress in Polymer Science, 2017, 72: 16-60.
[38] YANG L, LI X, ALLAHYAROV E, et al. Novel polymer ferroelectric behavior via crystal isomorphism and the nanoconfinement effect[J]. Polymer, 2013, 54(7): 1709-1728.
[39] ZHU L. Exploring strategies for high dielectric constant and low loss polymer dielectrics[J]. The Journal of Physical Chemistry Letters, 2014, 5(21): 3677-3687.
[40] ZHOU X, CHU B, NEESE B, et al. Electrical energy density and discharge characteristics of a poly(vinylidene fluoride-chlorotrifluoroethylene) copolymer[J]. IEEE Transactions on Dielectrics and Electrical Insulation, 2007, 14(5): 1133-1138.
[41] GUAN F, YANG L, WANG J, et al. Confined ferroelectric properties in poly(vinylidene fluoride-co-chlorotrifluoroethylene)-graft-polystyrene graft copolymers for electric energy storage applications[J]. Advanced Functional Materials, 2011, 21(16): 3176-3188.
[42] BAUR C, ZHOU Y, SIPES J, et al. Organic, flexible, polymer composites for high-temperature piezoelectric applications[J]. Energy Harvesting and Systems, 2014, 1(3-4): 167-177.
[43] GAO L, HU B L, WANG L P, et al. Intrinsically elastic polymer ferroelectric by precise slight cross-linking[J]. Science, 2023, 381(6657): 540-544.

第 4 章

铁电材料的应用

前两章主要介绍了铁电材料的主要特性与材料类型,其可逆的自发极化和特殊的相变特征衍生出很多应用。本章将介绍铁电材料的几类典型应用,包括热自稳定非线性介质元件、铁电存储器、高能电脉冲发生器与电介质电容器等。

4.1 热自稳定非线性介质元件

当受交变电场作用时,铁电材料由于下述两方面原因而存在发热现象:有一部分热量来自铁电畴来回翻转导致的铁电损耗,也称电滞损耗;另一部分来自与其他电介质类似的电导损耗。如图 4-1 所示,当在居里温度 T_C 以下时,铁电体的发热功率 W_A 随温度和交流电场幅值的增大而增大,$E > E' > E''$;而当铁电体的温度超过居里温度 T_C 后,铁电相转变为顺电相,剩余极化大幅降低,损耗显著下降,发热功率 W_A 明显减小。而散热功率 W_B 与材料本体和外界环境的温度差基本呈线性关系,铁电体的温度越高,其向周围环境的散热功率就越大。

图 4-1 中,发热功率曲线与散热功率曲线在若干点相交,在这些交点处,W_A 和 W_B 相等。这些交点是否热自稳定点的判据为该点处散热功率 W_B 的切线斜率是否大于发热功率 W_A 的切线斜率,当铁电体受外部扰动导致偏离热自稳定点时,若温度略有上升,此时的散热功率大于发热功率,温度又会下降;若温度略有下降,此时的发热功率大于散热功率,温度又有回升。据此,图中的 a、b、f、g 均为热自稳定点,铁电体可在这些温度下保持稳定,而不造成温度热失控。而 a、b 两点更为特殊,这两点位于铁电体居里温度 T_C 附近,介电非线性程度很高。当外部施加的交流电场的频率或幅值改变时,发热功率对应的曲线发生变化,对应热自稳定点 a 或 b 发生移动,元件的本体温度又稳定在一个新的点,介电常数及电容也随之变化。因此,这类热自稳定非线性介质元件(thermo-autostabilization nonlinear dielectric elements)可替代变容二极管(varactor),用于调频控制、温度控制等控制电路。

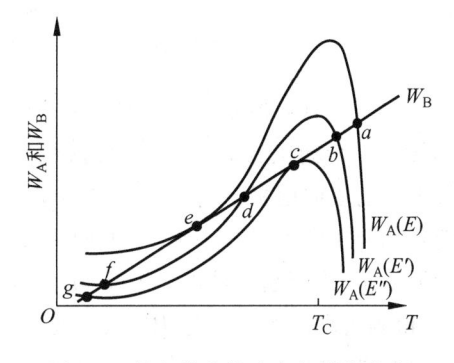

图 4-1 铁电体发热功率与散热功率随材料本体温度的变化曲线

4.2 铁电存储器

铁电随机存取存储器(ferroelectric random access memory,FRAM)的核心材料是铁电体,其利用铁电体在交变电场下自发极化的可逆转向实现数据的存储与读取[1]。图 4-2(a)为铁电存储器的基本结构,图中方形材料为铁电体,均匀平行排列的长条状矩形为金属电极,上、下电极成相互垂直的结构,并分布在铁电体的两侧。存储器的等效电路如图 4-2(b)所示,任意一条上电极和下电极与其交集区的铁电体形成一个微电容,因此,铁电存储器可以看作微电容矩阵,每个微电容都是存储器的一个单元。

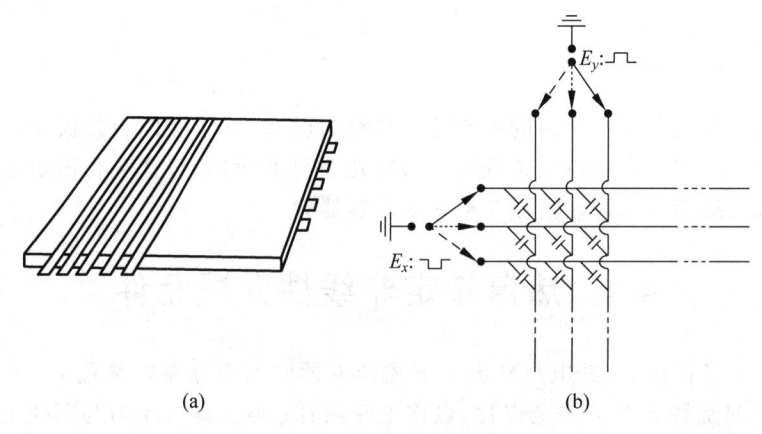

图 4-2 铁电存储器[1]
(a) 基本结构;(b) 等效电路

如图 4-3(a)所示,将横向电极从上至下的序数设为 x,将纵向电极从左至右的序数设为 y,则某一个微电容的位置可记为 (x,y)。例如,当需要对微电容 $(4,4)$ 进行写入操作时,序数为 4 的横向电极上施加幅值在 $0.5E_c$ 和 E_c 之间的短时恒定电场,序数为 4 的纵向电极则施加与横向电极大小相等、方向相反的短时恒定电场,如图 4-3(b)所示。这样,只有两者叠加起来,才能超过铁电体的矫顽场,实现偶极子的取向与极化定向。在短时电场作用撤去后,得到较高的剩余极化 P_r,从而完成写入。不难发现,坐标 $(4,4)$ 处的微电容两端电场大于 E_c,而坐标 $(4,m)$ 或 $(n,4)$ $(m,n\in \mathbb{N}^+,m,n\neq 4)$ 处的微电容两端电场均在 $0.5E_c$ 和 E_c 之间,不能实现充分极化转向。(m,n) 处的微电容两端电场为 0,同样无法极化。

在交变电场的幅值高于矫顽场 E_c 的附近位置,铁电体中原本沿电场相反方向排列的偶极子短时间内开始大量沿电场方向取向翻转,导致极化强度 P 和电位移矢量 D 的快速变化。由于位移电流密度的表达式为

$$J_D = \frac{\partial D}{\partial t} \tag{4.1}$$

因此,电位移矢量 D 短时的显著变化对应出现明显的电流峰值,如图 4-3(c)所示。铁电存储器正是利用该处的短时电流脉冲进行数据读取的,当需要对某微电容如 $(4,4)$ 读取数据时,只需令序数为 4 的横向电极与序数为 4 的纵向电极分别施加与写入时大小相等、方向相反的短时恒定电场即可。只有经过写入操作后已经实现反向极化的微铁电体才会出现极化

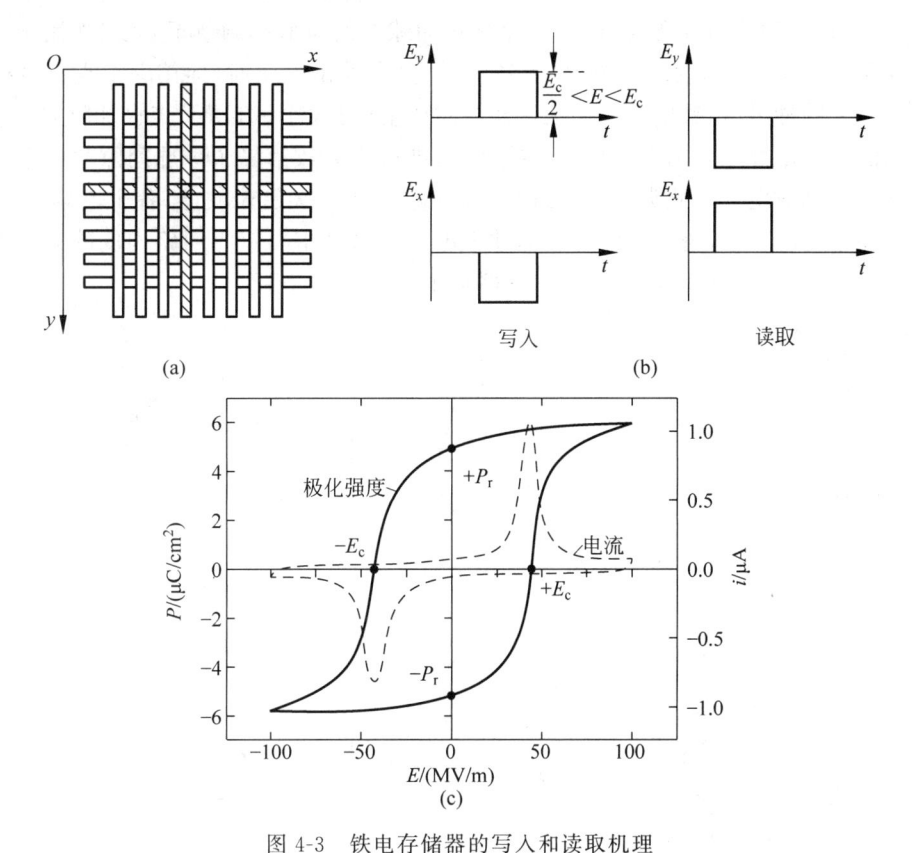

图 4-3 铁电存储器的写入和读取机理
(a) 基本结构；(b) 写入与读取时施加的电场；(c) 铁电体在交变电场下的极化强度与电流特性

取向反转导致的电流脉冲,从而被外界串联电阻检测到,实现对写入信息的读取。由于在写入后不需要时刻保持电压,因此铁电存储器是非易失性的(non-volatile)。

相比半导体存储器而言,铁电存储器的能耗低,只有电容两端的写入电场高于矫顽场后才能实现有效的极化翻转,而且读写速度快(主要取决于铁电电容器的充放电速度),重复读写次数高($10^{12} \sim 10^{14}$ 次),断电后数据也不会丢失,保存时间长,只要在居里温度 T_C 以下一定范围内就可以长期储存。以典型铁电材料 PZT 为例,由其制成的铁电存储器的数据在 85℃下可以储存 10 年,在室温下则可储存长达数十年。但铁电存储器也有一定的劣势,其存储密度低于闪存器件,存储容量有限,且成本较高。图 4-4 为 Ramtron 公司生产的集成在 8051 单片机中的某种非易失性铁电存储器。

图 4-4 铁电存储器实物图（Ramtron 公司）

4.3 高能电脉冲发生器

冲击电压发生器在大功率电子束、离子束发生器中被用作电源装置,是高压纳秒脉冲功率发生器的重要组成部分。传统的冲击电压发生器由马克思(Marx)回路构成,如图 4-5 所示。图中，电容 C 并联充电至电压 U，各个球球间隙的耐压值都调节至 U，当作用于球隙的电压稍高于 U 时，就会引发球隙击穿。当需要产生高冲击电压时，向第一个点火球隙的针电极施加一个脉冲电压，针电极与接地球面之间产生火花，进一步导致点火球隙放电。第一个球球间隙的放电导致其两端电位差被拉到零，进一步导致第二个球球间隙两端电位差变为 $2U$，从而立刻放电。以此类推，后面的球球间隙都会依次迅速放电，各个电容 C 由原本的并联结构转变为串联，进一步输出高的冲击电压。这种由马克思回路构成的冲击电压产生过程可总结为"电容器先并联充电，后串联放电"。

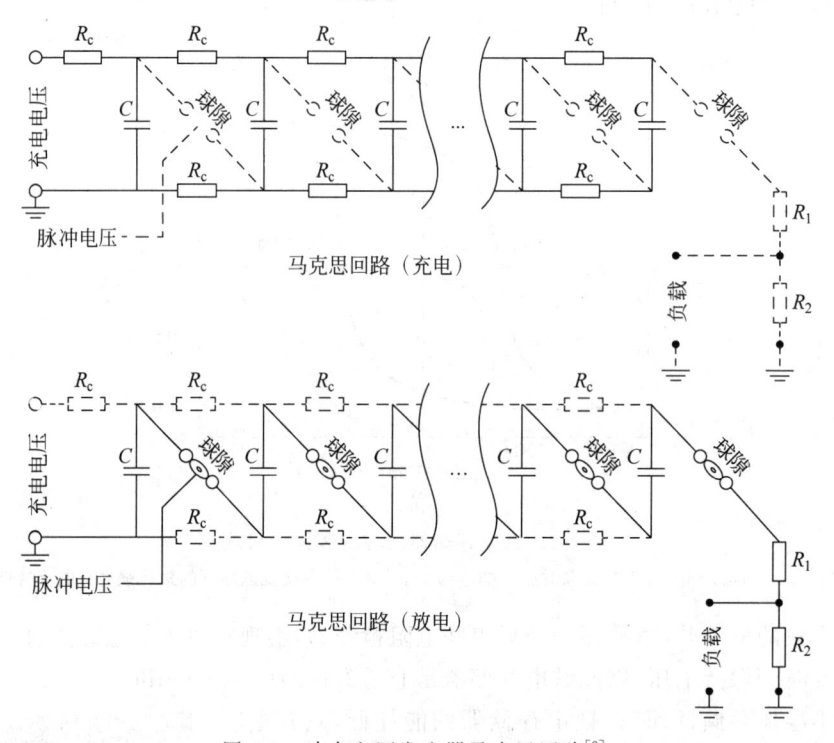

图 4-5 冲击电压发生器马克思回路[2]

而基于铁电材料的高能电脉冲发生器作为一种新型发生装置，其机理与传统的马克思回路完全不同。有研究发现，一些已经充分极化取向的铁电材料的剩余极化可以通过施加足够高的机械应力冲击波在短时间内迅速释放，使铁电相转变为反铁电相，从而产生高能电压或电流脉冲。下面借助 PZT 的相图对上述现象做简单解释，如图 3-14 所示，PZT 反铁电相与铁电相的准同型相界处对应的组分在 Zr/Ti=95/5（摩尔分数比）左右，左侧为正交反铁电相区域，右侧为三方铁电相区域。由于在该组分下自由能差异很小，PZT 95/5 的反铁电相与铁电相之间的诱导相变更容易实现。该相界对应的组分比例与温度有关，PZT 95/5 在 50~220℃ 为三方铁电相，当温度降低至 50℃ 以下后，PZT 95/5 相变为正交反铁电相。除温度外，外部施加的电场和机械应力都会导致该铁电-反铁电相界的移动。例如，在一定强度的外部电场作用下，反铁电相被诱导相变为铁电相，铁电相的相区域会变宽，铁电-反铁电相界有向左移动的趋势。而机械压缩应力会将原来诱导得到的铁电相又恢复为反铁电相，更倾向于扩展反铁电相的相区域，使铁电-反铁电相的相界向右移动。

下面继续介绍铁电材料产生高能电脉冲的基本机理，一般选择在反铁电-铁电相界附近组分的反铁电体如 PZT 95/5 作为理想材料。首先,在反铁电体两端施加足够高的电场,诱导反铁电相相变为铁电相,且持续一段时间,使材料内部的铁电畴充分极化,并取向对齐。随后,撤去电场,诱导铁电相仍可稳定存在,极化后的铁电体会产生剩余极化 P_r。为保证整体的电中性,需要平衡掉材料两侧表面由于极化所产生的束缚电荷,因此,两侧电极表面会出现数量相同且符号相反的自由屏蔽电荷,记为 Q_b,如图 4-6(a)所示。此时,在垂直于极化的方向上对铁电体突然施加机械冲击,已经充分极化的铁电体短时间内相变为非极性的反铁电体,剩余极化 P_r 迅速下降至 0,极化电荷彼此抵消,电极上剩余的自由电荷 Q_b 随之迅速沿外部电路移动产生高能电流脉冲和电压脉冲,如图 4-6(b)所示。

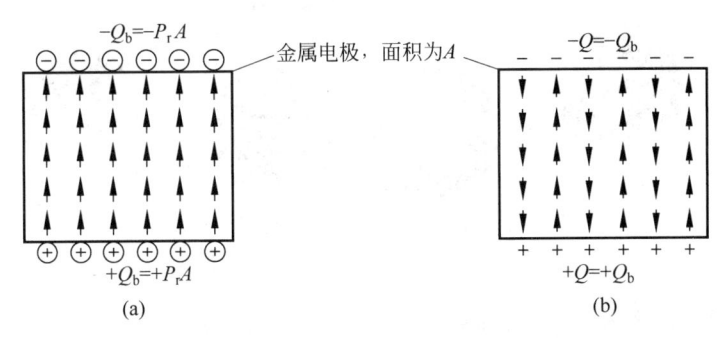

图 4-6 反铁电体产生高能电脉冲的机理
(a) 外加电场充分极化铁电体;(b) 施加机械冲击,铁电体相变为反铁电体

例如,选用掺入质量分数为 1% Nb_2O_5 的 $PbZr_{0.975}Ti_{0.025}O_3$ 作为高能电脉冲发生器的主体材料,这种材料在室温附近存在铁电-反铁电相界,居里温度 T_C 为 215℃左右。负责产生机械冲击波的爆炸系统由起爆雷管、平面波发生器与控制应力大小的间隔装置组成。取应力大小约 3GPa,冲击速率为 0.385cm/μs,铁电体的长、宽、高分别为 $x_0=0.5$cm,$y_0=28$cm,$z_0=1$cm,负载电阻为 39kΩ,实际试验中测得的冲击电压峰值高达 107kV。可见,与传统马克思回路相比,基于铁电材料的高能电脉冲发生器体积更小,重量更轻,应用场景更为灵活。

4.4 电介质电容器

随着"双碳"计划和建设"新型电力系统"目标的提出,新能源持续快速增长,为提高电网对高比例新能源的消纳能力,未来的电力系统形态向着源网荷储一体化的方向发展。其中,电介质电容器是新能源逆变并网模块以及储能模块中的重要电力元件之一,而主要用于能量储存和转换的电介质材料起到关键作用。电容器也是电子电路中的重要元件,起到旁路、耦合、去耦、交直流分离、滤波、储能等作用。除此之外,电容器在航空航天、轨道交通、先进推进系统、医疗器械等其他领域也同样具有广泛的应用,如图 4-7 所示。

电介质电容器在整个电子设备或电力装备中的体积和重量占比均较大。在高压直流输电换流阀中,电容器约占 60%的质量和 50%的体积;在每节动车车厢下,每组电容器的质量约 50kg;电容器在急救用除颤仪中的体积占比在 40%左右,电容器的尺寸大小直接影响设备的整体占地空间。电压等级的升高、电力设备小型化、轻量化和电气装置功能的增加,也对储能电介质的高储能密度和低介质损耗等关键性能提出了更高的要求。

图 4-7 电介质电容器的应用场景

电介质电容器又称为静电容器,由电介质层与两侧金属电极组成。储能电介质的介电常数、介质损耗、击穿强度等特性直接影响了电容器的放电能量密度、充放电效率等性能。目前,储能电介质的种类繁多,主要分为陶瓷和聚合物两类。陶瓷材料的介电常数一般很高($\varepsilon_r = 10^3 \sim 10^5$),有着优异的温度稳定性,但因其相对较小的击穿强度($E_b < 1 \mathrm{MV/m}$)而限制了储能密度的提升。聚合物材料的介电常数远低于陶瓷($\varepsilon_r < 20$),但击穿强度更高($E_b = 200 \sim 1000 \mathrm{MV/m}$),且密度小,具有加工优势,适用于体积小、重量轻的电力和电子设备中。观察图 4-8,2015 年电容器市场中聚合物薄膜电容和陶瓷电容占了绝大部分,其中,聚合物基薄膜电容器占比约 50%,陶瓷电容器占比约 29%。

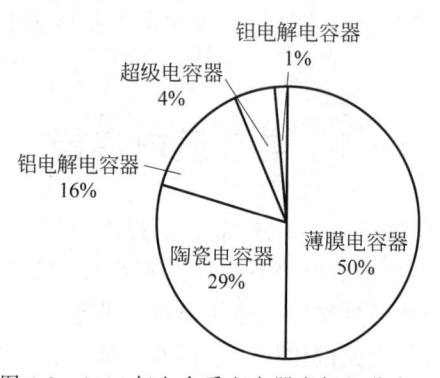

图 4-8 2015 年电介质电容器市场组分占比

4.4.1 多层陶瓷电容器

陶瓷电容器的电极通过金属化沉积在陶瓷层指定局部区域上,多层陶瓷电容器(multi-layer ceramic capacitor,MLCC)由多个交替的金属化陶瓷层交叠而成,相邻两个陶瓷片上的电极位置不同,左右两侧的电极引出并在外部进行统一封端,其结构如图 4-9 所示[3]。

MLCC 的制备工艺见图 4-10。首先,陶瓷对应的原料、聚合物黏结剂、溶剂和特定种类

4.4 电介质电容器

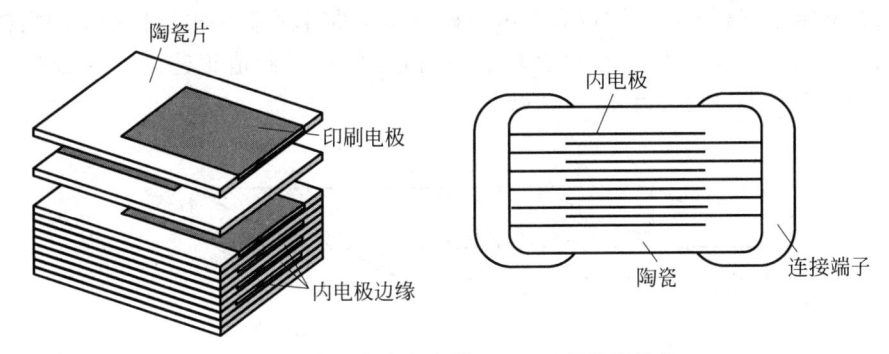

图 4-9 多层陶瓷电容器(MLCC)的具体结构

的添加剂配料后进行充分球磨,形成稳定均匀的浆料。其中,聚合物黏结剂使陶瓷粉末原料之间保持距离,并提供一定的机械强度。然后,浆料经溶液流延,干燥得到可以弯曲缠绕的大面积薄陶瓷箔片。将成卷的箔片切成一定大小的片材,用金属糊层对片材上下指定区域进行丝网印刷,形成金属内电极。这些片材被堆叠成一定的层数,并进行层压。层压后的片材继续通过高精度切割设备切割成单独的小尺寸元件,用于电子电路的 MLCC 元件往往尺寸不足 1mm,由数百层陶瓷箔片堆叠而成。切割后,通过一定的高温处理首先将箔层中的黏合剂等有机物烧出,又称为排胶,继续在 1200~1450℃下进行高温烧结,得到均匀致密的陶瓷晶体结构。经烧结成型的陶瓷本体表面棱角尖锐,并存在毛刺,将元件置于倒角摇罐中,通过球磨使元件表面更加光滑,并使内电极边缘充分暴露。再后,对元件左右端面进行金属化浸渍,使不同层的陶瓷内电极实现并联并得到 MLCC 的外部电极端子(termination)。再对外部电极进行电镀,形成保护层并提高 MLCC 的可焊性。最后,对每个电容器进行损耗、耐压等电气测试,将不良产品剔除,将通过测试并按照电容值进行分选后的电容元件经封装即可进行商业化出售。

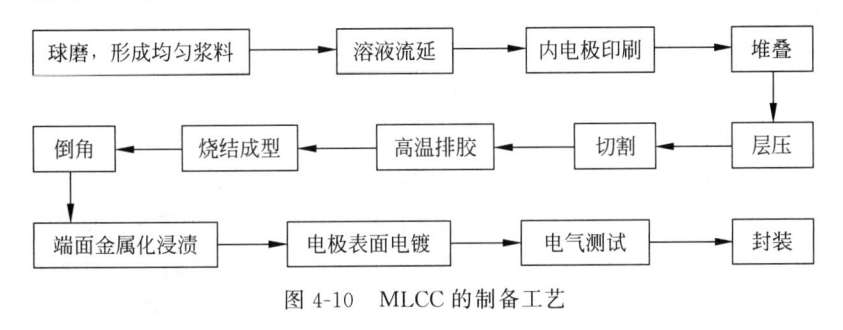

图 4-10 MLCC 的制备工艺

可以看出,根据上述工艺所制得的 MLCC 中,互相堆叠的单层陶瓷电容之间是相互并联的。因此 MLCC 的总电容相当于单层陶瓷电容之和,即

$$C = \varepsilon_0 \varepsilon_r \frac{LW(N_e - 1)}{D} \tag{4.2}$$

式中,L 为单层陶瓷上下金属电极重合区域对应的有效长度;W 为单层陶瓷的宽度;D 为单层陶瓷上下电极间距;N_e 为 MLCC 中的总金属电极层数,$N_e - 1$ 即为 MLCC 中并联的电容单元数。这些参数与图 4-11 中的标注对应。相比线性陶瓷电介质,铁电陶瓷具有明显更高的介电常数 ε_r,对应的铁电陶瓷电容器的电容值更高。但由于陶瓷内铁电畴的存在,其

介电常数在一定温度和电场范围内表现出明显的非线性,且在高频电场作用下的损耗更高。更薄的陶瓷层或更大的电极面积也会增加电容值,但这对制造工艺的要求较高。目前,MLCC 单层陶瓷的厚度已经降至 1μm 以下。

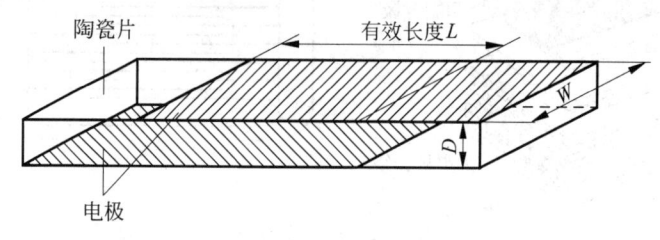

图 4-11　MLCC 的电容单元

由于陶瓷的脆性较大,MLCC 在充放电过程中或受热膨胀时容易发生应力开裂,导致电容失效。因此采用一些对 MLCC 内部电极结构的优化设计,以减少内部应力、提高耐高电压能力或调整电容值,如图 4-12 所示。

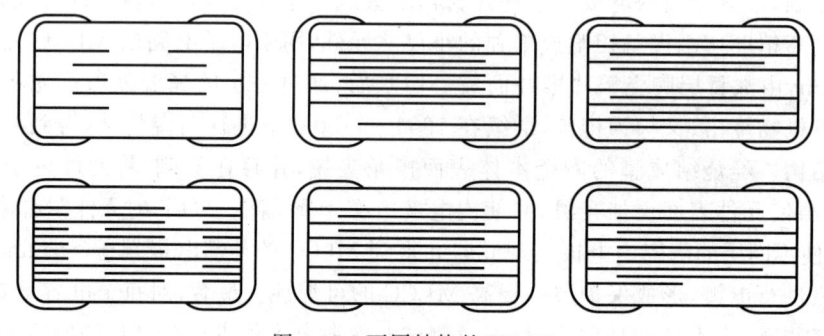

图 4-12　不同结构的 MLCC

4.4.2　薄膜电容器

薄膜电容器是以聚合物薄膜为电介质的电容器,与传统陶瓷电容器和电解电容器相比,薄膜电容器的击穿强度高、机械柔韧性好、密度低、易加工。其按照结构可主要分为卷绕型和叠层型,由于便于加工制造,目前卷绕型薄膜电容器更为常用。在卷绕型电容器中,有两种增加金属电极层的方式,其中一种将比较薄的金属箔夹在聚合物薄膜之间形成电极,另一种则直接在聚合物薄膜的单面沉积一层极薄的金属化层,如锌、铝或两者合金,称为金属化聚合物薄膜(metallized polymer film),这种方式有利于提高电容器的耐压能力和储能密度。

以卷绕型金属化薄膜电容器为例,其内部结构如图 4-13 所示。两层单面金属化的电介质薄膜彼此交叠,围绕一个绝缘圆柱体(称为芯棒)卷绕在一起,沿径向形成金属化电极-聚合物层-金属化电极-聚合物层的交替结构。需要注意的是,聚合物薄膜的单面金属化层的一端往往需要留边,即边缘宽度为 m 的区域内不允许沉积电极,以防止在卷绕后薄膜边缘处发生极间击穿。另外,两聚合物层并非完全对齐,而是各自向完全金属化沉积的一端略微错开一定距离,记为 d,从而使绕组两端的金属化电极边缘横向伸出,有利于引出内部电极。随后,将绕组两端面喷涂金属层,焊接引线,方便与外部电路的连接。

4.4 电介质电容器

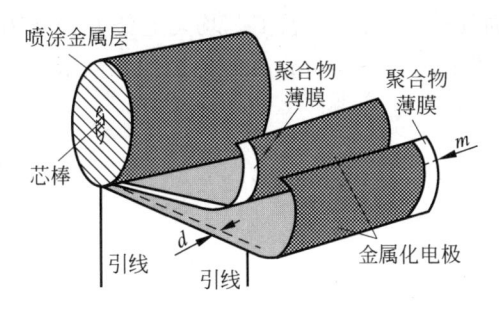

图 4-13 卷绕型金属化薄膜电容器的典型结构[4]

与其他类型的电容器相比,金属化聚合物薄膜电容器具有一个独特的优势——自愈性。聚合物电介质是电容器中起绝缘作用的重要组成部分,其击穿失效将导致电容器故障。但对于金属化聚合物薄膜电容器而言,若电介质薄膜内部最初含有缺陷,当受外部较高电场作用时,薄膜优先在这些缺陷处击穿。由于薄膜两侧金属层厚度仅几十纳米,因此缺陷周围的薄金属化层会受击穿时产生的局部过热而蒸发汽化,从而形成开路,局部击穿区域被隔离,不存在短路风险,这种现象被称为自愈性,如图 4-14 所示。自愈过程在 $10\mu s$ 以内即可完成,由于金属化电极的少量汽化,电极总面积降低,电容值略有下降,但电容器整体仍保持正常的运行状态。金属化薄膜电容器的自愈性大大提高了其运行可靠性,其在对安全性、可靠性要求严格的海上风电、电动汽车等应用领域更具优势。

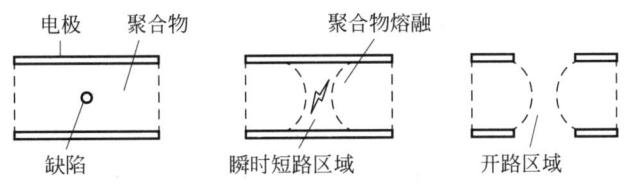

图 4-14 金属化薄膜电容器的自愈机理

作为薄膜电容器的核心组成部分,聚合物薄膜的制备工艺与产品质量对电容器的性能起决定作用。聚合物薄膜的成型方法有多种,如热压法、熔融挤出、溶液流延、溶液旋涂等。目前,商用电容器薄膜采用溶液浇铸(solvent casting)和熔融挤出(melt extrusion)两种工艺。其中,溶液浇铸法的制造过程相对缓慢且需要使用大量有机溶剂,薄膜产品也通常比较昂贵,考虑到成本和大规模生产要求,更多使用的是熔融挤出工艺。为增大电容器的电容值,希望聚合物薄膜在耐受特定电压值的前提下尽可能薄,因此挤出后还会在纵向和横向上以一定倍率拉伸薄膜。以德国布鲁克纳的 BOPP 生产线为例,如图 4-15 所示,首先,由石化行业提供具有高纯净度的聚丙烯粒料,与助剂分别配料,在挤出机中混合塑化,经加热熔融获得流动性和可重塑性。熔体经挤出和过滤至铸片装置,冷却得到厚度较大的 PP 片材。为得到更薄的薄膜材料,片材首先通过一系列控制温度和速度的加热辊,随着辊筒转动速率的依次增加,沿机器方向在辊筒之间实现纵向拉伸(machine direction orientation),拉伸倍数一般为 3~6。薄膜进入预热拉伸烘箱并进行横向拉伸(transverse direction orientation),拉伸倍数可高达 9 以上,BOPP 薄膜总的双向异步拉伸倍数超过 50。后进行退火定型,在热定型过程中,薄膜中分子链受拉伸导致的取向降低,释放应力,提高其在较高温度下的尺寸稳定性,并进一步提高结晶度。最后在冷却区进行冷却,实现横向拉伸。薄膜继续经牵拉辊展平、切边、测厚和表面处理，随后经收卷工艺均匀卷绕并分切为合适的尺寸。整条生产线的生产速率很快，薄膜产量为 50～280m/min，厚度约几微米，甚至已达到 1μm 左右。

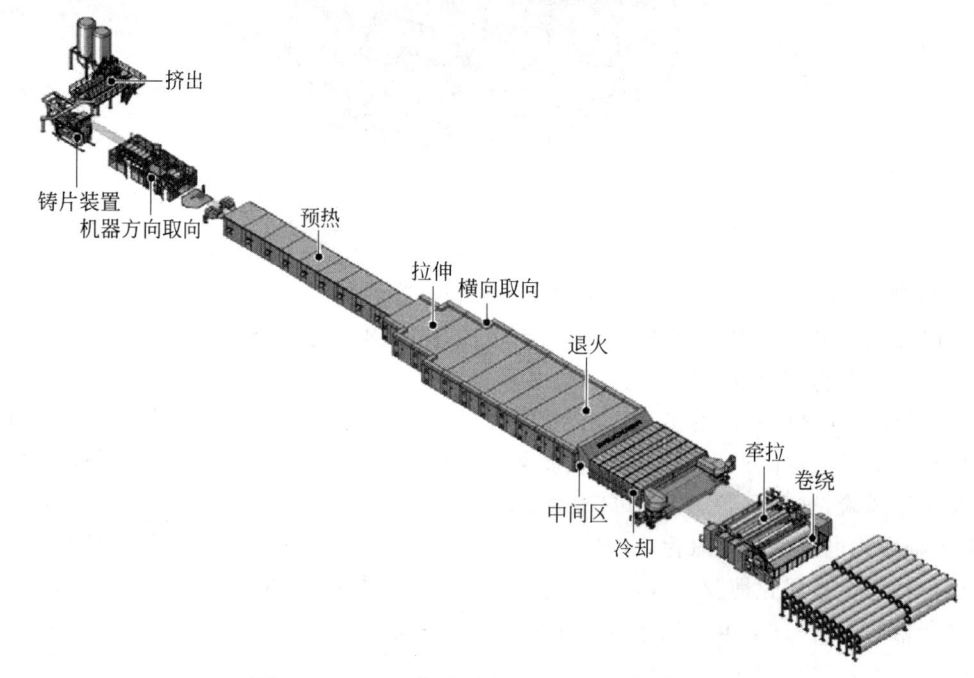

图 4-15 BOPP 薄膜的挤出与双向拉伸生产工艺

商用电容器薄膜受到非常严格的质量管控，例如，BOPP 薄膜产品的缺陷含量和薄膜厚度均一性在出厂前需要通过标准测试。3μm BOPP 薄膜的厚度变化必须在 ±5% 以内，避免在薄点处发生介电击穿。薄膜的缺陷数量，如针孔、凝胶、颗粒等，通常小于 $1.0/m^2$（用于 3～4μm 薄膜）和 $0.4/m^2$（用于 6～8μm 薄膜）。目前，国内 BOPP 电容膜的生产线仍然主要依赖进口。

卷绕型金属化薄膜电容器的生产流程如图 4-16 所示。首先，将聚合物薄膜单侧通过真空沉积得到金属化电极层，厚度约几十纳米，将其缠绕在母卷上，此时宽度较大。根据所需制造的电容器的尺寸，将母卷分切为指定宽度的薄膜条带。之后，将两片薄膜在水平方向上彼此略微错开一定距离，堆叠卷绕为圆柱形绕组，绕组两端的金属化电极沿横向伸出。通过施加一定的机械压力将绕组压扁为椭圆柱形，缩小绕组体积。对绕组两端突出的金属化电极喷涂金属接触层，在绕组两端施加一定强度的电压，提前利用金属化薄膜电容器本身的自愈性将薄膜缺陷部位击穿并隔离。将绕组浸渍在绝缘油中一段时间，以保护电容器运行过程免受环境湿气或水分的影响。在端部的金属接触层上焊接引线端子，方便与外部电路的连接。连接引线端子后，将电容器主体封装到保护外壳中，或浸入保护涂层中。最后，对电容器成品进行电气测试，包括电容值、介质损耗因数等。

与电解电容器、超级电容器相比，静电电容器具有更高的功率密度、更低的能量损耗和更高的工作电压，但其能量密度较低。商用电化学电容的能量密度典型值为 $18～29J/cm^3$（或 5～8W·h/L），而商用 BOPP 电介质薄膜电容器的能量密度仅 $1.2J/cm^3$（或 0.3W·h/L）左右，这导致电介质电容器的体积很高。因此，如何提高能量密度是目前电介质电容器的主

4.4 电介质电容器

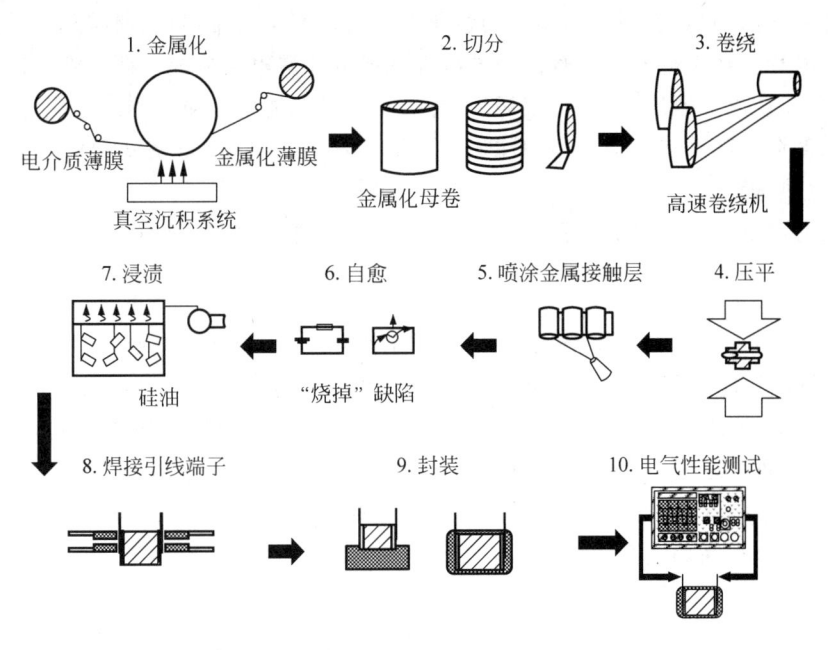

图 4-16 卷绕型金属化薄膜电容器的生产流程

要研究热点。电介质电容器的储能机理为外部电源做功,通过抵抗电场的反作用将电荷从电容器的负极板移动至正极板。设在某个时刻电容器两端电压为 $U(q)$,则将电荷微元 $\mathrm{d}q$ 从负电极移动至正电极所需的做功量 $\mathrm{d}W=U(q)\mathrm{d}q$,能量就被储存在极板间增加的电场中。随着电容器两端电压不断升高至稳定值 U,当不考虑损耗时,电介质电容器储存的能量 W 就是电容器从不充电状态至建立稳定电场过程中外源做功 $\mathrm{d}W$ 的累加和,即[5]

$$W = \int_0^Q U(q)\mathrm{d}q = \int_0^Q \frac{q}{C}\mathrm{d}q = \frac{1}{2}\frac{Q^2}{C} = \frac{1}{2}QU = \frac{1}{2}CU^2 \tag{4.3}$$

式中,Q 为电容器两端电压为 U 时极板上的总电荷量;C 为电容器的电容值。目前,工业界主要利用该方法计算电容器的能量。对于电容薄膜,其体积能量密度 w_e 可通过式(4.4)计算,即

$$w_e = \frac{W}{V} = \frac{CU^2}{2V} = \frac{\varepsilon_0\varepsilon_r A}{d}\frac{U^2}{2Ad} = \frac{1}{2}\varepsilon_0\varepsilon_r\left(\frac{U}{d}\right)^2 = \frac{1}{2}\varepsilon_0\varepsilon_r E^2 \tag{4.4}$$

式中,能量密度 w_e 的单位为 J/m³。w_e 与电介质薄膜的相对介电常数 ε_r、工作场强 E 的平方成正比,因此增大电容薄膜的能量密度应尽可能提高储能聚合物的相对介电常数 ε_r 和击穿场强 E_b。

在上述推导中,认为在电容器两端电压变化过程中,其电容值保持为一常数,且电容器不存在损耗,即充电能量密度与放电能量密度相等。但实际上大多数电容器的介电常数 ε_r 会随电场强度 E 的变化而变化,即表现出非线性的极化响应,且并不存在完全无损的理想电容器。这是因为聚合物电介质本身在电场作用下会产生损耗,包括极化损耗和电导损耗。对于铁电材料而言,在单极性电场下,具有自发极化的铁电畴在短时间的若干次循环后基本已经完成取向,仅有少量偶极子能够继续在电场作用下实现可逆转向,极化强度 P 的变化率很低,能够释放的能量很少;而在交变电场下,铁电畴不断发生自发极化的可逆反转,由

于偶极子转向所需的高能量势垒,明显的极化滞后特性产生大量损耗,使实际有效放电能量密度降低。电导损耗由电介质本身微弱导电性形成的泄漏电流造成。两者将电磁能转化为热损耗,使电介质内部温度升高,造成局部过热,加剧了储能电介质的绝缘劣化过程,降低电容器的使用寿命。随着热激发电荷的注入和泄漏电流的增加,能量密度和效率通常会急剧降低,易发生热击穿。

电介质材料的实际放电能量密度 $w_{discharge}$ 可利用电滞回线进行计算[6],写作

$$w_{discharge} = \int_{D_r}^{D} E \mathrm{d}D \tag{4.5}$$

当电场增大时,电能被储存在电介质中;当电场减小时,电能又从电介质中释放出来。在图 4-17 中,斜线对应的阴影面积即为积分所得的电容器的放电能量密度,而电滞回线所包围的面积则是充放电过程中电介质的电滞损耗分量。当考虑理想无损线性电介质时,同样可以由式(4.5)推出 $w_{discharge} = 0.5\varepsilon_0\varepsilon_r E^2$,与式(4.4)相同。注意到,在提高聚合物的相对介电常数 ε_r 和击穿场强 E_b 的同时,需尽可能减小充放电循环中的能量损耗,也即减小电导损耗与铁电损耗,以提高储电介质电容器的充放电效率。

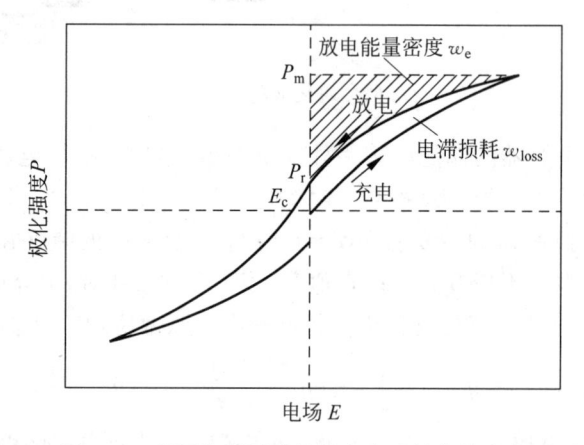

图 4-17 利用电滞回线计算电介质的能量密度

目前,最常用的聚合物电容器薄膜就是 BOPP。BOPP 作为一种非极性半结晶聚合物,具有击穿强度高(>700MV/m)、介质损耗低(<0.02%),且介电常数几乎与温度和频率无关,线性度高的特性。但其相对介电常数 ε_r 仅在 2.2 左右,这在很大程度上限制了能量密度的提升。与线性电介质相比,铁电材料具有更高的介电常数,有望提高电介质电容器的储能密度。但由于铁电体特殊的晶体结构导致比较高的电导损耗与铁电损耗,因此如何在保持高介电常数的同时减小损耗成为限制铁电材料应用于电容器电介质的主要障碍。

提高铁电聚合物储能密度的改性方法主要包括:通过共聚、接枝或交联调节分子链结构,改善材料的极化特性与损耗特性,或与高介电常数无机纳米材料进行复合,并通过对有机-无机界面调制得到同时具有高介电常数和高击穿强度的纳米复合材料。本节只介绍铁电聚合物的本征改性方法,而铁电聚合物纳米复合材料的相关内容可参见 10.5.1 节。

图 4-18 分别为铁电体、反铁电体和弛豫铁电体的电滞回线。不难看出,铁电体的铁电损耗极高,不适用于储能电介质领域。相比之下,反铁电体或弛豫铁电体是更优选择。3.6 节中已提到,通过对 PVDF 分子链中引入适当的缺陷可以有效破坏具有长程有序结构的铁电

畴,从而实现弛豫铁电性,其电滞回线更为细长,电滞损耗更低。例如,铁电 P(VDF-TrFE)共聚物薄膜在高温下经高能电子束辐照后转变为弛豫铁电聚合物,电滞损耗显著降低[7]。随着辐照剂量的增加,铁电畴的尺寸从15nm减小到5nm以下,而晶粒尺寸几乎保持不变,且保持在电场作用下快速可逆的极化响应。

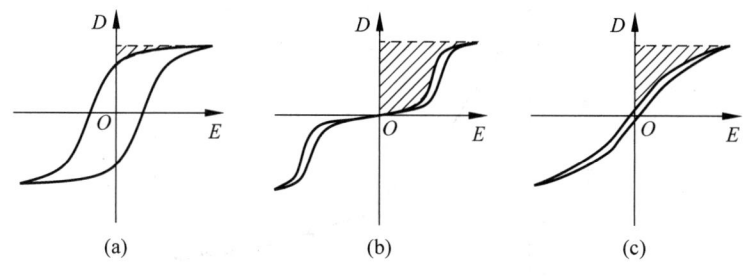

图 4-18 三种铁电材料的电滞回线特征
(a) 铁电体;(b) 反铁电体;(c) 弛豫铁电体

向 P(VDF-TrFE) 分子链中引入尺寸更大的第三单体同样可得到 P(VDF-TrFE-CTFE) 和 P(VDF-TrFE-CFE) 两种弛豫铁电体。少量的 CFE 和 CTFE 单体作为分子链缺陷,有效地将 P(VDF-TrFE) 中较大的铁电畴分隔成极性纳米畴,同时通过物理钉扎作用束缚附近的 P(VDF-TrFE) 链段,以保证在电场逐渐降低至 0 时纳米畴尽可能快速地恢复至初始状态,显著降低了电滞损耗。弛豫铁电体 P(VDF-TrFE-CFE) 63/37/7.5 在频率1kHz下的室温相对介电常数高达 50 以上,在 400MV/m 的电场强度下,其放电能量密度可达约 9J/cm^3,比 P(VDF-TrFE) 75/25 高 100% 以上,如图 4-19 所示[8]。

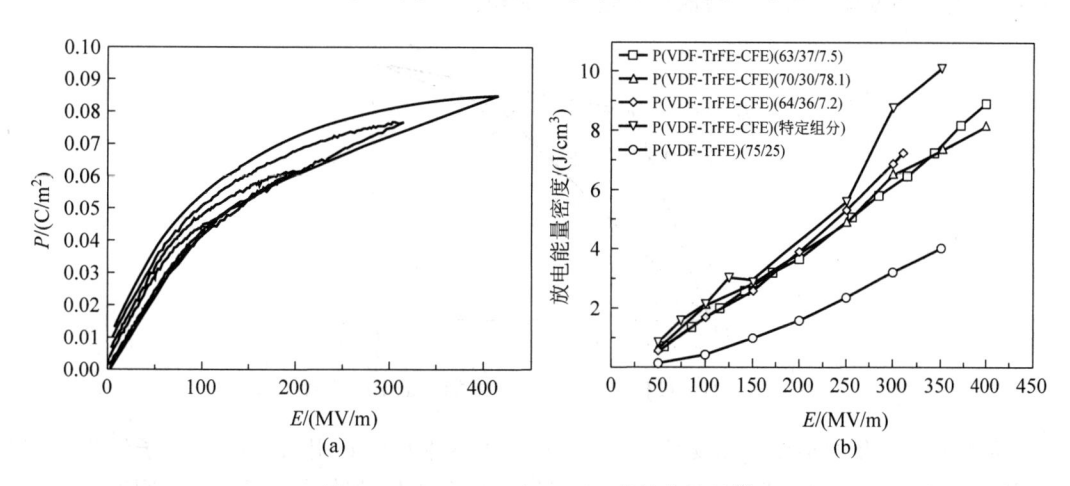

图 4-19 P(VDF-TrFE-CFE)的储能特性[8]
(a) P(VDF-TrFE-CFE) 63/37/7.5 在单极性电场下的电滞回线;(b) 不同储能电介质的放电能量密度对比

PVDF 基三元弛豫铁电体的相对介电常数 ε_r 很高,若取 50 作为典型值,按照线性电介质的放电储能密度公式(4.4)计算电场强度 400MV/m 时的 w_e 可达 35J/cm^3,显然远高于实际测试的结果。而出现这一明显差异的主要原因是,电介质材料的介电常数一般只在低幅值的交变电场下测得,在电场从零开始增加的初始阶段,弛豫铁电体的极化强度 P 会迅速增加,但在约 100MV/m 的低电场下就达到了极化饱和,而此时的电场远小于材料能够耐受的击穿场强。若继续增加电场,其极化强度或电位移矢量的增量(dP 或 dD)很小,进而限制了能量密度的提升。若将实际放电能量密度代入式(4.4)计算有效相对介电常数,记为 K_{eff},可以得出,随着外加电场的不断增加,P(VDF-TrFE-CFE) 63/37/7.5 的 K_{eff} 逐渐下降,当电场强度 E 达到 400MV/m 时,K_{eff} 已经降至 13 左右,如图 4-20 所示。

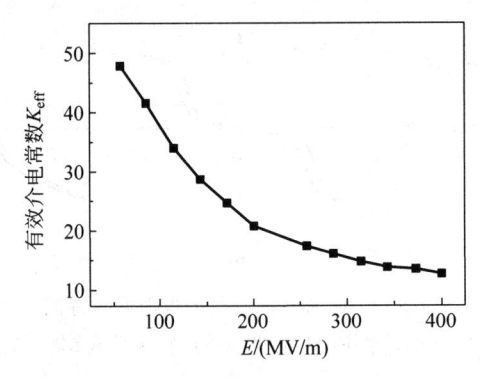

图 4-20　P(VDF-TrFE-CFE) 63/37/7.5 有效相对介电常数 K_{eff} 随电场强度的变化[8]

进一步用分段极化曲线近似解释弛豫铁电体早期极化饱和对放电能量密度的影响,如图 4-21 所示。分段极化曲线将弛豫铁电体的极化响应简化为,在极化饱和前具有很高的介电常数,对应电滞回线的斜率很高,当极化饱和后,其介电常数发生突降,对应电滞回线发生明显偏折,斜率大幅降低。曲线Ⅰ对应的弛豫铁电聚合物在低场下具有更高的介电常数,但达到饱和极化点 D_{sat} 的电场低于曲线Ⅱ对应材料。比较可得,曲线Ⅱ对应的放电能量密度更高,多出的部分即为曲线Ⅰ与曲线Ⅱ包围的面积。

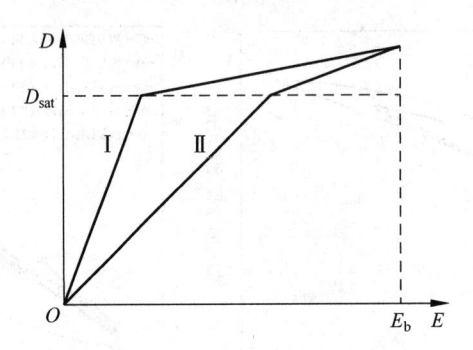

图 4-21　极化饱和程度与放电能量密度的关系

为了抑制极化的早期饱和现象,直接将大尺寸单体 CTFE 引入 PVDF 分子链中,得到 P(VDF-CTFE)二元共聚物[9]。其中,大体积的 CTFE 单体缺陷扩大了分子链间距,减弱了链间耦合作用,进一步稳定了 TG^+TG^- 构象,且在电场作用下可实现非极性相与极性相之间构象的可逆变化。P(VDF-CTFE)91/9 不仅具有很低的剩余极化,还适当降低了低场下的相对介电常数 ε_r(约 15),从而避免了过早出现低场极化饱和现象。经单轴拉伸后,P(VDF-CTFE)91/9 在 $E=575\text{MV/m}$ 时可实现 17J/cm³ 的高放电能量密度。在 P(VDF-HFP)二元共聚物中也发现了类似的 P-E 关系,且由于具有更高的击穿场强,当 $E=900\text{MV/m}$ 时,其放电能量密度可达 30J/cm³ 以上。而 BOPP 在 $E=800\text{MV/m}$ 时的能量密度仅约 6J/cm³,相比之下,PVDF 基共聚物的能量密度可提高 4 倍以上。

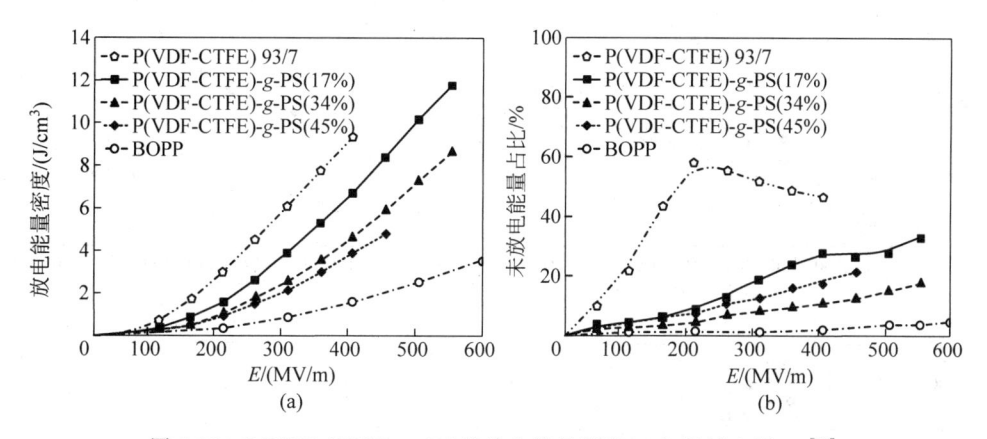

但与线性电介质如 BOPP 相比,P(VDF-CTFE)二元共聚物的电滞损耗仍然较高。P(VDF-CTFE)的稳定相为非极性 α 相,在较高电场作用下,非极性构象会被诱导为极性构象,而在撤去电场后,构象的可逆恢复需要一定的时间。当放电时间从 1ms 减小至 1μs 时,P(VDF-CTFE)91/9 的放电能量密度降低约 40%。将 P(VDF-CTFE)93/7 上接枝一定含量的低损耗弱极性聚苯乙烯,可有效改善共聚物的损耗特性[10]。P(VDF-CTFE)-g-PS 薄膜在结晶诱导微相分离后,PS 侧链被分离到 PVDF 晶体的周围,并在晶体表面形成非极性界面屏蔽层。由于界面处的 PS 层具有很低的极化率,补偿极化显著降低,当撤去外电场时,原本在高电场下定向排列的晶体偶极子更倾向于恢复至相反的方向,对应更低的剩余极化和更高的充放电效率。但需注意的是,P(VDF-CTFE)-g-PS 接枝共聚物的介电常数有一定下降,这又导致放电能量密度略有下降。图 4-22 为不同接枝比例的 P(VDF-CTFE)-g-PS 的储能特性,其中,34%(质量分数)PS 接枝得到的 P(VDF-CTFE)-g-PS 具有最优的损耗特性。当电场强度为 600MV/m 时,其放电能量密度约 10J/cm³,介质损耗很低,在 1kHz 频率下的 tanδ 约 0.006,550MV/m 电场下的总损耗占比仅为 17.6%。

图 4-22 P(VDF-CTFE)-g-PS 的放电能量密度(a)与损耗比例(b)[10]

交联改性同样能够有效改善 P(VDF-CTFE)的损耗特性[11]。将 P(VDF-CTFE)85/15、引发剂二叔丁基过氧化异丙基苯和交联剂三烯丙基异氰脲酸酯(triallyl isocyanurate,TAIC)的混合物热压制备交联样品。其中,P(VDF-CTFE)中的氯原子被引发剂夺取,形成大分子自由基,然后与 TAIC 交联,如图 4-23 所示。样品 C1、C2、C3 分别为含 1%、3%、5%(质量分数)引发剂和 3%(质量分数)TAIC 的交联 P(VDF-CTFE)薄膜。观察 FT-IR 发现,交联前后的 P(VDF-CTFE)的链构象基本没有发生变化,α 相仍作为热力学稳定相大量存在。而经 XRD 分析发现,在结晶度仅略有下降的情况下,交联后材料的晶粒尺寸明显减小。同时考虑到撤去电场后,交联网络产生的弹性应力将电场诱导得到的极性构象又迅速拉回非极性构象,晶胞内偶极子的可逆程度提高,交联 P(VDF-CTFE)的铁电损耗明显降低,如图 4-24(a)所示。又通过热刺激去极化电流(thermally stimulated depolarization currents,TSDC)测量发现,交联样品 C2 形成的深陷阱抑制材料内部自由电荷的运动,使电导损耗也显著下降,如图 4-24(b)所示。铁电损耗和电导损耗的抑制使交联样品的充放电效率明显上升,尤其在高电场范围内,当电场强度 E 达到约 400MV/m 时,熔融拉伸与原始 P(VDF-CTFE)的充放电效率分别降低至 65% 和 40% 以下,而交联 P(VDF-CTFE)样品仍保持在 80% 左右,见图 4-24(c)。

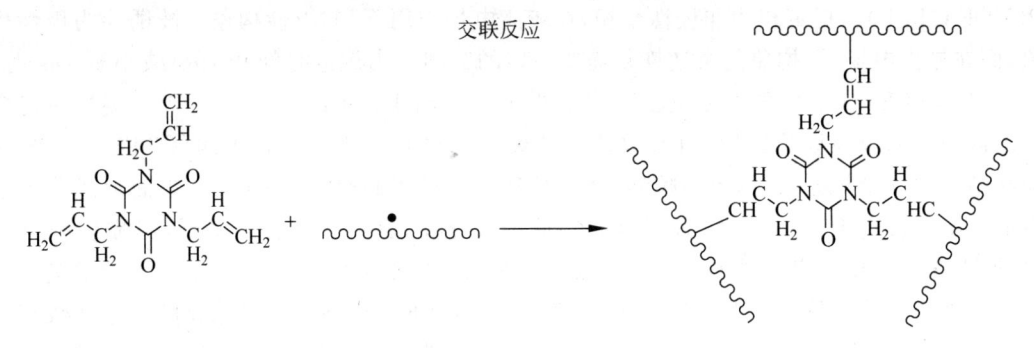

图 4-23 TAIC 交联 P(VDF-CTFE)的机理

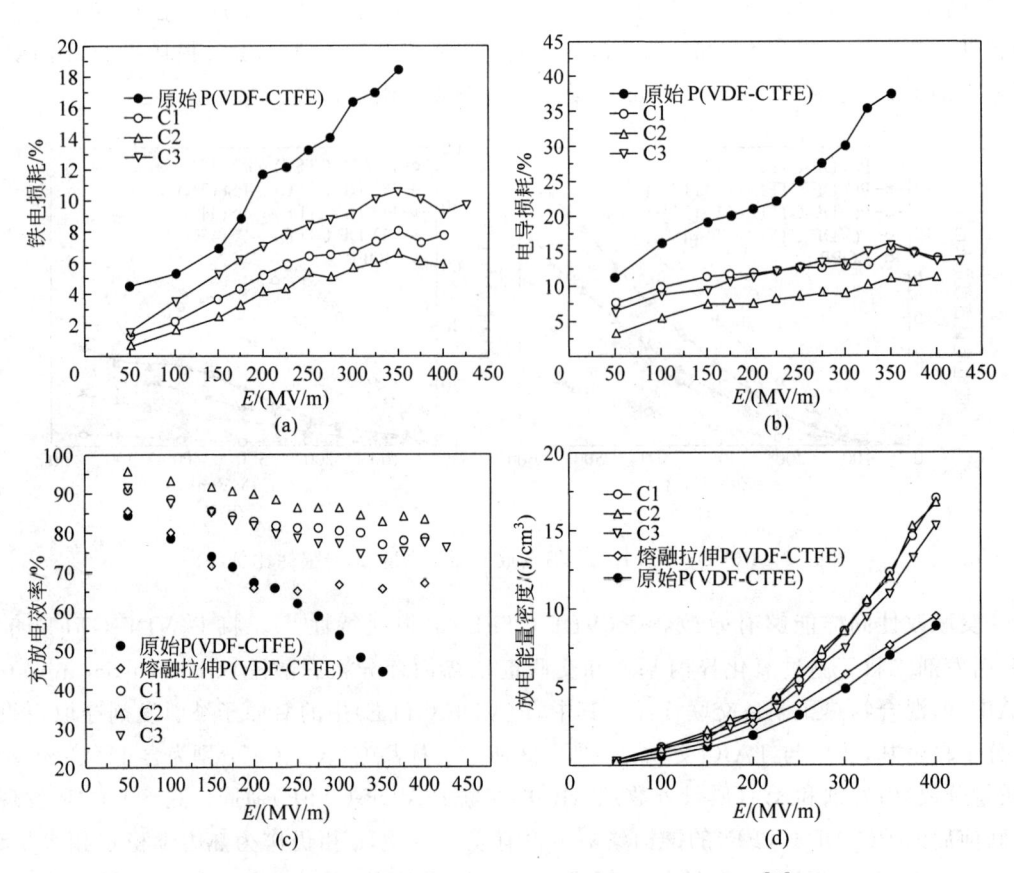

图 4-24 交联前后 P(VDF-CTFE)的损耗与储能特性[11]
(a) 铁电损耗;(b) 电导损耗;(c) 充放电效率;(d) 放电能量密度

注意到,与接枝非极性 PS 的改性方法不同的是,交联 P(VDF-CTFE)不仅损耗特性得到改善,其放电能量密度并未降低,也有一定提升。样品 C1~C3 在 $E=400\text{MV/m}$ 的放电能量密度 w_e 约 17J/cm^3,几乎是原始以及熔融拉伸后 P(VDF-CTFE)放电能量密度的 2 倍(在相同电场强度下,约 $8\sim9\text{J/cm}^3$),见图 4-24(d)。此外,交联提高了铁电聚合物的高温稳定性,当温度为 70℃ 时,样品 C1 和 C2 在 $E=400\text{MV/m}$ 时的放电储能密度 w_e 仍可达约 10J/cm^3。

除有机小分子交联剂外,无机小分子同样证明能够与铁电聚合物实现共价键交联,使无机与有机组分之间在分子尺度上均匀分布,得到具有良好储能特性的有机-无机杂化体系[12]。通过对 P(VDF-CTFE)分子链端进行功能化,得到羟基封端 P(VDF-CTFE);再经溶胶-凝胶缩合直接与无机小分子乙醇钽之间形成 Ta—O 键合交联结构,如图 4-25 所示。杂化 P(VDF-CTFE)在透射电子显微镜(transmission electron microscope,TEM)下观察不到任何无机颗粒或团聚体,表现出均匀形貌。杂化 P(VDF-CTFE)以乙醇钽作为交联点,引入深陷阱,抑制载流子的迁移,电导损耗降低,见图 4-26(a)和(b)。需要注意的是,一般情况下,将无机纳米填料掺入聚合物基体时,常被认为成核剂,可提高基体的结晶度,而在杂化 P(VDF-CTFE)中引入的钽-氧键(Ta—O)和对应的交联结构抑制了铁电聚合物的结晶,结晶度从 33.8% 减小至 20.2%。此外,随着 Ta—O 含量的增加,晶粒尺寸从约 32nm 依次降低至约 23nm。晶粒尺寸的减小和交联网络的牵拉作用有利于偶极可逆取向,介质损耗降低,见图 4-26(c)。无机小分子交联网络的形成可有效改善杂化 P(VDF-CTFE)的力学性能,提高机电击穿强度,进一步提高了放电能量密度,见图 4-26(d)。

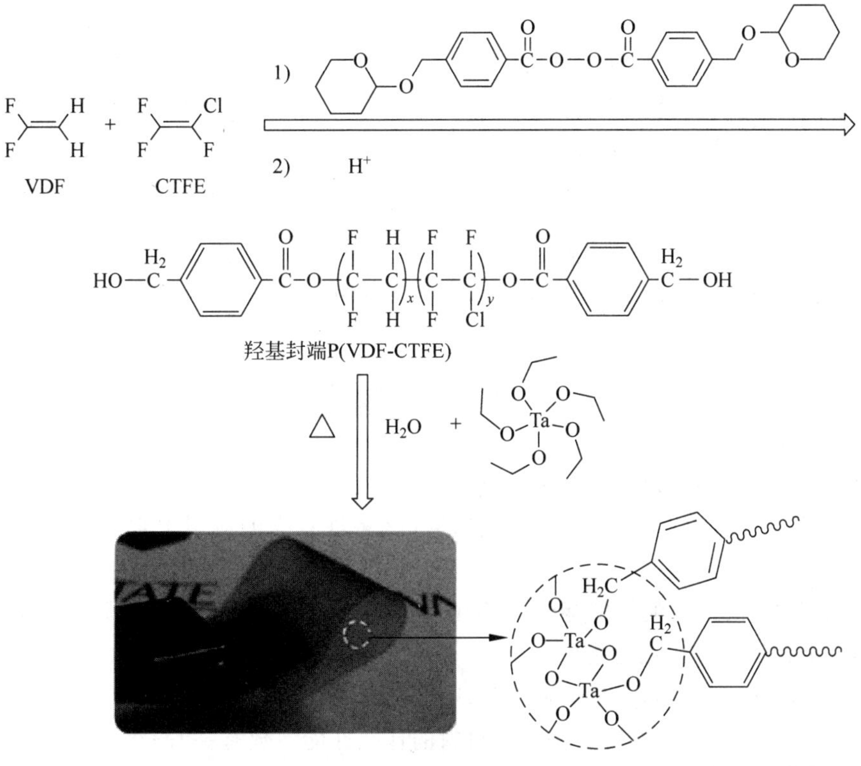

图 4-25 P(VDF-CTFE)的链端功能化以及与乙醇钽的溶胶-凝胶缩合杂化[12]

随着改性方法的改进与优化,新材料的性能不断提升,目前基于铁电材料的电容器薄膜的最高放电能量密度已经达到 100J/cm³ 以上。但这些具有高能量密度的新型铁电材料通常首先在实验室尺度下(膜面积 $S<1cm^2$,电容 $C<10nF$)对其性能进行测试和评估,而小样品的制备工艺经放大后是否能保持材料的均匀性和稳定性仍有待研究,且改性成本较高,因此在商用电容器膜中并未得到应用。但不同的改性方法给储能聚合物薄膜性能提升提供了多元化的思路,随着后期工艺稳定性与可靠性的进步,这些新型铁电薄膜材料将具有广泛且深远的应用前景。

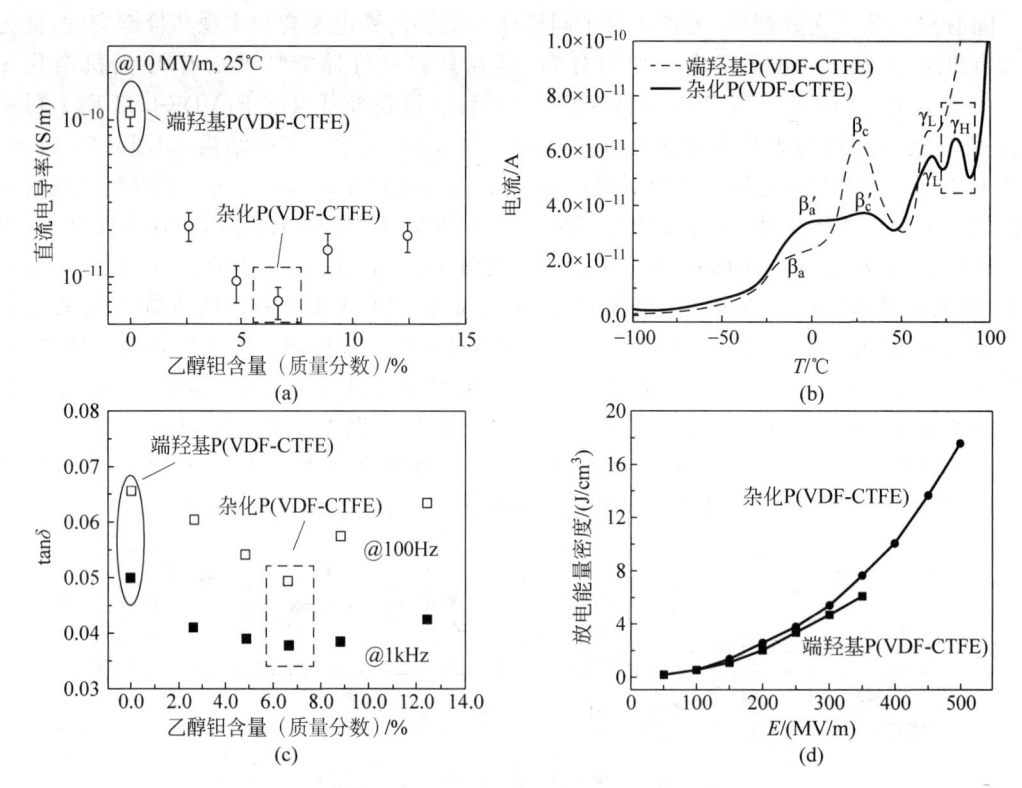

图 4-26　乙醇钽杂化交联 P(VDF-CTFE)的损耗与储能特性[12]

(a) 直流电导率；(b) TSDC曲线；(c) 介质损耗因数；(d) 放电能量密度

习　　题

1. 解释铁电存储器的写入与读取机理。
2. 高能电脉冲发生器运用了反铁电体的什么特性？当前应用中常用的反铁电材料有哪些？
3. 与超级电容器、电池等储能器件相比，电介质电容器表现出哪些优势？这使其在哪些领域具有更为突出的应用潜力？
4. 作为储能电介质，陶瓷与聚合物分别具有哪些优缺点？
5. 电介质电容器的放电能量密度与材料的什么性能参数有关？
6. 聚合物电介质电容器的薄膜制备工艺有哪些？
7. 什么是金属化聚合物薄膜电容器的自愈性？其具有自愈性的原因是什么？
8. 分析 PVDF 三元共聚弛豫铁电体早期极化饱和对电容器放电能量密度的影响。

参 考 文 献

[1] KAO K C. Dielectric phenomena in solids[M]. Elsevier, 2004.
[2] Marx generator-Wikipedia[EB/OL]. (2005-12-15)[2024-07-20]. https://en.wikipedia.org/wiki/

参考文献

Marx_generator.

[3] Ceramic capacitor-Wikipedia[EB/OL]. (2007-11-20)[2024-07-20]. https://en.wikipedia.org/wiki/Ceramic_capacitor.

[4] MAKDESSI M,SARI A,VENET P. Metallized polymer film capacitors ageing law based on capacitance degradation[J]. Microelectronics Reliability,2014,54(9/10):1823-1827.

[5] Capacitor-Wikipedia[EB/OL]. (2003-12-18)[2024-07-20]. https://en.wikipedia.org/wiki/Capacitor.

[6] CHEN Q,SHEN Y,ZHANG S,et al. Polymer-based dielectrics with high energy storage density[J]. Annual Review of Materials Research,2015,45(1):433-458.

[7] ZHANG Q,BHARTI V V,ZHAO X. Giant electrostriction and relaxor ferroelectric behavior in electron-irradiated poly (vinylidene fluoride-trifluoroethylene) copolymer [J]. Science,1998,280(5372):2101-2104.

[8] CHU B,ZHOU X,NEESE B,et al. Relaxor ferroelectric poly(vinylidene fluoride-trifluoroethylene-chlorofluoroethylene)terpolymer for high energy density storage capacitors[J]. IEEE Transactions on Dielectrics and Electrical Insulation,2006,13(5):1162-1169.

[9] CHU B J,ZHOU X,REN K L,et al. A dielectric polymer with high electric energy density and fast discharge speed[J]. Science,2006,313(5785):334-336.

[10] GUAN F,YANG L,WANG J,et al. Confined ferroelectric properties in poly(vinylidene fluoride-co-chlorotrifluoroethylene)-graft-polystyrene graft copolymers for electric energy storage applications [J]. Advanced Functional Materials,2011,21(16):3176-3188.

[11] KHANCHAITIT P,HAN K,GADINSKI M R,et al. Ferroelectric polymer networks with high energy density and improved discharged efficiency for dielectric energy storage [J]. Nature Communications,2013,4:2845.

[12] HAN K,LI Q,CHANTHAD C,et al. A hybrid material approach toward solution-processable dielectrics exhibiting enhanced breakdown strength and high energy density[J]. Advanced Functional Materials,2015,25(23):3505-3513.

第 5 章

压 电 效 应

压电效应是一种基于晶体对称性的物理现象,最初发现于石英晶体中。以石英晶体为例,其化学式为 SiO_2,Si 和 O 原子共用电子形成化学键。由于 O 原子的电负性较 Si 原子更强,所以 O 原子对电子的吸引力大于 Si 原子,因此 O 原子带有负电荷,而 Si 原子则带有正电荷,共同构成石英晶体中的电偶极子,这些偶极子首尾相连,形成了非规则的六边形结构。尽管这些六边形并非完美的正六边形,但其排列方式使正负电荷中心重合。当对晶体施加应力时,若其正负电荷中心不再重合,则称为极化。当不施以压力时,石英晶体正、负电荷中心重合,整个晶体的总电偶极矩等于零,晶体表面无束缚电荷。当沿某方向施加压力时,晶体发生形变,正、负电荷中心发生相对位移,产生宏观极化,从而在晶体某一表面出现电荷积累,此即为压电效应。本章将基于压电原理和压电系数,对压电陶瓷、单晶压电体、压电聚合物等典型材料的压电效应进行分类阐述,为后续章节中对各类压电材料应用的研究提供理论基础。

5.1 压电原理

材料具有压电效应需要具备两个条件,第一个条件是具有晶相结构(单晶或多晶)。在 32 类结晶型点群中,11 类中心对称的点群不具备压电效应;剩下的非中心对称点群中,1 类点群因存在其他对称元素而同样无压电效应;剩余 20 类点群在受到机械力作用时能够产生极化。前面章节中的铁电材料也属于这 20 类结晶型点群,因此也表现出压电效应。

材料具有压电效应需要具备的第二个条件是在应力作用下可产生极化(正压电效应),在电场作用下可产生应变(逆压电效应)。在应力作用下,压电材料发生形变,这一过程可类比平板电容器中极板间距的变化。在这种情况下,若将电流表连接至压电材料的两极,可以观察到电流信号的产生,这一现象即为正压电效应(direct piezoelectric effect),且该电流的方向与施加力的方向存在相关性,即压缩与拉伸作用下产生的电流方向是相反的,如图 5-1(a)所示。相反地,在电场的作用下,压电材料会发生形变,这一现象即为逆压电效应(converse piezoelectric effect)。当电场的方向发生改变时,压电材料的形变也会随之从压缩状态转变为膨胀状态,如图 5-1(b)所示。

图 5-1 压电效应

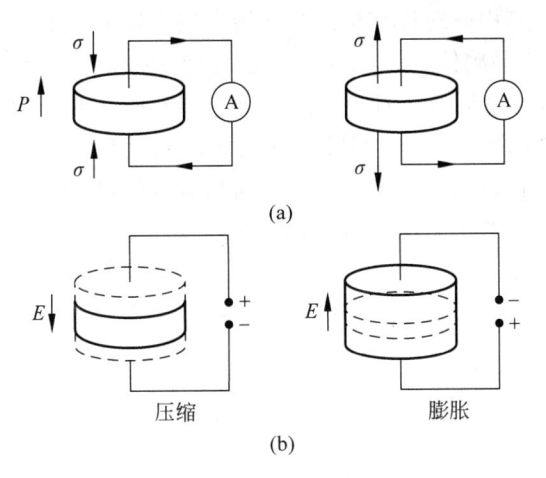

(a) 正压电效应;(b) 逆压电效应

5.1.1 压电产生机理

压电效应来源于材料中的晶相结构,其中晶胞作为晶体的基本重复单元,通过其周期性排列形成晶体。为了阐释压电效应,以下将以一个简单的晶胞模型为例,如图 5-2 所示。在由正负离子构成的晶胞中,正负电荷中心在某一平衡位置处重合,导致无极化现象(图 5-2(a))。然而,当晶胞受到应力作用时,正负电荷中心发生相应的位移,从而产生极化(图 5-2(b))。一旦产生极化,电极表面将倾向于形成相反的电荷以中和材料表面的极化电荷,实现电荷平衡,这些相反电荷通过外部电路流入,从而在外部电路中产生电流。当施加的力由压缩转变为拉伸时,正负离子的相对位移方向相反,导致极化方向逆转,进而改变电极上的电荷极性,使得外部电路中的电流方向也发生逆转(图 5-2(c))。相反地,当施加电场后,正负离子将从平衡位置朝相对方向移动,体系发生收缩(图 5-2(b));施加相反电场后,正负离子将从平衡位置朝相反方向移动,体系发生膨胀,此为逆压电效应。上述解释从微观结构层面对压电效应进行了阐述。

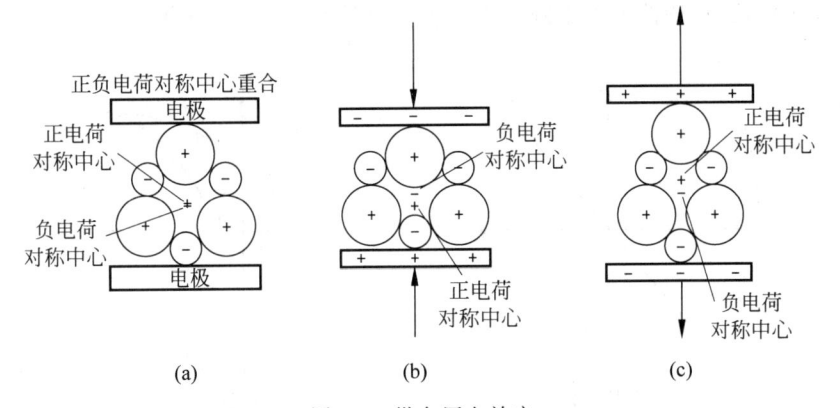

图 5-2 纵向压电效应

(a) 未受力晶胞;(b) 受压缩力的晶胞;(c) 受拉伸力的晶胞

在 32 类晶体点群中,中心对称结构的晶体因在应力作用下无法产生极化而不具备压电效应。在图 5-3(a)中,当晶胞体系绕其几何中心旋转 180°后能够与其自身重合,则该体系为中心对称结构,施加应力后仅发生形变而不产生极化,因此不表现出压电效应。而在图 5-3(b)中,若晶胞体系绕几何中心旋转 180°后不能与其自身重合,则该体系为非中心对称结构,施加纵向应力后,正负电荷中心发生横向相对位移,导致体系产生横向极化,此现象被称为横向压电效应。虽然横向压电效应的方向与图 5-2 所示的纵向压电效应不同,但二者均属于压电效应的范畴。

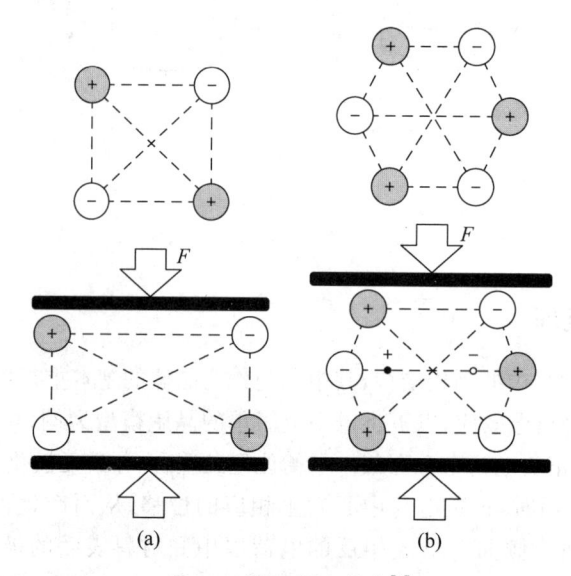

图 5-3 横向压电效应[1]
(a) 具有中心对称结构的体系;(b) 具有非中心对称结构的体系

5.1.2 蝴蝶曲线

为了定量描述压电效应,必须明确电场与应变之间的关系。在理想情况下,压电效应中电场与应变呈线性关系(图 5-4(a)),然而在铁电材料中,电场与应变的关系呈现出蝴蝶曲线特性(图 5-4(b)),这一特性可用于判定该压电材料是否属于铁电材料。

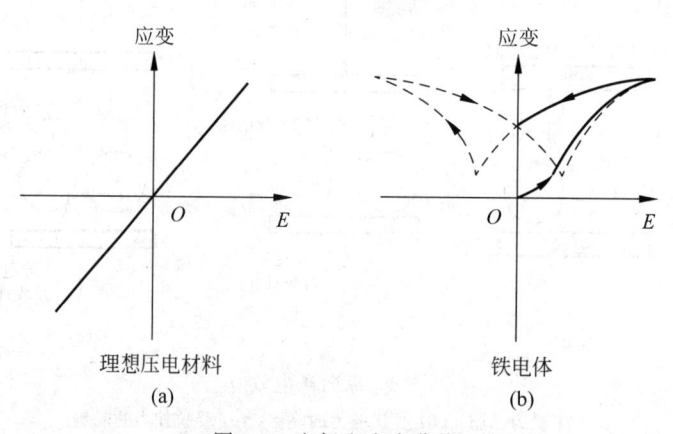

图 5-4 电场和应力曲线
(a) 线性相关特性;(b) 蝴蝶曲线特性

5.1.3 电致伸缩效应

与压电性不同的是,所有的电介质都具有电致伸缩效应,并不只局限于20类点群的晶体结构。在电场作用下,材料内部的原子核与电子沿相反方向移动,导致物质产生宏观形变,即电致伸缩效应。与压电性不同的是,电致伸缩效应的应变的正负与电场方向无关,应变量与电场的平方成正比,曲线呈抛物线特性(图5-5),且不存在逆效应。

在20世纪70年代中期,在美国航空航天局(National Aeronautics and Space Administration,NASA)发起的"航天飞机"计划中,为了在天文图片(即"哈勃"望远镜)中获得更高的分辨率,其计划安装一个可变形的镜子以控制光路长度至几个波长(约1μm)。这种应用需要精确的位移传感器,由于传统的 PZT(Pb(Zr,Ti)O₃)压电陶瓷存在迟滞和在大电场下易发生零点漂移的问题,研究者开发了应变超过0.1%的铌镁酸铅基$0.9Pb(Mg_{1/3}Nb_{2/3})O_3$-$0.1PbTiO_3$[0.9PMN-0.1PT]电致伸缩材料。当受电场作用时,0.9PMN-0.1PT的应变包括主要效应和次要效应(通常被视为线性和二次现象),分别对应于"压电"和"电致伸缩"效应[2]。巨大的电致伸缩效应便是从这种微小的次要效应中发现的,弛豫铁电体PMN-PT固溶体顺电相产生的电致伸缩甚至强于PZT的压电伸缩,其电致伸缩在1kV/mm的电场强度下达到最高值。局部无序结构的存在是弛豫铁电材料的重要微观特征,被认为是弛豫铁电材料具有优异电致伸缩和压电性能的重要原因。这一发现与后来发明的多层致动器结构[3],共同推动了"压电/电致伸缩致动器"的加速发展。1980年,NASA喷气推进实验室提出在"哈勃"望远镜中使用6层PMN电致伸缩致动器控制入射光波的相位,该技术于1993年成功应用于航天飞机发射。

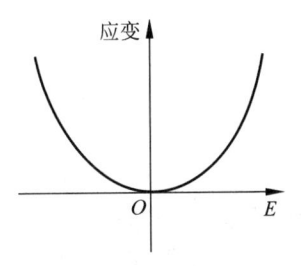

图5-5 电致伸缩效应的应变与电场关系

5.2 压电系数

压电系数是描述压电效应强弱的物理量,被定义为压电材料的力学量(应力或应变)与电学量(电位移或电场强度)之间线性响应关系的比例常数,其常用的定义式为

$$d = \frac{D}{X} = \frac{h}{E} \tag{5.1}$$

$$g = \frac{E}{X} = \frac{d}{\varepsilon} = \frac{d}{\varepsilon_0 \varepsilon_r} \tag{5.2}$$

式中,d为压电应变系数(piezoelectric strain coefficients);D为电位移矢量;X为应力;h为应变;E为电场强度;g为压电电压系数(piezoelectric voltage coefficients);ε为介电常数;ε_0为真空介电常数;ε_r为相对介电常数。

正压电效应描述的是单位力作用下产生的电荷量(单位是pC/N),逆压电效应描述的是单位电场强度下产生的应变(单位是pm/V),二者在热力学上是等价的,可由式(5.1)中的压电应变系数表达。由于应力能够产生电位移,且电位移与材料介电常数的比值等于产生的电场大小,相当于应力能够产生电场。为了描述这一现象,引入了压电电压系数,它描述的是单位应力作用下产生的电场,由压电应变系数与介电常数的比值得到,如式(5.2)所示。此外,压电系数还包括压电应力系数(e)和压电劲度常数(f)。其中,压电应力系数描述的是单位应变作用下产生的电位移,压电劲度常数描述的是单位应变作用下产生的电场,如式(5.3)和式(5.4)所示。

$$e = \frac{D}{h} \tag{5.3}$$

$$f = \frac{E}{h} \tag{5.4}$$

在压电系数的四种表现形式中,压电应变系数因其应用最为广泛而备受重视。根据作用力的方向不同,压电应变系数主要被分为 d_{33}、d_{31}(等效于 d_{32})、d_{15}(等效于 d_{24}),数字下标表示三维坐标系中的 6 个不同方向,如图 5-6 所示。具体而言,d_{33} 代表施加的力与极化方向一致时的压电应变系数;d_{31} 则代表施加的力与极化方向垂直时的压电应变系数;而 d_{15} 描述的是在剪切力作用下产生极化时的压电应变系数。通常,d_{33} 被称为纵向压电系数,d_{31} 被称为横向压电系数,d_{15} 被称为切向压电系数。

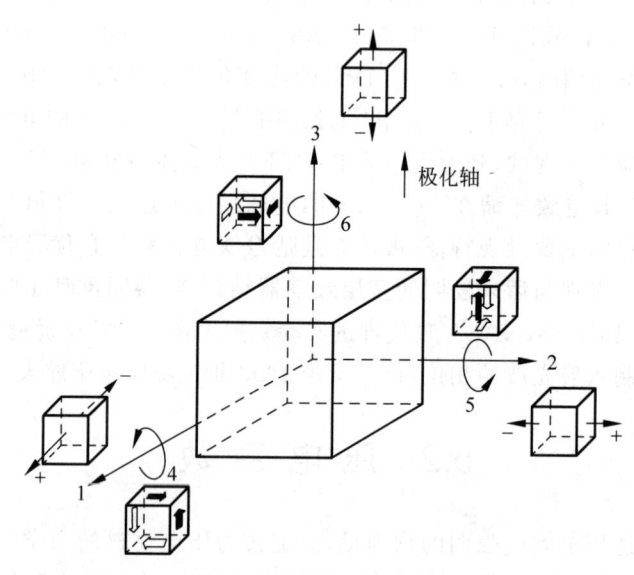

图 5-6 压电效应的方向性

石英作为最早被发现的压电材料,其压电效应已被广泛研究。在目前众多压电材料中,BTO 和 PZT 表现出较高的压电系数,其中,PZT 因其较高的居里温度而受到特别关注,这使得该材料在更宽的温度范围内保持其压电性能。表 5-1 汇总了其他典型压电材料的压电系数,为研究人员们提供了参考框架,以便根据特定应用需求选择合适的材料。

表 5-1 典型压电材料的压电系数

压电材料	化 学 式	d/(pm/V)
二氧化硅(石英)	SiO_2	2.25
酒石酸钾钠四水合物(罗谢尔盐)	$KNaCH_4O_6 \cdot 4H_2O$	53
钛酸钡(BTO)	$BaTiO_3$	190
磷酸二氢铵(ADP)	AH_2PO_4	24.6

续表

压电材料	化学式	$d/(\text{pm/V})$
磷酸二氢钾(KDP)	KH_2PO_4	10.7
硫酸三甘肽(TGS)	$(NH_2CH_2COOH)_3 \cdot H_2SO_4$	50
铌酸钾/铌酸钠(KN/NN)	$KNbO_3$ or $NaNbO_3$	49
铌酸锂(LN)	$LiNbO_3$	0.85
钽酸锂(LT)	$LiTaO_3$	3
钛酸铅(BTO)	$PbTiO_3$	7.4
锆钛酸铅(PZT)	$Pb(Zr_{1-x}Ti_x)O_3$	234
聚偏氟乙烯(PVDF)	$(CH_2CF_2)_n$	−21
偏氟乙烯-三氟乙烯共聚物(PVDF-TrFE)	$(CH_2CF_2CHFCF_2)_n$	−30

尽管上述典型压电材料在对称性、结构、化学性质以及其他性质上存在差异,它们的压电系数的符号却几乎无法调节。迄今为止,实验研究中所探索的压电材料,其纵向压电系数(d_{33})和横向压电系数(d_{31},d_{32})具有相反的符号。例如,$PbTiO_3$ 晶体的 $d_{33}=83.7 \text{pC} \cdot N^{-1}$ 和 $d_{31}=-27.5 \text{pC} \cdot N^{-1}$,而 PVDF 薄膜的 d_{33} 约为 $-21 \text{pC} \cdot N^{-1}$,$d_{31}$ 约为 $20 \text{pC} \cdot N^{-1}$。这些压电材料在电场作用下,沿着电场方向发生纵向膨胀,但沿垂直于电场方向上发生横向收缩,或反之,从而表现出具有正泊松比的电-机械行为。其中,泊松比是表征材料力学性质的一个参数,指材料沿某个方向拉伸(或压缩)时,在垂直于该方向的横向收缩(或伸长)的比例。然而,最新的理论研究揭示了一类具有纵向和横向压电系数符号相同的压电材料。这项理论研究预测了某些材料,如正交晶系二氧化铪(HfO_2)和准二维三元化合物 ASnX(A=Na,K;X=N,P),可以具有负 d_{33} 和负 d_{31}。尽管目前尚缺乏实验证据支持这一理论,但如果能够实现这种独特的压电效应,将能够在电场刺激下引起材料在所有方向上的膨胀或收缩,表现出具有负泊松比的类似行为[4]。

压电效应涉及机械能和电能的相互转换,而其转换效率可由机电耦合系数(electromechanical coupling factor)k 予以描述。在正压电效应中,该系数的定义可由式(5.5)来表达;而在逆压电效应中,该系数则由式(5.6)来定义。

$$k^2 = \frac{\text{输出电能}}{\text{总输入机械能}} \tag{5.5}$$

$$k^2 = \frac{\text{输出机械能}}{\text{总输入电能}} \tag{5.6}$$

在典型压电材料中,石英、BTO、PZT 的 k 值分别为 0.1,0.4 和 0.7,对应的转换效率分别为 0.01、0.16、0.49,k 值越高说明转换效率越高,即该材料在能量收集方面具有更大的潜力。

总体而言,压电效应可分为两种基本形式:机械能转换为电能,以及电能转换为机械能。前者被称为正压电效应,依据方向不同可进一步细分为纵向、横向和切向压电效应;后者被称为逆压电效应。一般地,将具有压电效应的材料分为压电陶瓷(PZT、PMN-PT、BZT-BCT 等)、单晶压电体(PMN-PT、PZN-PT 等)、压电聚合物(PVDF、P(VDF-TrFE)等)、压电聚合物纳米复合材料(PVDF/BTO/CNT 等)。本章下面将详细介绍前三类压电材料。关于压电聚合物纳米复合材料的相关内容可参见 10.5.2 节。

5.3 压电陶瓷

5.3.1 PZT压电陶瓷

在目前发现的所有材料中,钙钛矿结构的铁电体拥有最强的压电和机电耦合效应。最典型的是PZT压电陶瓷[5],它是由氧八面体组成的钙钛矿结构,在准同型相界处表现出最强的压电效应[6],如图5-7所示。这是因为准同型相界对应组分的PZT材料处于三方晶相到四方晶相的过渡中间相(单斜相),此时,材料的极化方向不稳定,因此在应力作用下将产生较大的极化变化。此外,在铁电体中,其压电系数d与介电常数ε满足

$$d = 2P_s Q \varepsilon \tag{5.7}$$

式中,P_s为自发极化强度;Q为电致伸缩系数。从热力学理论分析,介电常数ε与系统自由能密度相对于极化的曲率$\partial^2 G/\partial P^2$有关,越接近准同型相界,PZT自由能的能量分布越平坦,自由能密度相对于极化的曲率越小,介电常数越大,即压电系数越高,如图5-8所示。

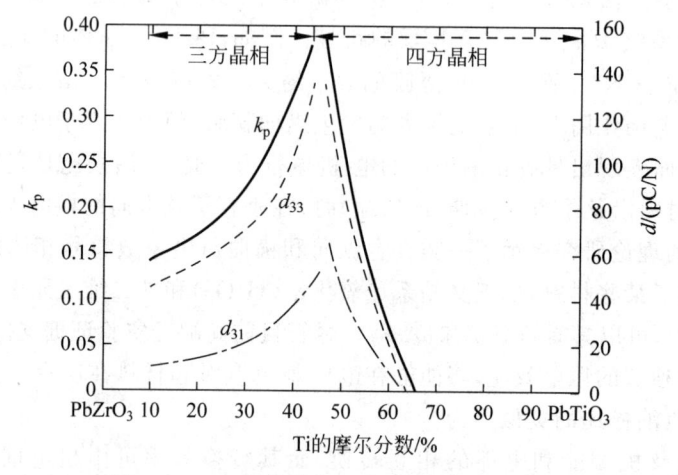

图5-7 PZT压电陶瓷组分对压电特性的影响

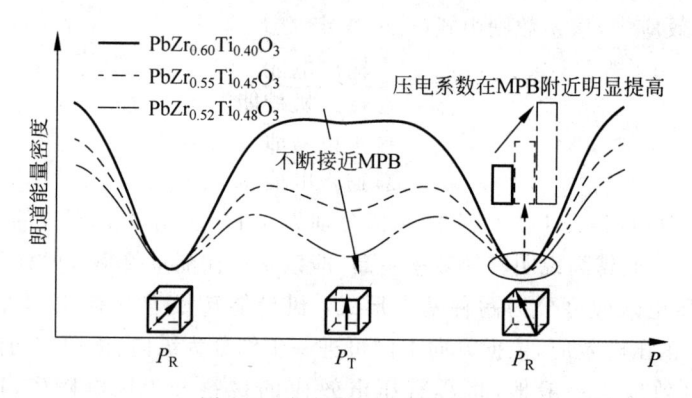

图5-8 自由能与极化的关系

压电效应不仅与准同型相界有关,还受到晶体结构、畴壁运动等因素的影响。通过将Li^+(Li_2CO_3)掺杂到PZT基陶瓷中,使氧八面体沿自发极化P_s方向拉伸,从而增加了P_s

并提高了晶胞结构对压电性能的贡献(内在贡献)[7]。随着 Li_2CO_3 的含量从 0.0%(质量分数)增加到 0.6%(质量分数),计算得到的 P_s 和测量值呈现出相同变化趋势,并且能够通过扫描透射电子显微镜(STEM)观察到局部结构变化。同时,Li^+ 的掺杂促进了短有序纳米域的形成,纳米级畴具有比微米级畴更低的畴壁运动活化能 E_a,使畴旋转和畴壁运动更容易,从而提高了对压电性能的外在贡献,如图 5-9 所示。

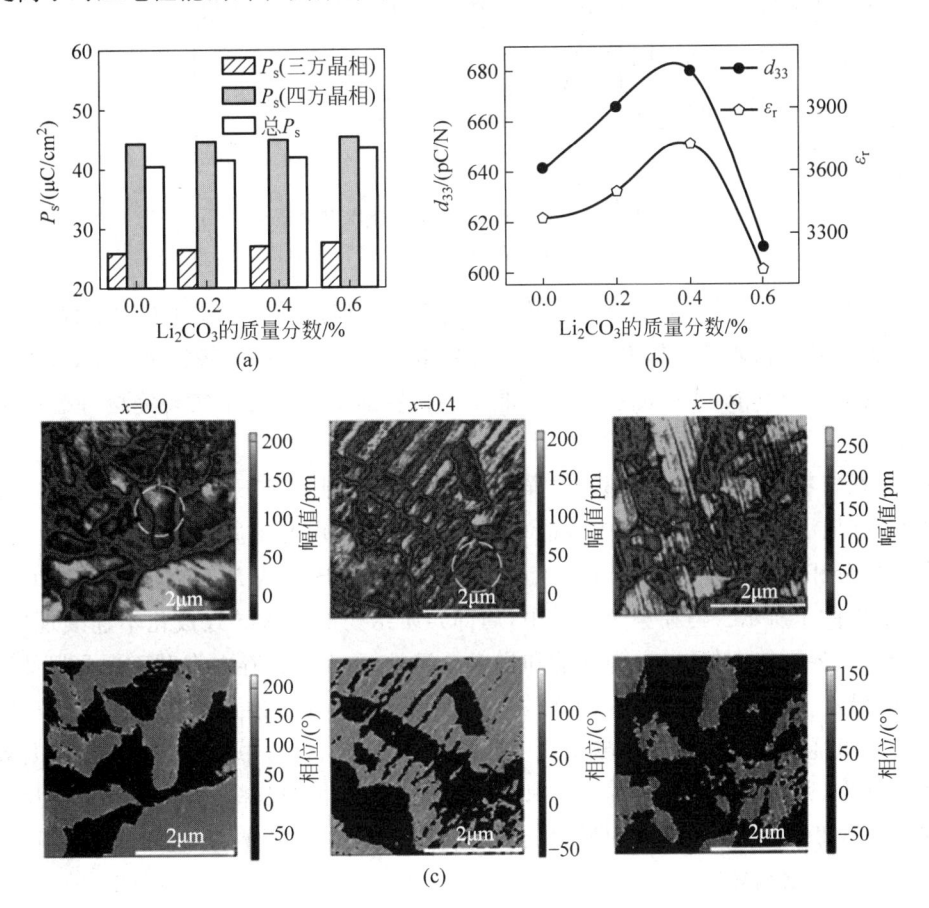

图 5-9 PZT 基陶瓷的高压电性来源于内在和外在贡献的综合效应[7]

(a) 总自发极化 P_s 和不同晶相的对应贡献随 Li^+ 掺杂量的变化趋势;(b) d_{33} 与 ε_r 随 Li^+ 掺杂量的变化曲线;(c) 铁电畴尺寸随 Li^+ 掺杂量的变化趋势

5.3.2 弛豫铁电体-铁电体压电陶瓷

压电系数可通过引入弛豫铁电体,并与铁电体形成固溶体以得到提升。铌镁酸铅-钛酸铅的结构式为 $(1-x)Pb(Mg_{1/3}Nb_{2/3})O_3-xPbTiO_3$,室温下当 $x=0.35$ 时达到准同型相界,如图 5-10(a)所示,压电系数可提升至 600pm/V 以上。铌锌酸铅-钛酸铅的结构式为 $(1-x)Pb(Zn_{1/3}Nb_{2/3})O_3-xPbTiO_3$,室温下当 $x=0.09$ 时达到准同型相界,如图 5-10(b)所示,压电系数可提升至 500pm/V 以上。

从 5.3.1 节可知,铁电固溶体的热力学能量分布会在组分接近准同型相界时相对于极

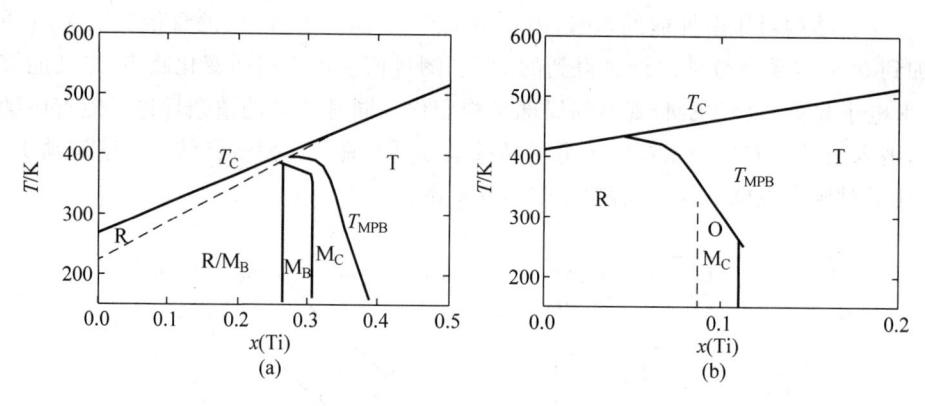

图 5-10 弛豫铁电体-铁电体压电陶瓷
(a) PMN-PT；(b) PZN-PT

化的曲率变小,得到明显增大的介电常数和压电系数。但这一方法仅能有限地提升压电性,因为对于大多数钙钛矿铁电体来说,成分诱导铁电相变本质上是一级铁电相变,在发生相变时有热量的吸收或释放,不可能在只基于准同型相界的组成设计中实现完全理想的平坦能量分布。

然而,在材料中合理引入局部结构异质性,调节界面能以实现热力学能量分布平坦化,可显著提高钙钛矿型铁电体的压电性能。例如,在四方铁电畴中局部引入异质极性区域,与局部化学成分相关的体积能有利于正交相的形成(对应 $P_{\bar{X}Y}$ 或 P_{XY} 方向的极性矢量),如图 5-11(a)中的 I 所示。但在整个区域中,局部异质结构的引入导致极化不连续现象,从而出现界面能。界面能由静电能、弹性能和梯度能组成,界面能的存在有利于这些局部区域向四方晶相(沿 P_Y 方向的极性矢量)的转变,从而使极化不连续性最小化。体积能与界面能之间的竞争可能导致自由能分布变得高度平坦化,如图 5-11(a)中的 II 和 III 所示。若界面能的影响足够大,则压电性能显著提高。对于一定体积分数的"局部区域",较小的畴尺寸对应较高的比表面积,从而具有较高的界面能。因此,为实现体系内界面能的有效增强,需要在纳米尺度上引入结构异质性。

通过对图 5-11(a)的异质体系的介电响应进行计算机仿真,发现随着局部异质区域体积分数的增加,体系在室温下的介电常数急剧提高,如图 5-11(b)所示。随着温度的升高,界面能的影响逐渐变得显著,导致异质相体系的平均热力学能密度随极化的变化曲线趋于平缓,从而表现出更高的介电常数。仿真得到的介质损耗因数与温度的关系揭示了异质区对介电响应的独特贡献,尤其是在低温下介质损耗因数的增强,以及较大体积分数的异质区产生更高的最大损耗值。这是由于损耗因数的增加与异质区极化反转相关,如图 5-11(a)中的 II 所示,通过沿 X 方向施加电场,原本极化方向沿 $P_{\bar{X}Y}$ 的局部区域可切换到倾向于沿电场取向的 P_{XY} 极化方向,此过程中两稳定状态之间的切换需要克服能量势垒,从而产生能量损耗。

由此可知,此类材料的压电系数提升主要归因于界面能的增加,即材料中引入了局部异质结构。利用元素掺杂方法可改变微区晶胞参数,导致材料晶型的变化,从而使极化矢量的旋转更为容易。在电场作用下,不同极性纳米微区在界面处容易产生电应力,进而增加

5.3 压电陶瓷

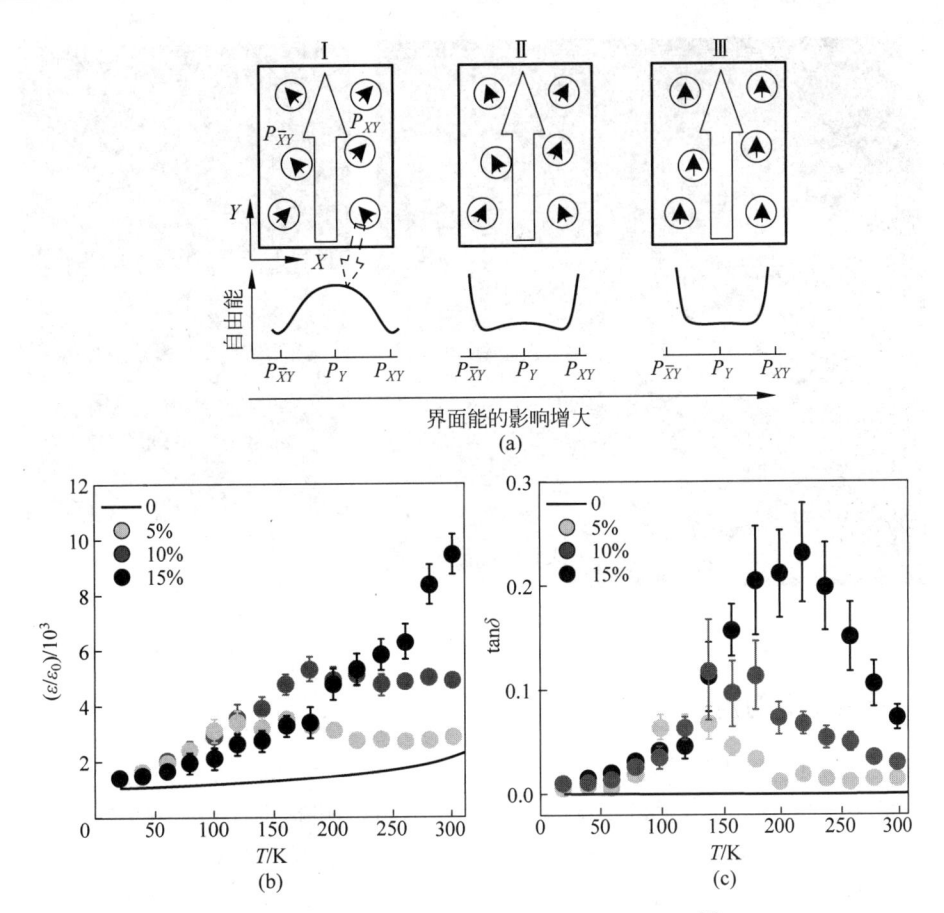

图 5-11 局部异质结构对材料压电性能的贡献[8]

(a) 界面能对系统自由能分布的影响；(b) 材料的相对介电常数与异质结构体积分数的关系；
(c) 材料的介质损耗与异质结构体积分数的关系

界面能。如表 5-2 所示，在钐掺杂的铌镁酸铅-钛酸铅（Sm-doped PMN-PT）体系中，当钐掺杂比例为 2.5% 时，压电系数最高可达 1510pC/N。利用透射电子显微镜可直接观察到不同极性纳米畴的极化方向存在夹角，如图 5-12 所示，表明界面能增加，进而导致压电系数提升。

表 5-2 钐掺杂 PMN-PT 压电陶瓷与其他压电陶瓷的压电系数对比[8]

压 电 陶 瓷	$\varepsilon_{33}/\varepsilon_0$	$d_{33}/(pC/N)$
2.5Sm-PMN-29PT	13 000	1510
2.5Sm-PMN-31PT	10 000	1250
PMN-36PT	5100	620
PHT-PNN	6000	970
商业 PZT5H	3400	650
商业 PZT5	1700	500

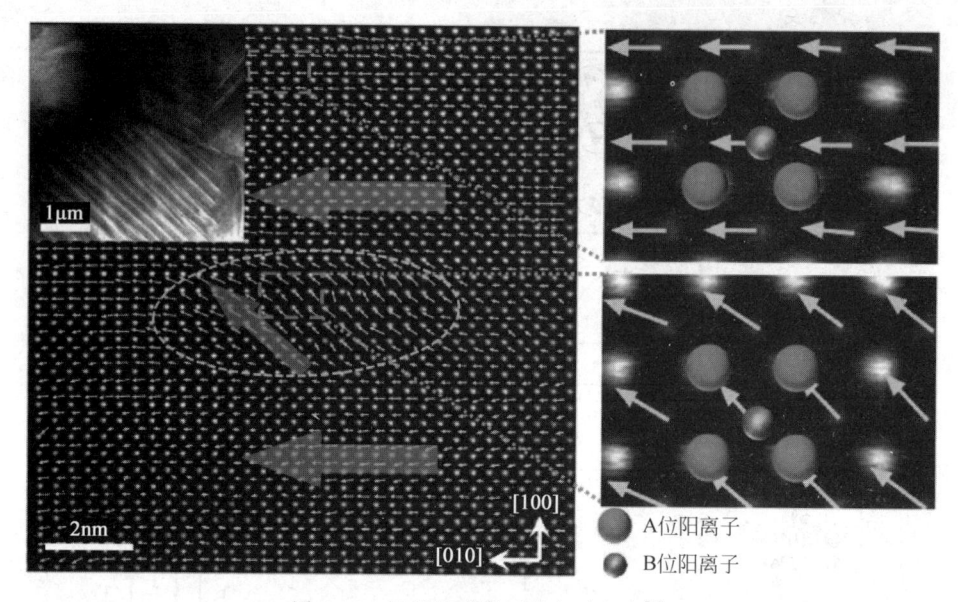

图 5-12 极性纳米微区的电畴方向[8]

5.3.3 无铅压电陶瓷

由于铅元素无法被人体代谢，一旦进入体内，随着累积含量的不断提升，会对人体脏器等产生较大危害。高压电性的无铅压电陶瓷应运而生，主要包括 $BaTiO_3$（BT）、$K_{0.5}Na_{0.5}NbO_3$（KNN）、$Na_{0.5}Bi_{0.5}TiO_3$（NBT）这 3 类。由图 5-13 可知，无铅压电陶瓷面临的主要挑战是较低的压电系数和较低的居里温度。而 2009 年报道的 $Ba(Ti_{0.8}Zr_{0.2})O_3$-$(Ba_{0.7}Ca_{0.3})TiO_3$（BZT-BCT）无铅复合体系在准同型相界三相点处的压电系数提升到约 620pC/N，可媲美商用 PZT 压电陶瓷（图 5-14）。

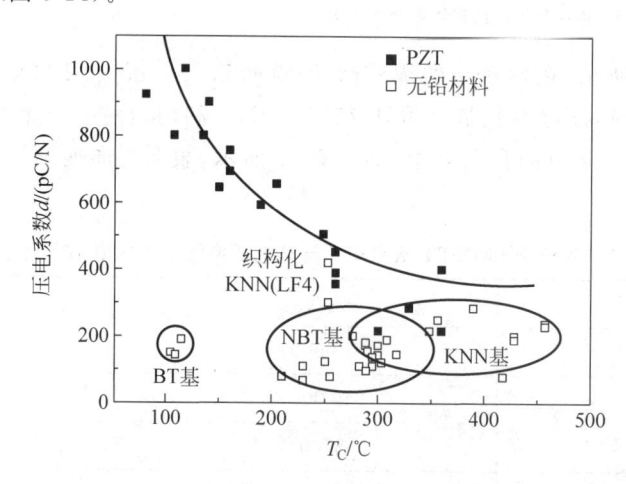

图 5-13 不同压电陶瓷的居里温度和压电系数对比[9]

后为进一步提升无铅陶瓷的电致应变性能，研究者们采用了多种策略。例如，通过缺陷偶极子设计，Sr/Nb 掺杂 $Bi_{0.5}(Na_{0.82}K_{0.18})_{0.5}TiO_3$ 无铅织构压电陶瓷实现了 1.6% 的巨大单极电应变，显示出良好的抗疲劳性和低滞后性，性能可媲美甚至优于最先进的铅基压电单

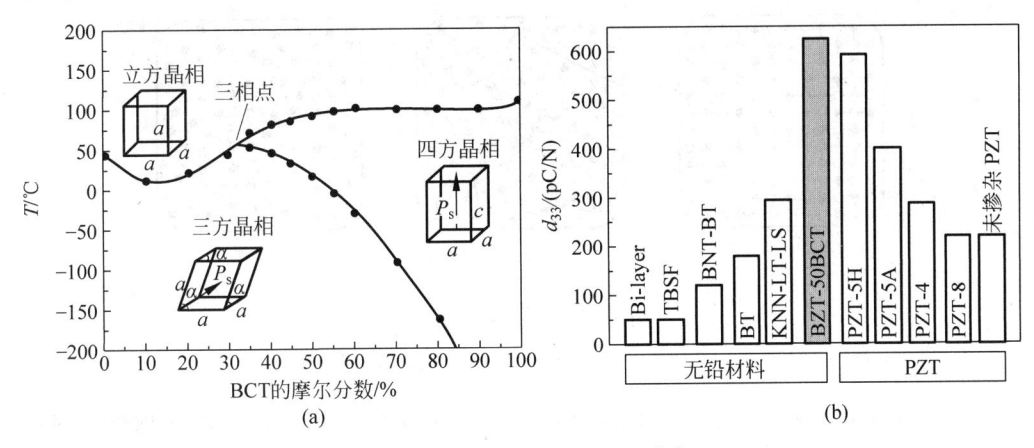

图 5-14 BZT-BCT 复合体系[10]
(a) BZT-BCT 的相图；(b) 不同压电陶瓷的压电系数对比

晶[11]。通过引入 Nb^{5+}，形成了(111)取向的缺陷偶极子，在极化作用下，这些缺陷偶极子沿极化方向取向，产生较大的内偏电场，导致了不对称的电致应变，从而获得了高单极电致应变。而从微观结构层面研究发现，增强的静电应变是通过可逆电场诱导相变、晶粒取向工程以及缺陷偶极子工程的协同作用实现的。这些研究为设计高电致应变压电陶瓷提供了总体策略，有望成为铅基压电致动器的替代品。

诱导局部结构异质性也是增强无铅压电陶瓷压电性的有效策略之一，相共存和畴边界同样会影响其压电效应。对 $0.96(K_{0.48}Na_{0.52})(Nb_{1-x}Sb_x)O_3$-$0.04(Bi_{0.5}Ag_{0.5})ZrO_3$(KNNS$_x$-BAZ)($0<x<0.1$)无铅陶瓷的结构演变机制进行多尺度分析发现[12]，当 x 增加到 0.06 时，晶格对称性增强，光学电子跃迁上升。通过分析声子特性在微米尺度上的空间分布以及原子分辨率的极矢量态，阐明陶瓷的局部异质结构，Sb 的掺入实现了三方-斜方-四方多晶相共存。该研究促进了对 KNN 基异相共存体系的化合物-结构-功能关系的理解，为高性能压电材料的发展提供了推动力。

相位工程是增强无铅压电陶瓷压电性的另一种可行策略，如调节不可逆非 180°畴，可使无铅铌酸钾基压电陶瓷的电致应变增强[13]。随着 Sb^{5+} 掺杂量的增加，正交晶相减少，三方/四方晶相增加，且不可逆非 180°畴减少，导致残余应变显著降低，电致应变增大。这种优化主要由于不可逆的非 180°畴壁运动减少，晶格畸变增加，有利于降低外在贡献，提高内在贡献。由于随机场增强和能垒降低，微型化纳米畴的介观结构和畴更易反转的特性也有利于电致应变的提高。

5.4 单晶压电体

上述压电陶瓷均为多晶材料，而材料根据其内部原子或分子的排列方式分为单晶、多晶和非晶(也称无定形)3 种类型，这 3 种形态在原子结构的有序性、力学性能，以及电学和热学性质上存在显著差异。单晶材料中微观粒子呈规整排列，形成长程有序结构(图 5-15(a))，而多晶材料中每个晶粒呈有序结构，但晶粒间存在缺陷(图 5-15(b))，非晶或无定形材料中微观粒子呈无序排列(图 5-15(c))，压电性一般仅存在于单晶或多晶这样的有序结构中。

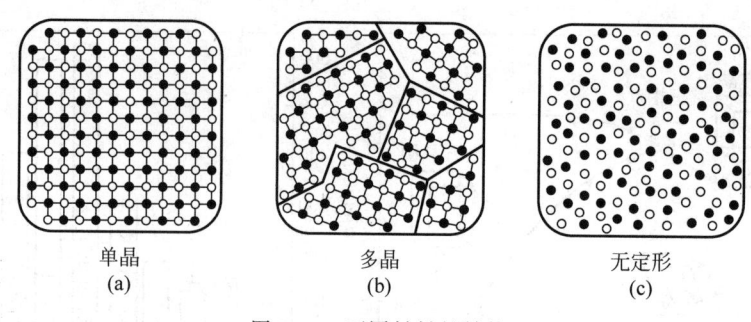

图 5-15 不同材料的结构
(a) 单晶；(b) 多晶；(c) 无定形

由于多晶中缺陷的存在会导致电荷和应力在传递过程中发生损耗，因此理论上同种材料的单晶结构的压电性更强。图 5-16 中展示了同种材料的压电陶瓷和压电单晶性能的对比，压电陶瓷的压电系数仅达到 200~500pC/N，机电耦合系数仅有 0.6~0.7，而压电单晶的压电系数可达 2000pC/N 以上，机电耦合系数可达 0.9~0.95。例如，室温下，PMN-PT 体系在 $x=0.35$ 时达到准同型相界，其机电耦合系数 k 值可达 0.9 以上，压电系数可达 2000pm/V 以上；室温下，PZN-PT 体系在 $x=0.09$ 时达到准同型相界，k 值可达 0.92 以上，压电系数可达 2000pm/V 以上。

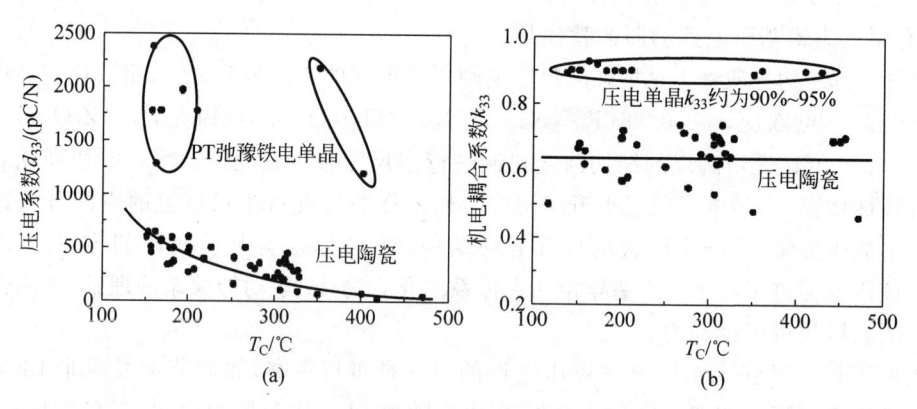

图 5-16 压电陶瓷和压电单晶的性能对比[14]
(a) 压电系数对比；(b) 机电耦合系数对比

压电单晶的制备方法包括高温熔剂法、布里奇曼法（坩埚下降法）、模板法、水热法和高温静压法等。常用的布里奇曼法（坩埚下降法）与陶瓷的固相传质方法类似，其将原料放入具有特殊形状的坩埚中，加热使之熔化。通过下降装置使坩埚在具有一定温度梯度的结晶炉中缓慢下降，当坩埚经过温度梯度最大的区域时，熔体会在坩埚内自下而上结晶为整块晶体，如图 5-17 所示。布里奇曼法生长单晶的过程中，影响单晶形成的因素有很多，主要包括温度梯度（适当增加温度梯度能显著减少晶体中的孪晶）、晶体生长速率（过快的生长速率可能导致晶体中产生大量的位错和缺陷，而缓慢的生长速率有利于减少这些缺陷）、坩埚材料和尺寸（坩埚直径过大或过小都会降低晶体的质量）等。图 5-18 分别为 PMN-PT 和 PZN-PT 压电单晶的宏观形态，其具有规则的几何外形。

需要注意的是，以铁电体为例，在初始状态下，材料内部的铁电畴的取向杂乱不一，即使

5.4 单晶压电体

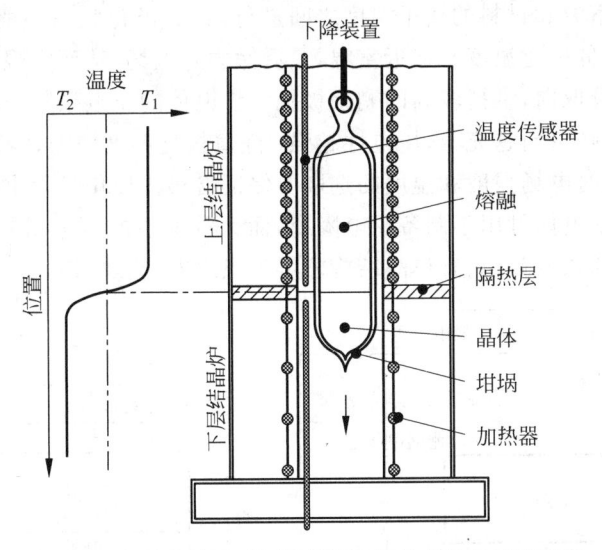

图 5-17 布里奇曼法(坩埚下降法)制备单晶的原理示意

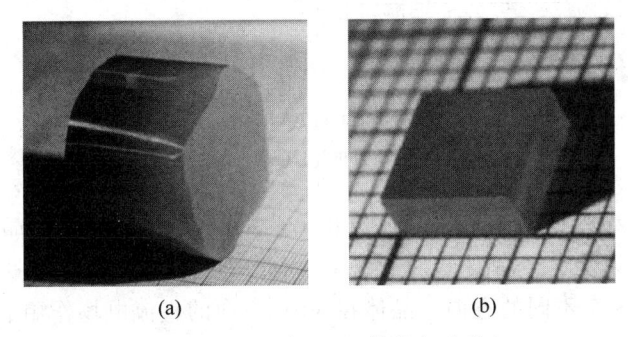

图 5-18 两种单晶压电体的宏观形态
(a) PMN-PT；(b) PZN-PT

受机械应力也不会产生宏观极化，即不表现出压电性，因此需要额外施加强电场使材料内的铁电畴沿电场高度取向排列，这一步骤也称为压电材料的人工极化(poling)，如图 5-19 所示。极化方法包括非接触式电晕极化(图 5-20(a))和直接接触极化(图 5-20(b))。电晕极化利用尖端放电的手段，通过施加较高的电压使得材料表面附近的空气发生电离，产生离子流，使电荷沉积在材料表面，形成极化电场；而接触极化则直接在材料两侧施加一定强度的

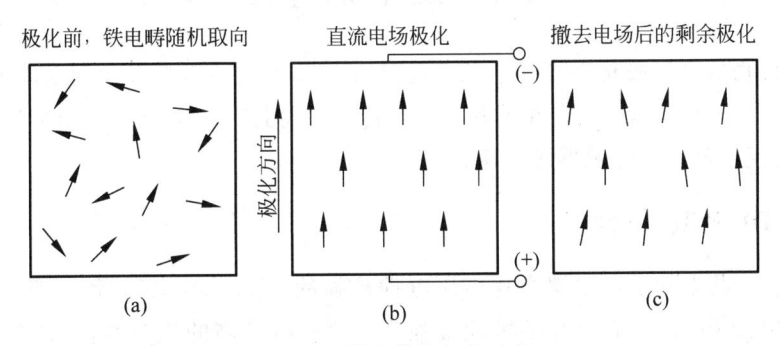

图 5-19 铁电体的极化过程
(a) 极化前，铁电畴无序排列；(b) 极化时，铁电畴取向排列；(c) 极化后，铁电畴维持取向

电场。极化通常在室温和材料的居里温度之间进行,且此极化状态一般要保持几十分钟至数小时后,再逐渐降低极化温度至接近室温,最后撤去外电场,从而实现对铁电畴取向的"冻结",使材料能够充分取向,维持较高的剩余极化。铁电体的压电系数与极化条件有关,随着极化场强增大,铁电畴取向越充分,压电性越强;随着极化温度增加,畴翻转更容易,压电性也越强。另外,极化时电场强度和温度的选取要保证材料在极化过程中仍保持其绝缘性,即不发生击穿。只有铁电体可用于制备压电陶瓷,而无铁电性的压电材料,如石英,其内部无可沿电场可逆取向的铁电畴,只有单晶结构才可表现出宏观压电性。

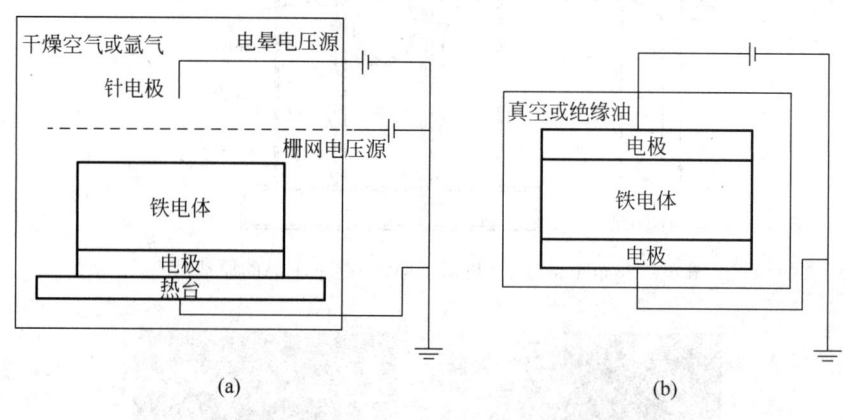

图 5-20 不同极化方法[1]
(a) 非接触式电晕极化;(b) 直接接触极化

与传统直流电场极化不同,利用交流极化工艺可改变 PMN-PT 单晶的畴壁密度,使其压电系数提升 30%以上[15]。在未极化状态下,PMN-PT 单晶存在 8 种铁电畴(三方晶相),其自发极化分别沿 8 个不同的方向。晶体在[001]方向的直流电场作用下,其中 4 种极化方向沿[$11\bar{1}$]、[$\bar{1}11$]、[$1\bar{1}1$]和[$\bar{1}\bar{1}1$]的电畴将翻转到[111]、[$\bar{1}11$]、[$1\bar{1}1$]和[$\bar{1}11$]方向。极化后的晶体电畴为层状结构,层间由一组平行于(001)晶面的 109°畴壁分隔;且每层中又存在平行于(011)面的 71°畴壁。109°畴壁不影响晶体透光率,而 71°畴壁因对光线有散射作用而影响晶体透光性。而当晶体受到交流电场作用时,晶体中 71°畴壁逐渐消失,导致每层中铁电畴尺寸逐渐增大,透光性不断增强。

5.5 压电聚合物

压电聚合物的自发极化最高仅达无机陶瓷的 1/4,这是因为聚合物的结晶度较低,通常仅在 50%左右,且无定形相的存在不利于应力传递。而其优势主要在于制造成本低、轻质、柔性,尤其适用于可穿戴传感器等应用领域。

5.5.1 PVDF 及其共聚物

PVDF 及其共聚物是压电聚合物中压电性最强的一类材料,其晶相主要包括非极性 α 相和极性 β 相、γ 相、δ 相,且 β 相的极性最强。而要获得较高的压电性能,需要高极化电畴含量(β 相)以及一致的电偶极子排列。

5.5 压电聚合物

高 β 相含量的 PVDF 一般可通过机械拉伸得到。通常,常规加工方法可以很容易得到具有 α 晶相的 PVDF 球晶,如图 5-21(a)所示。当对材料进行机械拉伸时,晶体结构的变化从球晶中间开始,分子链首先沿着拉伸方向伸直,如图 5-21(b)所示。伸直链区域沿球晶中部横向扩展,如图 5-21(c)所示。随着 PVDF 形变量增大,形成了越来越多的延伸链,最终在大形变量下,整个 α 相球晶转变为 β 相,如图 5-21(d)所示。在这个过程中,球晶中 α 相首先被拉伸变形,进一步转换成 β 相,最后全部被拉伸为由 β 相构成的片晶,得到全反式构象的 β 相。

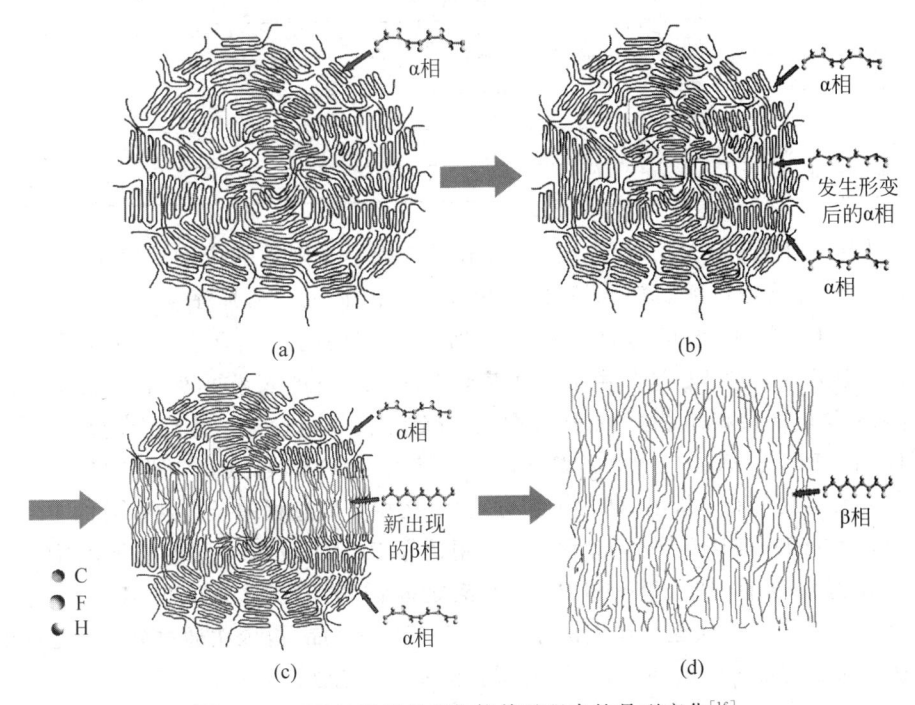

图 5-21 PVDF 及其共聚物拉伸过程中的晶型变化[16]

(a) 由 α 相构成的球晶;(b) 由部分变形的 α 相构成的球晶;(c) 由部分 α 相和部分 β 相构成的球晶;(d) 由 β 相构成的片晶

PVDF 的压电系数高度依赖于极化过程。图 5-22 为不同极化温度和极化场强下 PVDF 的压电系数 d_{31} 的变化趋势。可见随着极化场强和极化温度的增大,PVDF 中的铁电畴取向更加充分,压电性更强。表 5-3 中列出了 PVDF 与 P(VDF-TrFE)压电膜的主要性能。

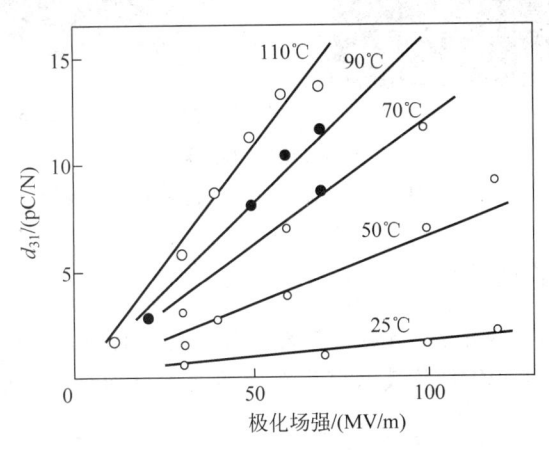

图 5-22 极化场强对 PVDF 压电性能的影响

表 5-3 PVDF 与 P(VDF-TrFE)的主要性能[1]

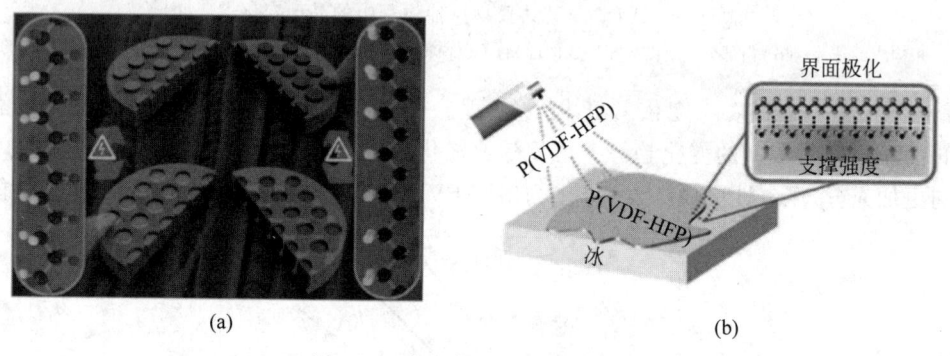

性　能	PVDF	P(VDF-TrFE)
密度/(kg/m³)	1800	1900
弹性模量 Y/GPa	2.5～3.2	1.1～3
相对介电常数 ε_r	12	12
介质损耗 $\tan\delta_e$	0.018	0.018
力学损耗 $\tan\delta_m$	0.05	0.05
d_{33}/(pC/N)	13～28	24～38
d_{31}/(pC/N)	6～20	6～12
k_{33}	0.27	0.37
k_{31}	0.12	0.07
最高使用温度/℃	90	100

在孔中限域生长的 PVDF 压电材料,其分子链因纳米限域效应而有序排列,其电畴取向一致,无须极化便可得到 6.5pm/V 的压电系数,如图 5-23(a)所示。此外,以冰为基底,利用冰和 P(VDF-HFP)间的氢键作用可得到 86.5% 的高 β 相含量、高压电系数(d_{33} = 50pm/V)的压电聚合物[17],这是由于冰面基底形成了平整的二维平面,在低温下布朗运动缓慢,有利于压电活性相(β 相)的形成和取向,导致了高压电性能。冰面上的水分子不能溶解 P(VDF-HFP),而 N,N-二甲基乙酰胺能完全溶解 P(VDF-HFP),因此 P(VDF-HFP)在遇到水分子后会从溶液中析出(即发生相分离)。在相分离过程中压电性提升的主要原因是在 H_2O 和 P(VDF-HFP)的界面处因氢键作用诱导 P(VDF-HFP)发生极化,如图 5-23(b)所示。在较低温度时,P(VDF-HFP)分子链之间因静电力诱导取向,H_2O 中的 H 和 P(VDF-HFP)中的 F 因强氢键作用诱导 P(VDF-HFP)结晶,再依次通过分子链之间的静电力极化诱导薄膜内部分子取向,最终得到高 β 相和高压电性。

图 5-23 自极化 PVDF 压电材料
(a) 纳米限域效应的自极化;(b) 氢键诱导的自极化[17]

5.5.2 PVDF 压电性的来源

绝大多数压电材料在极化后,当施加电场方向与极化电场方向相同时,会发生膨胀,即具有正纵向压电系数,而 PVDF 及其共聚物在此情况下反而会发生收缩,即具有负纵向压电系数,如图 5-24 所示。

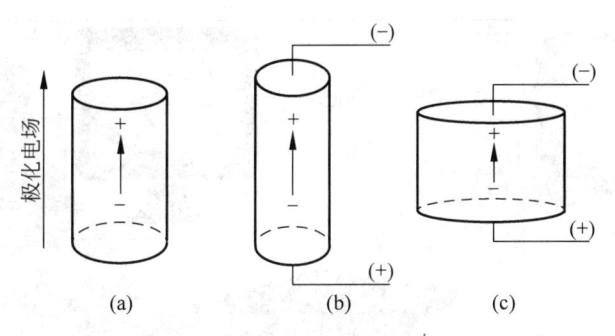

图 5-24 正纵向压电系数和负纵向压电系数[18]
(a) 极化电场方向；(b) PZT 材料中,施加同方向电场后发生了膨胀形变；
(c) PVDF 材料中,施加同方向电场后发生了压缩形变

PVDF 压电性质的相关理论研究已确定该材料在晶相中的分子链参数,包括键长、电荷和链间距,在假定相对介电常数为 10 的条件下,应用量子化学方法计算了应力作用下产生的电荷量,据此可得出 PVDF 的纵向压电系数约为 $-38.5 \sim -33.5 \text{pC/N}$,如图 5-25 所示。此外,PVDF 的压电系数也通过基于尺寸模型的方法进行了估算。考虑到无定形相相较于晶相在机械强度上的不足,假设在外力作用下,晶相结构保持不变,仅无定形相发生压缩。在此模型中,无定形相的压缩类似于平板电容器在压缩过程中厚度发生变化但极化保持不变,从而产生额外的电荷并形成压电场,据此得到 PVDF 的纵向压电系数约为 -35pC/N。这两种计算方法虽然均验证了 PVDF 具有负纵向压电系数这一现象,但是其对 PVDF 压电效应根源的认知却是不同的：量子化学计算认为 PVDF 的压电效应源于晶相的变化,而尺寸模型则认为 PVDF 的压电效应是由无定形相的变化导致的。

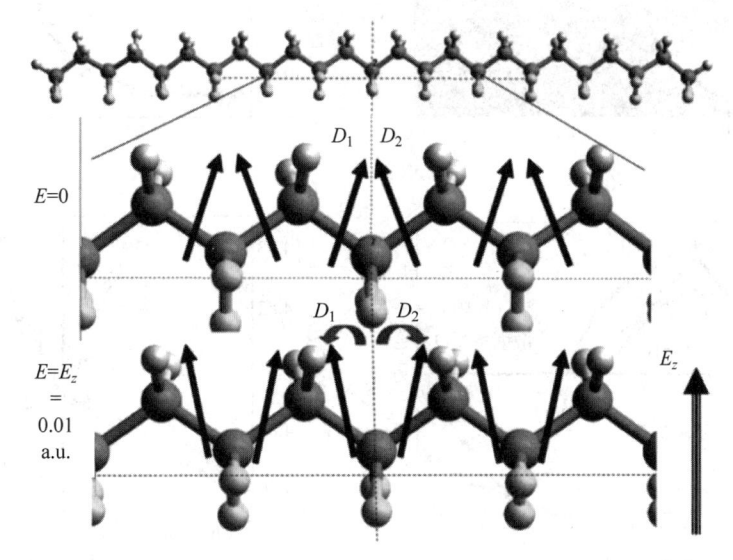

图 5-25 量子化学计算方法证明 PVDF 具有负纵向压电系数[19]

为了进一步明确 PVDF 及其共聚物压电效应的来源,原位动态 X 射线衍射(图 5-26)这一技术被用于直接测试电场作用下 P(VDF-TrFE)晶相结构中晶格参数的变化,并由此绘制出基于晶相尺寸和施加电场的蝴蝶曲线,如图 5-27 所示。该实验通过掠入射 X 射线衍射

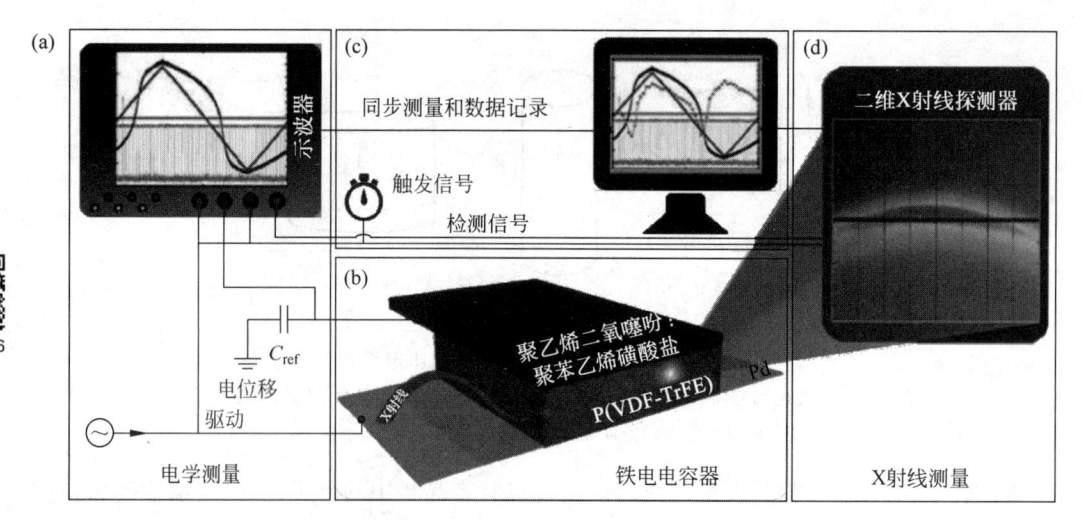

图 5-26　原位动态 X 射线衍射测试[18]

(a)、(b) 通过 Sawyer-Tower 电路测量 P(VDF-TrFE) 两侧驱动电压和电位移随时间的变化；(c)、(d) 触发信号传至 X 射线探测器,在掠入射同步加速器 X 射线照射下测量二维 X 射线衍射图,示波器记录触发和探测器定时数据,并将所有数据传输至计算机

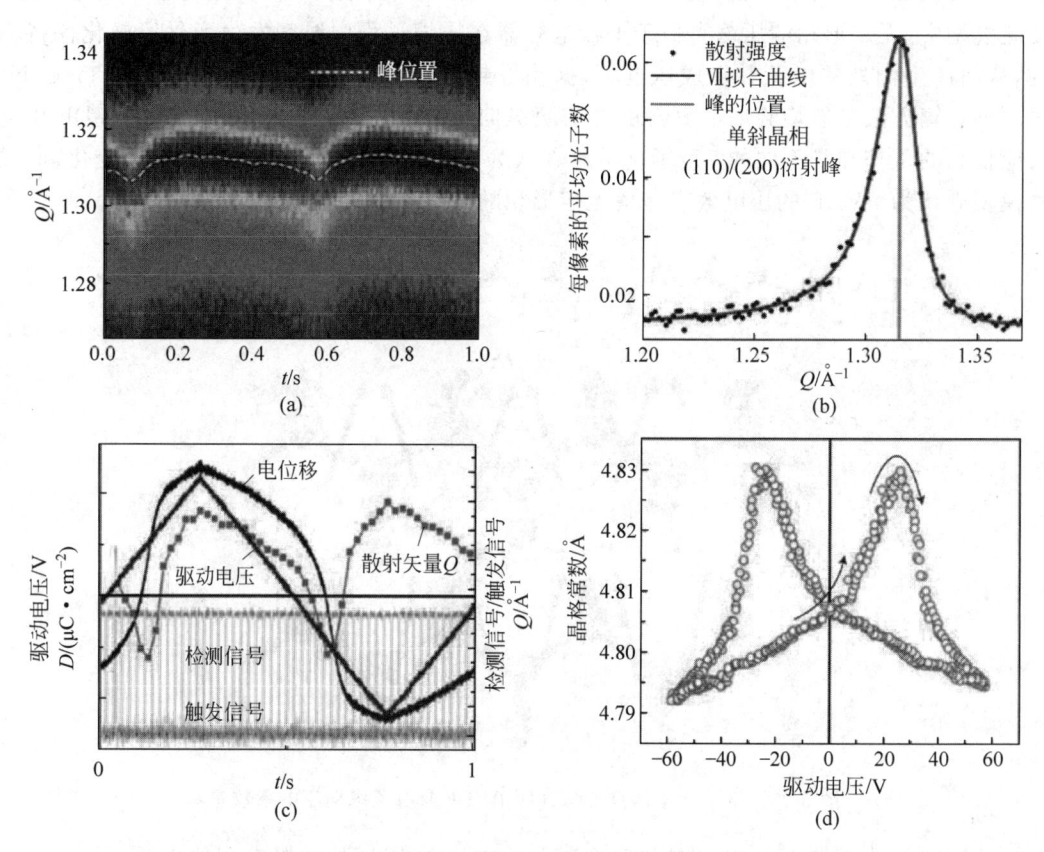

图 5-27　原位动态 X 射线衍射测试电场作用下晶相尺寸的变化[18]

(a) 电场作用下,实时晶相尺寸变化；(b) PVDF 晶相的特征衍射峰；(c) 电场作用下,电位移矢量和晶相尺寸同时变化曲线；(d) 晶相尺寸和电场的蝴蝶曲线

5.5 压电聚合物

技术对 P(VDF-TrFE)压电膜进行了表征,实验中观察到的散射矢量(scattering vector)约为 1.3Å^{-1},对应于 P(VDF-TrFE)的单斜低温相中(110)/(200)的衍射峰,经两种晶面的 X 射线衍射方向均垂直于聚合物链方向,因此这两种 X 射线衍射信号对晶体中反式链的结构变化都很敏感。利用示波器采集电信号数据,结合驱动电场和极化强度,得到了铁电电滞回线。该测试同时测得了电场驱动下的极化强度变化和 X 射线衍射信号变化。上面叙述中,尺寸模型仅考虑了材料的宏观形变,量子化学计算仅考虑了材料的晶相结构变化,由此从理论上提出 P(VDF-TrFE)压电效应的来源。而该技术原位检测到了包含无定形相和晶相的 P(VDF-TrFE)材料在电场作用下晶相部分的尺寸变化,直接证明了压电性部分来源于晶相尺寸的变化。晶相尺寸随电场变化的蝴蝶曲线进一步证实了 P(VDF-TrFE)在电场作用下,其极化方向和施加电场方向相同时发生收缩,相反时则发生膨胀,再次证明其具有负纵向压电系数,如图 5-28 所示。

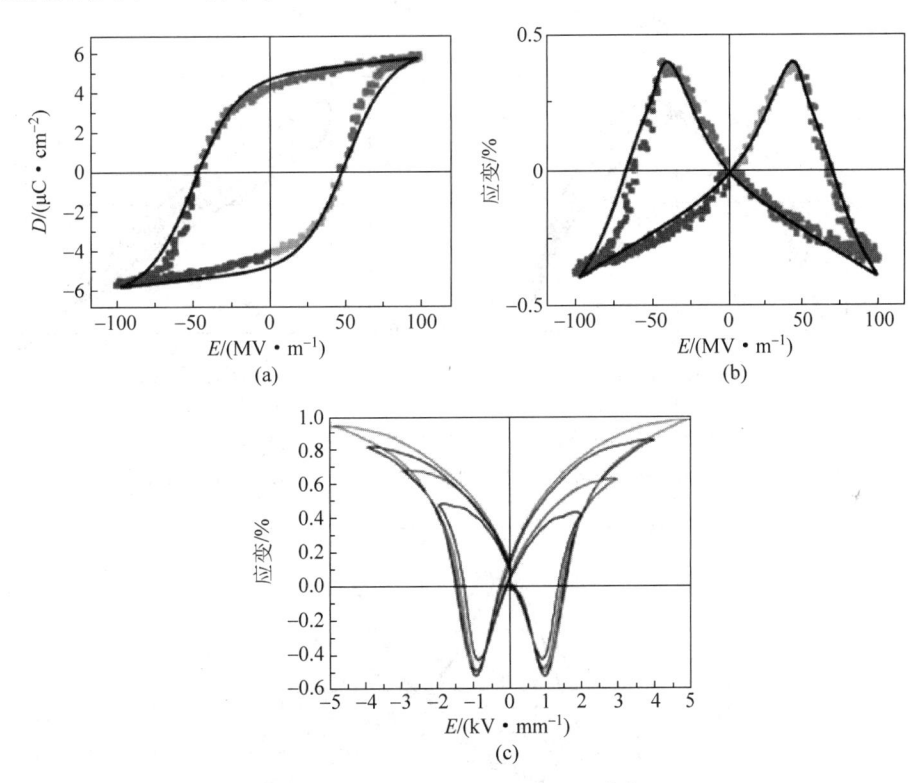

图 5-28 电滞回线和蝴蝶曲线[18]
(a) P(VDF-TrFE)的电滞回线;(b) P(VDF-TrFE)基于晶相尺寸和电场的蝴蝶曲线;
(c) 具有正纵向压电系数的材料的蝴蝶曲线

该原位动态 X 射线衍射测试技术中所测应变为 P(VDF-TrFE)晶相尺寸变化,可视为 P(VDF-TrFE)单晶的压电响应。单晶中极化和应变的关系式见式(5.8)[18],理论上应呈图 5-29 中的虚线形状,但实际测量却得到了图 5-29 中的实线形状,两者之间的差异归因于无定形相的耦合效应。如式(5.9)所示,电致应变中引入了一项由耦合效应引起的应变,推导出压电系数也由耦合效应和晶相压电效应两部分构成(式(5.10))[18]。由图 5-30 的蝴蝶曲线可知,实线表示晶相中的理论压电效应($d_{\text{coupling}} = -20\text{pm/V}$),虚线表示耦合效应

($d_{2Q_{33},\varepsilon_r,\varepsilon_0,P_s} = -11 \text{pm/V}$),两者共同影响着 P(VDF-TrFE) 的压电性。因此,该研究证实了 P(VDF-TrFE) 压电性不仅来源于晶相在电场作用下晶格参数的变化,还来源于无定形相在电场中受库仑力作用而被压缩,进而对晶相产生额外应力,两者均对 P(VDF-TrFE) 的压电性有所贡献。

$$\begin{aligned} S_{33} &= Q_{33}D^2 \\ &= Q_{33}^2(\varepsilon_r\varepsilon_0 E\hat{p} + P_s)^2 \\ &= 2Q_{33}\varepsilon_r\varepsilon_0 E\hat{p} + Q_{33}P_s^2 + Q_{33}\varepsilon_r^2\varepsilon_0^2 E^2 \end{aligned} \quad (5.8)$$

$$\begin{aligned} S_{33} &= d_{\text{coupling}} E\hat{p} + Q_{33}D^2 \\ &= (d_{\text{coupling}} + 2Q_{33}\varepsilon_r\varepsilon_0 P_s)E\hat{p} + Q_{33}P_s^2 + Q_{33}\varepsilon_r^2\varepsilon_0^2 E^2 \end{aligned} \quad (5.9)$$

$$d_{33} = \frac{\mathrm{d}S_{33}}{\mathrm{d}(\hat{p}E)}\bigg|_{E=0} = (d_{\text{coupling}} + 2Q_{33}\varepsilon_r\varepsilon_0 P_s) \quad (5.10)$$

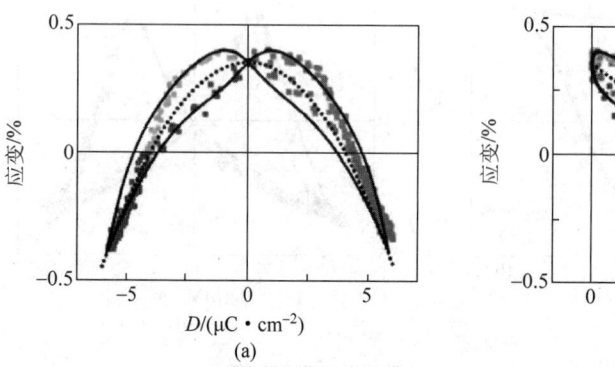

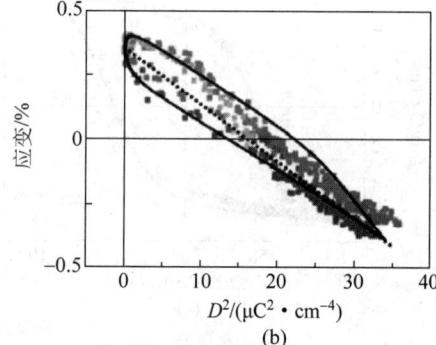

图 5-29 电致应变与电位移矢量的关系图[18]
(a) 电致应变与电位移矢量的关系图;(b) 电致应变与电位移矢量的平方的关系图

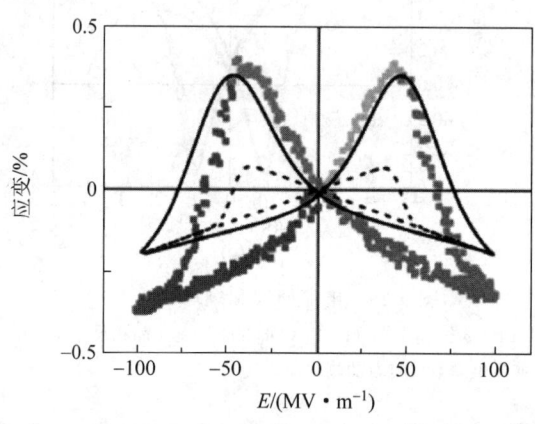

图 5-30 基于晶相理论压电和耦合效应的 P(VDF-TrFE) 蝴蝶曲线[18]

5.5.3 生物大分子的压电性

铁电和压电效应也被发现存在于多种生物体内,并发挥着重要的生理作用。比如 M13 噬菌体病毒由蛋白质构成,两端一正一负,多条蛋白质组装后形成了宏观偶极,表现出压电性。利用压电力显微镜可以对此类微观压电性进行表征,该技术基于原子力显微镜针尖感知电场作用下的微小形变,如图 5-31 所示。即基于逆压电效应,可测得 M13 噬菌体的压电系数为 3.5pm/V,如图 5-32 所示。

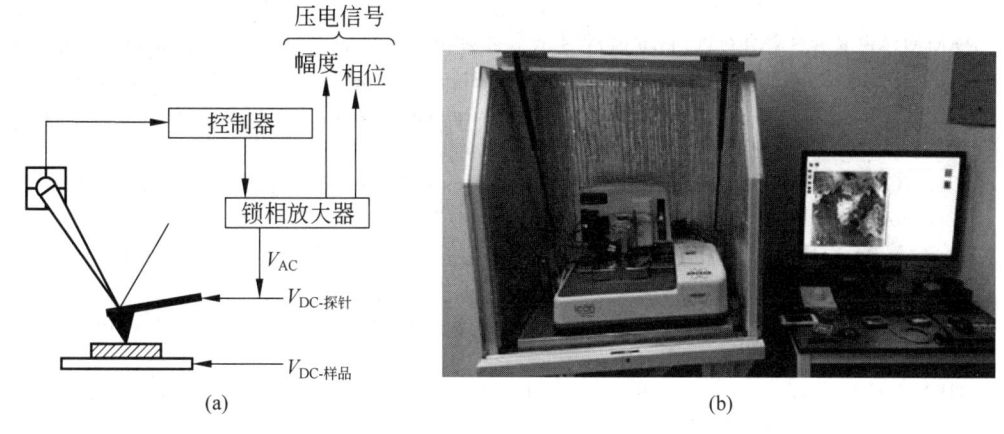

图 5-31 压电力显微镜的原理
(a) 原理简图;(b) 实物图

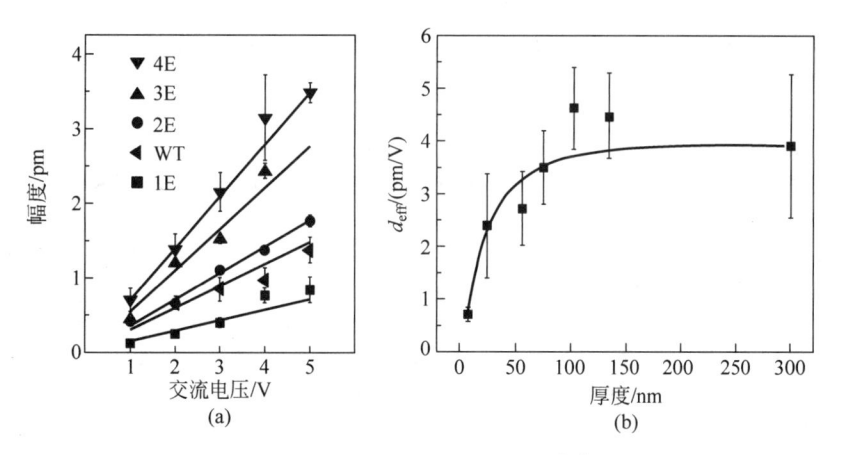

图 5-32 M13 噬菌体的压电性[20]
(a) 插入不同数量谷氨酸(glutamate,E)的噬菌体样品形变幅度随施加的交流电压峰峰值的关系,未改性的原始样品被记为 WT(wild-type);(b) 4E-噬菌体的有效压电系数与膜厚度的关系

习　题

1. 正压电效应和逆压电效应的区别是什么?分别用什么技术表征?
2. 如何区分压电效应和电致伸缩效应?
3. 哪种晶相的 PVDF 具有压电性?利用何种技术可得到有压电性的 PVDF?
4. 如何判定某压电材料是否铁电材料?
5. 为什么 PVDF 的压电系数为负,而陶瓷的压电系数为正?
6. 压电效应的宏观表征方法和微观表征方法分别有哪些?
7. 以 PVDF 为例,哪些因素对其压电性能影响较大?
8. 除本章所述技术外,还有哪些手段能得到自极化压电材料?其原理是什么?

参 考 文 献

[1] RAMADAN K S,SAMEOTO D,EVOY S. A review of piezoelectric polymers as functional materials for electromechanical transducers[J]. Smart Materials and Structures,2014,23(3): 033001.

[2] CROSS L E,JANG S J,NEWNHAM R E,et al. Large electrostrictive effects in relaxor ferroelectrics [J]. Ferroelectrics,2011,23(1): 187-191.

[3] UCHINO K,NOMURA S,CROSS L E,et al. Electrostrictive effect in perovskites and its transducer applications[J]. Journal of Materials Science,1981,16(3): 569-578.

[4] YANG M M,ZHU T Y,RENZ A B,et al. Auxetic piezoelectric effect in heterostructures[J]. Nature Materials,2024,23(1): 95-100.

[5] LI J L,QU W B,DANIELS J,et al. Lead zirconate titanate ceramics with aligned crystallite grains[J]. Science,2023,380(6640): 87-93.

[6] SHI Y,HE R,ZHANG B,et al. Revisiting the phase diagram and piezoelectricity of lead zirconate titanate from first principles[J]. Physical Review B,2024,109(17): 174104.

[7] CHEN H,XIE Y N,XI J W,et al. High piezoelectricity induced by lattice distortion and domain realignment in Li_2CO_3-added lead-based ceramics[J]. Journal of Materials Chemistry A,2023,11(47): 25945-25954.

[8] LI F,LIN D B,CHEN Z B,et al. Ultrahigh piezoelectricity in ferroelectric ceramics by design[J]. Nature Materials,2018,17(4): 349-354.

[9] SHROUT T R,ZHANG S J. Lead-free piezoelectric ceramics: Alternatives forPZT? [J]. Journal of Electroceramics,2007,19(1): 113-126.

[10] LIU W F,REN X B. Large piezoelectric effect in Pb-free ceramics[J]. Physical Review Letters,2009,103(25): 257602.

[11] LAI L X,LI B,TIAN S,et al. Giant electrostrain in lead-free textured piezoceramics by defect dipole design[J]. Advanced Materials,2023,35(29): e2300519.

[12] LI Y F,CUI A Y,DAI K,et al. Deciphering the structural heterogeneity behaviors of(K,Na)NbO_3-based piezoelectric ceramics with multi-scale analyses[J]. Acta Materialia,2024,265: 119612.

[13] WU B,ZHAO L,FENG J Q,et al. Contribution of irreversible non-180° domain to performance for multiphase coexisted potassium sodium niobate ceramics[J]. Nature Communications,2024,15(1): 2408.

[14] ZHANG S J,LI F. High performance ferroelectric relaxor-$PbTiO_3$ single crystals: Status and perspective[J]. Journal of Applied Physics,2012,111(3): 031301.

[15] QIU C R,WANG B,ZHANG N,et al. Transparent ferroelectric crystals with ultrahigh piezoelectricity[J]. Nature,2020,577(7790): 350-354.

[16] LI L,ZHANG M Q,RONG M Z,et al. Studies on the transformation process of PVDF from α to β phase by stretching[J]. RSC Advances,2014,4(8): 3938-3943.

[17] LIU Y L,TONG W S,WANG L C,et al. Phase separation of a PVDF-HFP film on an ice substrate to achieve self-polarisation alignment[J]. Nano Energy,2023,106: 108082.

[18] KATSOURAS I,ASADI K,LI M Y,et al. The negative piezoelectric effect of the ferroelectric polymer poly(vinylidene fluoride)[J]. Nature Materials,2016,15(1): 78-84.

[19] BYSTROV V S,PARAMONOVA E V,BDIKIN I K,et al. Molecular modeling of the piezoelectric effect in the ferroelectric polymer poly(vinylidene fluoride)(PVDF)[J]. Journal of Molecular Modeling,2013,19(9): 3591-3602.

[20] LEE B Y,ZHANG J X,ZUEGER C,et al. Virus-based piezoelectric energy generation[J]. Nature Nanotechnology,2012,7(6): 351-356.

第 6 章　压电材料的应用

压电材料的应用极为广泛,涵盖了工程、医疗、军事等多个领域。正压电效应主要应用于压电传感器以及能量收集装置等场景,逆压电效应则在压电致动器和声电元件等应用中发挥关键作用,而超声换能器既利用逆压电效应将电信号转换为声波信号,又利用正压电效应将反射回的声波转换成电信号,在军事侦察中起着重要作用。最近,用于生物医学压电式触觉设备[1]、用于智能交通监控和管理系统的可监控速度、流量、过载量和动态潮汐的压电传感器阵列[2]等相继被提出,压电材料已经从基础研究跨越到应用技术层面,急需进一步开发响应现代城市和智能社会要求的新技术,来满足交通、医疗、能源和民用基础设施等关键需求。

6.1　压电超声换能器

压电超声换能器是在超声频率范围内将交变的电信号转换成机械振动(逆压电效应)或将机械振动转换为电信号(正压电效应)的能量转换器件,如图 6-1 所示。压电超声换能器的结构通常包括外壳、匹配层、换能器、背衬和引出电缆等。根据其实现的功能,压电超声换能器可分为超声加工、超声清洗、超声探测、检测和遥控等类型。

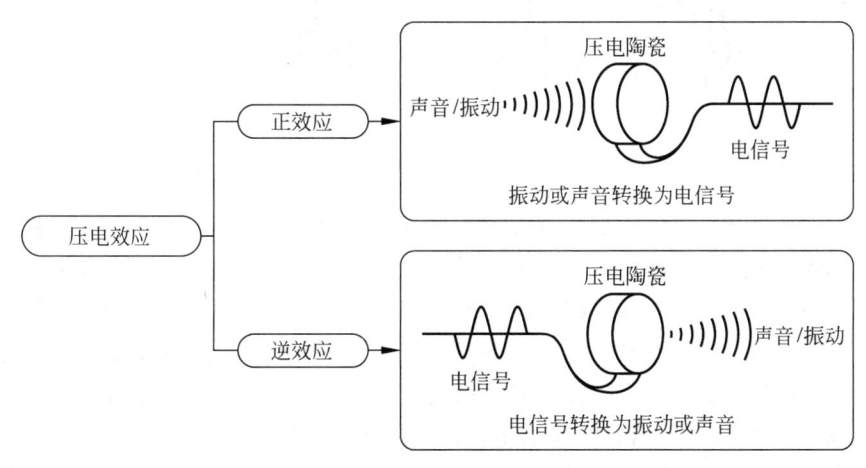

图 6-1　压电超声换能器的原理

在医疗领域,最常见的压电超声换能器应用是医用超声诊断仪,其工作原理是通过探头发射高频声波,这些声波在人体组织中传播,当遇到不同声阻抗的介质界面时会产生反射,反射回的声波信号转换成电信号后形成图像,以此来观察和测量人体组织器官,如图6-2所示。当以超声回波的振幅(amplitude)形式诊断疾病时,称为"一维显示",因振幅第一个英文字母是A,故称A超,又称一维超声。而当将超声回波以灰阶即亮度(brightness)来表示时,称为"二维显示",因亮度第一个英文字母是B,故称B超,又称二维超声或灰阶超声。

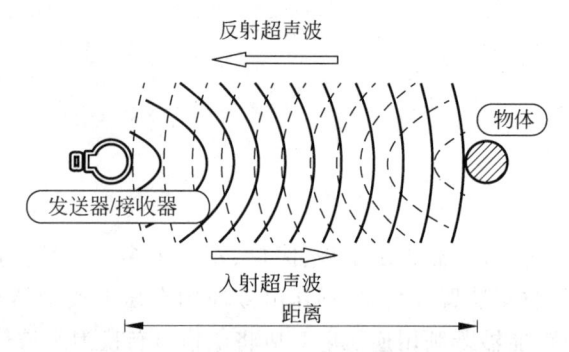

图 6-2 压电超声换能器的应用之医用超声诊断仪

压电超声换能器也可应用于水中超声导航或测距,称为声呐(sound navigation and ranging,sonar)。由于无线电和光在水中传播时都会被水体吸收,能量快速衰减,而声波则非常适用于在水中远距离传播,尤其适用于海底探测。潜艇声呐的核心功能部件就是超声换能器,其通过螺栓、外壳等将压电材料(如PZT)固定,发出和接收的信号通过传输介质到达压电层,将电信号转换成超声波发送到水中,反射回来的声波信号变成电信号被接收,如图6-3所示。

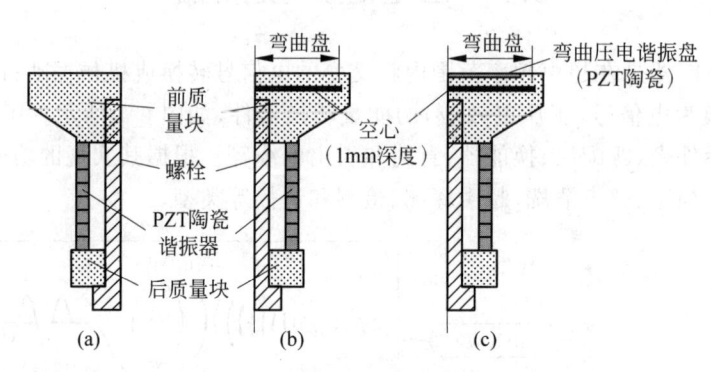

图 6-3 压电超声换能器的应用之声呐

压电超声换能器还应用于超声清洗和超声焊接,其原理均基于逆压电效应将电能转化为机械能。超声清洗机是利用底部安装的压电材料作为超声发生器,且在水中只能沿纵向传播,根据超声波传播时存在波峰和波谷,沿纵向的超声波加速度是非线性的,导致水中易产生微小气泡,气泡不断地产生和消失,最终能够将眼镜镜片、实验烧杯等清洗干净或将纳米材料更好地分散于溶液中。超声焊接机利用压电材料产生的振动,带动要焊接的部位高速振动,两接触部位的分子剧烈摩擦生热,从而实现焊接,如图6-4所示。

近年来,基于压电的适形(conformable)超声电子器件因不同的功能设计已用于各个细分领域,包括非辐射监测、软组织成像、深度信号解码、无线电力传输等[3]。大多数传统超声探头主要用于医学诊断和无损检测,探头主要设计为线性阵列、凸/凹阵列、相控阵和二维矩阵阵列等刚性形式,其大小和形状在制造时已形成,并固定在一个坚实的支撑物上。但对于不规则的非平面表面(如船舶/管道、风力涡轮机叶片、飞机结构等工程部件或人体头骨、腹部、肩部等人体部位),这类硬探头无法保证与固体界面良好接触。而界面处的气隙或接触不足会导致显著的声波能量反射和波畸变,从而导致测试结果不可靠。因此,这类硬探头不可能在大面积(如肩膀)或小关节(如手指或手腕关节)的柔软表面上实现良好接触。同样,它们也很难与不规则表面充分接触,或者通过小

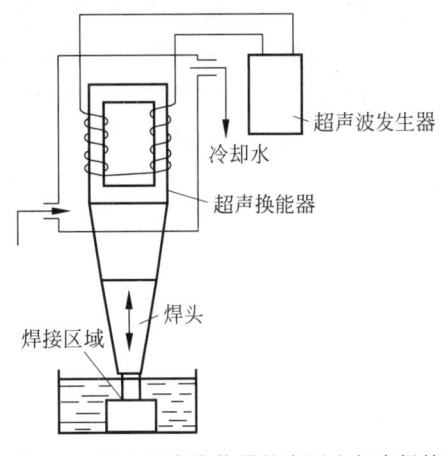

图6-4 压电超声换能器的应用之超声焊接

开口检查空心工件的内壁,这降低了缺陷检测的灵敏度,增加了接收错误信号的可能性。基于可穿戴电子设备在医疗设备等方面面临的困难与挑战,目前开发的适形超声电子器件能满足的要求有:①在物体或人体不规则表面上实现高超声性能和强机械可拉伸性;②在无缝黏附基础上实现长期和舒适监测;③减少接触状态对测试结果的影响,提供扩展检测和更大检测范围,在单次扫描中积累更多信息,而无须手动平移或旋转传感器;④增强信号质量、功率传输能力和光束聚焦能力;⑤提高超声波穿透能力;⑥提供更有效和更准确的治疗。由于这些优点,患者自己也可以在家中使用适形超声电子器件,从而消除了对训练有素的超声技术人员的依赖。适形超声电子器件非常符合下一代个人医疗保健监测和远程诊断设备的发展趋势,这里主要介绍5种类型的适形超声电子器件及其优点和局限。

第1类是柔性单元件,它是指用于发送和接收一维超声测量信号(即A超)的适形超声电子器件。在过去的几十年中,人们发现聚偏氟乙烯(PVDF)薄膜具有柔性、宽频响、低成本、易于制造、生物相容性和轻量化等优势,且其低声阻抗与人体适配性强,因而被用于生理信号测量系统的传感器。大多数柔性单元件适形超声电子器件由PVDF膜和银漆电极制成,外层的聚酰亚胺膜与硅酮胶用于电绝缘、传感器保护和防水。这类适形超声电子器件能够监测不同器官中的身体机能或生物特征,包括肌肉厚度、骨骼肌、糖尿病足护理、动脉监测和指纹等。但其缺陷在于:①聚酰亚胺薄膜和硅树脂黏合剂会引起内部超声波反射,使得难以在传感器附近找到所需的超声波信号;②传感器因无法阻挡电磁辐射而对电子噪声敏感;③聚合物的机电耦合系数低,介电常数低,且介电损耗高,不适合作为超声发射器。

第2类是柔性单阵列,它是指利用不同位置的多个柔性单元件发送和接收二维超声测量信号(即B超成像)的适形超声电子器件。其主要配置是将压电元件分布在可弯曲/柔性(不可拉伸)基板上,以在不同类型表面上(弯曲和规则表面)实现良好的接触。由于PVDF的成像能力不强,这类柔性单阵列适形超声电子器件主要由商用PZT陶瓷或PZT和氮化铝(AlN)薄膜材料制成,其具体应用场景包括用于结构健康监测的柔性超声阵列、采用溶胶-凝胶复合喷雾技术的柔性PZT线性阵列、轮廓仪中用于定位的3D智能柔性相控阵、具有气隙结构的柔性压电纤维、硅上装有PZT针的可固定柔性超声换能器、用于介入手术的

环形超声阵列、用于检测弯曲部件的橡胶封装柔性阵列、用于对铝管内部裂纹进行成像的柔性传感器、用于脑刺激的可弯曲微型超声换能器阵列、用于肌肉疾病诊断的可穿戴微型超声换能器阵列、用于图像引导神经治疗的可弯曲阵列、AlN柔性压电超声换能器阵列、用于骨折牛皮质骨成像和颅脑成像的带型适形传感器阵列。柔性单阵列的优点包括：由于增加了覆盖范围，在单次扫描期间增加了图像信息；显著减少了由于操作手法引起的成像质量较差问题。柔性单阵列在设计和制作过程中，需注意它们仅适用于可展曲面（可展开为平面的曲面，如圆柱形表面）和不可展曲面（需要由多个平面膜片拼接并粘贴成整体曲面，如球面）；每个元件位置对图像后处理均有较大影响；重复使用时，在测量过程中，由于电极和材料的运动不能完全同步，柔性导电网络容易发生断裂或脱粘。

第3类是可拉伸柔性单阵列，它是将柔性单阵列集成在可拉伸基底上的一类适形超声电子器件，它更能满足不规则、非平面表面需求。前两类适形超声电子器件的问题主要有：①柔性超声探头不是一种重型工具，而是对探头施加恒定的压力，以保持良好的附着力，获得清晰的信号，在实际操作中通常将柔性探头连接到一个支架组件上，或者用手按压，以实现与不规则表面的充分接触；②曲面元件的时间延迟仍然难以精确计算，对于分布在曲面上的阵列元件，平面时间延迟理论不再适用；③柔性器件不可拉伸，只能贴合可展开曲面（如圆柱形表面），而不能无缝地附着于不可展开曲面（即球形或不规则表面）；④目前的工作主要集中在超声换能器的设计和制造上，缺乏对柔性集成电路和整个成像系统的一致性考虑。因此，非常需要开发与操作人员无关并保证与曲面无缝接触的超声换能器阵列，以准确测量曲面物体内部的时间延迟规律和声场分布，进而完善检测技术，提高可靠性和可重复性。可拉伸柔性单阵列的优势在于可以与不规则、非平面的表面实现更好耦合。这类拉伸柔性单阵列适形超声电子器件主要由可拉伸基板（如有机硅弹性体等）取代柔性基板，薄压电元件作为超声换能器，单层或多层蛇形金属铜线作为电气连接线，以及低模量弹性体膜作为封装材料这4部分组成。这类拉伸柔性单阵列适形超声电子器件可应用于金属铝块体成像、血压监测、血流监测、心脏监测、骨损伤治疗、无线多功能植入物、颅骨模型3D扫描、慢性伤口愈合、脑深部刺激等多种监测。仍需解决的问题包括：多电极设计将大大增加制造难度和成本；需使用先进的成像算法对所有元件进行精确和动态定位；需将换能器与机载信号预处理、存储器和无线数据传输相结合。

第4类是多相控阵，多相控阵是将多个相阵列集成于可拉伸基底上的一类适形超声电子器件，它能在更大视场上实现在时间和空间上进行更精确的图像重建。在这种设计中，相邻单元结构更紧密，平衡了机械可拉伸性和超声成像分辨率，其中孔结构设计是为了产生更高的视场，并覆盖相邻阵列之间的空间。该阵列一般是二维矩阵相控阵，已用于监测更深的身体部位，如应用于膀胱成像，实现了超声技术的可穿戴集成。它与使用数百个元件的可拉伸柔性单阵列设计不同，相控阵设计在保证成像性能的同时还实现了大表面积覆盖和机械变形，保证了局部刚度和整体延展性。每个相控阵图像之间的重叠部分有助于最终的图像重建，因而也适用于元件密度高、制作步骤少的可弯曲微型压电超声换能器。多相控阵一般是在硅衬底上集成多个阵列，阵列间由硅串（硅弹簧）连接，声波可以更容易地通过衬底在超声换能器间传输。最近，一种基于纸张折叠机制的新型设计可实现在一维线性阵列和二维平面阵列之间转换，并能够在不同功能之间切换，包括二维/三维成像和高强度聚焦超声波束形成[4]。对于特定的应用，如成像和监测大型器官（膀胱、胎儿等），该设计可以同时获得两个方向(横切面和矢状面)的图像,无须手动旋转。对于每个阵列的位置定位和图像重建,可采用两种方法:利用超声图像中重叠区域内物体的位置来拼接不同的图像;利用超声波分离元素来定位阵列位置,类似于全球定位系统(global positioning system,GPS)的原理。

第5类是刚性单阵列,它是由具有高密度元素的刚性单阵列或与印制电路板(printed circuit board,PCB)集成的刚性组件构成的一类适形超声电子器件,它一般通过绑带或支架被佩戴在人体上。它和皮肤之间的连接需要依靠外部因素,如设备/皮肤界面之间的胶带或黏合剂、设备背部的外部压力,以及其他框架或支架对皮肤的压力。然而,这种粘连不会妨碍患者的活动,也不会造成任何不便或不适。它的主要优势在于它能满足长期连续成像和监测的要求,并且能独立运行。例如,小型刚性超声波阵列通过兼具柔性和弹性的凝胶弹性体形成耦合层,制得一种生物黏附超声设备,黏附在皮肤上后能在48h内实现对不同内脏器官的长期连续成像[5]。对于某些器官,尽管不需要长期监测,但必须在大曲面上实现长时间且精确的阵列定位。最近,受大自然启发,一种具有蜂窝支撑结构的可旋转相控阵被设计并用于实现肿瘤成像[6]。与心脏、膀胱等器官监测不同,乳腺成像更侧重于确定乳腺中囊肿的精确位置,而非在活动过程中进行连续成像。这种贴片设计的优势包括:利用15个成像部分的路径移动实现了更广区域的成像;保证了阵列的机械支撑性能和稳定性,且通过旋转实现了多角度成像;消除了操作员不断移动阵列的需求;具有优良的可重复性,为乳腺组织的长期监测提供了可靠和可比的筛查手段。该设计解决了传统小孔径换能器无法同时实现连续成像和大面积扫描的问题,为大面积表面成像提供了一种新颖且易于操作的方法。这类刚性单阵列适形超声电子器件更适合与电子元件集成以形成微型化传感器。

常见的压电材料基本都能用作超声换能器,比如压电单晶(如石英)、压电陶瓷、压电薄膜和铁电高分子。压电材料用于超声换能器需具备高压电常数d_{33}和高机电耦合系数k以得到更高的能量转换效率,也需具备高静态和动态抗张强度以避免长时间高频振动下发生样品碎裂从而保证更长的使用寿命。此外,还需具备低介质损耗因数以减少能量损耗。

6.2 压电传感器

压电传感器的核心组件之一是压电材料,其工作原理基于材料的正压电效应,即压电材料在受力后表面产生电荷,通过放大电路产生与所受载荷成正比的电量输出,如图6-5所示。压电传感器利用压电效应能实现将不易察觉的机械信号(应力或应变)转换为电信号,其基本结构是将压电陶瓷夹在电极间,通过压电陶瓷受到机械力作用时上下表面电势差的变化来实现传感功能。

压电传感器可用作加速度计,用于监测汽车或飞机的运行状态。力作用于物体时会产生加速度,因此力与加速度之间存在正相关关系。压电材料在受力时会产生电信号,通过监测这些电信号可以推导出实际的加速度。以航空系统为例,战斗机中配备的加速度计在感受到加速度时,内部的质量块会受到惯性力作用于压电材料,从而产生电荷,进而计算出飞机的加速度。

压电传感器也可用作惯性导航系统,通过利用物体的加速度与位移之间的关系实现导航功能,这在卫星信号不佳的情况下是卫星导航系统的有益补充。此外,压电传感器还可用于压力传感器,可应用于高压反应釜,并对超过极限的压强做出预警。同样,压电传感器也

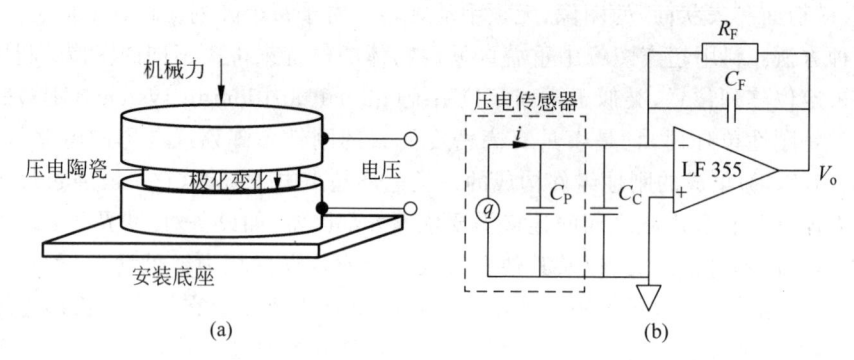

图 6-5 压电传感器原理
(a) 器件结构图；(b) 电路示意图

可用于高温传感器,当温敏材料因温度变化而发生形变时,该形变会使压电材料受力,进而输出电信号。

压电传感器性能参数主要包括三项：灵敏度、分辨率和迟滞。加速度计灵敏度分为两种,分别是电荷灵敏度和电压灵敏度,其表达式如下：

$$S_Q = \frac{Q_s}{a} \tag{6.1}$$

$$S_V = \frac{V_s}{a} \tag{6.2}$$

式中,a 是输入加速度；S_Q 是电荷灵敏度；S_V 是电压灵敏度。灵敏度的大小受引线材料、长度、横截面面积等多种因素影响。

分辨率是传感器能检测到的最小输入增量与满量程输出的百分比。对加速度传感器而言,能检测到的最小输入增量是指能使输出值产生变化的最小加速度。一般而言,分辨率越高传感器性能越好。在传感器输入零点附近能检测到的最小输入增量为阈值。

迟滞是指传感器在正反行程输入时,两条输出曲线存在不重合的部分,可用迟滞误差表示：

$$\gamma_H = \pm \left(\frac{\Delta_{Hmax}}{y_F}\right) \times 100\% \tag{6.3}$$

式中,Δ_{Hmax} 为正反行程输出曲线间的最大差值；y_F 为满量程输出量。迟滞误差越小,表明传感器的性能越好。

压电传感器相比电容式和电阻式传感器的优势在于更长的使用寿命和自供电特性。压电式压力传感器一般不需要外部电源便能使压电功能层工作,但更适合于动态传感。由于压电传感器基于给定应力下的应变响应,因此提高压电传感器灵敏性的思路也可参考以介电弹性体为功能层的电容式压力传感器的相关结构优化方法,例如对功能层表面进行微图案设计,具体可参见9.4节。当在微图案化 P(VDF-TrFE)上放置 0.15kg 的砝码时,其输出功率比基于平面薄膜的输出功率提高了近 5 倍[7]。显然,引入微图案化的功能层能显著改善压电响应,并有助于进一步提升压电式压力传感器的传感性能。传感器性能还可以通过改变功能层的可压缩性来进一步调整,具体可通过设计不同特征图案形状、尺寸和图案间距来完成[7]。其中,金字塔形微图案型传感器比三角线形微图案型或仅仅是传统的平面

P(VDF-TrFE)材料更稳定,压电响应更强。根据有限元建模结果可知,与平面薄膜相比,三角形微观结构形状的应变响应增加了5倍以上,电压响应提高了4倍以上。当将金字塔微图案与平面薄膜进行比较时,相同应力和材料厚度条件下,前者产生的应变高出60多倍,电压高出约50倍。从制造的角度来看,微图案压电材料可以使用与电容式压力传感器中介电材料微图纹相同的方法来实现。具体来说,最常用方法之一是使用光刻技术制成的硅模具。例如,压电金字塔结构可以通过使用氢氧化钾将硅片蚀刻成金字塔或三角线结构。与金字塔结构相反,圆形沟槽也可以用光刻和深度反应离子蚀刻来制造。当模具本身进行了表面功能化处理后就能防止黏附,例如在有机硅弹性体上使用三氯(1H,1H,2H,2H-全氟辛基)硅烷表面处理,压电材料的圆顶微图案就可以使用复制技术直接成型。

6.3 压电致动器

压电致动器(亦称作压电执行器)是利用逆压电效应将输入的电信号通过压电元件转化为机械应变,从而驱动外部物体运动的装置,如图6-6所示。在实际应用中,单反相机中的双十字对焦传感器就是利用逆压电效应,通过对压电材料施加电压驱动薄膜产生微小应变,从而改变对焦位置。相比机械步进器,压电致动器可实现高精度位移定位,但其缺点在于位移量相对较小。

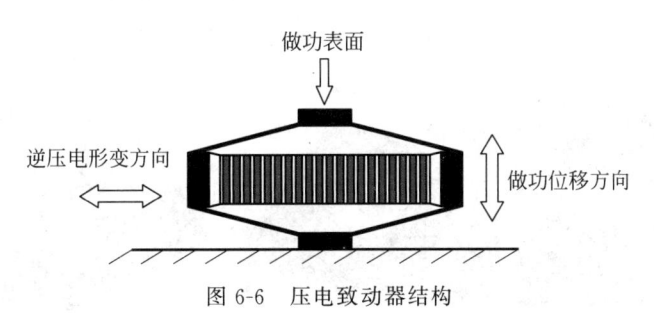

图6-6 压电致动器结构

压电致动器可用于空间望远镜系统,是哈勃望远镜中变形镜致动器的核心元件,如图6-7所示。该变形镜的工作原理主要是利用压电致动器将镜面推动使镜面变形,和相机中的对焦传感器相似,但区别在于变形镜的变形是用来矫正波前误差。单个致动器由压电材料或电致伸缩材料叠片组成,多个致动器按一定的空间分布固定在基底上并在其顶端黏接镜面。致动器将电能转换为垂直方向上的位移,从而推动其上的镜面。通过给不同的致动器施加不同的电压,可以使镜面产生各种复杂的变形。

压电致动器也可用于微光机电系统(micro-optical electro-mechanical system,MOEMS),MOEMS技术是将微机电系统(micro-electro-mechanical system,MEMS)技术与微光学技术融合的产物,能够实现光束的反射、汇聚、衍射以及相位调制等,从而实现扫描、开关、探测、衰减等功能,如图6-8所示。在微镜系统中,致动技术是重要组成部分,利用压电陶瓷的压电致动技术,使其具有大致动力、快速响应、低能耗等优点。

压电致动器也可用于临床软组织损伤诊断,如图6-9所示,该诊断装置通过使用由PZT纳米带构成的超薄、可拉伸的机械致动器和传感器网络,允许在表皮近表面区域进行黏弹性模量测量,可以仅通过范德华力直接耦合到皮肤表面或其他生物组织[8]。

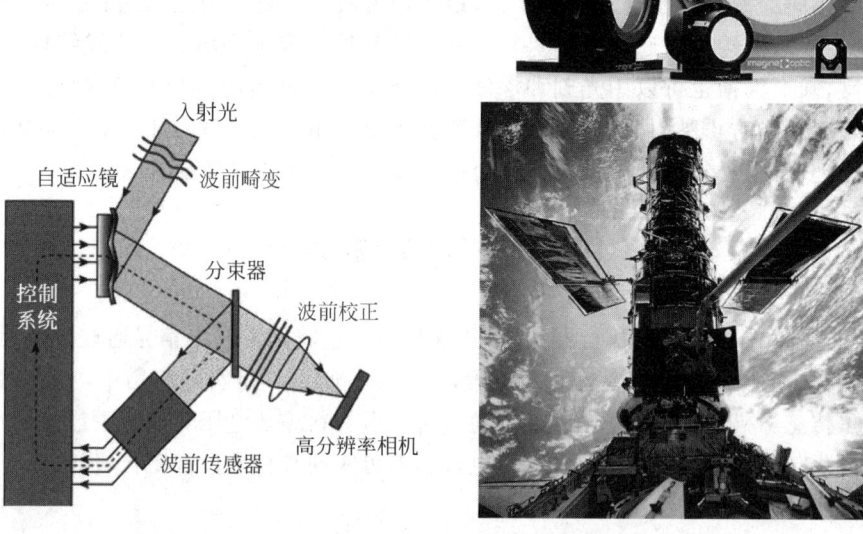

图 6-7　压电致动器应用实例之哈勃望远镜

图 6-8　压电致动器应用实例之微镜系统

压电致动器也可用于飞机结构健康监测,该装置由诊断信号产生、信号处理和损伤解释三部分组成,利用金属结构附近的压电致动器产生的诊断信号来检测裂纹的生长,用于监测金属结构的疲劳裂纹扩展,如图 6-10 所示[9]。在诊断信号产生方面,选择合适的超声波作为致动器以最大限度地接收传感器测量值。在信号处理方面,提出了选择单个模式进行损伤检测的方法,并在记录的传感器信号中增强信噪比。最后,在损伤解释方面,建立了基于物理的损伤指数,将传感器测量值与裂纹扩展尺寸联系起来。在带缺口的实验室试样上进行了疲劳试验,以验证所提出的技术。用压电陶瓷在试样上测量的损伤指数与目测得到的实际疲劳裂纹扩展有较好的相关性。

压电致动器还可用于损伤结构研究,尤其能应用于降低和控制黏接接头系统的剪应力集中和接头边缘剥离方面。断裂力学是研究开裂材料在外加载荷作用下的力学行为的学科。脆性断裂是一种低能断裂,由于裂纹速度高,没有塑性变形而无预警失效;而韧性断裂是一种高能断裂,在裂纹失稳发生之前具有较大的塑性变形,材料或物体中的裂纹可能由于

6.3 压电致动器

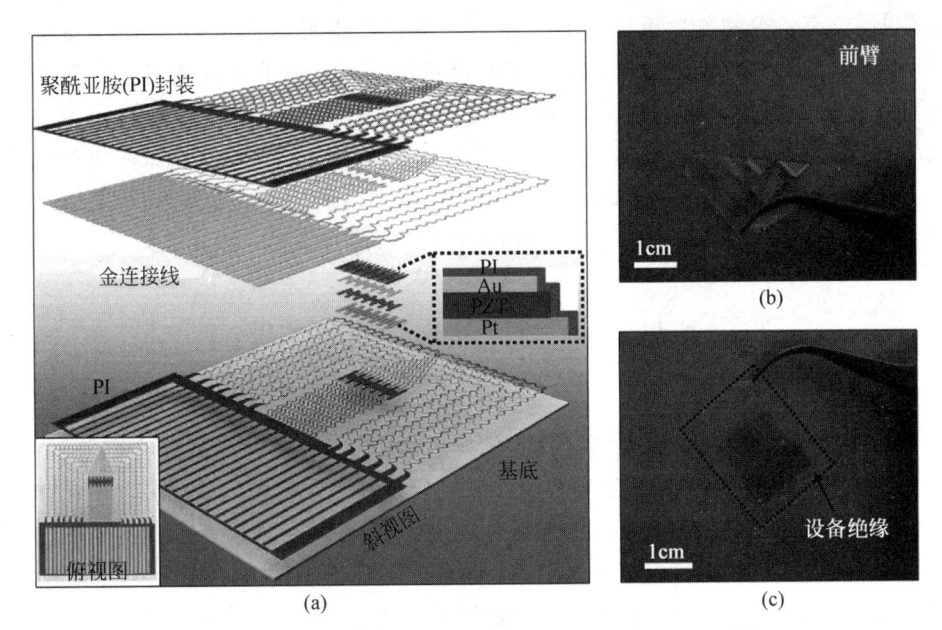

图 6-9 压电致动器应用实例之临床软组织诊断设备[8]

（a）器件的分解示意图，左下插图为俯视图，虚线区域为致动器和传感器的横截面视图；器件部分（b）和完全（c）层压在皮肤上的照片

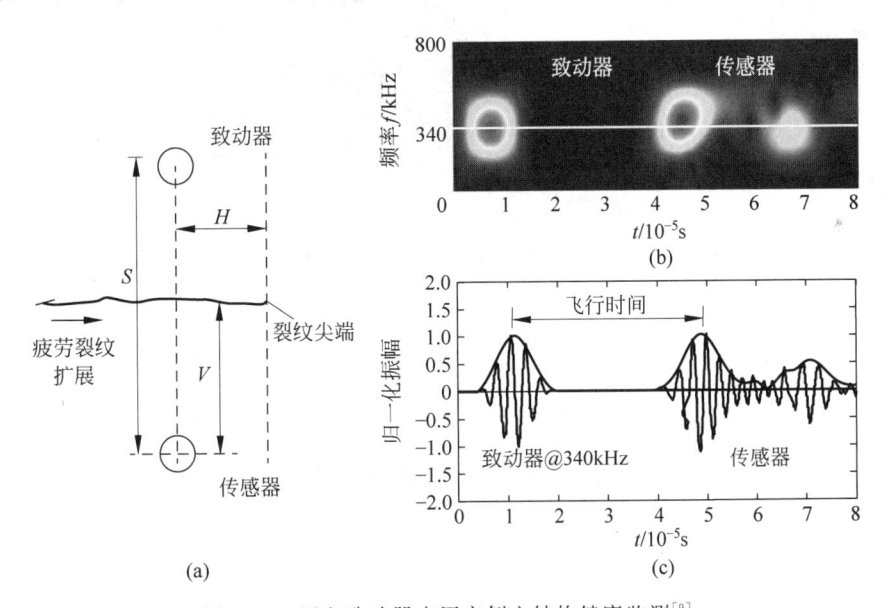

图 6-10 压电致动器应用实例之结构健康监测[9]

（a）致动器和传感器相对于裂纹尖端的位置；（b）频谱图，颜色深浅表示频谱幅值大小；
（c）沿中心频率线（340kHz）的时间轴对应的归一化频谱幅值分布

三种不同的扩展类型而产生，如开口、剪切和撕裂，主要表现为裂纹表面的位移形式不同。若不加以诊断或处理，这种损伤会由于裂纹附近的应力和应变集中而快速发展，并可能导致振动水平增加、承载能力降低和部件正常性能失效。压电传感器、致动器和集成换能器能够精确感知薄板、梁、管、柱等不同类型结构的裂纹，例如，利用压电致动器和传感器对受损结构进行诊断,可有效控制复合板的分层损伤[10]。利用压电材料控制梁的分层,避免复合梁断裂,而控制梁分层的电压完全取决于分层的位置[11]。通过仿真对压电贴片控制复合梁分层进行的类似研究表明,较低的电压更能保证操作过程中的安全性并且更经济[12]。压电致动器还可利用PZT材料制成的梁、板和柱等不同结构的补片提高黏接位置附近裂纹处的刚度,进一步实现对损伤结构的有效修复。实验和有限元结果均发现黏接式PZT致动器可在动态载荷下对悬臂梁缺口进行修复[13],也可对破损板(边缘裂纹)进行修复[14],并能够减小应力集中[15]。

6.4 压电发电装置

随着无线技术、微机电技术和纳米技术的发展,压电发电装置因其结构简单、清洁环保及易于微型化等优点而更能满足目前能源分散式分布的要求。压电发电装置的工作原理基于压电材料的正压电效应,即将机械能转换为电能。在机械变形作用下,压电材料的两电极表面产生正负电荷累积,由于电势差的存在,电子沿负载电路移动,从而实现了机械能到电能的转换。图6-11展示了悬臂梁振动能量收集的实例之一,其右图为电路图。

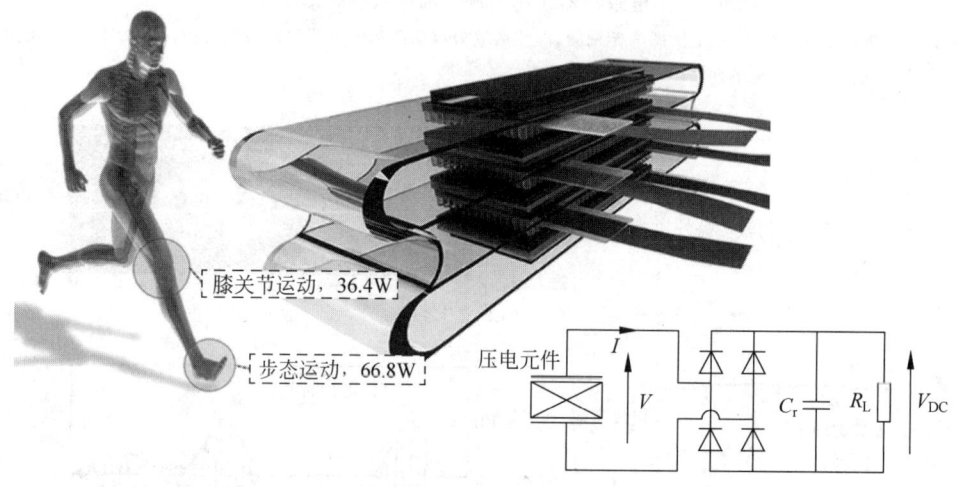

图 6-11 压电发电装置示意图

压电发电装置可用于实时脉搏监测,可以在体内测量近表面动脉中的径向/颈动脉脉冲信号。一片压电薄膜即可实现在无外部电源条件下,与粗糙皮肤复杂纹理形成良好接触的同时还能检测到表皮上出现的微小脉冲变化,具有短响应时间(≈ 60ms)和良好的机械稳定性的优势,并且能将检测到的动脉压信号无线传输到智能手机,如图6-12(a)所示[16]。压电发电装置也可用于自供电心脏起搏器,将心脏跳动转换为电能,如图6-12(b)和(c)所示。

压电发电装置也可用于收集人体行走、跑步等活动产生的机械能,利用腿部弯曲对压电材料形成的压力实现机械能到电能的转换。此外,压电发电装置也可用于收集汽车行驶过程中产生的机械能,在路面铺设过程中添加压电材料,将汽车对压电路面的压力转换为电能,实现为路面两侧路灯的供电应用。压电发电装置还可用于收集潮汐能、风能等绿色能源。

压电发电装置也包括压电纳米发电机(piezoelectric nanogenerator,PENG),它能够利

6.4 压电发电装置

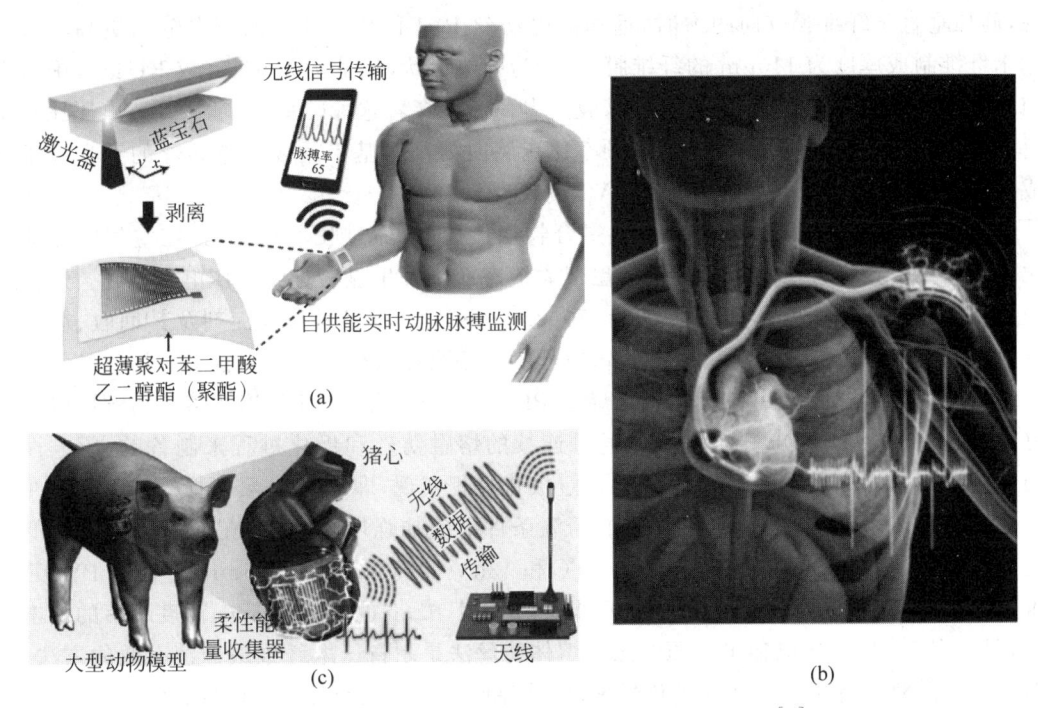

图 6-12 压电发电装置之实时脉搏监测和心脏起搏器[16]

(a)自供电压力传感器示意图,传感器贴在人体手腕上,并将检测到的脉搏信号无线传输至智能手机;(b)由柔性压电发电装置供电的心脏起搏器;(c)体内自供电系统示意图,柔性压电发电装置从动物心脏跳动中获得电能,可用于无线数据传输

用压电效应将纳米级机械能转换为电能,这些收集到的电能可以存储在电池和电容器等储能设备中,并可以用作各种便携式、无线和可穿戴电子设备的电源(这些设备仅需非常小的功率就能正常工作)。由于人体是最丰富的机械能来源之一,最近的大量研究都集中在可穿戴电子产品上。在这种情况下,纺织品可成为电子设备与人体之间的重要互动媒介,电子设备集成到纺织品中直接制成可穿戴电子产品,优势在于更舒适透气,也更灵活。

静电纺丝制备的 PENG 是在装有聚合物溶液的注射器针尖和收集器(静电纺纳米纤维沉积的地方)之间施加外部电压,致使针尖处产生纳米纤维射流,喷出的纤维沉积在收集器上。在静电纺丝工艺中,可采用平板式、滚筒式、圆盘式等不同类型的收集器。与传统的宏观或微观纤维相比,静电纺丝纳米纤维具有更高的比表面积,更能适应电子、生物医学工程和食品包装等领域的发展要求。基于静电纺丝纳米纤维的压电纳米发电机具有更高的输出信号,这是因为静电纺丝过程中可实现原位极化,比溶液铸造方法和熔融纺丝方法少了极化后处理这一过程。在静电纺丝过程中,偶极子根据外加电场沿特定方向取向,并且基于静电纺丝纳米纤维的压电纳米发电机比溶液铸造薄膜或熔融纺丝更轻、更灵活、更便宜。静电纺丝方法有远场静电纺丝和近场静电纺丝两种,区别在于针尖和收集器之间的距离长短[17]。在远场静电纺丝方法中,针尖与衬底之间的间隙为 10cm。而在近场静电纺丝方法中,针尖与收集器之间的距离缩短至 2mm。近场静电纺丝法的距离较短,较强的聚合物射流能较早到达收集器,沉积的纳米纤维结构呈随机取向。与近场静电纺丝法(约 64.79%)相比,远场静电纺丝法的 β 相含量(约 83.5%)更高,这是因为远场静电纺丝的拉伸程度更高。结果发现,施加垂直于纤维膜方向的力时,远场静电纺丝 PVDF 纳米纤维的压电输出更高。将该纳米纤维制成厚度为 110μm 的纤维膜,设计为鞋垫形状,尺寸为 US8.5(或 EU42),施力方向垂直于纤维膜,将铝箔作为电极用来收集电荷。人穿着这种鞋垫跑步时,开路电压比行走时要高,这是因为跑步时的冲击力和频率比走路时要高。基于远场静电纺丝的纳米纤维制成的 PENG 的最佳功率大约为 6.45μW,负载为 5.5MΩ[17]。

熔体纺丝制备的 PENG 是将压电聚合物加热熔融,通过喷丝孔挤出,在空气中冷却固化形成纤维。这种方法适用于能够熔融成黏流态而不发生显著分解的压电聚合物。熔体纺丝的特点包括纺丝速度高(可达 1000~7000m/min),无须溶剂和沉淀剂及其回收、循环系统,设备简单,工艺流程短,是一种经济、方便和效率高的成形方法。目前基于熔体纺丝压电纤维的研究工作主要集中在聚偏氟乙烯基 PENG。2013 年,PVDF 连续熔体纺丝压电纤维首次被报道,这些 PVDF 压电纤维是通过连续的熔融纺丝和极化过程来制备的,压电性能与极化程度密切相关[18]。压电性需要通过极化过程实现,即 PVDF 聚合物的偶极子需在同一方向上取向,极化过程通常是 80℃的高温条件下施加强电场,随后在电场作用下降低温度以保证畴结构仍处于极化状态。在 80℃和 13kV 的高压下,从 0.5mm 直径的 PVDF 纤维得到拉伸比为 4:1 的 PVDF 压电纤维,当受到 1.02kg 的物体从 5cm 高度下落的冲击力时,可得到 2.2V 的压电输出电压。虽然熔体纺丝法是制备压电纤维最经济有效的方法,但对于纤维需要进行额外的高温极化处理,以确保偶极取向从而具有压电性,这降低了成本效益且增加了电气风险。纺丝过程中,在纤维凝固前拉伸与极化过程同时进行则能大大简化工艺。

溶液纺丝法制备的 PENG 是将压电聚合物溶液在一定的温度和压力下通过喷丝孔形成细流,然后通过凝固浴、空气或加热等手段使溶剂蒸发或凝固,最终形成纤维。通过溶液纺丝技术,可以制备出具有特定微观结构和压电性能的纤维材料。溶液纺丝法在制备纤维基 PENG 方面优于熔融纺丝法,这是因为在溶液纺丝中,通常使用极性溶剂来制备压电聚合物溶液,溶剂的极性、挥发速度等性质会影响压电聚合物材料的晶型进而影响压电性能。此外,与熔融纺丝法不同,溶液纺丝法不受加工温度限制。拉伸温度和拉伸比例等工艺参数对 PVDF 溶液纺丝纤维的拉伸性能(强度和伸长率)有显著影响[19],通过系统地调整工艺参数,溶液纺丝法制备的压电纤维能够满足多种特定需求。尽管基于静电纺丝的纳米纤维基压电纳米发电机表现出较强的压电性能,但与熔融纺和溶液纺纤维相比,这种纳米发电机的耐久性较低,机械性能较差。而熔融纺和溶液纺纤维具备更优的机械性能,这也是长期使用可穿戴能量收集器的主要要求。为同时满足可穿戴能量收集器对机械性能和压电性能的要求,纺织结构(如机织、针织和编织)能更好地平衡这两种性能。

基于织物的 PENG 能够感知并响应不同环境变化,随后恢复至其初始状态的纺织材料被称为智能纺织品。智能纺织品能够利用各种环境和生物机械能,将这类废物能源收集起来并应用于电子领域,在各种便携式和可穿戴电子产品中作为电源,减少对电池的依赖[29-30]。由单纤维制成的 PENG 产生的压电输出通常较低,这是因为其有效面积非常有限,而基于织物的智能纺织品能解决该问题,织物类型包括机织物、针织物和编织物。

机织物是将两组相互垂直的纱线(经纱和纬纱)交织形成的,它是可穿戴电子产品中发展最快的领域之一。可利用 PVDF 在经纱中进行熔融纺丝,并使用简单的带式织布机在织物的纬向插入导电芯丝和其他导电纱[20]。为了制备压电织物,采用双螺杆挤出机研制了一种双组分熔融纺丝纤维,在纤维表面沿 10mm 和 20mm 的长度使用银膏作为外部电极,另一个电极是熔融纺双组分纤维的导电芯纱,这种压电纤维可在最小应变(0.5%)下产生 1V 的输出电压。使用 PVDF 压电熔融纺双组分纤维制备了平纹织物和斜纹织物这两种类型,其中导电纱线用作纬纱,压电纤维用作经纱。结果表明,斜纹织物 PENG 比平纹织物 PENG 具有更强的压电输出,且将该织物浸入水中后仍能产生压电输出。将电纺丝纤维通过加捻转化成单根纱线,并用简单的织造技术制成机织物压力传感器,用于感应心脏脉搏和人体运动[21]。将静电纺丝纳米纤维转移到单根纱线中,然后在表面涂覆聚二氧乙基噻吩(poly(3,4-ethylenedioxythiophene),PEDOT),形成双层机织物,发现在 0~1V 范围内,压电织物传感器的电压-电流特性随电压的变化而变化,且该织物压力传感器能检测到约 100Pa 的压力[21]。降低纱线细度、增加捻度、增加股数、增加织物密度等方法可有效提高压电输出电压[22-23]。

针织物是将纱线构成线圈,再经串套连接而成的。例如,用三种不同类型的线,即导电纱、绝缘纱和压电纱制作基于三维针织压电织物的 PENG[24]。其中,导电纱为镀银尼龙 66 纱,绝缘纱为聚对苯二甲酸乙二酯(polyethylene terephthalate,PET)纱,压电纱为 PVDF 纤维。在这种针织结构中,采用 PVDF 纤维作为间隔纱。在 0.106MPa 压力(6s)下,织物基 PENG 的输出电压和电流分别为 14V 和 29.8μA。在 0.02~0.10MPa 的压力下,PENG 的功率密度为 1.10~5.10$\mu W/cm^2$。压电 PVDF 带集成针织物也可被用于医疗保健监测,控制整体呼吸和心跳[25],其工作原理是感应来自心脏呼吸、心跳的振动,并作为输出信号响应。由于人体运动和周围环境的影响,在输出信号中发现了一些不可避免的干扰,采用快速傅里叶变换(fast Fourier transform,FFT)技术通过数字滤波方法从原始信号数据中过滤得到呼吸和心跳信号并评估平均呼吸和心跳频率,该压电织物传感器记录的心跳和呼吸频率分别为 1.47Hz 和 0.2Hz,基于该结果,所制备的织物传感器可用于运动、睡眠呼吸暂停的检测和心脏病的治疗。

编织物是通过手工或机械方式,将纱线以特定的编织技法如包缠、钉串、盘结等编织而成,编织结构能解决 PENG 中压电材料和电极之间界面面积较小、电气连接不良导致的较低功率输出、较差耐用性和较低灵敏度等问题。基于多步骤编织技术,将镀银尼龙纱作为内部电极层,PVDF 纤维被编织在镀银尼龙芯纱上作为压电层,在压电纤维上编织另一层镀银尼龙纱作为外电极层,可制得三轴编织 PENG。在三轴编织压电器件表面从两个不同高度投下一个球,测试该装置的压电性能,观察到球下落的弹跳高度下降,球的每次反弹都对器件表面产生冲击,从而产生输出信号,在 0.17MPa 和 0.23MPa 压力下的输出电压值分别为 230mV 和 380mV[26]。结果发现,输出信号的强度随着时间的推移逐渐降低,与球的弹跳高度的降低趋势一致,该压电器件输出的正负信号不对称,负电压较高,这是因为独特的三轴编织结构增加了 PVDF 压电部分与电极部分在器件冲击下的接触面积。在 0.23MPa 压力下,该编织纱基 PENG 的最大功率密度为 29.62$\mu W/cm^3$,功率密度值高于其他基于 PVDF 聚合物的 PENG。由此可见,基于编织技术的 PENG 在基于纺织品的能量收集领域表现出更优异的性能,这种结构设计使压电材料和电极材料之间具有更高的兼容性,可提供更高的功率密度。

最早研究的压电发电装置材料是一维氧化锌(ZnO)纳米线,当 ZnO 纳米线弯曲时,由于压电效应,纳米线的外表面会被拉伸(正应变),内表面会被压缩(负应变),这种应变会在

ZnO 纳米线内部产生一个沿纳米线方向（z 方向）的电场，这个电场被称为压电场。由于 ZnO 的压电性质，Zn^{2+} 和 O^{2-} 相对位移产生极化，从而在纳米线的两端产生电压。在 ZnO 纳米线与金属接触点（原子力显微镜 AFM 的金属探针）之间形成的肖特基势垒也是产生压电输出的关键。当 AFM 探针与 ZnO 纳米线接触时，由于探针和 ZnO 之间的功函数差异，会在接触点形成势垒，这个势垒具有整流作用，可以阻止或允许电子的流动，从而在纳米线形变时产生电流，如图 6-13 所示，基于此原理可以制成纳米发电机以及无线数据传输系统，也可用于对传感器和射频发生器持续供电。在图 6-14 中，一根纤维上生长着金涂层的氧化锌纳米线，另一根纤维上生长着氧化锌纳米线，拉伸时纳米线发生相对滑动/偏转，ZnO 纳米线的弯曲导致横跨其宽度的压电电位产生，而金涂层包覆的 ZnO 纳米线充当"之字形"电极来收集和传输电荷。

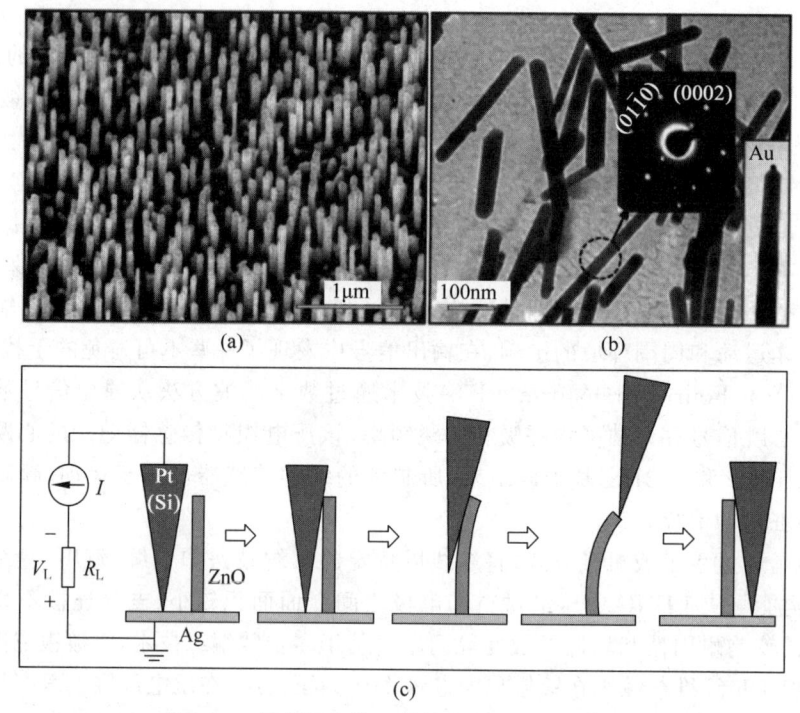

图 6-13 压电发电装置材料之一维 ZnO 纳米线
(a) 取向 ZnO 纳米线的 SEM 图像；(b) ZnO 纳米线的 TEM 图像，插图为其电子衍射图案，表现出单晶结构；
(c) 纳米线底部接地，外接负载 R_L，通过移动导电探针尖端使纳米线发生形变以实现对负载供电

压电发电装置材料制成的纳米发电机（piezoelectric nanogenerator，NG）也可与染料敏化太阳能电池（dye-sensitized solar cell，DSSC）集成，前者收集周围的超声波机械能，后者收集顶部照射的太阳能，两种能量收集方式既可以同时工作也可以单独工作，既可以串联工作也可以并联工作，如图 6-15 所示[28]。其中，NG 部分使用 ZnO 纳米线，且将其集成在一个能够响应机械振动（超声波）的结构中，当超声波作用于 NG 时，由于压电效应，ZnO 纳米线内部产生电荷分离，形成电势差。这个电势差驱动电子从纳米线流向外部电路，产生电流。NG 中的 ZnO 纳米线与金属电极（铂）之间形成的肖特基势垒对电子流动具有整流行为，有助于维持电荷分离和提高输出电压。DSSC 的顶部由垂直排列的 ZnO 纳米线构成，这些纳米线被染料分子覆盖。当光照射到 DSSC 时，染料分子吸收光能，激发电子到更高的能量状

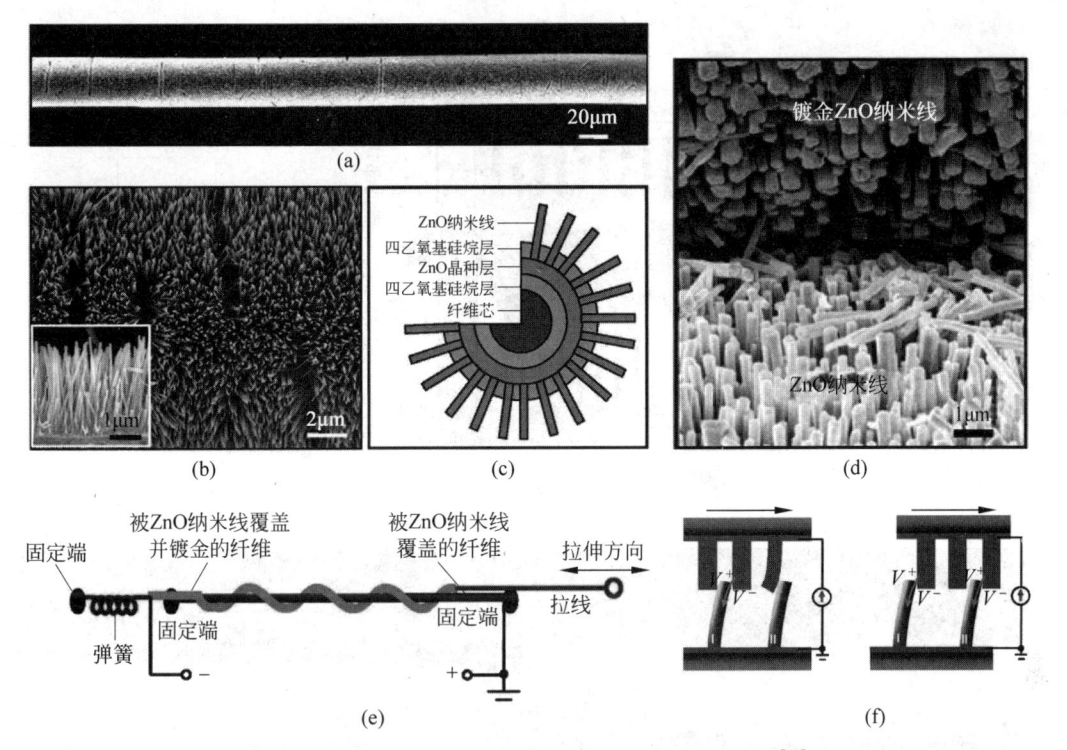

图 6-14 压电发电装置材料之一维 ZnO 纳米线纤维[27]

(a) 沿径向覆盖有 ZnO 纳米线阵列的纤维的 SEM 图像；(b) 纤维表面和横截面的 SEM 图像；(c) 纤维横截面结构示意图；(d) 两根被纳米线覆盖的纤维的"齿对齿"界面的 SEM 图像；(e) 基于纤维的纳米发电机的实验装置示意图；(f) 当外力拉动顶部纤维时，纳米线Ⅰ和Ⅱ之间产生压电势

态。激发的电子随后被注入 ZnO 纳米线的导带中，并通过纳米线传输到连接的电极[铟锡氧化物(ITO)涂层玻璃]中。随后，电子的传输导致染料分子发生氧化，该氧化状态通过电解质中的还原剂(碘化物/三碘化物)进行再生，完成电荷的分离和循环。

两器件串联式集成结构将 DSSC 的阳极和 NG 的阴极集成在同一硅基底上，整体最大输出电压为两器件电压之和，提高了整体的输出电压。两器件并联式集成结构将 DSSC 和 NG 的阳极与阴极对应连接，NG 的输出电压可以提高到与 DSSC 相同的水平，而电流输出则增加。在 DSSC 中，光激发产生的电子被注入 ZnO 导带中，这些电子会流向 ITO 电极。而在 NG 中，压电效应产生的电子会流向铂电极。当 DSSC 和 NG 并联连接时，由于 DSSC 的费米能级通常高于 NG(因为 DSSC 在光照下产生电子-空穴对，而 NG 在机械应力下产生电子)，电子会从 DSSC 流向 NG，直到两者费米能级相等。这种电子流动导致 NG 的费米能级上升，直到与 DSSC 的费米能级相等，从而提高了 NG 的输出电压至 DSSC 的水平。在 DSSC 和 NG 之间的铂/ZnO 界面存在肖特基势垒，这个势垒阻止了电子的反向流动，维持了两者的费米能级保持相等。由于肖特基势垒的存在，从 DSSC 流向 NG 的电子会在铂电极附近积累，直到铂电极的费米能级上升到与 DSSC 的费米能级相匹配，从而提高了 NG 的输出电压。这种设计有效地利用了 DSSC 的高费米能级来增强了 NG 的性能，为能源收集和转换提供了新的可能性。

压电发电装置材料也包括无机薄膜，可用于收集腕部能量，采用磁控溅射工艺在金属镍

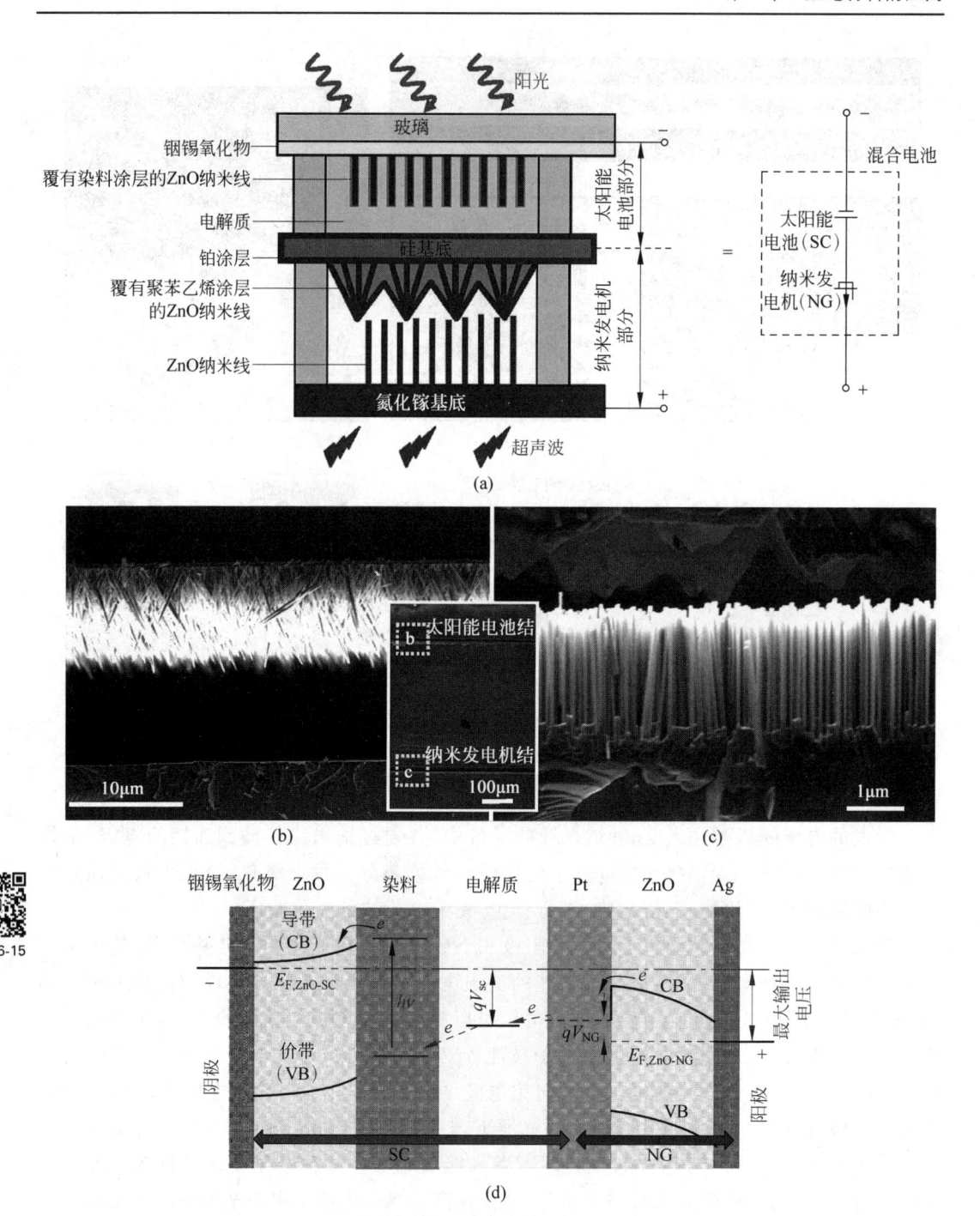

图 6-15 ZnO 纳米线与太阳能电池的串联式集成结构图[28]

(a) 串联式集成混合能源电池示意图;(b) DSSC 单元的 SEM 图像;(c) NG 单元的 SEM 图像;(d) 混合能源电池的电子能带图,英文缩写解释:导带(conduction band,CB),价带(valence band,VB),费米能级(Fermi level,E_F)

(Ni)基板的两面生长厚度大约为 $4\mu m$ 的(001)取向 PZT 压电薄膜,将压电薄膜集成在旋转凸轮上,制备成如图 6-16 所示的腕部能量收集器件。在人体走动及腕部运动情况下,PZT 薄膜在凸轮旋转的带动下做高速转动,由于凸轮上附着的磁铁对 PZT 薄膜的拉伸作用,因

6.4 压电发电装置

此 PZT 薄膜在转动过程中内部存在应变,利用压电 PZT 薄膜本征的力-电耦合特性,即可将机械能转化为电能。

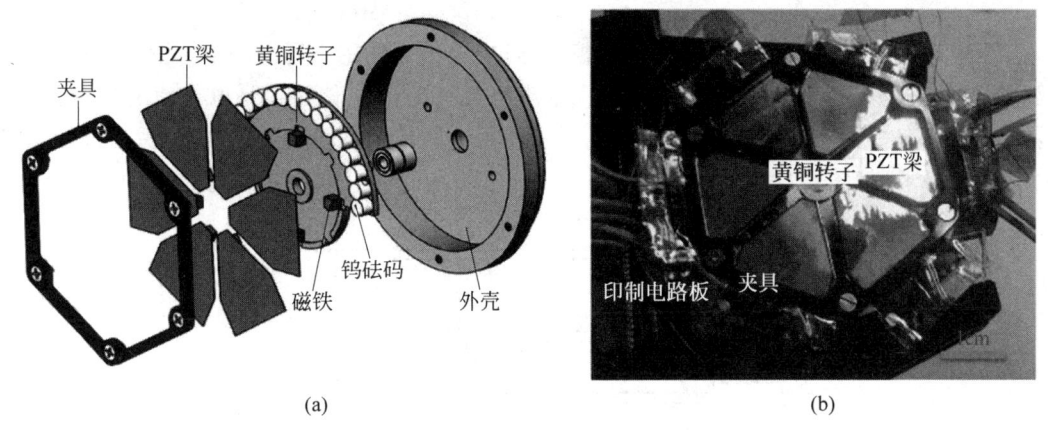

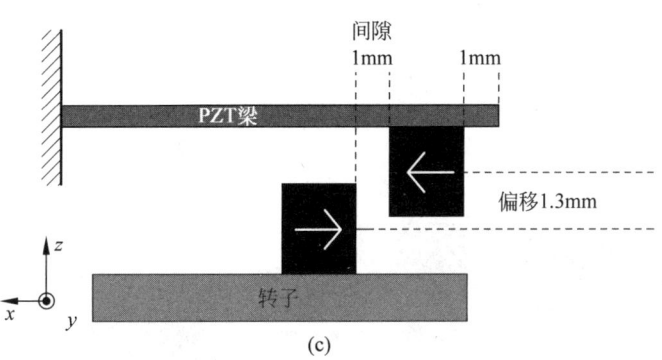

图 6-16 PZT 薄膜制成的腕部能量收集装置[29]
(a) 装置结构示意图;(b) 能量收集装置实物图;(c) 磁铁的配置

压电发电装置材料还包括传统压电陶瓷,悬臂梁形式的压电能量收集器是目前研究较为广泛的一种。通过将压电陶瓷/膜放置于柔性基板上,在柔性基板振动时,压电材料内部存在应变,从而实现了机械能到电能的转换。通过结构设计,如图 6-17 所示,将悬臂梁形式的压电器件用于收集腿部弯曲/运动的动能。

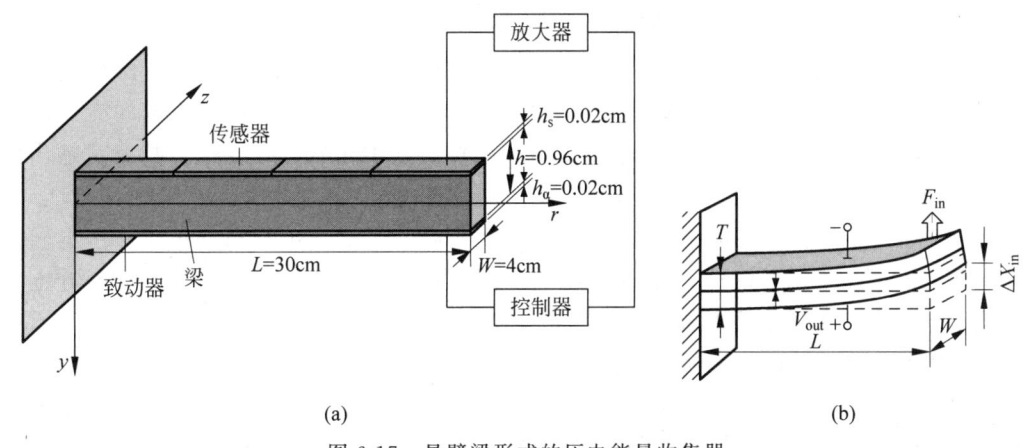

图 6-17 悬臂梁形式的压电能量收集器
(a) 带有压电传感器/致动器的悬臂梁;(b) 双层悬臂梁能量收集器

6.5 压电声电元件

压电声电元件的最常见应用之一是扬声器,当电信号作用于压电陶瓷时发生振动,声音经共振腔进一步放大,如图 6-18 所示。压电声电元件的另一种应用是电吉他的拾音器,在琴桥底部装有一块压电陶瓷,当琴弦振动时会使压电陶瓷形变产生电信号,随后通过音箱将声音传播出来,如图 6-19 所示。

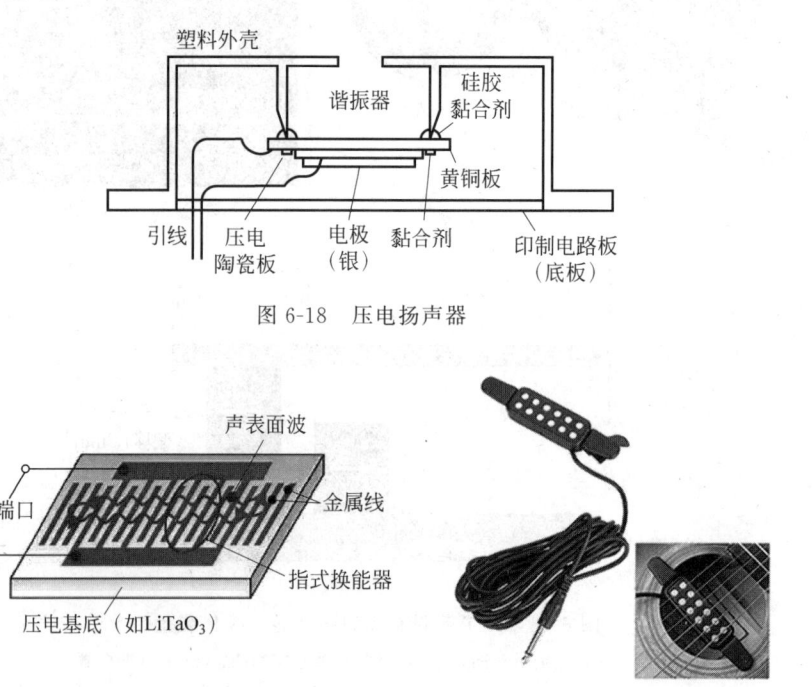

图 6-18 压电扬声器

图 6-19 电吉他中的压电拾音器

压电声电元件中,PVDF 基压电纳米纤维器件的声电转换性能优异(图 6-20),主要归因于两个关键因素。首先,PVDF 压电纳米纤维是通过静电纺丝技术制备的,该技术能够产生具有高极性相含量的纳米纤维,从而表现出更高的压电性能。其次,该器件的孔隙结构设计有利于纳米纤维直接接触声波,从而实现更高的电压输出。当声波作用于纳米纤维装置时,产生的电信号曲线如图 6-20(e)所示。在频率为 220Hz 且强度等级为 115dB 的声波作用下,器件能够产生峰值高达 3.10V 的周期性电压输出。总体输出表现为典型的交流电信号。为了消除测试环境中背景噪声、电子仪器和连接电缆的干扰,采用 FFT 技术对输出信号进行处理。通过 FFT 技术使用声音频率滤波后,电压输出与原始数据非常相似。

构成压电声电转换器件的材料种类繁多,几乎所有常见的压电材料均可用作声电转换元件。在选择这些压电材料时,主要考虑其机电耦合系数 k,机械品质因数 Q_m,相对介电常数,频率常数,应变常数以及柔顺常数等性能参数。

由于压电声电元件的应用领域广泛,所需的性能参数也不尽相同,因此以拾音器为例介绍其性能参数。这些参数主要包括灵敏度和信噪比。灵敏度定义为在一定声压作用下能够产生的电压输出大小,是衡量拾音器性能的重要指标。灵敏度越高,表示在相同的声音条件

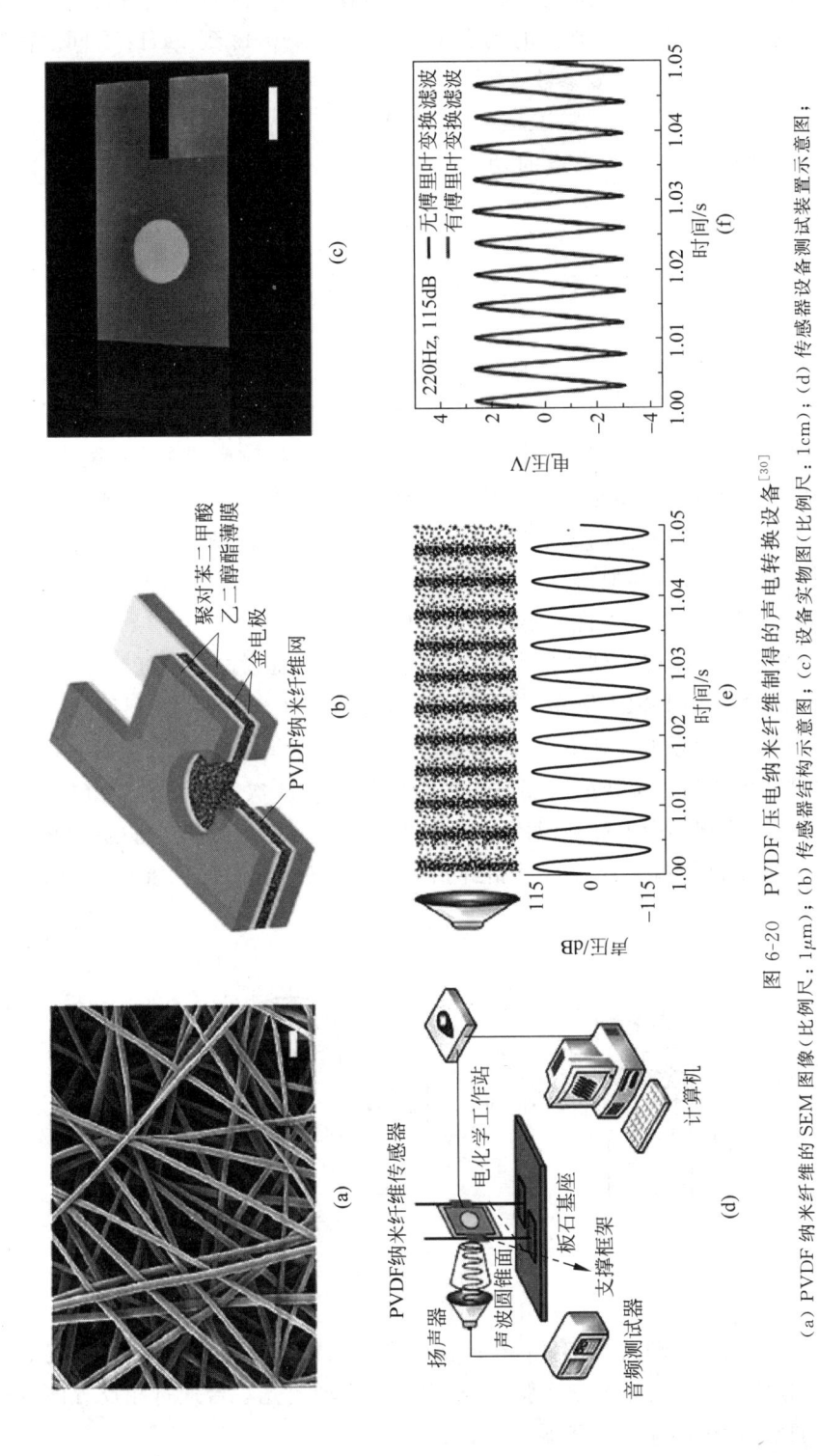

6.5 压电声电元件

图 6-20 PVDF 压电纳米纤维制得的声电转换设备[30]

(a) PVDF 纳米纤维的 SEM 图像（比例尺：1μm）；(b) 传感器结构示意图；(c) 设备实物图（比例尺：1cm）；(d) 传感器设备测试装置示意图；(e) 声波图（黑点表示与声音相关的空气分子的运动）；(f) 在声音作用下，设备经过和未经 FFT 处理的电压输出

彩图 6-20

下,拾音器采集到的声音信号越强。最大承受压是指拾音器能够承受的、在一定总谐波失真(1%)下的最大声压级。动态范围是指拾音器在采集声音时,灵敏度变化率小于某一特定数值(3dB)的声音范围。例如,一个典型的动态范围可能在450Hz到9kHz之间。信噪比(SNR)是评价系统信号质量的重要参数,其表达式为

$$\mathrm{SNR} = 10\lg(P_\mathrm{s}/P_\mathrm{n}) \tag{6.4}$$

式中,P_s和P_n分别代表信号和噪声的功率。信噪比越高,表示系统具有更好的信号质量。

6.6 其他应用

压电材料因其能够将机械能和电能相互转换的特性,在众多领域有着广泛的应用。一方面,压电材料具有放电时间短、操作简单、结构简单、成本低廉的特点,能够满足低功耗电子设备的需求,如点火器;另一方面,压电材料具有工作频率宽、响应快和性能稳定等优势,能够将外部作用的机械振动能量通过材料内部压电相及自身体积电阻转化成热量进行耗散,产生耗散机械能量、抑制振动的压电阻尼效应,适合用于振动控制。此外,压电材料还能与其他能量转换技术结合,将其他信号转换成电信号,如光敏性材料和压电材料结合,将光转换成机械形变(光敏性材料),再将形变转换成电信号(压电材料)。

点火器的原理是压电陶瓷受到冲击力作用产生足够的电压以击穿空气间隙,形成电火花,从而点燃可燃气体,如图6-21所示。压电材料也能应用于外科手术,利用25～29kHz的高频振动可以精确切除牙齿等硬组织,而不损伤周围的软组织。此外,压电材料也能应用于石英表中,微芯片电路使音叉状的石英晶体每秒振荡32 768次,随后微芯片电路检测晶体的振荡并将其转换为规则的电脉冲(每秒一次),电脉冲进而驱动微型步进电机,将电能转换为机械能,步进电动机中齿轮转动带动指针扫过表盘,以保证时间的准确性,如图6-22所示。

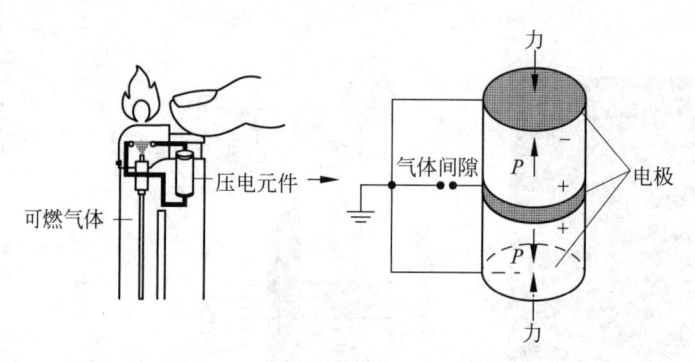

图6-21 压电材料应用之点火器

压电材料也能应用于振动控制,例如,在高楼受到强风作用时产生反向力(阻尼效应),以保证建筑物的稳定性。在精密光学实验中,利用相同原理的光学台通过相反方向的振动来保证光学台的稳定性进而保证光路不发生变化。

在生物医学领域,压电材料也被用于人造视网膜的开发,模拟光作用于感光细胞产生电

6.6 其他应用

1—电池；2—步进电动机；3—微芯片；4—连接电路；5—石英晶体振荡器；
6—用于设置时间的表冠螺丝；7—齿轮；8—中心轴。

图 6-22 压电材料应用之石英表

信号的过程，随后将电信号传输至神经元，如图 6-23 所示。这一过程涉及光-机-电耦合，主要利用偶氮化合物在光作用下发生异构化（顺式构型变为反式构型），这种构型变化引起的形变使压电材料 P(VDF-TrFE) 受到应力作用从而产生电信号[31]。不同波长的光引起的形变响应不同，导致产生的电信号也不同，因此能够识别不同颜色（图 6-24）。阵列结构设计能获得丰富的空间位置信息（图 6-25）。钙离子能产生多种细胞内信号，是控制所有类型神经元的关键功能。它们在细胞外环境和细胞内储存之间的流入反映了神经元的活动，证明了由人造视网膜产生的电信号可被识别（图 6-26）。

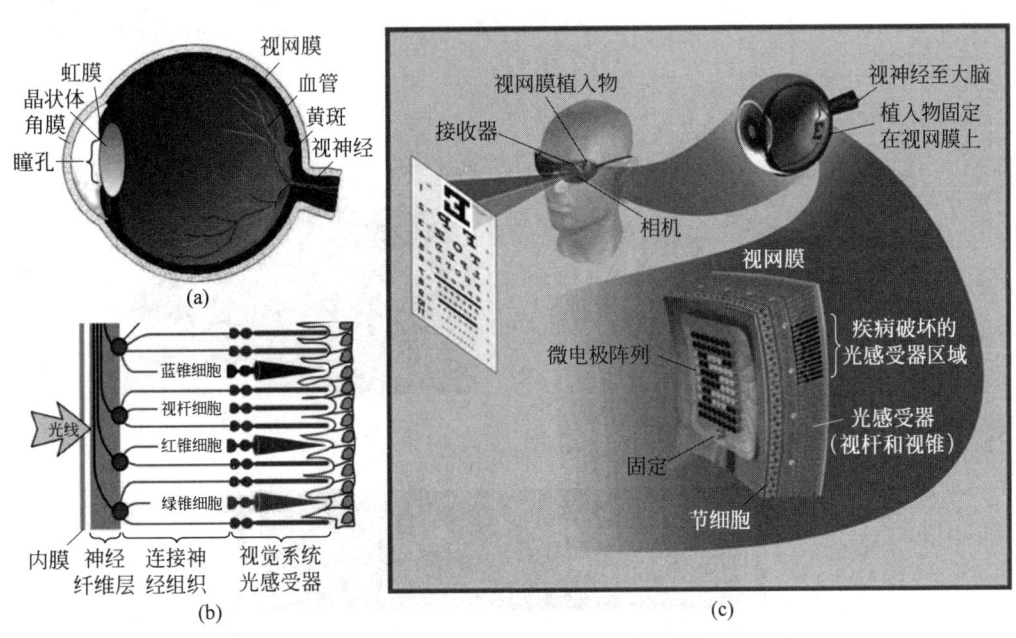

图 6-23 压电材料应用之人造视网膜

(a)、(b) 人眼结构示意与成像原理；(c) 某人造视网膜假体的工作原理，图像由安装在眼镜上的微型相机捕捉，图像的视觉信息经处理后通过无线传输至视网膜假体的数据接收器，接收器再将信号传送至放置在神经节细胞层顶部的微电极阵列（代替已失效的感光细胞），刺激其产生特定的电脉冲，这些脉冲信号通过视神经最终到达大脑，大脑感知与刺激的电极对应的光点和暗点图案，实现成像

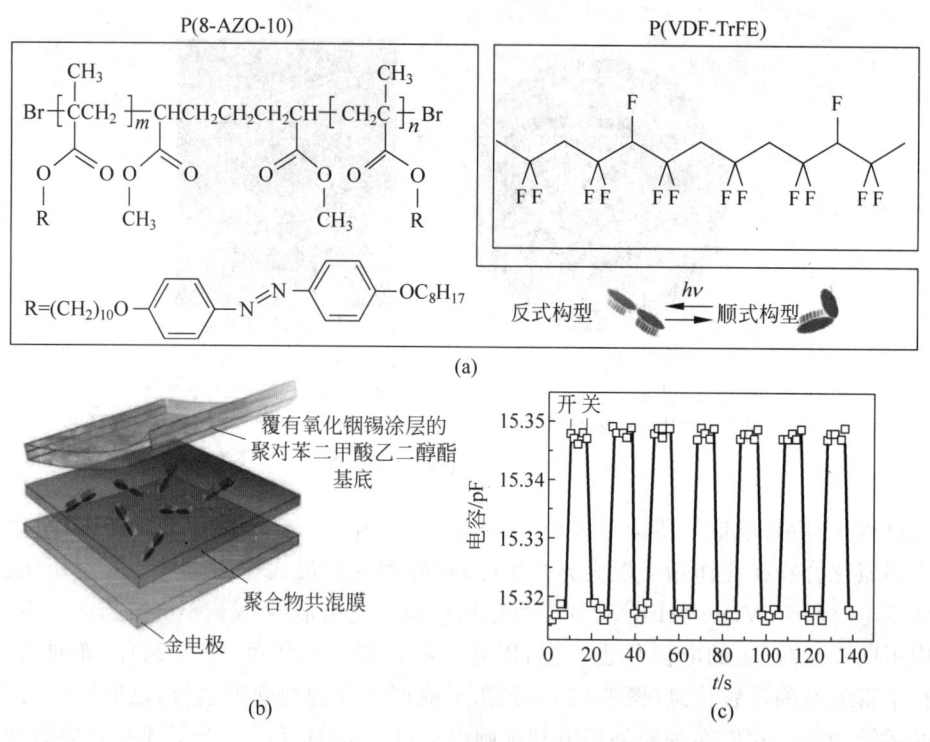

图 6-24 光-机-电耦合机理[31]

(a) P(VDF-TrFE)和侧链偶氮苯聚合物 P(8-AZO-10)的分子结构;(b) 光电探测器的结构,其中,顶部电极的氧化铟锡层对波长范围为 400~700nm 的光具有高透射率;(c) 光刺激开启/关闭周期内聚合物共混膜的电容值变化

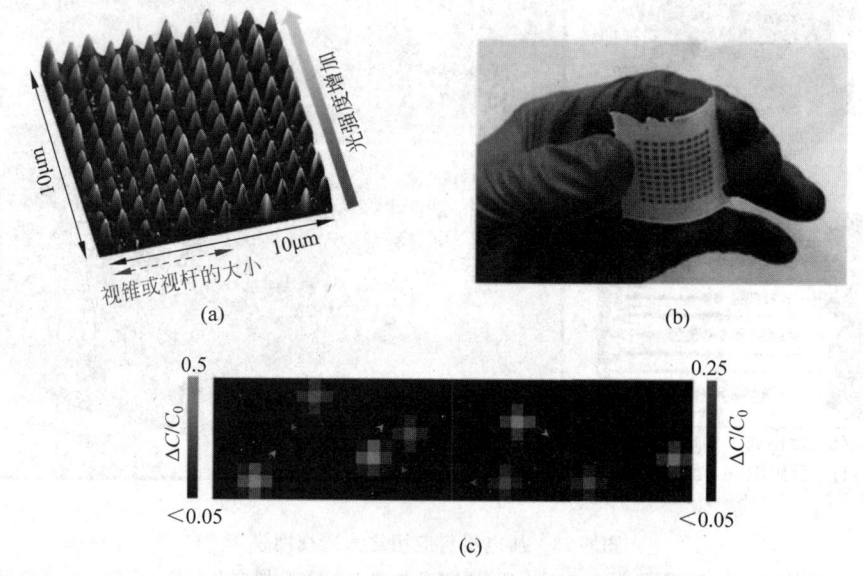

图 6-25 光-机-电耦合之阵列结构[31]

(a) 三维纳米点阵列,光强度在扫描过程中不断增加,Z 轴刻度从 0~70nm;(b) 10×10 像素光电探测阵列实物图;(c) 光电探测阵列在移动激光束照射下的相对电容变化的连续图像,左/右图例对应绿色(532nm)或红色(650nm)激光束照射下的相对电容变化

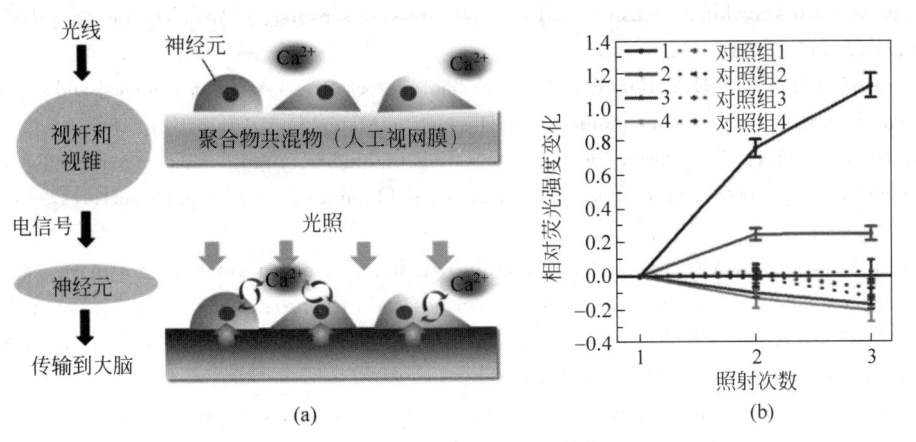

图 6-26　神经元感知机理[31]

(a) 光电探测器受到光诱导产生电极化刺激，与天然视网膜中的感光细胞产生电信号类似，均实现与神经元细胞之间的信息传递；(b) 在两种基底上培育的单个细胞的相对荧光强度变化与照射次数的关系，荧光强度与细胞内 Ca^{2+} 的浓度成正比，其中，实验组基底为聚合物共混物，而对照组基底未添加聚合物共混物，为空白对照

习　　题

1. 正压电效应和逆压电效应分别可应用于哪些场景？请举例说明。
2. 相比压电陶瓷，PVDF 用于压电超声换能器的优势是什么？
3. 同种压电材料用于压电传感器时，还有哪些因素会影响其压电传感性能呢？
4. 如何利用压电致动器实现单反相机中的对焦功能？详细说明其原理。
5. 利用压电致动器感知薄板、梁、管、柱等不同类型结构裂纹的原理是什么？
6. 为使智能织物具有更高的压电输出，可从结构方面做哪些改进？
7. 压电声电元件的主要性能参数有哪些？

参 考 文 献

[1] WU Y L, MA Y L, ZHENG H Y, et al. Piezoelectric materials for flexible and wearable electronics: A review[J]. Materials & Design, 2021, 211: 110164.

[2] YANG X Y, LIU G Q, GUO Q Y, et al. Triboelectric sensor array for Internet of Things based smart traffic monitoring and management system[J]. Nano Energy, 2022, 92: 106757.

[3] ZHANG L, DU W Y, KIM J H, et al. An emerging era: conformable ultrasound electronics[J]. Advanced Materials, 2024, 36(8): e2307664.

[4] ZHAO C X, LIU J N, LI B Q, et al. Multiscale construction of bifunctional electrocatalysts for long-lifespan pechargeable zinc-air batteries[J]. Advanced Functional Materials, 2020, 30(36): 2003619.

[5] WANG C H, CHEN X Y, WANG L, et al. Bioadhesive ultrasound for long-term continuous imaging of diverse organs[J]. Science, 2022, 377(6605): 517-523.

[6] DU W Y, ZHANG L, SUH E, et al. Conformable ultrasound breast patch for deep tissue scanning and imaging[J]. Science Advances, 2023, 9(30): eadh5325.

[7] LEE J H, YOON H J, KIM T Y, et al. Micropatterned P(VDF-TrFE) film-based piezoelectric

nanogenerators for highly sensitive self-powered pressure sensors[J]. Advanced Functional Materials, 2015,25(21): 3203-3209.

[8] DAGDEVIREN C,SHI Y,JOE P,et al. Conformal piezoelectric systems for clinical and experimental characterization of soft tissue biomechanics[J]. Nature Materials,2015,14(7): 728-736.

[9] IHN J B,CHANG F K. Detection and monitoring of hidden fatigue crack growth using a built-in piezoelectric sensor/actuator network: I. Diagnostics[J]. Smart Materials and Structures,2004,13(3): 609-620.

[10] LEE H J,SARAVANOS D A. A mixed multi-field finite element formulation for thermopiezoelectric composite shells[J]. International Journal of Solids and Structures,2000,37(36): 4949-4967.

[11] WANG Q,QUEK S T. Repair of delaminated beams via piezoelectric patches[J]. Smart Materials and Structures,2004,13(5): 1222-1229.

[12] LIU T J C. Crack repair performance of piezoelectric actuator estimated by slope continuity and fracture mechanics[J]. Engineering Fracture Mechanics,2008,75(8): 2566-2574.

[13] WU N,WANG Q. An experimental study on the repair of a notched beam subjected to dynamic loading with piezoelectric patches[J]. Smart Materials & Structures,2011,20(11): 115023.

[14] ABUZAID A,HRAIRI M,DAWOOD M S I S. Experimental and numerical analysis of piezoelectric active repair of edge-cracked plate[J]. Journal of Intelligent Material Systems and Structures,2018, 29(18): 3656-3666.

[15] FESHARAKI J J,MADANI S G,GOLABI S. Best pattern for placement of piezoelectric actuators in classical plate to reduce stress concentration using PSO algorithm [J]. Mechanics of Advanced Materials and Structures,2020,27(2): 141-151.

[16] PARK D Y,JOE D J, KIM D H, et al. Self-powered real-time arterial pulse monitoring using ultrathin epidermal piezoelectric sensors[J]. Advanced Materials,2017,29(37): 1702308.

[17] YU L K,ZHOU P D,WU D Z,et al. Shoepad nanogenerator based on electrospun PVDF nanofibers [J]. Microsystem Technologies,2019,25(8): 3151-3156.

[18] HADIMANI R L,BAYRAMOL D V,SION N,et al. Continuous production of piezoelectric PVDF fibre for e-textile applications[J]. Smart Materials and Structures,2013,22(7): 075017.

[19] TASCAN M,NOHUT S. Effects of process parameters on the properties of wet-spun solid PVDF fibers[J]. Textile Research Journal,2014,84(20): 2214-2225.

[20] LUND A,RUNDQVIST K,NILSSON E,et al. Energy harvesting textiles for a rainy day: Woven piezoelectrics based on melt-spun PVDF microfibres with a conducting core[J]. NPJ Flexible Electronics,2018,2: 9.

[21] ZHOU Y M,HE J X,WANG H B,et al. Highly sensitive,self-powered and wearable electronic skin based on pressure-sensitive nanofiber woven fabric sensor[J]. Scientific Reports,2017,7(1): 12949.

[22] FOROUZAN A, YOUSEFZADEH M, LATIFI M, et al. Effect of geometrical parameters on piezoresponse of nanofibrous wearable piezoelectric nanofabrics under low impact pressure[J]. Macromolecular Materials and Engineering,2020,306(1): 2000510.

[23] KIM D B,HAN J,SUNG S M,et al. Weave-pattern-dependent fabric piezoelectric pressure sensors based on polyvinylidene fluoride nanofibers electrospun with 50 nozzles[J]. NPJ Flexible Electronics, 2022,6: 69.

[24] SOIN N,SHAH T H,ANAND S C,et al. Novel "3-D spacer" all fibre piezoelectric textiles for energy harvesting applications[J]. Energy & Environmental Science,2014,7(5): 1670-1679.

[25] ATALAY A,ATALAY O,HUSAIN M D,et al. Piezofilm yarn sensor-integrated knitted fabric for healthcare applications[J]. Journal of Industrial Textiles,2016,47(4): 505-521.

[26] MOKHTARI F,FOROUGHI J,ZHENG T,et al. Triaxial braided piezo fiber energy harvesters for

self-powered wearable technologies[J]. Journal of Materials Chemistry A,2019,7(14): 8245-8257.

[27] QIN Y,WANG X D,WANG Z L. Microfibre-nanowire hybrid structure for energy scavenging[J]. Nature,2008,451(7180): 809-813.

[28] XU C,WANG X D,WANG Z L. Nanowire structured hybrid cell for concurrently scavenging solar and mechanical energies[J]. Journal of the American Chemical Society,2009,131(16): 5866-5872.

[29] YEO H G,XUE T,ROUNDY S,et al. Strongly(001)oriented bimorph PZT film on metal foils grown by rf-sputtering for wrist-worn piezoelectric energy harvesters[J]. Advanced Functional Materials,2018,28(36): 1801327.

[30] LANG C H,FANG J,SHAO H,et al. High-sensitivity acoustic sensors from nanofibre webs[J]. Nature Communications,2016,7: 11108.

[31] CHEN X,PAN S,FENG P J,et al. Bioinspired ferroelectric polymer arrays as photodetectors with signal transmissible to neuron cells[J]. Advanced Materials,2016,28(48): 10684-10691.

第 7 章

热释电效应

热释电效应与铁电效应、压电效应并列，属于功能电介质领域的核心内容之一。类似于压电效应将机械能转化为电能，热释电效应是指某些材料在温度变化时将热能转化为电能的现象。此外，热释电效应也具有对应的逆效应，被称为电卡效应（electrocaloric effect）。本章将详细讨论热释电效应和电卡效应的基本原理，并介绍具有这两种效应的典型材料。

7.1 热释电原理

在晶体的 32 类结晶型点群中，有 11 类具有中心对称结构，另外 1 类具有特殊对称结构的晶体类型不具备产生铁电、压电或热释电效应的能力，其余的 20 类晶体点群不属于上述对称类型，均表现出压电效应。在这 20 类点群中，有 10 类由于缺乏自发极化现象，仅在外加机械力作用下产生极化，因而只具有压电效应。而另 10 类晶体具有自发极化现象，除了压电效应外，还表现出热释电效应，这是由于这些晶体的自发极化强度会随温度的变化而改变。在这类晶体中，一些特殊类型的自发极化方向可随着外加电场的改变而翻转，因此具有铁电效应。从包含关系的角度来看，热释电效应位于铁电效应和压电效应之间。

一种材料若具有热释电效应，需满足两个基本条件。首先，材料必须具有晶相结构，可以是单晶或多晶。若材料不具备晶相结构，则无法产生宏观极化，因而无法表现出热释电效应。其次，材料在特定温度范围内必须具有自发极化，且自发极化的强度随温度的变化而改变。这两个条件共同决定了材料是否具备热释电效应。

如图 7-1 所示，材料内部具有自发极化，P_s 表示沿竖直方向材料的自发极化强度。在材料的上、下表面安装电极，并连接至一电流表。由于材料的自发极化，电极上也产生与之相匹配的屏蔽电荷。图 7-1(a) 所示为恒温状态，环境温度随时间的变化率为 0。在恒温条件下，材料处于稳定的极化状态，自发极化 P_s 不发生变化，电荷不发生流动，外接的电流表也不会检测到电流信号。此时若温度发生改变，温度随时间的变化率大于 0，即温度逐渐升高，则情况如图 7-1(b) 所示。大多数热释电材料，在温度升高的情况下，材料的自发极化 P_s 会下降。由于材料整体极化程度的下降，电极上的屏蔽电荷也会产生相应减少的趋势，并通过外电路进行移动，此时外电路就会检测到电流信号，这就是热释电效应的基本过程。

同理，当外界温度下降时，材料的自发极化强度增加，导致电极上的屏蔽电荷相应增多。

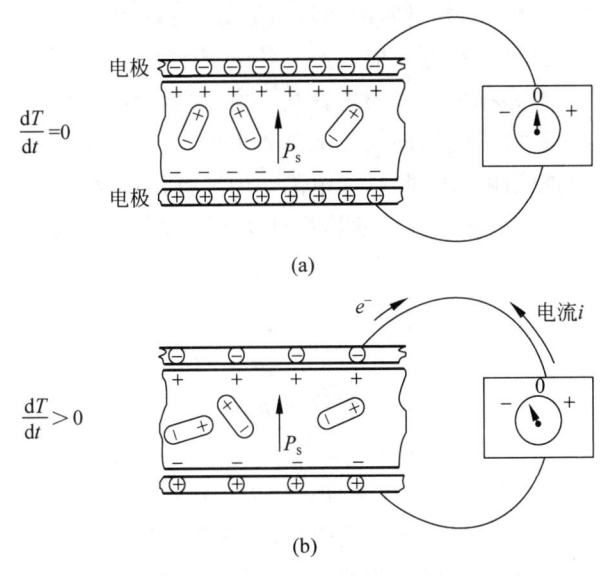

图 7-1 热释电原理示意图
(a) 恒温状态;(b) 温度逐渐升高时

此时,屏蔽电荷通过外电路移动,同样会引发热释电效应。在这种情况下,外接电流表检测到的电流方向与温度升高时相反。这表明温度的变化无论是升高还是下降,只要自发极化随之变化,都会导致热释电效应的产生。

7.1.1 热释电系数

以上所述现象在热释电材料中都存在,但不同热释电材料具有的热释电效应的强弱不同。为了描述热释电效应的强弱,规定两个重要的物理参数,分别是热释电系数(pyroelectric coefficient)以及热释电电流(pyroelectric current)。

热释电系数的定义为

$$p = \left(\frac{\mathrm{d}P}{\mathrm{d}T}\right)_{\sigma, E} \tag{7.1}$$

式中,P 表示材料的极化强度;T 表示材料的温度;右下角的 σ、E 表示给定的外界作用力与电场强度条件。即热释电系数 p 的定义为在恒定的外界作用力与电场强度条件下,材料极化强度随着温度变化的速率,衡量材料极化强度受温度变化影响的敏感程度。在相同的温度变化程度下,热释电系数更大的材料的极化强度变化更大。

热释电效应能够产生电信号,因此产生电流的大小也是值得关注的。在无外电场作用下,材料两侧电极直接与电流表相连,假设材料的自发极化强度 P 垂直于电极表面,则热释电电流的计算方式为

$$i = Ap\left(\frac{\mathrm{d}T}{\mathrm{d}t}\right) \tag{7.2}$$

式中,A 表示电极有效面积;p 表示材料的热释电系数;T 表示材料的温度;t 表示时间。式(7.2)可由式(7.1)推出。电流大小等于电荷随时间的变化,即 $i = \mathrm{d}q/\mathrm{d}t$,当极化强度垂直于电极表面时,面电荷密度与极化强度相等,即 $i = \mathrm{d}(PA)/\mathrm{d}t = A\mathrm{d}P/\mathrm{d}t$。将式(7.1)代

入其中,即可得到式(7.2)。在已知材料的热释电系数、材料表面电极有效面积以及温度变化速率后,可据此计算得到因热释电效应而产生的电流大小。

在实际工程应用中,当根据应用需求选择某一类型的热释电材料时,除了热释电系数以外往往还需要获得一些额外的信息,即热释电品质因数(figure of merit)。由于不同的应用场景对于热释电材料的性能侧重不同,热释电品质因数具体包含多个参数,且根据工作条件不同分为两类。隔热条件与散热条件下的热释电品质因数分别可表示为

$$\text{隔热条件:} \begin{cases} F_\text{I} = p/c' \\ F_\text{V} = p/c'\varepsilon' \\ F_\text{D} = p/c'(\varepsilon'')^{1/2} \end{cases} \tag{7.3}$$

$$\text{散热条件:} \begin{cases} F_\text{I} = p/k \\ F_\text{V} = p/k\varepsilon' \\ F_\text{D} = p/k(\varepsilon'')^{1/2} \end{cases} \tag{7.4}$$

其中,隔热条件指系统不会与外界发生热量交换,散热条件指系统与外界环境间以一散热性能无穷的散热片连接。应当注意,以上两种条件都是理想状态,实际应用场景中不可能满足这两种条件,但视材料在实际工作中的散热状况,往往可以近似看作以上两种条件中的一种。例如,若系统具有散热状态良好的散热片与之连接,通常就可以近似看作满足散热条件。

式(7.3)以及式(7.4)中各项热释电品质因数 F_I、F_V、F_D 的符号相同,表达的含义也类似,在使用时需说明工作条件是隔热条件还是散热条件。p 表示材料的热释电系数,c' 表示材料的比热容,k 表示材料的热导率,ε' 表示材料的介电常数(实部),ε'' 表示材料的介电损耗(介电常数虚部)。

F_I 是电流探测灵敏度的指标,用于衡量热释电材料产生电流的能力。隔热条件下,热释电材料往往用于探测热量的变化,吸收或放出相同热量的条件下,比热容更低的材料温度变化更大,在同等热释电系数的情况下能够产生的电流也越大,更符合隔热条件下的需求,因此隔热条件下热释电品质因数计算公式的分母中都有材料的比热容 c'。散热条件下,由于热量总是能够经散热片流走而不会一直累积,材料温度的变化不再主要取决于其比热容,而是取决于其热导率。热导率越低,热量传导越慢,在材料内部累积的热量也就越多,材料温度也就越高。在同样的热释电系数情况下,热导率更低的材料累积的热量更多,温度变化也就越明显,因此散热条件下热释电品质因数计算公式的分母上都有材料的热导率 k。F_V 是电压响应的指标,用来衡量热释电材料产生电压大小的能力。在 F_I 的基础上除以材料的介电常数 ε',即相当于用电荷除以电容,得到了仅与电压相关的量。热释电产生的极化强度相同的情况下,材料介电常数 ε' 越小,所得的电压也就越大。F_D 则是在 F_I 的基础上除以材料的介电损耗 ε'',用于衡量材料探测的灵敏度,在这种情况下材料的介电损耗越低越好。

表 7-1 所示为一些常见材料的热释电系数。热释电系数一般常用的单位是 $\text{C} \cdot \text{cm}^{-2} \cdot \text{K}^{-1}$。多数材料的热释电系数数量级为 $10^{-9} \sim 10^{-8} \text{C} \cdot \text{cm}^{-2} \cdot \text{K}^{-1}$,一般无机材料能达到 $10^{-8} \text{C} \cdot \text{cm}^{-2} \cdot \text{K}^{-1}$,而聚合物有机材料则一般只有 $10^{-9} \text{C} \cdot \text{cm}^{-2} \cdot \text{K}^{-1}$。这一规律与之前铁电、压电效应一致,均为无机材料要比聚合物有机材料性能更强。以 BaTiO_3 为例,其热释电系数为 $3.3 \times 10^{-8} \text{C} \cdot \text{cm}^{-2} \cdot \text{K}^{-1}$,假设有一块电极有效面积为 1m^2 的 BaTiO_3 平板,

对其加热,使其温度升高速率为10K/s,则根据式(7.2)的热释电电流的计算公式,可以得到这块 $BaTiO_3$ 平板产生的热释电电流大小为3.3mA。

表 7-1 常见材料的热释电系数

材料类型(英文缩写)	化学式	$p/(C·cm^{-2}·K^{-1})$	$c_p/(J·cm^{-3}·K^{-1})$	温度范围/K
硫酸三甘肽(TGS)	$(NH_2CH_2COOH)_3·H_2SO_4$	$3.0×10^{-8}$	1.70	273~321
氘代硫酸三甘肽(DTGS)	$(ND_2CD_2COOD_3)·D_2SO_4$	$3.0×10^{-8}$	2.40	243~334
钽酸锂(LT)	$LiTaO_3$	$1.90×10^{-8}$	3.19	273~891
铌酸锶钡(SBN)	$Sr_{0.6}Ba_{0.4}Nb_2O_6$	$8.5×10^{-8}$	2.34	248~303
锆钛酸铅(PZT)	$Pb(Zr_{0.52}Ti_{0.48})O_3$	$5.5×10^{-8}$	2.60	298~523
锆钛酸铅镧(PLZT)	$La/Zr/Ti=6/80/20$	$7.6×10^{-8}$	2.57	—
钛酸钡	$BaTiO_3$	$3.3×10^{-8}$	—	293~320
聚氯乙烯(PVC)	—	$0.4×10^{-9}$	2.40	—
聚氟乙烯(PVF)	—	$1.8×10^{-9}$	2.40	—
聚偏氟乙烯(PVDF或Kynar)	—	$4.0×10^{-9}$	2.40	—

7.1.2 热释电系数的测量

材料热释电系数的测量有两种常用的方法,静态法和动态法。静态法的测量原理示意图如图7-2所示,其原理是测量材料产生的电荷。将面积为 A 的待测热释电材料放置在一温度可调的环境内,右侧线路连接一电容值已知的电容 C 以及电压表。调节热释电材料所处温度,测量材料在温度从 T_1 变化到 T_2 过程中产生电荷的量,可用这两种温度下电容 C 上电荷 Q_1、Q_2 的差值来计算。根据上述信息,可按照式(7.5)计算待测热释电材料的热释电系数 p^X:

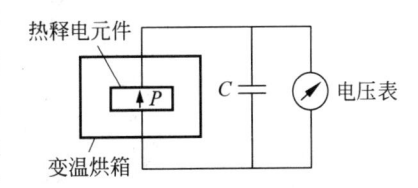

图 7-2 静态法热释电系数测量原理

$$p^X = \frac{Q_2 - Q_1}{A(T_2 - T_1)} \tag{7.5}$$

实际热释电材料在不同的温度下热释电系数也会有区别,因此使用静态法测量得到的热释电系数代表的是该材料在 $[T_1, T_2]$ 这一温度区间内的平均热释电系数。静态法难以得到材料在某一具体温度下的热释电系数。

动态法基本原理与静态法类似,但不再是通过测量材料的电荷变化来实现。使用动态法需要能够得知材料温度随时间的实时变化速率,可通过高精度的温度传感器实现。若已知材料的电极有效面积 A、材料温度变化速率 (dT/dt) 以及测得实时的材料产生的热释电电流,则可根据下式计算材料的动态热释电系数:

$$p^X = \frac{i}{A(dT/dt)} \tag{7.6}$$

使用动态法对实验设备以及操作的要求更高,但能够得到材料在某一特定温度下的动态热释电系数,也能得到材料热释电系数随温度变化的关系。实际研究当中往往使用动态法,以便得到更多有关材料热释电系数的信息。

在某些情况下,还需要使用更复杂的方法以区分一次热释电效应(primary pyroelectricity)以及二次热释电效应(secondary pyroelectricity)。一次热释电效应与恒定应变下极化温度的变化有关,而二次热释电效应是由样品热膨胀引起的压电效应引起的。虽然宏观上都表现出材料的极化随温度变化而变化,但微观层面两者的原理却不相同。

7.2 热释电材料

在已经发现的热释电材料中,热释电系数较高的材料比较少,因此对热释电材料的研究也相对比较集中。本节将典型热释电材料分为有机小分子、无机晶体和有机大分子3类进行介绍。

7.2.1 有机小分子热释电材料

硫酸三甘肽(triglycine sulfate,TGS)是一种有机小分子热释电材料,其结构示意图如图 7-3 所示,相关数据见表 7-1。TGS 的特点是其热释电系数比较高,可以达到 3.0×10^{-8} C·cm^{-2}·K^{-1},与 BaTiO$_3$ 接近。此外,TGS 比热容也比较低,这带来的好处是隔热条件下的热释电品质因数较高。然而 TGS 有一个重要的缺点,极化不稳定。TGS 能够具有稳定极化的最高温度只能到约 321K,超过这一温度其将不再具有热释电效应。

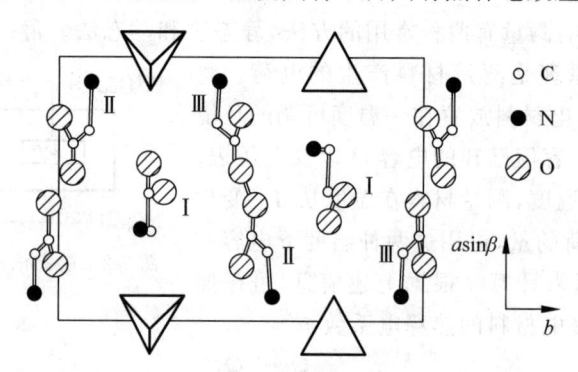

图 7-3 TGS 晶体结构示意图

为解决 TGS 极化不稳定的问题,有研究者尝试用氘原子全部取代 TGS 中的氢原子,得到氘代硫酸三甘肽(deuterated triglycine sulfate,DTGS)。结果表明 DTGS 相较于 TGS 极化稳定性有了明显提升,稳定温度范围拓宽,最高稳定温度约 334K。

除氘代以外,许多其他手段被用于提高 TGS 的极化稳定性。例如丙氨酸掺杂、杂质离子(例如 Ni、Cu、Fe、Pd)掺杂、一价金属元素(例如 Li、Na)掺杂、辐照处理等,都可拓宽 TGS 的稳定温度范围。这些方法的基本原理也类似,均为使 TGS 极化反转的势能提高,使其极化反转更不易发生,也就提高了其极化稳定性。

7.2.2 无机晶体热释电材料

钽酸锂(lithium tantalite,化学式 LiTaO$_3$)是一种无机晶体材料,属于钙钛矿结构,也具有热释电效应。钙钛矿结构一般稳定性较好,因此其适用温度范围较大,为273~891K,远好于TGS,能够满足绝大多数应用场景的温度需求。

钽酸锂的热释电系数也较高,为$1.9\times10^{-8}C\cdot cm^{-2}\cdot K^{-1}$。虽然钽酸锂的热释电系数不如TGS高,但由于其优秀的适用温度范围,因此得到了更多的实际应用。例如,热释电核聚变[1]就利用了钽酸锂的热释电效应,其示意图如图7-4所示。使用特殊的加热器对钽酸锂晶体加热,使其在短时间内温度产生很大变化,即对钽酸锂施加一个热脉冲。钽酸锂晶体在受到热脉冲后,由于其热释电效应,能在短时间内产生一个极强的电场,利用这一强电场能够实现对粒子的瞬间加速,从而使粒子具备极高能量撞向目标,以实现核聚变。这一应用主要利用的是钽酸锂晶体的热释电效应,将热脉冲转化为瞬时的强电场。遗憾的是,通过这一方式实现核聚变产生的能量要小于消耗的能量,因此不能用于发电或能源领域,但能够用于物理研究领域,用来提供稳定的高能粒子源,这对相关研究来说具有很高的实用价值。

钛酸钡(barium titanate,化学式$BaTiO_3$)除具有铁电、压电效应外,还具有热释电效应。虽然$BaTiO_3$具有钙钛矿结构,稳定性较好,但由于其居里温度较低,因此作为热释电材料的使用温度范围也较小,为293~320K。此外$BaTiO_3$的热释电系数为$3.3\times10^{-8}C\cdot cm^{-2}\cdot K^{-1}$,这在热释电材料中属于较高的水平。

图7-4 钽酸锂热释电核聚变

锆钛酸铅(lead zirconate titanate,PZT)同样是具有钙钛矿结构的无机晶体,具有热释电效应。PZT具有很高的热释电系数,为$5.5\times10^{-8}C\cdot cm^{-2}\cdot K^{-1}$,要高于$BaTiO_3$。同时PZT的居里温度也较高,因此作为热释电材料的使用温度范围也较宽,为298~523K。另外,PZT的比热容仅有$2.60J\cdot cm^{-3}\cdot K^{-1}$,也相对较低,因此隔热条件下的热释电品质因数较高。PZT作为热释电材料最主要的问题是介电常数较高,这会导致热释电品质因数F_V较低,因此不适用于需要通过热释电效应来产生高电压或电场的场景。例如之前所述的热释电核聚变,PZT虽然具有更高的热释电系数,温度范围也满足,但因其F_V较低而不适用。因此,对于PZT在热释电材料领域的研究通常集中于降低其介电常数,同时尽可能保持其热释电系数。

向PZT中掺杂锰元素以替代部分铅元素,得到锆钛酸铅锰(简称PMZT),可用于降低PZT的介电常数。PMZT的一种制备方法是溶胶-凝胶法,可以得到PMZT薄膜,其制备流程如图7-5所示[2]。溶胶-凝胶法是湿化学制备方法,在溶剂的作用下将前驱体原料溶解,然后在液相环境下进行反应得到目标产物。图7-5所示的PMZT制备流程中,使用的前驱体原料为含有目标元素铅、锰、锆、钛的盐类,将其分别溶解在甲醇、乙醇等中,混合后在液相环境下反应得到PMZT溶液,之后将该溶液干燥处理得到所需PMZT薄膜。

表7-2所示为掺杂锰含量不同的PMZT与PZT的各项性能参数比较。可以看到掺杂后的PMZT不仅介电常数比PZT有所下降,并且热释电系数也有所上升,说明锰掺杂能够很好地改善PZT的热释电性能。

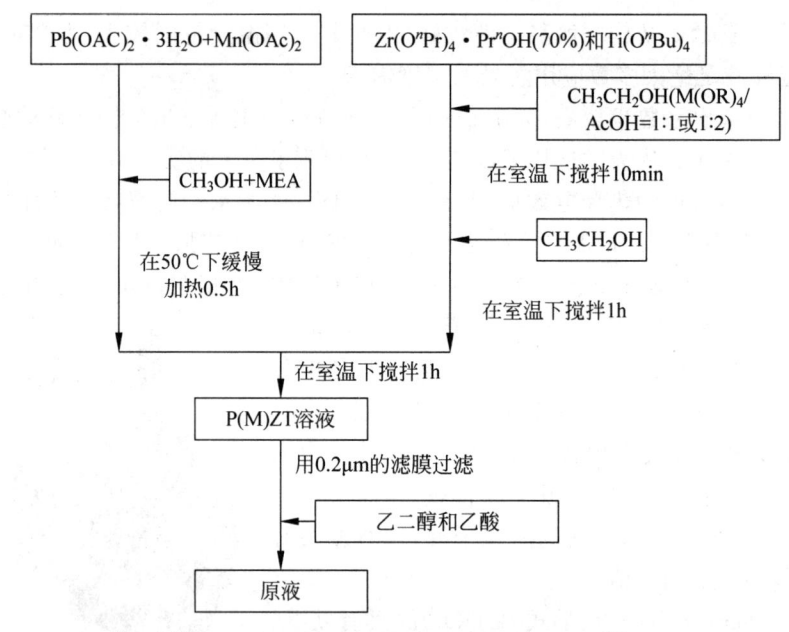

图 7-5 溶胶-凝胶法制备 PMZT 薄膜流程[2]

表 7-2 PMZT 与 PZT 性能比较

样 品	ε(100Hz)	$\tan\delta$(100Hz)	ε(1kHz)	$\tan\delta$(1kHz)	电阻率/$(\Omega \cdot cm)$	$p/(C \cdot K^{-1} \cdot m^{-2})$
PZT30/70	375	0.0161	365	0.089	1.87×10^{10}	2.11×10^{-4}
PM01ZT30/70	260	0.006	257	0.0067	7.24×10^{10}	3.0×10^{-4}
PM03ZT30/70	238	0.033	230	0.0200	1.44×10^{10}	2.40×10^{-4}

除了锰,还有一种方式是使用镧对 PZT 进行掺杂,得到锆钛酸铅镧(简称 PLZT)。不同于前述 PMZT 制备使用的溶胶-凝胶法,PLZT 的制备采用固相反应法,其制备流程如图 7-6 所示[3]。固相反应法制备流程比起溶胶-凝胶法要更加直接,将含有目标元素的化合物(盐或氧化物)固体球磨粉碎后混合均匀,然后高温烧结得到各种陶瓷厚膜。厚膜与薄膜按照膜的厚度区分,习惯上厚度小于 $1\mu m$ 的称为薄膜,厚度大于 $1\mu m$ 但小于 $100\mu m$ 的称为厚膜。用镧掺杂这种方法虽然会降低 PZT 的热释电系数,但是同时也会大幅降低其介电常数,从而提升其热释电品质因数 F_V。

此外,同样用固相反应法制备了 Bi_2O_3-Li_2CO_3 改性的 PZT 的厚膜[4]。这一手段除了改进 PZT 的热释电系数、介电常数等方面外,还有一些其他的好处。首先,Bi_2O_3-Li_2CO_3 改性能够减小 PZT 材料的孔隙。图 7-7 所示为改性后 PZT 与未改性 PZT 微观结构的对比,可以看到改性后 PZT 的孔隙明显减少,更加致密。材料内孔隙过多对材料的性质不利,其一是孔隙过多或更易发生电击穿,影响材料的耐电压性能;其二是由于孔隙部分不能提供任何的热释电效应,从等体积条件下热释电效应的角度,孔隙占有的体积越多,整体上材料的性能也就越差。其次,改性能够减小 PZT 的晶格常数,即减小其晶胞体积,从而使得材料更加致密,单位体积内的离子数量增多,进而能够提高其单位体积内的热释电效应。此外,改性后还能降低 PZT 材料制备过程中所需的能量,也就相应降低了烧结工艺的温度需求,从 1100℃ 降低到 900℃。

7.2 热释电材料

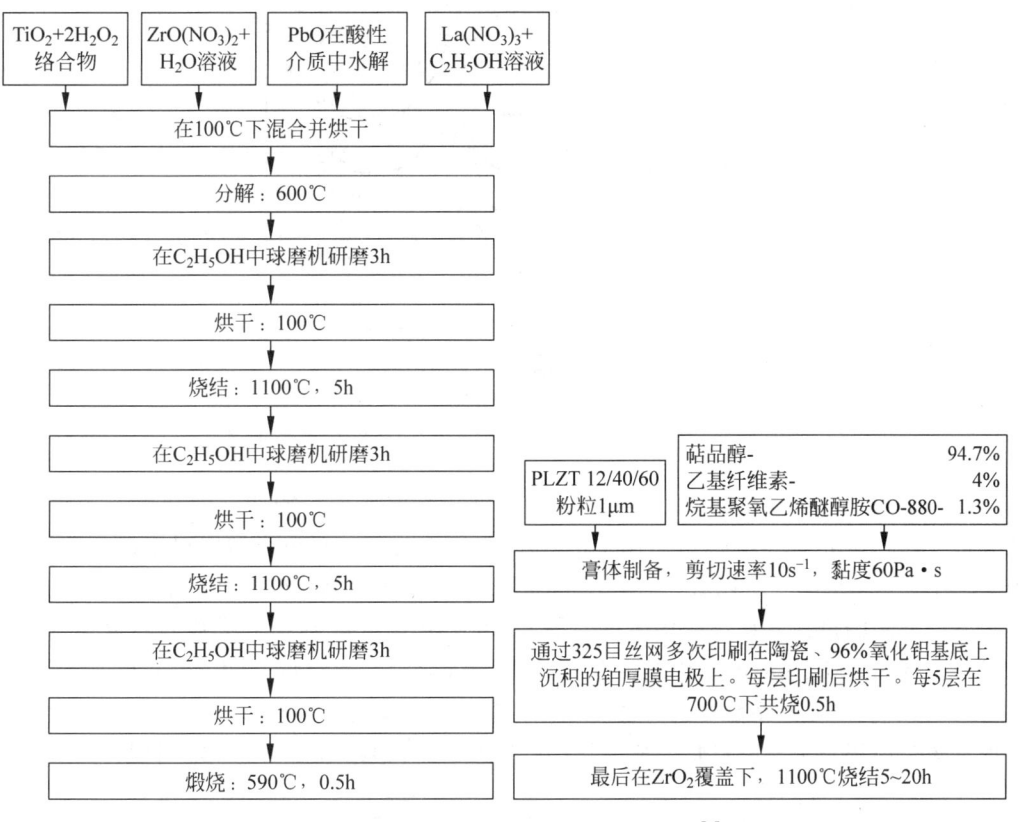

图 7-6 固相反应法制备 PLZT 厚膜流程[3]

图 7-7 Bi_2O_3-Li_2CO_3 改性 PZT 与改性前微观结构对比

另外，Bi_2O_3-Li_2CO_3 改性还能改变 PZT 的相态，增加其三方晶相的比例。图 7-8 所示为不同 Bi_2O_3-Li_2CO_3 掺杂比例下 PZT 的 X 射线衍射（X-ray diffraction，XRD）图谱，图中标示出了三方晶相以及四方晶相对应衍射峰的位置。随着掺杂浓度不断提高，三方晶相所占比例也不断提高。由于 PZT 材料高热释电系数的主要来源就是其三方晶相构型，其具有从低温三方晶相到高温三方晶相的相变过程，正是这一过程使得 PZT 具有高热释电系数。因此，提高三方晶相的占比能显著提高 PZT 的热释电系数。

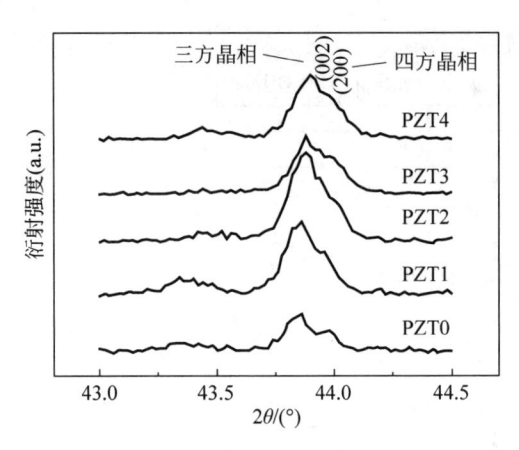

图 7-8　不同浓度 Bi_2O_3-Li_2CO_3 掺杂 PZT 的 XRD 图谱

此外还有一些更复杂的掺杂体系，能得到更特殊的性质。例如铌锰酸铅-锑锰酸铅-锆钛酸铅（简称 PMnN-PMnS-PZT）体系，其具体化学式与其热释电系数随温度的变化关系如图 7-9 所示[5]。从图中可以看到，通过改变配方中锆元素比例以改变其化学式中 x 的值，可得到完全不同的热释电系数变化曲线。例如，当 $x=0.95$ 时热释电系数的峰值在约 301K（28℃），$x=0.85$ 时热释电系数的峰值在约 318K（45℃），而将原料以 2∶1 摩尔比例混合时，得到的产物热释电系数在这一温度范围内基本不变，无明显峰值。依据这一特性，可以根据具体使用场景来调整材料配比，得到满足不同热释电系数需求的 PZT 材料。

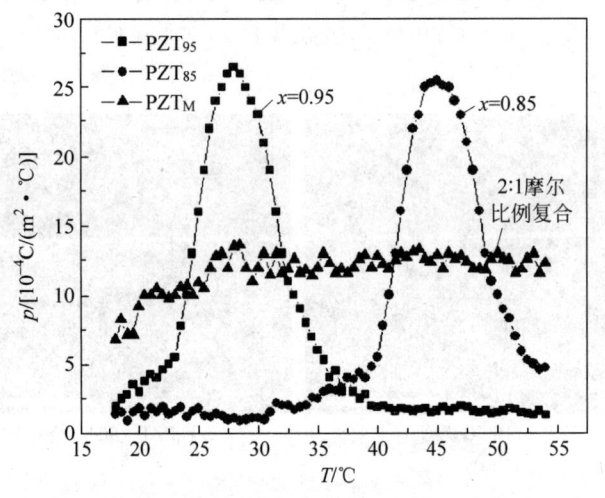

图 7-9　PMnN-PMnS-PZT 体系热释电系数随温度变化的关系

类似之前压电材料部分提到过的改进性能的方法，除了掺杂以外，采用单晶的方式也适用于热释电材料。单晶的晶体结构相比多晶要更加完美，因此热释电效应也要比多晶强。通过改变铌镁酸铅-钛酸铅（化学式 $Pb(Mg_{1/3}Nb_{2/3})O_3$-$xPbTiO_3$）热释电单晶材料中铌镁酸铅与钛酸铅的比例，可以改变其热释电系数，最高可达约 $30×10^{-8}$C·cm^{-2}·K^{-1}，远高于前述的各种多晶材料，如图 7-10 所示[6]。

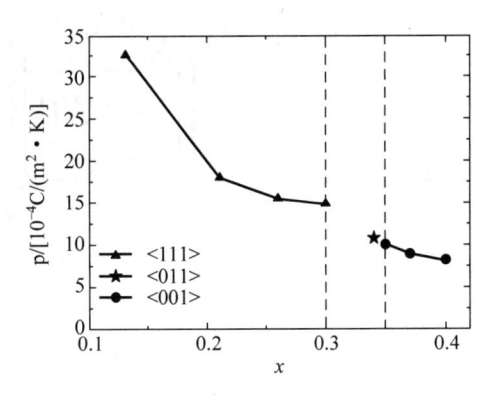

图 7-10 不同比例 $Pb(Mg_{1/3}Nb_{2/3})O_3$-$x$$PbTiO_3$ 的热释电系数

7.2.3 有机聚合物热释电材料

在一些聚合物中也同样观测到热释电效应。聚合物材料的特点鲜明,其质量轻、易于加工,可以制成不同的形状和厚度,且制备加工过程所需温度远低于无机材料烧结所需温度。类似铁电和压电效应,聚合物材料的热释电效应也要比无机材料弱。在热释电应用方面,聚合物还有其独特的优势,即热导率较低,因此散热条件下热释电品质因数更高。其介电常数也较低,因此电压灵敏度较高,热释电品质因素 F_V 也较高。

为了具备热释电效应,聚合物材料内部必须包含分子偶极子,这些偶极子必须以某种方式排列。此外,偶极子的排列必须具有一定稳定性,尤其是时间稳定性和热稳定性。理论上,在绝大多数极性聚合物中都可以观察到热释电性,因为极性聚合物基本都能满足以上条件,只不过热释电效应的强弱不同。非晶态聚合物一般不具备热释电效应,但可以通过取向极化冻结而在玻璃化转变温度下产生热释电效应,这需要材料含有高浓度的具有较大偶极矩的分子偶极子。

典型的聚合物功能电介质材料聚偏氟乙烯(PVDF)也具备热释电效应,其热释电系数约 $4\times10^{-9} C\cdot cm^{-2}\cdot K^{-1}$。虽然其热导率较低、介电常数也较低,但热释电系数低且介电损耗较大,因此纯 PVDF 难以作为热释电材料来使用。相比 PVDF,偏氟乙烯-三氟乙烯共聚物(PVDF-TrFE)的热释电系数有所提升,但整体基本仍处于 $10^{-9} C\cdot cm^{-2}\cdot K^{-1}$ 这一数量级,低于无机材料。

7.3 热释电的逆效应——电卡效应

卡效应(caloric effect)指的是在绝热环境中,一个物理系统中的熵对外场(应力场、磁场、电场、温度场等)的响应,根据外场的不同,可分为磁卡效应、机械卡效应、电卡效应等。

热释电效应指材料在外界温度变化的情况下能够产生极化的变化,以改变材料所处的电场强度。电卡效应则是热释电效应的逆效应,指的是材料在外界电场强度变化时,会产生吸热或放热效应。图 7-11 为这两种效应的对比示意图。

介电材料的 Gibbs 自由能 G 通常可表示为内能 U、温度 T、熵 S、应变 h、应力 X、电场强度 E 和电位移 D 的函数,其以电场 E、温度 T、应力 X 为自变量的表达式为

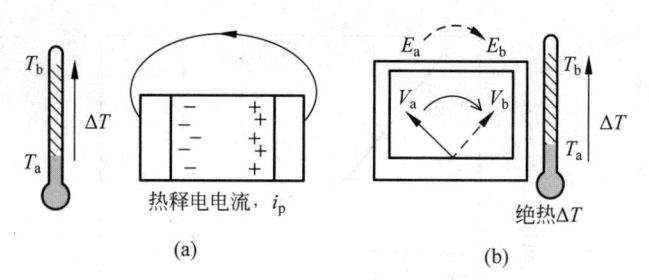

图 7-11 热释电效应(a)与电卡效应(b)对比示意图

$$G = U - TS - Xh - ED \tag{7.7}$$

此外,根据热力学定律,材料的内能可以表示为

$$dU = TdS + Xdh + EdD \tag{7.8}$$

代入式(7.8),式(7.7)的全微分可写作

$$dG = -SdT - hdX - DdE \tag{7.9}$$

由式(7.9)可得 G 对 E、T 的偏导分别为

$$\left(\frac{\partial G}{\partial E}\right)_{X,T} = -D \tag{7.10}$$

$$\left(\frac{\partial G}{\partial T}\right)_{X,E} = -S \tag{7.11}$$

对式(7.10)、式(7.11)再次求偏导,可得

$$\left(\frac{\partial^2 G}{\partial E \partial T}\right)_X = -\left(\frac{\partial D}{\partial T}\right)_{X,E} \tag{7.12}$$

$$\left(\frac{\partial^2 G}{\partial T \partial E}\right)_X = -\left(\frac{\partial S}{\partial E}\right)_{X,T} \tag{7.13}$$

考虑到 G 的连续性,即对 T、E 的求导顺序不影响二阶偏导结果,故式(7.12)与式(7.13)相等,由此可以得到描述热释电效应与电卡效应之间关系的麦克斯韦关系式(Maxwell relation):

$$\left(\frac{\partial D}{\partial T}\right)_{X,E} = \left(\frac{\partial S}{\partial E}\right)_{X,T} \tag{7.14}$$

式(7.14)中等号左侧微分的含义为恒定电场条件下,电位移随温度的变化,右边微分的含义为恒定温度下,熵随电场强度的变化。左侧所描述的变化即为热释电效应,右侧所描述的即为电卡效应,这两个效应实际上是一体两面的关系。从中也能看出,在电卡效应中,随着电场变化的实际上是熵而不是温度,在隔热条件下才会体现为温度的变化。若能够得到在每一不同电场强度下材料极化随温度的变化率,以及材料的密度、比热容等信息,就能够根据式(7.14)以积分的方式计算出材料因电卡效应导致的绝热温变或等温熵变,如下两式所示。

$$\Delta T = -\frac{1}{\rho}\int_{E_1}^{E_2} \frac{T}{c}\left(\frac{\partial D}{\partial T}\right)_E dE \tag{7.15}$$

$$\Delta S = -\int_{E_1}^{E_2} \left(\frac{\partial D}{\partial T}\right)_E dE \tag{7.16}$$

该计算方法需要尽可能精确知道每一个不同电场强度下的极化随温度的变化率,要获得较为准确的电卡效应需进行大量测试和数据分析。从式(7.15)和式(7.16)可以看出,为了得到较大的绝热温变 ΔT 或等温熵变 ΔS,电卡材料需要具有较大的热释电系数和较高的击穿场强,同时,较小的密度和比热容也能够提高绝热温变 ΔT。

采用直接法测量材料电卡效应时,通常会测量材料的吸热或放热量 ΔQ,并据此计算相应的绝热温变及等温熵变。例如,等温条件下由热力学关系有

$$\Delta Q = T \Delta S \tag{7.17}$$

绝热条件下,有

$$\Delta Q = cm \Delta T \tag{7.18}$$

电卡效应一个典型的应用场景是制冷。图 7-12 为常用的压缩气体制冷与卡效应制冷的原理示意图[7]。压缩气体制冷的基本原理为:压缩制冷剂气体使制冷剂气体体积减小、温度上升;将温度升高后的气体移动至外界,由于温度高于环境温度,且压缩机保持此时气体压强不降低,因此制冷剂对外放热并由气体变为液体;之后将变为液态的制冷剂移动至室内,撤去压缩机施加的压强,此时制冷剂汽化变为气体,同时吸收热量,恢复到初始状态。通过这样的循环过程,可以实现在室内吸收热量同时将热量在室外放出,达到制冷的目的。

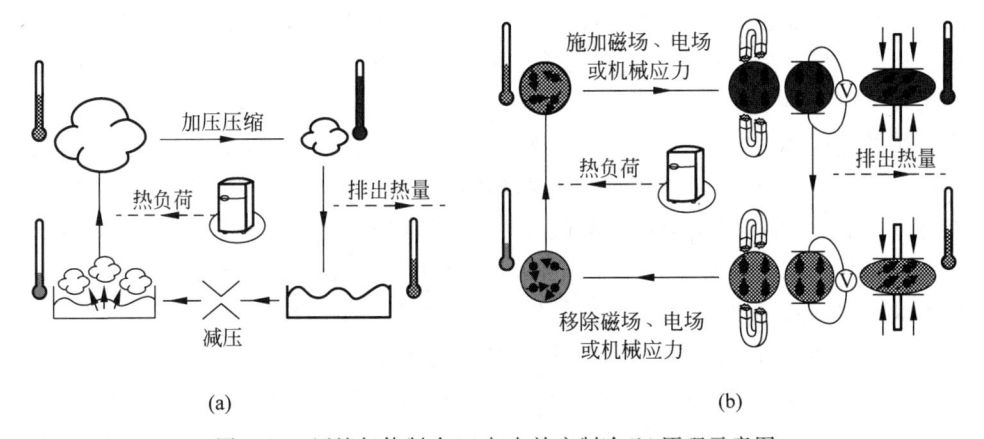

图 7-12 压缩气体制冷(a)与卡效应制冷(b)原理示意图

电卡效应制冷的整体原理也类似压缩气体制冷,是通过在一处进行吸热而在另一处进行放热的循环过程来实现制冷。只不过在具体的实现吸热、放热的过程中与压缩气体不同。图 7-12(b)所示为利用各种卡效应,如磁卡效应、电卡效应等方式实现制冷的原理示意图。以电卡效应为例,初始状态下,材料的极化为无序状态,温度与环境温度相同。对其施加电场,使其极化取向一致,材料内部有序程度提高,熵降低,由于电卡效应导致其温度升高。将升高温度的电卡材料移动至外界,对外放热,但不撤去电场,使得材料温度虽然降低至环境温度,但仍保持极化取向。之后撤去电场,材料极化取向重新变得无序,因电卡效应而温度下降,将降温后的材料移动至室内,吸收热量,温度上升,恢复初始状态。通过这样的循环,也能实现类似的制冷功能。

目前电卡效应的测量方法主要有间接法和直接法两种方法。间接法是基于麦克斯韦理论,通过实验测量极化强度随温度的变化,依据式(7.15)、式(7.16)等理论公式计算得到 ΔS 和 ΔT 的方法。1968 年,P. D. Thacher 最先提出采用这种测量方法[8],直至 2006 年,

A. S. Mischenko 等采用间接测试法在 PbZr$_{0.95}$Ti$_{0.05}$O$_3$ 薄膜中发现了巨电卡效应[9]，由此掀起了对电卡制冷技术研究的热潮。但间接法是在假定的理想状态下实现的，该测试方法得到的电卡效应与真实环境中材料具有的电卡效应有一定差距。

直接法的操作方式就是直接测量施加电场和移除电场过程中电卡材料产生的 ΔQ 和 ΔT。直接法根据具体的实验操作手段又可细分为绝对直接法和相对直接法。绝对直接法是直接测量电卡效应的 ΔQ 和 ΔT，是最直接表观电卡强度的方法，采用温度敏感元件（如热电偶或者铂电阻）直接接触电卡材料样品表面，测量样品在施加电场和移去电场的过程中表面产生的温度变化。但是由于样品与夹具、外界环境之间的热传递过程存在热损耗和热散失，因而采用直接法测得的电卡温变远远小于材料本身产生的电卡温变。

目前使用较多的方法是相对直接法，包括利用差式扫描量热计或高精度绝热量热计测试热流量信号，即热流传感器法，或者是利用红外温度传感器和热电偶测试温度信号，即温度传感器法。目前尚没有可以商业化的集成电卡测试设备，通常测试电卡效应都靠自制或简易改造的设备来实现。

差式扫描量热法（DSC），因测量精度高、所需样品少、相关配套软件成熟等优点，被广泛应用于材料的热分析。在绝热条件下，施加电场，试样产生热量，表现在 DSC 热流曲线上为向上的放热峰；移除电场时，试样吸收热量，表现在 DSC 热流曲线上为向下的吸热峰。对热峰面积积分即可计算出热量 Q。但是量热环境通常不是完全绝热的，因而样品产生的热量与周围环境进行热交换，这就使得测试存在误差。为解决这个问题，通常采用比试样的热时间常数快的速度移去电场。由于 DSC 仪器的扫描速率的限制，DSC 比较适用于强电场下具有大电卡效应的材料，但是测试厚膜或者薄膜的电卡强度时，就需要考虑这种方法的精确度。此外，电线上热的扩散也会产生测试误差，为了使测量更加精确，通常采用标准的电阻器或者已知相变热的材料对 DSC 进行校正，使得每次的测量都更接近工作环境。利用 DSC 测试电卡效应时，还需要考虑材料产生的焦耳热对电卡产生的热量。

绝热量热法能够直接测量出电卡材料在外部电场作用下的吸放热能量，也属于热流传感器法，其示意图如图 7-13 所示。其中最上层放置的是待测电卡材料，最下层为热流传感器，在热流通过的时候能够产生相应的电信号。中间的为参比电阻，用于标定热流传感器测得的电信号与热量之间实际的定量关系。

图 7-13 热流传感器测量材料电卡效应示意图

图 7-14 为实际热能传感器测得的信号示意图，其中实线为传感器给出的电信号，峰值向上代表放热，向下代表吸热，峰的面积与热量成正比。中间阴影部分是泄漏电流产生的焦耳热，计算时应当除去该部分。

测量电卡效应时，首先向参比电阻上施加电压 V，根据焦耳定律计算得到其在这一过程中产生的热量 $Q_R = (V^2/R)t$。同时，热流传感器接收到对应的热量并产生相应的电信号，可以得到此时传感器对应电信号峰的面积。之后向待测电卡材料样品施加电压，测量此时

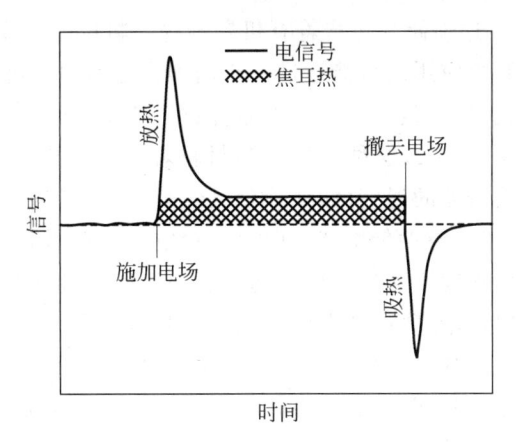

图 7-14 热流传感器测得信号示意图

热流传感器产生的电信号峰的面积,根据电信号峰面积与热量成正比的关系可以计算出此时电卡效应产生的热量,进而可根据式(7.17)及式(7.18)计算出等温熵变和绝热温变。

7.4 电卡材料

早在1930年,就有研究发现罗谢尔盐可能具有电卡效应[10],但由于当时的技术手段限制,没有通过实验测量得到罗谢尔盐的电卡效应具体能力。之后1963年,实验测量了罗谢尔盐在某一电场变化条件下因电卡效应而产生的温变以及熵变[11],但结果很不理想,其绝热温变仅有0.0036K,熵变仅0.0156J·kg^{-1}·K^{-1},几乎无法利用。1977年,测量钛酸锶(SrTiO$_3$)晶体的电卡效应时观察到约1K的绝热温变[12]。1981年,研究发现复杂的掺杂锆钛酸铅体系(Pb$_{0.99}$Nb$_{0.02}$(Zr$_{0.75}$Sn$_{0.20}$Ti$_{0.05}$)O$_3$)的电卡效应可引起约2.5K的绝热温变[13]。然而这种程度的电卡效应,若用作空间制冷,可达成的制冷效果仍远不如压缩气体制冷技术。

巨电卡效应材料的发现是电卡效应能够实用化的关键。由麦克斯韦关系可知,在电场变化较大、热释电系数较大的介电材料中更有可能发现巨电卡效应。2006年,在一种通过溶胶-凝胶法制备的350nm厚度的锆钛酸铅(PbZr$_{0.95}$Ti$_{0.05}$O$_3$)薄膜中发现[14],在499K的温度下,当外界电场强度变化值为48MV/m时,其由于电卡效应发生了12K的绝热温变,以及8J·kg^{-1}·K^{-1}的等温熵变。该研究所使用的PZT本身并非十分特殊的体系,也没有区别于其他PZT材料的电卡效应机理,之所以能够取得如此高的温度变化,主要原因是制备的PZT为厚度极低的薄膜,因此能够对其施加足够高的电场强度而不至于击穿。通常无机陶瓷材料的击穿场强约为10MV/m,而制作成薄膜之后击穿场强大幅提高,往往能提高数倍以上,因而能够承受住如此高的电场而不发生击穿。此外,在499K的温度环境下,所用PZT材料处于其居里温度附近,这也使其电卡效应更强。这一研究引发了很大的反响,因为12K的温度变化能力意味着电卡材料有机会被用于制冷领域,这也引起了更多研究者的研究兴趣。

2008年,在P(VDF-TrFE)以及P(VDF-TrFE-CFE)这两种共聚物中也观测到巨电卡效应[15]:分别在328K下施加307MV/m的电场以及在343K下施加209MV/m的电场,均能得到12K的绝热温变。这项研究意味着有机聚合物材料也能实现可观的电卡效应,并且也意味着电卡效应实现制冷应用的可能性进一步增加。之前的无机陶瓷材料在实现制冷应用方面有两个严重的问题,其一是所需的温度条件过于苛刻,200℃(473K)以上的温度难以用于室温附近的制冷场景;其二,这种无机薄膜材料难以大规模生产。聚合物电卡材料能够解决上述问题,首先,其所需的温度(如328K)已经较为接近室温环境;其次,聚合物薄膜能够通过流延、拉伸等工艺进行批量生产。但聚合物电卡材料所需的电场强度过高,即使在薄膜上施加如此高的电场强度所需的电压也超出了一般民用设备能方便提供的范围。

根据铁电相变的软模理论,普通铁电体一般只在其居里温度附近产生巨卡效应,效应温度区间窄。这是因为当系统温度位于远低于居里温度的铁电相温区时,强偶极相互作用导致的剩余极化强度会显著降低外加电场引入的极化熵变;而温度升高至超过居里温度,进入顺电相温区后,电卡效应的衰减主要原因是热扰动能量提高,削弱了单位电场驱动偶极取向的能力。而不同于一般铁电体,弛豫铁电体不存在严格的一级相变、材料中存在随机取向的极性纳米区,极化迟滞小。

此后,研究者又继续研究了电卡材料,试图进一步提高电卡材料的性能[16]。其中,无机电卡材料主要为陶瓷和单晶,根据厚度可分为体块材料、厚膜(微米级)和薄膜(纳米级)。有机电卡材料现阶段的研究大多数都聚焦于PVDF基的共聚物体系,此外还有一些对有机流体,如液晶中电卡效应的研究。总体来说,无机电卡材料与有机电卡材料各有利弊。无机材料的主要优势在于其电卡效应的强度更高,即单位电场强度的变化所能引起的温变或熵变更高,在实际应用时意味着所需提供的电压更低。聚合物材料的主要优势有相对较高的击穿场强、更易于加工生产等。由于无机材料的极化主要由离子结构提供而聚合物的极化主要由偶极子提供,在对外加电场做出响应时,离子只会发生相对较小的位移,而偶极子会发生较大幅度的转动取向,因此聚合物电卡材料的熵变程度往往要高于无机电卡材料。

与电卡效应相关的一个比较特殊的效应为负电卡效应(negative electrocaloric effect)。虽然电卡效应可以看作热释电效应的逆效应,但负电卡效应并不是热释电效应,在概念上应注意区分。一般的电卡效应材料在施加或增强电场时放出热量,撤去或减弱电场时吸收热量。负电卡效应与之恰好相反,施加或增强电场时吸收热量,撤去或减弱电场时放出热量。如锆钛酸铅镧$((Pb_{0.97}La_{0.02})(Zr_{0.95}Ti_{0.05})O_3)$[17],作为一种反铁电材料,其还具有负电卡效应。

第2章讲述的铁电材料相关知识有提及,在反铁电体中,相邻晶胞的偶极子方向呈180°反向平行排列。对反铁电体施加方向与其中一半偶极子方向平行的外界电场,在施加的外电场强度较小时,一半的偶极子方向不变,极化强度增大,另一半则在极化强度减弱的同时会产生一定程度的转向,最终导致相邻晶胞的偶极子之间不再为180°反向平行排列,而是有一定的夹角。这种偶极子间有夹角的状态比起原先规则的反向平行排列状态,其熵实际上增大了。对于一般的铁电材料,施加电场后由于偶极子都趋向于沿电场方向取向,比起原本的完全无序的取向状态熵一定是减小,而反铁电体在施加较弱的电场的情况下熵反而会增大。正是由于施加电场时材料内部熵变化的不同,导致了反铁电体具有与一般电卡材料不同的负电卡效应。当然,与反铁电体一样,如果外加电场强度过高,导致反方向的偶极子全部极化反转,变为顺电相之后,也就不再具备负电卡效应了。

材料体现出正电卡效应或是负电卡效应,除了材料自身的结构外,还与外加电场的方向

7.4 电卡材料

有关。2012年,对$Ba_{0.5}Sr_{0.5}TiO_3$单晶电卡效应的研究发现[18],当施加电场与材料自发极化方向共线时,表现出正电卡效应,而当电场方向与自发极化方向不共线时,由于诱发了材料从正交晶相到四方晶相的相变过程,材料表现出负电卡效应。这是因为当电场方向与自发极化方向相同时,电场的作用会使偶极子排列更加有序,熵减小,表现出正电卡效应。但电场方向与材料自发极化方向不同时,部分偶极子沿电场方向取向,而仍有部分偶极子沿原先自发极化方向取向,导致排列相比原来更加无序,熵增大,表现出负电卡效应。

无论是正电卡效应还是负电卡效应,在施加电场-撤去电场的一个循环内,都会出现吸热以及放热行为,这对热力学循环系统实际应用来说,两者区别实际上不大。而2016年,在P(VDF-TrFE)铁电共聚物和P(VDF-TrFE-CFE)弛豫铁电共聚物这两种共聚物的共混体系中观察到不同于常规电卡效应或负电卡效应的"反常电卡效应",也可称作"反常负电卡效应"(anomalous negative electrocaloric effect, AN-ECE)[19]。具有反常电卡效应的材料在外加电场脉冲的整个过程中,只发生吸热而不发生放热。

要具有反常电卡效应,材料需要具备以下两个条件:初始状态下偶极子有序排列,可通过施加外电场使偶极子排列变为无序状态;撤去外电场时,偶极子能够保持无序状态,并不恢复到初始的有序排列状态。满足这两个条件,在施加-撤去电场的一个脉冲过程中,偶极子只发生一次从有序变为无序的变化,因此只会产生吸热现象而不产生放热现象。需要指出的是,为了使材料再次具备反常电卡效应,需要通过极化处理使得材料恢复到初始的偶极子有序排列状态。实际上,完成的循环周期应当包括一次较大场强的极化脉冲(使材料偶极子排列有序,变为初始状态,过程中放出热量)以及一次较小场强的去极化脉冲(使材料极化变得无序,同时吸收热量)。稳态运行时,一个周期内的总放热量和总吸热量应该相等。反常电卡材料可看作一种储冷材料,施加极化脉冲是储存冷量的过程。而当外界有制冷需求时,可以通过去极化脉冲立即释放储存的冷量。因此,反常电卡材料可以应用于如芯片热点的冷却等领域。从材料角度,反常电卡效应源于两组分之间的介观偶极相互作用,即铁电组分在极化状态下诱导弛豫铁电聚合物中的偶极子有序化,可以通过外场切换到宏观偶极子无序的去极化状态;当去掉退极化场后,这种偶极子的无序排列状态可以由弛豫铁电组分来维持。

表7-3中列出了常见的电卡材料,以及其工作温度条件、电场强度变化条件、熵变、温变、吸收或放出热量等电卡效应的相关数据。可以得出结论,当前最先进的电卡材料各方面基础性能已经能够满足制冷应用的要求,但是由于器件设计方面的问题,导致目前尚无较为成熟的电卡效应制冷应用手段。有关电卡效应在制冷应用方面的研究,将在第8章详细讨论。

表7-3 常见电卡材料及电卡效应相关数据

	材料类型	T/K	$|\Delta S|/$ $(J \cdot K^{-1} \cdot kg^{-1})$	$|\Delta T|/K$	$|Q|/(kJ \cdot kg^{-1})$	$|\Delta E|/(kV \cdot cm^{-1})$
块体	KH_2PO_4	123	3.5	1.0	0.4	10
	$PbZr_{0.455}Sn_{0.455}Ti_{0.09}O_3$	317	1.8	1.6	0.6	30
	$PbSc_{0.5}Ta_{0.5}O_3$	291	2.1	1.8	0.6	25
	$BaTiO_3$	397	2.1	0.9	0.8	4

续表

	材料类型	T/K	$\lvert\Delta S\rvert/$ $(\text{J}\cdot\text{K}^{-1}\cdot\text{kg}^{-1})$	$\lvert\Delta T\rvert/\text{K}$	$\lvert Q\rvert/(\text{kJ}\cdot\text{kg}^{-1})$	$\lvert\Delta E\rvert/(\text{kV}\cdot\text{cm}^{-1})$
块体	$Ba_{0.65}Sr_{0.35}Ti_{0.997}Mn_{0.003}O_3$	293	4.8	3.1	1.4	130
	0.87PMN-0.13PT	343	0.6	0.6	0.2	24
	0.75PMN-0.25PT	383	1.0	1.1	0.4	25
	0.70PMN-0.30PT	429	2.3	2.7	1.0	90
	0.90PMN-0.10PT	400	3.2	3.5	1.3	160
	PNZS	434	4.3	2.6	1.9	30
薄膜	$PbZr_{0.95}Ti_{0.05}O_3$	499	8.0	12	4.0	480
	$Pb_{0.8}Ba_{0.2}ZrO_3$	290	47	45	14	598
	$SrBi_2Ta_2O_9$	565	2.4	4.9	1.4	600
	P(VDF-TrFE)	353	60	12.5	21	2090
	P(VDF-TrFE-CFE)	328	64	12.5	21	3070

至此，前面章节已介绍了铁电效应、压电效应和热释电效应这3种典型功能电介质具有的性质。图7-15所示为功能电介质电、机械、热之间的三角关系。三角的上方为电，左下为机械，右下为热，可以看出各物理量之间都能通过某种效应联系起来。

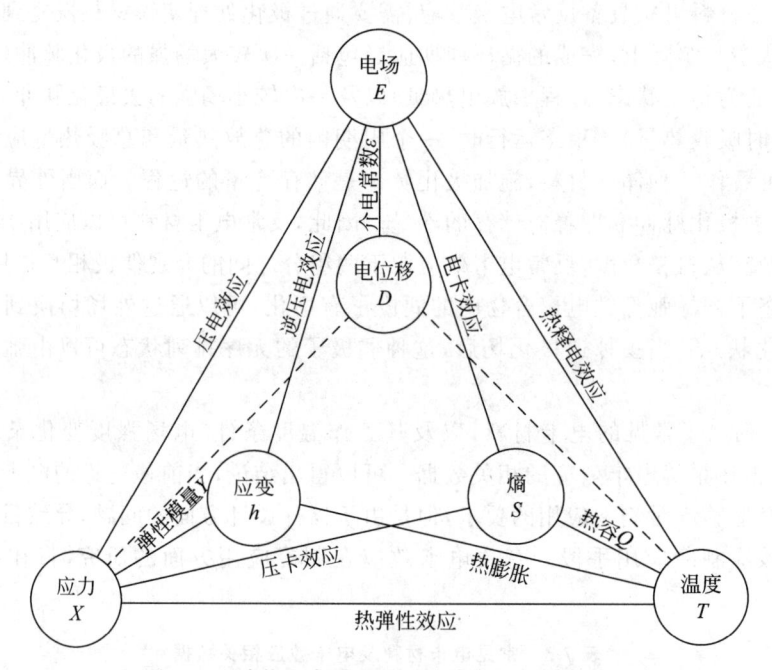

图7-15 功能电介质电、机械、热之间的三角关系

此外，图7-15中也隐含了这些效应之间的耦合关系，例如热释电效应与压电效应之间的耦合。实现热释电效应所达成的功能，即从温度到电场的变化，从图中能够看出两种途径。其一是直接的热释电效应，从温度直接连接到电场，如图中三角形左上的边线所示。其二是先由于材料的热膨胀导致应变，再由于逆压电效应导致电场变化，通过三角形内部的两条线达成。实际上，这两种途径就分别对应于前文提及过的一次热释电效应以及二次热释

电效应。这两者在一般的情况下很难区分开,往往将其整体的效应作为材料的热释电效应来看待。甚至在某些特殊情况中,还存在三次热释电效应,即材料在非均匀加热条件下会产生非均匀的应力,这通过压电效应导致极化状态变化,从而产生热释电效应。

习　　题

1. 什么是热释电系数?热释电系数与热释电电流之间的关系是什么?
2. 假设一块边长 10cm 的正方形 PVDF 膜处于每秒升高 5K 的温度环境下,若其有效电极与膜大小相等,且极化强度方向与电极表面垂直,试根据表 7-1 中数据估算其产生的热释电电流大小。
3. 热释电系数测量的两种方法分别是什么?这两种方法有什么主要的不同?
4. 在选用热释电材料用作工程应用时,除了热释电系数以外还需要着重考虑什么参数?为什么?
5. 在热释电材料领域,对 PZT 进行改性的主要目的是什么?试举例说明一种 PZT 改性的例子并说明其热释电性能得到改善的原因。
6. 什么是电卡效应?电卡效应与热释电系数的关系及区别是什么?
7. 电卡效应的测量方法有哪些?试简要说明热流传感器法测量电卡效应的过程。
8. 无机电卡材料和有机电卡材料在实现电卡制冷这一方向上各自的优势和缺陷分别有哪些?

参 考 文 献

[1] NARANJO B, GIMZEWSKI J K, PUTTERMAN S. Observation of nuclear fusion driven by a pyroelectric crystal[J]. Nature, 2005, 434(7037): 1115-1117.

[2] ZHANG Q, WHATMORE R. Sol-gel PZT and Mn-doped PZT thin films for pyroelectric applications [J]. Journal of Physics D: Applied Physics, 2001, 34(15): 2296.

[3] LOZINSKI A, WANG F, UUSIMÄKI A, et al. PLZT thick films for pyroelectric sensors[J]. Measurement Science and Technology, 1997, 8(1): 33.

[4] ZENG Y K, YAO F, ZHANG G Z, et al. Effects of Bi_2O_3-Li_2CO_3 additions on dielectric and pyroelectric properties of Mn doped $Pb(Zr_{0.9}Ti_{0.1})O_3$ thick films[J]. Ceramics International, 2013, 39(4): 3709-3714.

[5] ZHANG G Z, JIANG S L, ZHANG Y Y, et al. Pyroelectric properties in three phases coexistence Pb[$(Mn_{0.33}Nb_{0.67})_{0.5}$ $(Mn_{0.33}Sb_{0.67})_{0.5}$]$_{0.08}$$(Zr_x Ti_{1-x})_{0.92}O_3$ lead ceramics[J]. Current Applied Physics, 2009, 9(6): 1434-1437.

[6] TANG Y, WAN X, ZHAO X, et al. Large pyroelectric response in relaxor-based ferroelectric $(1-x)$$Pb(Mg_{1/3}Nb_{2/3})O_3$-$xPbTiO_3$ single crystals[J]. Journal of Applied Physics, 2005, 98(8): 084104.

[7] TAKEUCHI I, SANDEMAN K. Solid-state cooling with caloric materials[J]. Physics Today, 2015, 68(12): 48-54.

[8] THACHER P. Electrocaloric effects in some ferroelectric and antiferroelectric Pb(Zr, Ti)O_3 compounds[J]. Journal of Applied Physics, 1968, 39(4): 1996-2002.

[9] MISCHENKO A S, ZHANG Q, SCOTT J F, et al. Giant electrocaloric effect in thin-film PbZr(0.95)Ti(0.05)O_3[J]. Science, 2006, 311(5765): 1270-1271.

[10] KOBEKO P, KURTSCHATOV J. Dielektrische eigenschaften der seignettesalzkristalle [J]. Zeitschrift Für Physik, 1930, 66(3): 192-205.

[11] WISEMAN G G, KUEBLER J K. Electrocaloric effect in ferroelectric Rochelle salt[J]. Physical Review, 1963, 131(5): 2023.

[12] LAWLESS W, MORROW A. Specific heat and electrocaloric properties of a $SrTiO_3$ ceramic at low temperatures[J]. Ferroelectrics, 1977, 15(1): 159-165.

[13] TUTTLE B, PAYNE D. The effects of microstructure on the electrocaloric properties of $Pb(Zr, Sn, Ti)O_3$ ceramics[J]. Ferroelectrics, 1981, 37(1): 603-606.

[14] MISCHENKO A S, ZHANG Q, SCOTT J F, et al. Giant electrocaloric effect in thin-film $PbZr(0.95)Ti(0.05)O_3$[J]. Science, 2006, 311(5765): 1270-1271.

[15] NEESE B, CHU B J, LU S G, et al. Large electrocaloric effect in ferroelectric polymers near room temperature[J]. Science, 2008, 321(5890): 821-823.

[16] 李子超,施骏业,陈江平,等. 电卡制冷材料与系统发展现状与展望[J]. 制冷学报, 2021, 42(1): 1-13.

[17] GENG W P, LIU Y, MENG X J, et al. Giant negative electrocaloric effect in antiferroelectric La-doped $Pb(ZrTi)O_3$ thin films near room temperature[J]. Advanced Materials, 2015, 27(20): 3165-3169.

[18] PONOMAREVA I, LISENKOV S. Bridging the macroscopic and atomistic descriptions of the electrocaloric effect[J]. Physical Review Letters, 2012, 108(16): 167604.

[19] QIAN X, YANG T, ZHANG T, et al. Anomalous negative electrocaloric effect in a relaxor/normal ferroelectric polymer blend with controlled nano-and meso-dipolar couplings[J]. Applied Physics Letters, 2016, 108(14): 142902.

第 8 章

热释电与电卡材料的应用

第 7 章介绍了热释电效应以及电卡效应的原理和典型材料,本章在此基础上主要介绍热释电与电卡材料的几个具有代表性的实际应用,包括热释电传感、热释电能量收集以及电卡制冷三个方面。

8.1 热释电传感

8.1.1 热释电辐射探测器

在之前的章节介绍过压电材料作为传感器的应用,压电传感器检测的物理量是机械力,而热释电传感器检测的是物体的温度或者热量。图 8-1 所示为不同波长的电磁波以及波长尺寸、频率等特征的对应关系图。除了波长和频率以外,图中还有另一项温度的对应关系。所有温度高于绝对零度的物体都会不断地向外辐射电磁波,辐射的电磁波波长与温度相关。图 8-1 中所示温度与电磁波波长即表示这一对应关系。

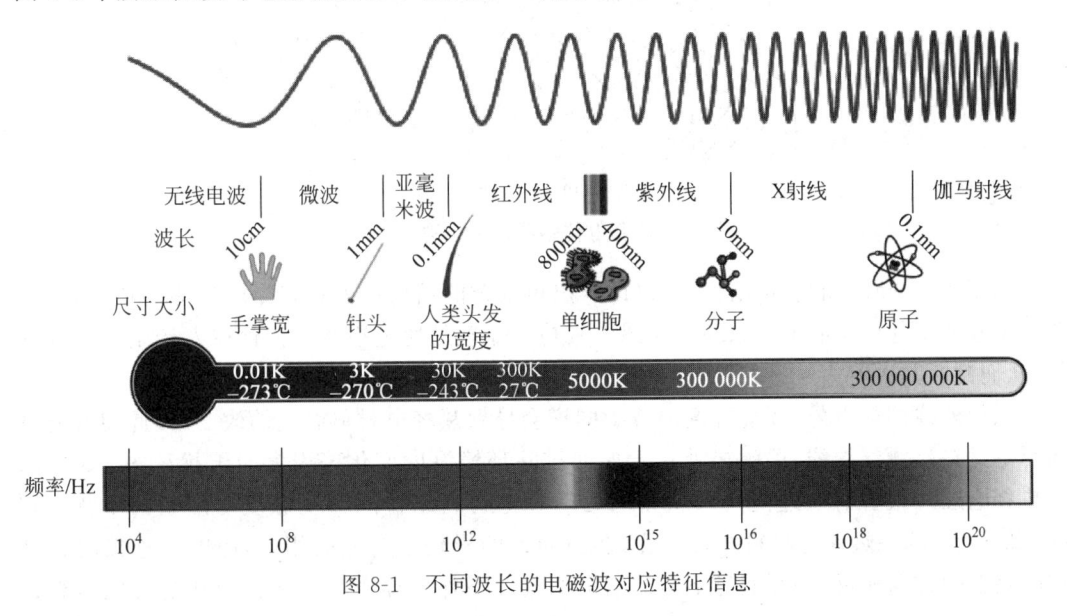

图 8-1 不同波长的电磁波对应特征信息

要辐射出可见光波长范围内的电磁波,所需温度约数千开尔文,我们日常生活中的物体难以达到这一温度,因此向外辐射的电磁波波长往往大于可见光波长,属于红外线(infrared ray, IR)范围内。红外线波长范围很宽,为了进一步区分,按波长范围从小到大依次划分为近红外线(近 IR)、中红外线(中 IR),以及热红外线(热 IR)。近红外线与可见光相邻,其波长范围是 $0.7 \sim 1.3 \mu m$。中红外线的波长范围是 $1.3 \sim 3 \mu m$。近红外线和中红外线可被应用到各种电子设备中,例如遥控器。热红外线占据了红外线光谱中最大的一部分,其波长范围是 $3 \sim 30 \mu m$。热红外线与其他两种红外线的主要区别是,热红外线是由物体发射出来的,而不是从物体上反射出来的。

物体之所以能够发射红外线,是因为其原子发生了某种变化。热能会促使物体中的原子发射出位于热红外线波段中的光子。物体温度越高,释出的红外线光子的波长就越短。如果物体的温度非常高,它发出的光子甚至能进入可见光范围内,从红光开始,随后为橙光、黄光、白光,直至蓝光。例如,被加热到高温的钢铁之所以看起来是红色或橙色,就是因为其温度已经高到使其热辐射的波长进入可见光的范围内。

利用所有物体都不断向外发出红外辐射的这一性质,如果能够准确探测到红外线,也就实现了对物体的探测。由于红外辐射照射到物体上会使物体温度升高,因此可以用热释电材料来检测红外线,其基本结构示意图如图 8-2 所示,最基本的构成为一块热释电材料,上下两面为红外线可穿透的电极,电极连接至电信号的测量处理系统。当外界有红外辐射时,红外线穿透电极照射到热释电材料上,导致其温度升高,因热释电效应发生极化变化,从而测量系统能够检测到电信号。

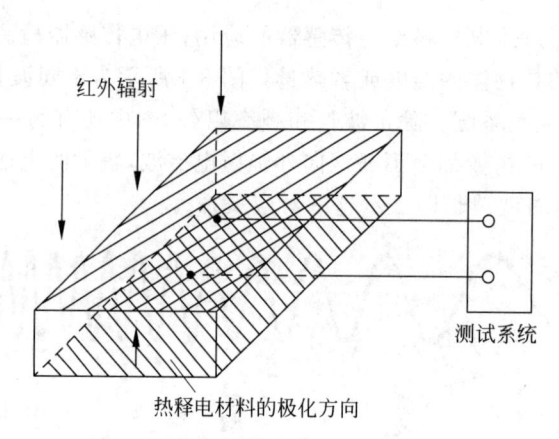

图 8-2 热释电传感器基本结构示意图

基于图 8-2 所示的基本结构,可以设计出更复杂的结构作为具有专门功能的传感器件。图 8-3 为热释电红外报警器原理示意图。其核心原理是通过检测是否存在人产生的红外辐射,从而判断是否有人经过,进而通过连接报警系统来实现报警器的功能。

除红外线照射以外,环境温度的波动同样会导致热释电材料温度的改变,因此想要通过热释电材料检测红外线,关键之处在于如何排除环境温度变化等因素的干扰。图 8-3 所示的热释电红外报警器通过使用两块相同的热释电材料来排除环境温度等因素的干扰。如图 8-3 所示,两块热释电材料并排放置,在空间上的极化取向方向相同,但电路连接时让其在电路上的方向相反,即都通过下方的电极相连。当外界环境温度变化导致热释电材料极

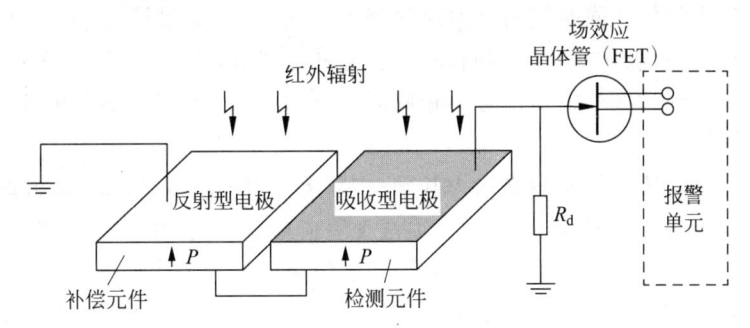

图 8-3 热释电红外报警器原理示意图

化改变时,两块热释电材料的极化将同步发生相同的变化,由于电路上两者极化提供的电压方向相反,因此同时增减相同大小的极化对外电路而言不会产生影响,因此仅外界环境温度变化时不会触发报警。材料上方为检测方向,该方向上可能会有红外线照射。其中一块材料上方的电极为反射型电极,能反射红外线,导致有红外线照射时下方的热释电材料也接收不到红外辐射,温度基本不会变化。另外一块材料上方的电极为吸收型电极,有红外线照射时会将其吸收从而温度上升,下方的热释电材料也会因检测到红外线而温度升高。当外界有红外线照射到报警器上时,由于两块热释电材料温度变化不同,因热释电效应而产生的极化强度变化也不同,外电路上检测到电压发生变化,从而引发报警。这样的设计可以排除环境温度变化的干扰,仅检测是否有红外线照射到热释电材料上。

热释电红外探测器在结构上分类可分为单感应单元、双感应单元和四感应单元,其结构示意图依次如图 8-4 所示。其中单感应单元的结构与图 8-3 中所示类似,由两块极性方向相反的热释电材料串联构成,同时仅其中一块热释电材料用于接收红外辐射,另一块则被遮挡。该结构能够有效抑制环境温度变化的影响,适合需要准确检测红外辐射信号波动的场景,如人体红外辐射信号的检测以及前述提到的报警器场景。

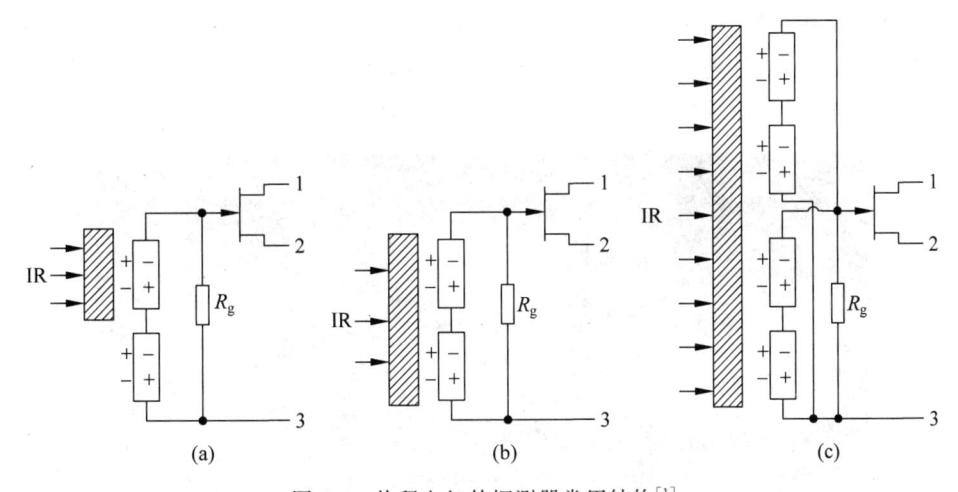

图 8-4 热释电红外探测器常用结构[1]
(a) 单感应单元;(b) 双感应单元;(c) 四感应单元

双感应单元基本结构与单感应单元类似,只不过两块热释电材料都被用于检测红外辐射信号,而没有被遮挡。即两块热释电材料都被用于红外信号感应,因此被称作双感应单元。当外界红外辐射信号同时照射到两块热释电材料上时,如果接收到的红外辐射信号相同,则两块热释电材料极化变化也相同,不会引起外电路电信号的变化。只有当两块热释电材料感应单元接收到的红外辐射信号不相同时,才会引起外电路电信号的变化。这种结构适合用于运动物体的检测。

四感应单元以双感应单元的结构为基础,实际上是将两块双感应单元相并联所构成的,基本原理也与双感应单元相同,只有当每组两个感应单元检测到的红外辐射信号不同时,才会产生相应的电信号变化。这样的结构使得四感应单元具有更多的感应单元以及更大的红外辐射接收面积,相比双感应单元具有更高的灵敏度,适用于对检测灵敏度要求更高的场合。

热释电红外探测器整体器件的核心基本结构通常是将热释电材料元件接入高输入阻抗放大器,其性能与核心的热释电材料的性能息息相关[2]。例如,通常在其他条件不变的情况下,热释电红外探测器的电压响应幅值正比于其隔热条件下电压热释电品质因数 F_V(详见 7.1 节相关内容)。而若后续信号放大器的输入电容较大,热释电材料产生的电流才决定最终输出电压变化,因此输出电压幅值正比于电流热释电品质因数 F_I,往往探测元面积较小时适用这一条件。红外探测器在实际工作的过程中难免受到噪声干扰,当噪声的主要来源是热释电元件自身的介电损耗时,探测器整体探测率(噪声总等效功率的倒数)将与探测热释电品质因数 F_D 成正比。因此,针对具体热释电红外探测器整体结构的不同,对热释电材料性能的要求往往也不尽相同。总的来说,三种热释电品质因数可以概括红外探测器这一应用领域对热释电材料性能的要求[3]。

8.1.2 热释电红外热像仪

利用热释电材料检测红外线的能力,还可以制作热释电红外热像仪。如图 8-5 所示,热释电红外热像仪的基本结构由透镜、热释电红外传感器以及信号处理系统构成。该透镜为专门的红外线聚焦透镜,用于聚焦红外线同时能够阻止其他波长光线通过。外界不同物体由于温度不同,发出的红外线波长也不同,通过中间的红外传感器进行检测后可将红外信号转变为电信号,再经过后续信号分析处理即可得到红外图像。

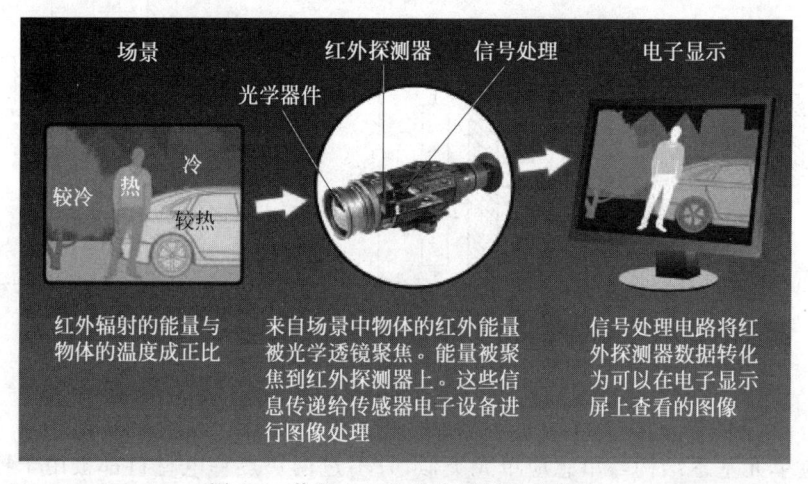

图 8-5 热释电红外热像仪原理示意图

红外热像仪的核心组件是其中的红外传感器,也称红外探测器。按照工作条件的不同,可以将红外探测器分为制冷型和非制冷型两种类型[4]。目前应用最广泛的碲镉汞(MCT)、锑化铟(InSb)等半导体材料制成的红外探测器,这些都属于制冷型。虽然制冷型红外探测器具有性能好、分辨率高、探测距离远等优点,但要实现这些目标,都需要昂贵的制冷设备来降低其暗电流噪声,导致整个系统价格昂贵并且占用空间大、使用成本高。不同于需要制冷的红外探测器类型,非制冷型的探测器不需要专门的制冷装置,可以直接在室温及附近工作,同时其体积、重量和成本相比制冷型都得到明显降低。非制冷型红外探测器的这些优势,使得其在军用、商业等领域都有广泛的应用。随着近年非制冷红外探测器技术的发展,非制冷红外探测器性能也在不断提升,应用范围也越来越广,甚至可以在一些应用场合替代制冷型的红外探测器。

从发展历程的角度看,红外探测器一直沿着两条路径进行,分别是光量子型红外探测器和热型红外探测器[5]。光量子型红外探测器往往要求在极低温制冷条件下工作,而热型红外探测器没有这种限制。但光量子型相关技术的发展和成熟要比热型更早,原因是半导体器件技术、集成电路技术、薄膜材料制备技术等热型红外探测器所需的关键技术突破在光量子型之后。所谓光量子型红外探测器,是基于光子探测原理,其核心是检测入射红外光子在探测用材料中激发产生的电荷载流子。当入射红外光子在某一波段被探测材料吸收,就会产生与入射红外辐射强度成正比的电信号,从而被后续信号处理模块分析。由于在温度较高的情况下,探测材料固有的热激发效应增强,导致产生的电信号噪声大幅增大,分辨率大幅下降。因此,采用光量子型红外探测器,想要获得好的探测效果,必须在制冷条件下进行。而想要突破低温条件下的限制,必须采用热型红外探测器,热释电红外探测器正是其中一种。

第一代红外探测器多采用单元探测器成像,灵敏度低且结构复杂、笨重,探测元个数有限。第二、三代红外探测器的标志性技术之一便是采用阵列形式,实现巨量的探测元个数,并且与读出电路直接连接并集成在一起,构成所谓焦平面阵列。焦平面阵列利用读出电路可以将探测器信号直接转化成可处理的图像信号,并且一块焦平面阵列芯片只需一根信号线就能将图像信号传输到之后的信号处理模块中,大幅简化了整体红外探测器的结构设计[6]。

按照工作原理和使用材料类型的不同,目前已实现一定规模商业化应用的非制冷红外探测器主要可以分为如下几种类型:热释电型探测器、热电堆型探测器以及微测辐射热计型(又称Bolometer型)探测器等。热电堆型探测器利用塞贝克原理[7],当目标温度与环境温度之间存在差异时,传感器输出与这一温度差相对应的电压,从而可计算并输出目标温度。其特点是分辨率相对较低,但成本低且易于集成,因此一些对于图像分辨率要求不高的场景,例如非接触式人体测温等多使用热电堆型红外探测器。Bolometer型探测器由于能够很好兼容半导体制造工艺,因此适合大规模集成生产,成为目前红外测温领域的主流技术路径。Bolometer型探测器的核心器件是热敏电阻[8],将红外辐射吸收转化为热敏电阻的温度变化,引起其电阻值发生改变,最终输出为电压或电流等电信号。由于热敏电阻对于温度变化十分敏感,因此在器件的封装、制造、设计等方面,需要想办法排除器件所处环境温度变化对其红外测量结果的影响。例如早期的Bolometer型探测器都需要额外的半导体制冷器件来保持其核心热敏电阻部分的温度稳定,之后也有研究通过设计补偿电路来抑制温度漂移的影响。

除了以上提到的热电堆型探测器和 Bolometer 型探测器,还有如 SOI 二极管型非制冷型探测器、InGaAs 短波红外探测器以及一些其他新型非制冷红外探测器技术。但目前较为成熟的技术中,热释电红外探测器的探测效率是最突出的,并且其响应频率宽、响应速度快,具有独特的优势[9]。热释电红外探测器不需要制冷,因此省去了制冷设备,这就使得热释电红外探测器制作成本低、结构紧凑、体积小巧、携带方便;而对各个波段的波长都有响应的特性,使得热释电探测器具有很高的通用性;热释电的敏感元是一个纯电容型的输出阻抗,可以有效控制器件的噪声带宽。

如今,热释电红外成像仪已经得到了充分发展,也不再局限于高端领域,在各种民用场景也都能够见到。某些高级轿车拥有夜视辅助系统,在晚上光线较差的环境下,利用热释电红外成像仪,为司机提供比肉眼直接观察更加清晰的道路图像,能够辅助驾驶。在医疗领域,可用于非接触式的医疗诊断,判断病人身体各部分的温度是否正常,如图 8-6 所示。

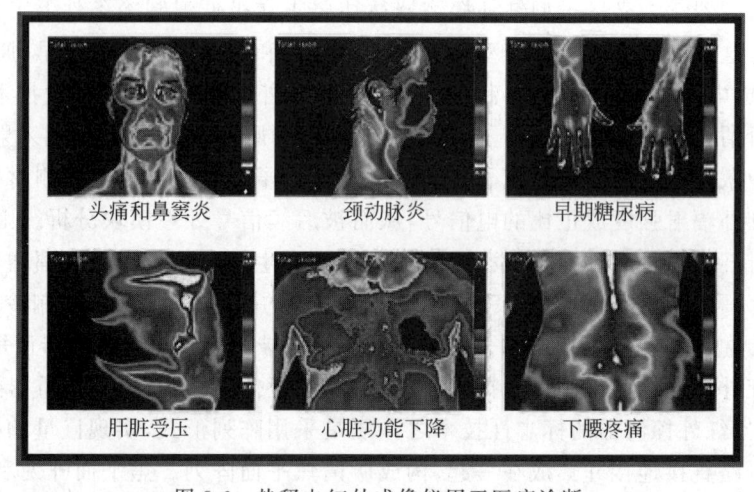

图 8-6 热释电红外成像仪用于医疗诊断

另外,在工业诊断领域,热释电红外成像技术也有广泛应用。例如某些设备在正常工作时温度在一定的小范围内波动,但如果出现故障,其温度可能超出这一正常范围。通过检测设备温度,可以判断设备是否出现故障。采用接触式温度测量方式效率低下,而采用热释电红外成像仪这种非接触式方式,能够简单、快速完成温度检测,并准确定位设备具体故障的位置。如图 8-7 所示,利用红外图像能够明显看出右侧绝缘子串温度比左侧要高出很多,说明该绝缘子串可能发生故障。

图 8-7 热释电红外成像仪用于工业诊断

8.2 热释电能量收集

8.2.1 热释电能量收集原理与循环模式

除传感红外辐射信号以外,热释电材料的另一大应用领域是能量收集,即,实现热能到电能的转化。温度变化能够改变热释电材料的极化,从而产生电流,那么采取某些方法将这些产生的电流收集储存起来,就达到了能量收集的目的。

在能量收集技术领域,主要关注两个方面的问题:其一是能量转换效率,如果效率太低则没有实际应用的价值;其二是实现能量转化的方法,这也是设计过程中最关心的部分,关系到最终能量收集器件具体的实际结构以及应用场景。

在进一步讨论能量收集器件的效率以及能量转换方法之前,有必要先介绍热力学第二定律以及卡诺热机的相关概念。如果想要把功转换成热,这是一件很容易的事情,最简单的例子如摩擦生热,就能够把全部的功都转换成热且不产生其他影响。而相反,若要把热转换成功,就不可能实现百分之百的转化效率,必须伴随着热量从高温物体(热源)向低温物体(散热器)的耗散。图 8-8 所示为典型的卡诺热机示意图。若想要把热量转化成功,需要向高温物体吸收热量,记作 Q_H,而转化输出的功记作 W,在这一过程中必然有 $W<Q_H$,因为热机在吸收热量的同时,不可避免地要向低温物体放出一部分热量 Q_C,即最终转化的功 $W=Q_H-Q_C$。这也是热力学第二定律的一种典型表述方式:"不可能从单一热源取热,把它全部变为功而不产生其他任何影响"。

热力学常常以理想气体作为理论研究对象,这里同样来研究一个经典的理想气体卡诺循环(Carnot cycle)过程,来辅助说明上述卡诺热机的相关概念。图 8-9 所示为理想气体卡诺循环过程示意图,横坐标为气体体积,纵坐标为气体压强。理想气体经历两个等温过程(温度不变,与外界发生热量交换)以及两个绝热过程(不与外界发生热量交换,但温度会改变)完成一次循环,对外做功。

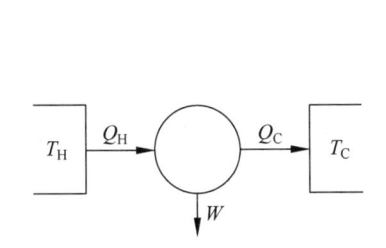

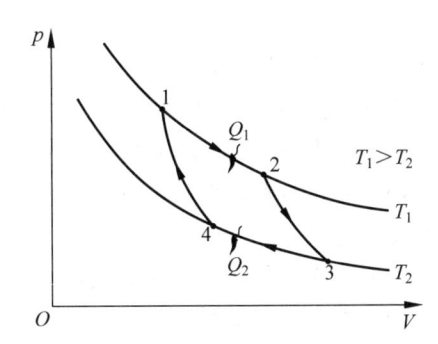

图 8-8 典型卡诺热机示意图　　图 8-9 理想气体卡诺循环过程示意图

理想气体的初始状态在图 8-9 中点 1 位置处。首先,理想气体经历一次等温过程,并从高温物体吸收热量,体积增大,压强减小,到达图中点 2 位置。然后经历一次绝热过程,温度下降,同时体积继续增大,压强继续减小到达点 3 位置。之后再经历一次等温过程,同时对低温物体放出热量,体积减小,压强增大,到达点 4 位置。最后再经历一次绝热过程,体积减

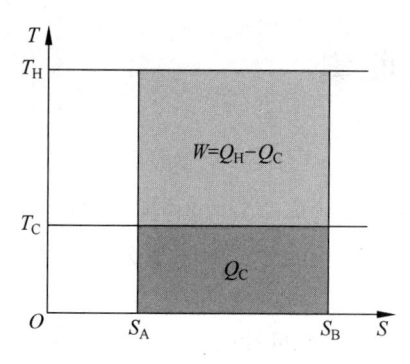

图 8-10 理想气体卡诺循环温度-熵示意图

小,压强增大,回到初始状态,完成一次循环。其中,体积增大的过程可以看作是对外界做功,而体积减小的过程可以看作是外界对理想气体做功,其差值便是一次循环过程净输出的机械功。

进一步分析可参照图 8-10,该图仍为理想气体的卡诺循环过程,只不过横、纵坐标分别表示熵以及温度。等温过程中温度不变,因此图中为水平线,而绝热过程中不与外界热交换,是孤立系统,熵不变,因此在图中为竖直线,整个卡诺循环的过程为中间的一个矩形,循环方向与图 8-9 一致,均为顺时针方向,矩形左上角的点对应图 8-9 中的点 1。

根据热力学相关定律,整个循环对外净输出的机械功 W 可按下式计算:

$$W = \oint P \mathrm{d}V = \oint T \mathrm{d}S = (T_H - T_C)(S_B - S_A) \tag{8.1}$$

即图 8-10 中上方由 $T=T_H$、$T=T_C$、$S=S_A$ 和 $S=S_B$ 所围成的矩形面积就是整个循环过程中对外净输出的机械功 W。而从高温物体吸收的热量 Q_H 以及向低温物体放出的热量 Q_C 分别可按下两式计算:

$$Q_H = \int T_H \mathrm{d}S = T_H(S_B - S_A) \tag{8.2}$$

$$Q_C = \int T_C \mathrm{d}S = T_C(S_B - S_A) \tag{8.3}$$

即图 8-10 中下方由 $T=T_C$、$T=0$、$S=S_A$ 和 $S=S_B$ 所围成的矩形的面积为向低温物体放出的热量 Q_C,而从高温物体吸收的热量 Q_H 是上述两矩形面积之和。而由于低温物体无论如何都必须存在,热机循环过程中也一定会对其放热,因此 Q_C 的产生不可避免。这一部分能量并没有得到有效转换,可以看作损耗,因此整体循环的效率可按下式进行计算:

$$\eta_{\text{carnot}} = \frac{W}{Q_H} = 1 - \frac{Q_C}{Q_H} = 1 - \frac{T_C}{T_H} \tag{8.4}$$

式(8.4)所计算得到的效率 η_{carnot} 便是热机效率的理论上限,由于热力学第二定律的存在,任何实际热机的效率都不可能超过这一理论上限。根据以上分析,这一理论上限仅取决于 T_C 和 T_H,即低温物体和高温物体的温度。例如,若高温物体温度为 1000K,而低温物体温度 300K,那么热机效率的理论上限便为 70%,即工作在这一条件下的热机,其效率不可能达到或超过 70%。

一般燃油汽车用汽缸内燃机的温度上限为 2300K,汽缸壁的低温温度范围为 420~670K,那么根据式(8.4),燃油汽车用汽缸内燃机的效率上限约为 70%~80%。但实际上目前汽车发动机用内燃机最先进的技术也只能达到 30%~40%的效率,远远低于其理论效率上限。这是因为实际的内燃机等热机在工作时还会伴随各种损耗,如机械摩擦、空气阻力等,导致最终效率远达不到根据式(8.4)计算的理论上限。无论怎样改进设计,也只能接近这一上限,而绝不可能超过它。

想要用热释电材料实现能量收集,该采用何种循环方式是需要深入研究的问题。最容易想到的是套用热机常用的卡诺循环方式,如图 8-11 所示,同样经历两次等温过程以及两次绝热过程。热释电材料首先保持与散热器的接触,通过一次等温过程使 E 增大,达到点 2 状态。然后通过一次绝热过程,E 继续增大,而温度也上升,达到点 3 状态。之后与高温物体保持接触,经历一次等温过程,E 减小,到达点 4 状态。最后再经历一次绝热过程,E 继续减小回到初始状态,完成一次卡诺循环。

热释电材料在一次循环过程中能够收集电能的能量密度 N_d 可按照下式计算:

$$N_d = \oint E \mathrm{d}D \tag{8.5}$$

根据式(8.5),类似理想气体的分析,图 8-11 中曲线围成的面积可以看作正比于转化成的电能大小,而左侧曲线沿纵轴的积分面积可以看作损耗掉的部分。虽然卡诺循环仍拥有式(8.4)计算所得的理论上最高的效率上限,但实际应用时由于热释电材料目前性能的种种限制,其每次循环所能够输出的电功率过低,因此一般都不采用卡诺循环作为热释电能量收集的能量转换方式。

考虑实际应用以及提高输出的电功率密度,将热释电材料与电阻、电源或二极管等元件连接,得到如图 8-12 所示的电阻循环(resistive cycle)以及双二极管循环(two-diode cycle)模式[11]。

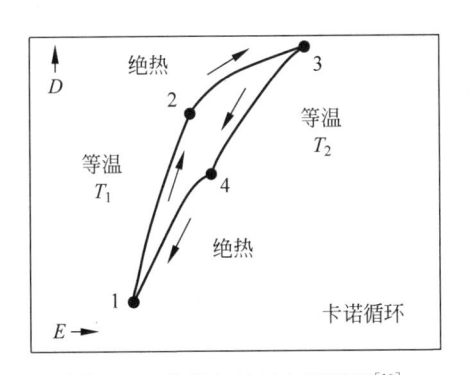

图 8-11 热释电材料卡诺循环[10]

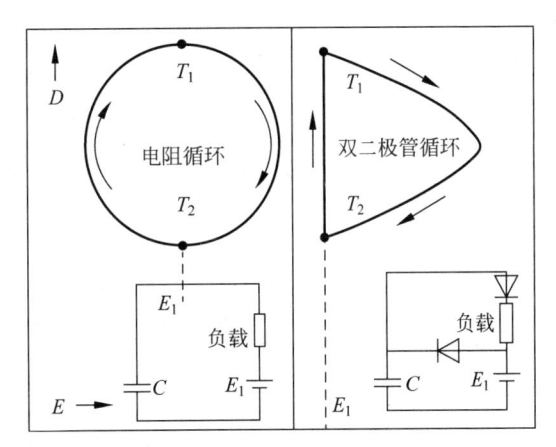

图 8-12 热释电材料电阻循环以及双二极管循环[10]

在电阻循环的一次循环过程中,将热释电材料(图中以电容 C 表示)交替与高温热源和散热器相结合即可实现,此时负载电阻上会通过交流电流。当负载电阻大小与热释电交替产生的交流电流频率、热释电材料自身电容等参数相匹配时,可以在负载电阻上获得相对较大的电输出功率。若不希望负载电阻通过交流电流,可选用双二极管循环,过程与电阻循环一致,只是在其基础上增加两个二极管使得负载电阻上仅通过单向电流。但采用单纯的电阻循环这种方式,有一个重大的缺陷,即能量转化效率极低。表 8-1 列出了一些常见的热释电材料的相关性能参数和工作条件,以及用于电阻循环时产生的电功率密度和能量转换效率,可见其实际效率仅为卡诺效率上限的 1% 甚至 1‰ 这一数量级。而由于电路工作条件的限制,温度上下限差距远不如内燃机等传统热机的差距大,因此卡诺效率就只有约 2%~3%,那么实际总的能量转换效率只有 1/10 000 左右的量级。与卡诺循环相比,基于电阻循环的能量收集效率较小,但是其可在较宽的温度区间内使用,并能通过外电路为设备供能,操作简单,被广泛应用于热释电能量收集。

表 8-1 热释电材料电阻循环相关数据[10]

材　料	类　型	$p/(\mu C \cdot m^{-2} \cdot K^{-1})$	ε_r	$c'/(MJ \cdot m^{-3} \cdot K^{-1})$	$T/℃$	$W_{cycle}/(kJ \cdot m^{-3})$	$\eta_{Carnot}^*/\%$	$(\eta_{Res}/\eta_{Carnot})/\%$
LiTaO$_3$	单晶	230	54	3.2	100	8.7	2.6	0.81
0.72PMN-0.28PT	单晶(111)	1071	660	2.5	75	15.4	2.8	1.85
PZFNTU	陶瓷	380	290	2.5	100	4.4	2.6	0.53
PZT30/70-0.01Mn	氧化物薄膜	300	380	2.5	100	2.1	2.6	0.25
PVDF	聚合物薄膜	30	11	2.5	37	0.7	3.2	0.09
P(VDF-TrFE)60/40	聚合物薄膜	45	29	2.3	77	0.6	2.8	0.08

为了提高能量转换效率,在电阻循环的基础上做进一步改进,得到斯特林循环(Stirling cycle),如图 8-13 所示。斯特林循环与电阻循环相比,在电路结构上仅仅多增加了一个开关,在循环过程中的固定时刻打开或闭合。

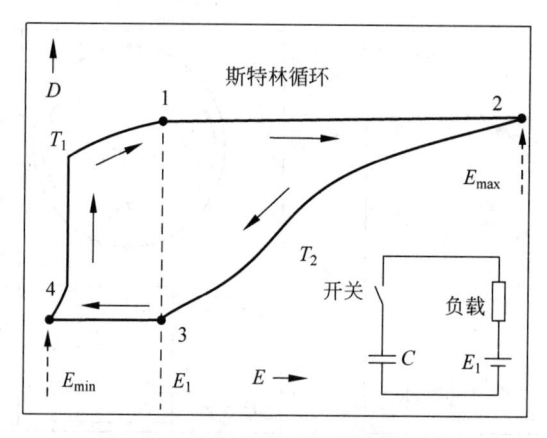

图 8-13 热释电材料斯特林循环[10]

初始状态下,开关闭合,右侧电源给热释电材料(即图 8-13 中电容 C)充电,直至其电压与电源电压相等,此时电场记为 E_1,对应图 8-13 上的点 1 位置。之后断开开关,同时将热释电材料与高温热源接触,使其温度由 T_1 上升至 T_2,这一过程中,由于开关断开,电荷无法从热释电材料上离开,因此其电位移 D 不变,但此时其相对介电常数随着温度升高而减小,导致电场强度增大。从电路的角度,也可理解为电容上的电荷不变,但电容值减小,因此电压增大。最终热释电材料温度升高到与高温热源温度相同时电场强度到达某一最高点,记为 E_{max},即图中点 2 位置处。此时开关闭合,由于热释电材料两端电压此时大于右侧电源电压,因此对电源放电,电场强度下降恢复至 E_1,即到达图中点 3 位置处。之后再次断开开关,同时将热释电材料与散热器接触,使其温度下降,与之前由状态 1 到状态 2 过程类似但方向相反,材料的电位移不变但电场强度下降,到达点 4 位置。最后再闭合开关,电源对电容充电,恢复到初始状态 1 位置,完成一次循环。

热释电材料的上述循环与理想气体的斯特林循环过程类似,包含两段等电位移过程(类比理想气体斯特林循环中两段等容过程)。根据热力学的相关分析,斯特林循环的理论效率上限与卡诺循环一致,均为式(8.4)所列形式,仅与高温热源和散热器的温度相关。但在热机实际实现过程中,斯特林循环的等容过程对于隔热条件的要求较高,不易实现,因此实际效率往往要比卡诺循环更低。对于热释电材料的斯特林循环来说,断开开关即可相对有效地实现对电荷通路的隔离,相比理想气体的等容过程更易实现。因此,理论上热释电材料斯特林循环能够取得与卡诺循环相近的能量转换效率。

早在1962年,就有研究以钛酸钡为例分析了其在斯特林循环以及卡诺循环下的能量转换效率[12],高温热源温度为150℃,略高于其居里温度(120℃)。结果发现,斯特林循环的效率仅有约0.5%,而卡诺循环的效率有7.1%,两者有着相当大的差距。经过一系列的研究分析指出,限制热释电材料各种循环效率的有两个主要问题:实现循环往往需要将热释电材料交替连接到高温热源与散热器并等待材料吸收或放出热量,这些过程中难免伴随热量的损失;受材料击穿场强限制,电场强度无法施加过高。之后,检验多种不同的热释电材料发现,其循环的能量转换效率都低于理论的卡诺效率,且均为0.5%左右[13]。能量转换效率的主要限制因素是提高晶格温度所需的能量几乎总是比破坏部分极化所需的能量大得多,从材料理论上循环效率就受到限制。1985年,研究指出,图8-13所示的斯特林循环的类型需要使用蓄热器来最小化不可逆的热流,这是所有使用这些类似循环过程的热机的一个基本特征[14]。

为了继续改进热释电材料的循环性能,Olsen及其合作研究者等提出了如图8-14所示的奥尔森循环(Olsen cycle,也称Ericsson cycle,即埃里克森循环)。其电路结构与电阻循环类似,但所用的电源为电压可调节电源,可在低电压状态以及高电压状态间切换,从而能够使材料电场强度在E_1与E_2两者间切换。

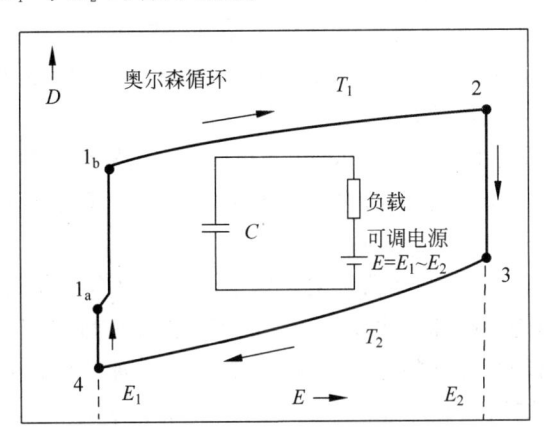

图8-14 热释电材料奥尔森循环[10]

进行奥尔森循环时,热释电材料初始位置如图8-14的点1_a位置处,电源为低电压状态,热释电材料电场强度为E_1,电压此时与电源电压大小相同。将热释电材料保持与散热器接触,同时将电源电压切换为高电压状态,使热释电材料的电场强度升高至E_2,这一过程中经过点1_b(点1_a到点1_b的过程表示此时可能发生的电场诱导铁电相变过程,不影响整体循环过程分析)并最终到达点2位置。之后电源电压保持高电压状态不变,将热释电材料与高温热源接触,使其温度升高至T_2,在这一过程中由于热释电效应,材料的极化减弱,电位移下降,但由于仍与电源保持连接,因此电场强度不变,到达点3位置。保持热释电材料与高温热源的接触,将电源切换为低电压状态,热释电材料放电,电场强度下降,到达点 4 位置。最后将热释电材料与散热器接触,电源电压保持低电压状态不变,热释电材料极化增强,恢复到图中点 1ₐ 初始位置,完成一次循环。

奥尔森循环过程还可用图 8-15 所示的电滞回线图的方式来描述,更加易于理解其本质。温度一定的条件下,改变材料所受电场,其极化变化在 D-E 坐标图上将沿着电滞回线移动。高温情况下电滞回线的高度要比低温情况下更低,那么只要在点 2 状态下升高温度,将电滞回线的高度下移,再降低电场就可以沿着更低的电滞回线位置移动到点 4,之后再降低温度就能恢复到点 1 所在的电滞回线位置。循环过程中四段曲线围成的面积即可看作是一次循环产生的电能能量密度。不难看出,要想获得更大的能量密度,即要想增大

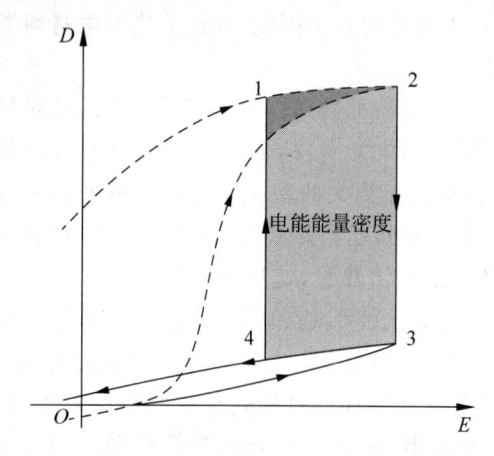

图 8-15 电滞回线描述热释电材料奥尔森循环

上述曲线围成的面积,可以从增大其宽度或高度两方面入手。增大其宽度意味着电场强度的跨度更大,主要限制因素是材料的击穿场强。增大其高度意味着两组电滞回线的差距更大,最直接的办法就是增大温度跨度,对材料工作温度范围的大小有要求。但一味追求单次循环产生的能量密度不一定代表能增大整体功率,因为还需考虑一次循环所用的时间,或循环的频率,只有综合考虑这些因素才能得到足够的功率密度。

图 8-15 所示的电滞回线图还有表征材料热释电收集能量大小的用途。热释电材料能量收集的大小通常有两种表征手段,一种是直接法,即通过构建实际的温度变化环境,以及搭建实际的热释电能量收集器件,通过实验手段直接测试在一次循环过程中器件收集到的电能。另一种是间接法,则主要依据奥尔森循环的理论,测量材料在两组给定工作温度下的电滞回线。按照图 8-15 所示的电滞回线图中奥尔森循环曲线所围成的面积来评价热释电材料能量收集性能,并不直接进行相应循环的实验测试。直接法主要用于评估热释电能量收集器件的相关设计是否合适,间接法则主要用于评价材料本身的能量收集性能。

计算各种循环的理论效率和一次循环产生的理论能量密度发现,对于奥尔森循环,由于材料在高电场下表现出较高程度的非线性,难以直接计算列出其效率或单次循环产生能量密度的表达式,但可以使用过程中电卡效应热量 Q_{ECE} 来表示[15]。电卡效应热量计算公式为

$$Q_{ECE} = T_2 \int_{E_1}^{E_2} p \, dE \qquad (8.6)$$

据此可计算热释电材料一次奥尔森循环过程产生的能量密度 W_{cycle} 及其效率 η_{Olsen} 与卡诺效率 η_{Carnot} 之比,分别如下两式所示:

$$W_{cycle} = -\eta_{Carnot} Q_{ECE} \qquad (8.7)$$

$$\frac{\eta_{Olsen}}{\eta_{Carnot}} = \frac{Q_{ECE}}{c'(T_2 - T_1) + Q_{ECE}} \qquad (8.8)$$

式中,c' 代表热释电材料比热容;T_1、T_2 分别代表散热器以及高温热源的温度。从中可以

看出，要提高热释电材料奥尔森循环能量收集的效率，从材料角度，具有更高电卡效应性能的材料或许更有优势。

一些典型的热释电材料奥尔森循环的相关数据如表 8-2 所示。从表中数据可以看出，奥尔森循环的效率较高，最高的 P(VDF-TrFE-CFE) 三元共聚物可以达到卡诺循环的约 70% 以上，远高于之前所述的电阻循环的效率。正因其效率高，并且循环过程简单易于实现，奥尔森循环也成为目前使用最多的热释电材料能量收集的循环方式。

表 8-2 典型热释电材料奥尔森循环相关数据[10]

材料	类型	Q_{ECE}/(MJ·m^{-3})	E_1/(MV·m^{-1})	c'/(MJ·m^{-3}·K^{-1})	T/℃	W_{cycle}/(kJ·m^{-3})	η_{Carnot}/%	(η_{Olsen}/η_{Carnot})/%
0.95PST-0.05PSS	陶瓷	4.2	2.5	2.5	−5	154	3.7	14
0.90PMN-0.1PT	陶瓷	1.4	3.5	2.5	30	45	3.2	5
0.75PMN-0.25PT	单晶(111)	3.2	2.5	2.5	75	91	2.8	11
0.75PMN-0.25PT	氧化物薄膜	15	90	2.5	100	397	2.6	38
PZT95/5	氧化物薄膜	31	78	2.5	220	631	2.0	56
P(VDF-TrFE)55/45	聚合物薄膜	38	200	2.3	37	1206	3.2	62
P(VDF-TrFE-CFE)	聚合物薄膜	61	350	2.3	77	1718	2.8	73

8.2.2 热释电能量收集器件

热释电材料可被用于废热管理和收集，在提高传统能源利用系统的效率方面显示出了巨大的潜力。将不同类型的热能直接转化为电能，为直接驱动小型电子产品提供了一个很有前途的解决方案。热释电能量收集器件就有助于实现这样的热能到电能的能量转化。

图 8-16 所示为一个钛酸钡薄膜热释电能量收集器件的结构示意图。中间红色部分为钛酸钡薄膜，厚度约 200nm，整体是一个体积很小的器件，最下面蓝色部分为二氧化硅衬

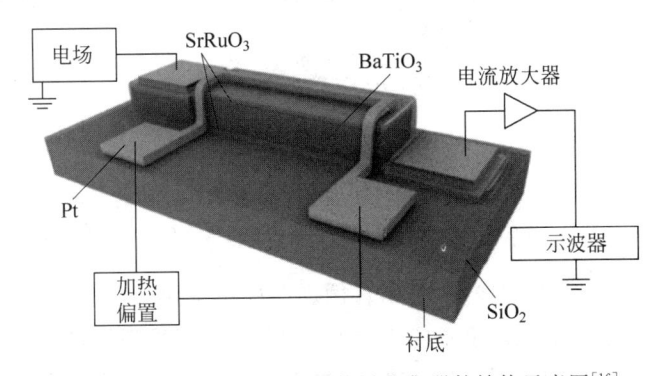

图 8-16 钛酸钡薄膜热释电能量收集器件结构示意图[16]

底。钛酸钡上、下表面连接的 SrRuO₃ 是一种导电氧化物薄膜,此处用作钛酸钡薄膜的电极,上端接电压输入,下端接地,并通过电流放大器以及示波器来观察钛酸钡薄膜产生的电信号变化。此外在薄膜的上端,搭接了一根铂金属丝,并可通过外电路对这根铂金属丝进行通电加热,来控制钛酸钡薄膜的温度变化。

这种结构下,对于热释电材料钛酸钡的电场施加以及温度变化都是可控的,因此能够用于实现以上所述的各种循环,如奥尔森循环。通过外加电场的改变来实现奥尔森循环中的可调电源,通过铂金属丝的通电或断电来模拟高温热源与散热器,能够简单地实现奥尔森循环所需的各种功能。配合好电场以及温度的变化节奏达成循环后,就能够产生电能,实现能量收集了。

循环的频率、电场的变化范围以及温度的变化范围三者相互关联,并且共同决定了循环过程的能量转换效率以及产生能量的功率大小。图 8-17 所示为上述器件的实际测量结果,展示了这三个条件分别改变时对奥尔森循环状态的影响,图(a)~(c)改变的条件分别为电场变化范围、温度条件以及循环频率,在其中一个条件改变时,另外两个条件保持不变,以控制变量。

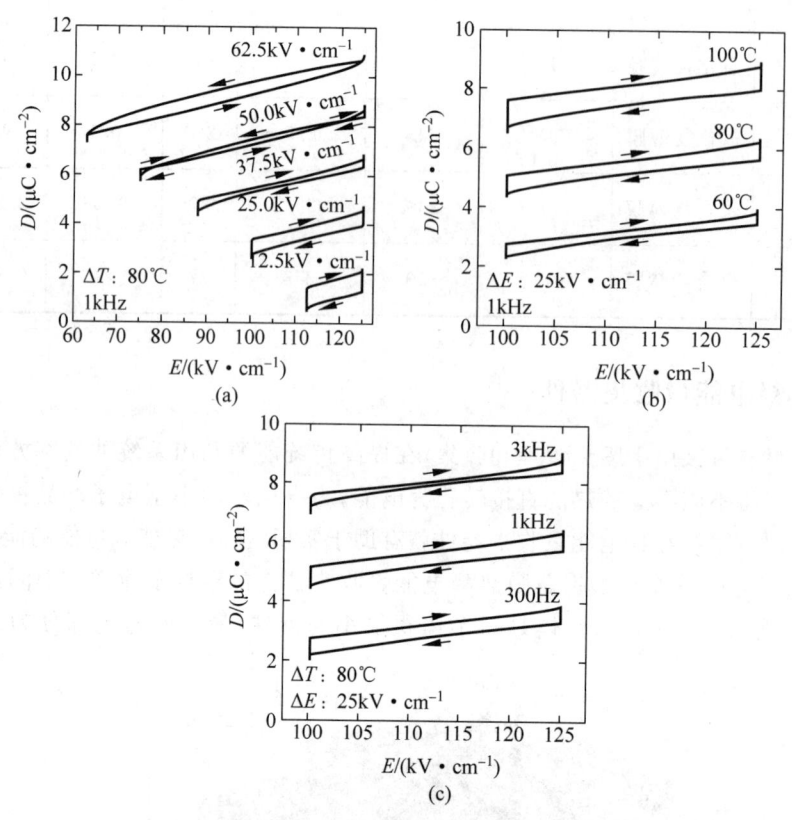

图 8-17 不同条件对钛酸钡热释电奥尔森循环的影响
(a) 不同电场强度变化范围 ΔE;(b) 不同温度变化范围 ΔT;(c) 不同循环频率 f

可以看到,随着电场宽度的增加,奥尔森循环在 D-E 图像中的宽度也随之增加,但纵向的高度却随之减小。电场变化幅度不能无限制增大,一方面受到材料自身击穿场强的限制,电场强度的最大值有一定的上限。另一方面,由于实际电介质并非理想电介质,或多或少都会有一定的损耗,电场强度越高泄漏电流产生焦耳热带来的损耗也就越高,因此电场强度并不是越高越好。例如图中电场强度变化范围为 37.5kV·cm^{-1} 时虽然循环曲线的横向宽度比 25kV·cm^{-1} 时更大,但整体面积反而更小。甚至到 50kV·cm^{-1} 时,循环曲线方向变为逆时针方向,此时循环并不能产生能量,反而消耗能量。从图 8-17(b)中可以看出,随着温度变化范围的增大,循环曲线的高度也逐渐增大,围成的面积也随之增大。同样,温度变化范围也不能无限制增大,因为材料本身有一定的耐温区间限制,温度超出这一范围则材料无法正常工作。最后是循环频率,当单次循环收集的能量基本不变的情况下,显然循环频率越高则整体能量收集的功率越大。如图 8-17(c)中 1kHz 时的功率显然比 300Hz 时的功率要更大,因为两者面积基本一致,但 1kHz 的频率比 300Hz 多数倍。但频率继续升高到例如 3kHz 时,由于材料吸热以及放热的过程需要时间,当频率过高时材料难以在循环时间内温度从高温热源温度改变至散热器温度,从而即使热源温度不变,实际的温度变化区间也会变窄,导致循环曲线的高度变小,从而降低单次循环收集的能量,总体的能量收集功率也不一定更高。因此,在保证材料热交换时间充足的情况下,尽可能提高循环频率能够提高能量收集功率。当材料热交换速度跟不上电场循环速度时,继续提升循环频率不一定能提高能量收集功率。

除电场、温度、频率这些外加条件以外,选用不同的材料也会得到不同性能的热释电能量收集器件。例如使用锆钛酸铅镧 PLZT 陶瓷材料,通过优化其组成比例,能够得到最大约 1013J·L^{-1} 的能量密度以及约 47.8W·L^{-1} 的功率密度[17],这一功率基本能够实现如照明等简单的用电需求。

使用热释电聚合物同样能够实现良好的能量收集性能。如 P(VDF-TrFE),组分比例为商业常用的 60/40 时,能够实现最大约 58W·L^{-1} 的功率密度[18]。可见在能量密度或功率密度的角度,无机材料和有机材料之间尚无明显的差异。

从实际应用的角度,热释电能量收集器件有着广泛的应用范围,如生物力学能量收集、自供电智能传感器、医疗保健设备和余热回收系统等。由于热释电能量收集器件能够从温度振荡中获取能量,因此是一种很有前景的可持续和自主能源生产的应用。

人体在呼吸过程中会呼出温度较高的气体以及水分,由于水的高比热容,呼吸过程呼出的气体能够提供的热量也较高,如果能够将这些废热利用,呼吸就能作为一种独特的且有潜力的能量收集来源。例如,将 PVDF 基的热释电能量收集器件集成到口罩上能够实现对人体呼吸过程废热的能量收集[19]。环境温度约 5℃的情况下,口罩集成热释电能量收集器件的温度在 21.5～33.5℃之间变化,输出电压变化范围为 −24～42V,通过二极管整流电路对电容充电实现电能的储存。此外,还通过实际实验如连接小型 LED 等方式证明了口罩集成热释电能量收集器件具备一定程度的带动负载的能力。这种设计有望用于专用的医用口罩上,从而实现对病人的健康监测器件等的自动供电,或者用于某些便携设备的自主供电系统。

水的蒸发和凝结过程都伴随着大量的热量交换,因此也是优质的废热能量来源。使用 PVDF 以及 P(VDF-TrFE)的聚合物共混物热释电材料进行能量收集,利用其自支撑性能制作成水杯的杯盖,也是一种热释电能量收集器件[20]。水杯内装有热水时,热水自发蒸发形成的水蒸气与杯盖上的热释电能量收集器件接触时,凝结成水珠并放出热量,而当这些水珠蒸发时,又吸收热量,形成了自发的温度变化循环的环境。该热释电能量收集器件能够实

现最高约 $1.47\mu W \cdot cm^{-3}$ 的功率密度,为日常生活以及工业生产中蒸汽废热的能量收集提供了一种新的思路。

8.3 电卡制冷

8.3.1 电卡制冷原理与循环模式

目前的压缩气体制冷技术并非理想的制冷方式,还存在制冷功率密度低、能耗高的问题。电卡制冷技术是一项很有发展前景的替代技术。

在介绍电卡制冷之前,先要介绍与制冷技术相关的一个重要概念,即制冷功率密度。所谓制冷功率密度,指的是单位体积(或质量)的制冷设备所能够产生的制冷功率。制冷设备领域常用的制冷功率单位除了通用的瓦(W)以外就是匹,这一单位在空调中常常使用。以空调为例,用作表示输入功率大小时,1 匹的输入功率大小相当于 735W,这通常包括压缩机、风扇电机及电控等部分,即消耗的电能功率。而用于描述制冷量时,1 匹输入功率的压缩气体技术空调对应产生的制冷量约 2324W,即将热量搬运的功率。综上,空调领域常说的 1 匹的意思就是 735W 的输入功率以及约 2324W 的制冷功率。

需要指出,空调的制冷量与一般意义上的输出功率不是一样的概念。绝大多数设备的输出功率描述的是单位时间内由输入能量转化而成的有效输出能量的大小,如电动机的输出功率指的是单位时间内电能转化成的有效机械能的大小。而制冷量与之不同,并不是描述由输入电能转化而来的某种能量大小,否则仅仅 735W 的输入功率却得到了 2324W 的能量就违反了能量守恒定律。空调的制冷量不是产生的能量功率,只是描述热量搬运的速度,即空调并不产生能量,只是实现能量的搬运,例如夏天时将室内的热量搬运到室外。由于热力学第二定律,热量不会自发地从低温物体流向高温物体,因此上述的热量搬运过程必须消耗额外的能量才能实现,这一过程消耗的能量往往转化为废热的形式,并且能够实现搬运能量的功率大于消耗能量的功率。

下面以 2 匹的家用空调为例来简要描述制冷功率密度。通常 2 匹空调的外机尺寸大小约为 $80cm \times 60cm \times 30cm = 144\,000cm^3$,挂机(内机)尺寸约为 $70cm \times 40cm \times 25cm = 70\,000cm^3$,总的体积大小约 $214\,000cm^3$,因此其制冷功率密度约 $0.02W \cdot cm^{-3}$。无论是家用空调还是其他压缩气体制冷设备,其制冷功率密度通常都远小于 $1W \cdot cm^{-3}$。

除制冷功率密度低导致设备占用空间大以外,压缩气体制冷还有一个缺点,即电能消耗大。目前的压缩气体制冷技术的能量利用效率不高,导致耗电量极高。以北京为例,根据《中国建筑节能发展研究报告 2015》中给出的北京公共建筑运行能耗相关数据,酒店、写字楼以及大型商场的运行能耗中,空调电耗的占比分别为 43.6%、37.0% 以及 50.0%,总体接近 1/2,明显高于其他如电梯、办公设备、照明等各项的能量消耗。不难看出,减少空调电耗能够显著减小建筑运行的能量消耗,这也反映出了目前压缩气体制冷能耗大的缺点。

而要想解决上述压缩气体制冷的问题,使用新的制冷技术,例如电卡效应制冷无疑是一种具有前景的方式。图 8-18 所示为电卡效应制冷以及压缩气体制冷的原理示意图对比,图(a)为电卡制冷,图(b)为压缩气体制冷。两种方式循环过程原理上是类似的,都是通过外加条件(压力或电场)的控制使热量介质在一处吸收热量并在另一处放出热量从而实现热量的搬运。具体原理及详细过程见 7.3 节。与 8.2 节不同,在本节所描述的制冷过程中,将吸收热量的相对冷端称为热负荷或热源,而将放出热量的相对热端称为散热器。

8.3 电卡制冷

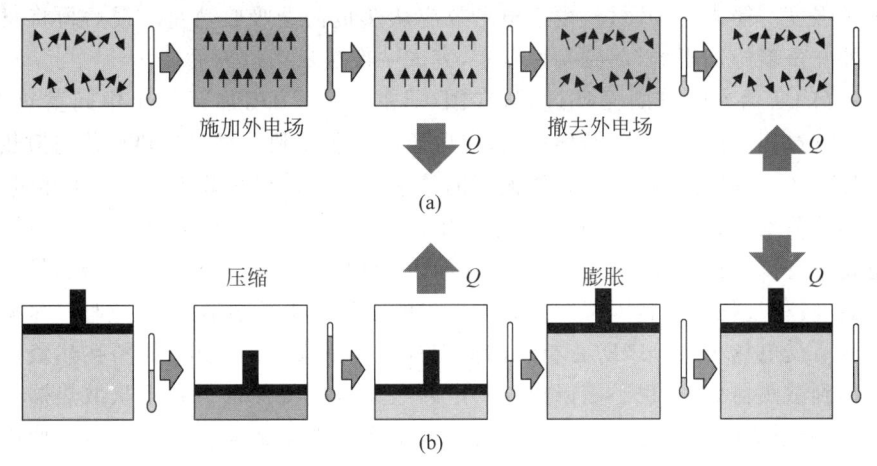

图 8-18 电卡效应制冷(a)与压缩气体制冷(b)原理示意图

循环过程还可以进一步优化。如图 8-19 所示,图(a)的卡诺制冷循环方式所描述的过程与图 8-18 所示类似,都是通过控制外加电场的变化来实现对材料吸热以及放热过程的控制从而达成热量搬运的效果,但具体的循环方式有所不同。初始状态下,电卡材料处于一定的电场作用下,并且与散热器($T=T_H$)相连。此时增大材料所受电场,由于极化有序程度增加,熵减小,材料向高温处放出热量。之后将材料转移至热负荷($T=T_C$)处,同时减小材

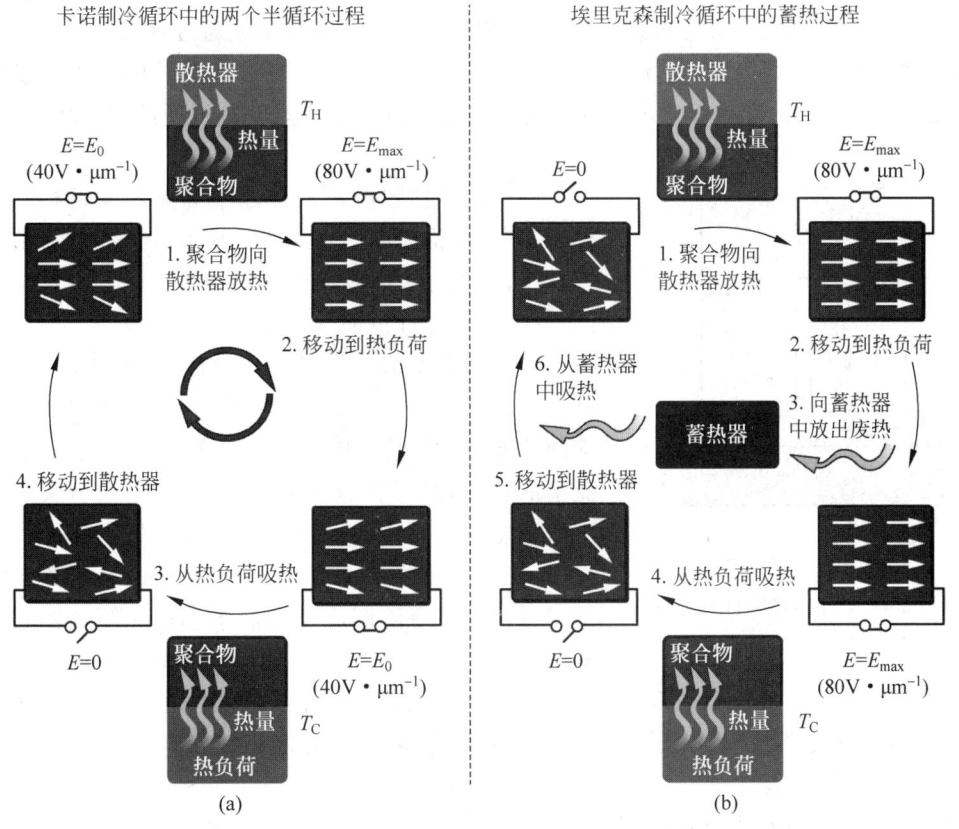

图 8-19 电卡效应制冷循环过程的改进[21]

料所受电场强度。撤去电场，材料由于电卡效应从热负荷处吸收热量。最后再将材料移动至散热器处并重新施加电场，回到初始状态，完成一次热量搬运的循环。

图 8-19(b)所示为改进的循环过程，在图(a)的基础上，增加了一个中间蓄热器部分。整体循环基本过程与图(a)卡诺循环一致，但可通过蓄热器利用材料在热负荷与散热器之间转移的过程中产生的废热，提高了整体循环的效率。例如材料在散热器处放出热量之后，需要转移到热负荷处。为了避免材料降温过程中向热负荷处放出热量，需要同时适当降低材料所受电场强度以增大其熵，使得材料温度降低的同时尽量少地向外界放出热量。而采用了蓄热器后，转移过程中材料因温度降低而放出的废热可由蓄热器吸收，这样一来就不用再以降低材料所受电场为代价来防止材料向低温处放出热量了。同样，材料在热负荷处吸收热量后转移到散热器处时，也不需以施加一定的电场为代价保证材料不从散热器处吸收热量，而是可以通过吸收蓄热器之前所储存的热量来实现温度的升高。蓄热器的使用充分利用了材料在散热器与热负荷之间转移过程中的废热，能够显著提高电卡制冷循环的效率。

除电卡材料能用于固体制冷以外，还有一种常见的固体制冷方式是用半导体热电材料（thermoelectric material，与热释电材料（pyroelectric material）是不同的概念）来实现，利用了珀耳帖效应（Peltier effect）。珀耳帖效应指的是当有电流通过不同的导体组成的回路时，除产生不可逆的焦耳热外，在不同导体的接头处随着电流方向的不同会分别出现吸热、放热现象，在 1834 年由法国物理学家 J. C. A. Peltier 发现。珀耳帖效应的基本原理是由于电荷载体在不同的材料中处于不同的能级，当它从高能级向低能级运动时，便释放出多余的能量；相反，从低能级向高能级运动时，从外界吸收能量。如果电流通过导线由导体 1 流向导体 2，则在单位时间内，导体 1 处单位面积吸收的热量与通过导体 1 处的电流密度成正比。能量在两材料的交界面处以热的形式吸收或放出。这一效应是可逆的，如果电流方向反过来，吸热便转变成放热。

利用珀耳帖效应可以构建半导体热电材料制冷器件，其基本结构如图 8-20 所示，其中灰色部分为金属导体材料，作为电极以及用于热量交换。上方蓝色部分为制冷区域，下方红色部分为加热区域。电流依次流过一块 N 型半导体以及一块 P 型半导体，由于内部载流子类型不同，按照图中所示的电流流动方向，两块半导体内部的载流子的流动方向一致。由于珀耳帖效应，随着载流子的移动，热量被从上方搬运至下方，也就实现了制冷的功能。半导体制冷也是未来制冷技术发展的一个方向，目前也已经在某些领域得到了一定程度上的应用。但目前半导体制冷还未能得到像压缩气体制冷一样的大规模应用，主要原因是半导体制冷的能量效率较低，耗电量很大。而其能量效率低的根本原因是半导体材料相对绝缘材料来说具备一定的导电性，通电时会产生较大的焦耳热损耗，这同时对器件的散热结构设计也带来了一些挑战。

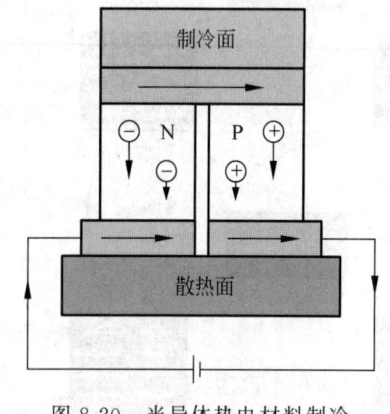

图 8-20 半导体热电材料制冷器件基本结构

相较于电卡效应，半导体珀耳帖效应制冷的一个优势在于，其基本结构中放热处以及吸热处位置不同且固定，因此制冷过程不涉及热量介质在热负荷与散热器之间的反复移动。

但电卡材料不同,施加电场或撤去电场时,都是整块电卡材料发生吸热或放热现象。因此,类似压缩气体制冷的设计,需要将电卡材料在制冷处与放热处间反复移动以实现热量的搬运。

8.3.2 电卡制冷器件

电卡制冷器件的一种基本结构设计示意图如图 8-21 所示,利用蓄热器实现热量的搬运[22]。其中,最上方的矩形代表电卡材料,可贴着下方蓄热器左右来回移动。该蓄热器在水平方向的导热性差,因此能隔开左侧的低温环境与右侧的高温环境,而竖直方向的导热性良好,便于与上方的电卡材料进行热量交换。

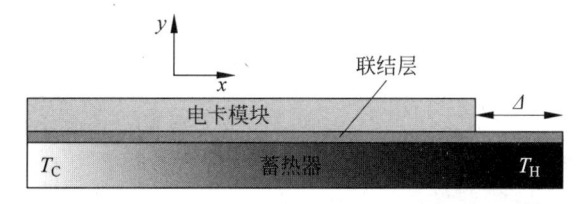

图 8-21 电卡制冷器件基本结构设计示意图[22]

电卡材料在蓄热器上来回移动,在一端施加电场,另一端撤去电场,实现热量的搬运。但这样的结构设计会引入一项新的问题,即电卡材料在蓄热器上运动时的机械摩擦,同样会导致能量的损耗。因此,在电卡材料与蓄热器之间引入一层润滑层,用于减小两者相对运动时的摩擦。此外,润滑层的导热性能要足够好,不能妨碍电卡材料与蓄热器之间的热量交换。

上述所示的仅仅是最原始的电卡制冷器件的基本结构设计,若使用现有的先进性能的电卡材料制备成上述器件,其理论制冷功率密度可达 $25W/cm^3$,远远高于现有的压缩气体制冷空调的制冷功率密度。反过来,如果想要拥有一台 2 匹空调的制冷功率,仅需约 $180cm^3$ 的体积就能实现,这样的体积还不到一个平板电脑的体积大小。也就是说,如果未来真的实现了电卡制冷的大规模应用,以后家中就不需要有一台占用巨大空间的空调,而只需要一块小平板大小的电卡制冷器件就能满足制冷需求。在某些需要制冷的工业场合,使用电卡材料制冷也能大幅减少空间的占用。

需要注意,图 8-21 所示的结构仅仅是基于基础理论的器件结构设计,不是一个真实使用的器件结构。实际上,从上述计算数据也能看出,目前电卡材料的性能已经能够满足制冷应用的需求,但电卡制冷器件的结构设计才是限制了电卡制冷的大规模应用的主要原因。

图 8-22 所示是基于这种基本结构的一个实际电卡制冷器件的具体结构[23]。包括 2 层 0.25mm 厚的 24 层电卡材料模块和 4 层 0.5mm 厚的蓄热器层,采用步进电机驱动。其中电卡材料为 P(VDF-TrFE),蓄热器材料为不锈钢,润滑部分材料为硅油。器件的整体尺寸很小,与一块 U 盘相当。

实际使用时,需要精细考虑器件移动的频率,并配合好电场的施加及撤去,来实现一个较好的制冷效果。具体来说,需要设计材料在冷端、热端的停留时间以及两端之间移动过程所用的时间,这些参数的不同可能得到完全不同的制冷效果。最终,在参数优化较好的情况下,该器件能够维持冷端与热端之间约 5K 的温度差。并且介电损耗以及摩擦都会对器件

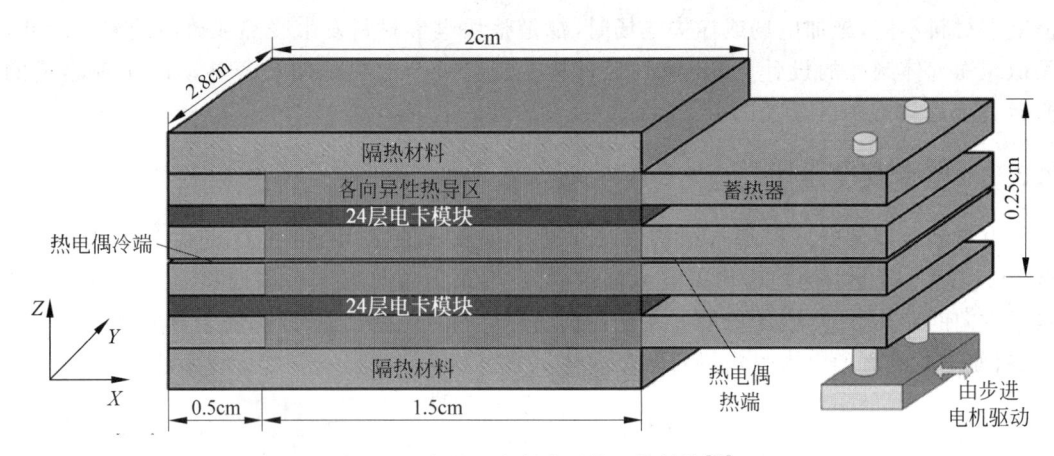

图 8-22 实际电卡制冷器件具体结构[23]

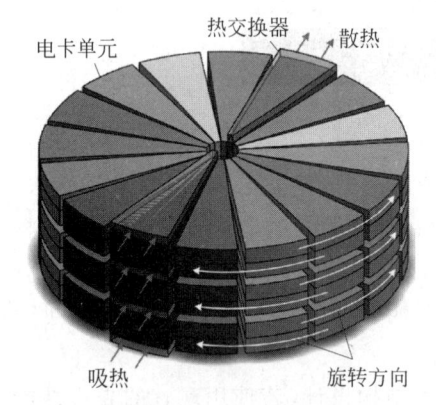

图 8-23 圆盘状电卡制冷器件整体结构[24]

制冷效果产生影响,分别约能引发 0.5K 以及 0.3K 的温度升高。

另一种结构设计如图 8-23 所示,为圆盘状的结构,也是更有可能实现实际制冷应用的一种结构设计[24]。该圆盘状器件通过旋转实现在一端吸热而在另一端放热。标注有"热交换器"的灰色区域为与外界进行热量交换的区域,其余部分与外界之间绝热。该器件被划分为不同的区块,即图中不同颜色的小扇形部分。图中实际上是三层基本单元的叠加,每层基本单元由旋转方向不同的两个相接触的夹层圆盘构成。

这种圆盘形电卡制冷器件的具体工作原理如图 8-24 所示,展示了一个基本单元中的两个旋转方向不同的夹层。其中上层部分逆时针旋转,下层部分顺时针旋转。两层都只在其中一半的区域施加恒定的电场,电卡材料旋转到施加电场区域以及无电场区域的交界时就会因电卡效应而与外界发生热量交换。上层仅左侧施加电场,下层仅右侧施加电场,这样两层都是在转动到图中 B1/T1 位置时从无电场区域进入有电场区域,温度升高;在转动到图中 B9/T9 位置时从有电场区域进入无电场区域,温度降低。这样就实现了不需反复施加/撤去电场也能引起材料电场变化,且在一端吸热而在另一端放热。

除此以外,相比图 8-21 所示的原始结构,图 8-24 所示的圆盘结构还能充分利用材料在冷端和热端之间移动的中间过程,提高了热交换的效率。以 B1 区域的电卡材料为例,下层电卡材料刚进入 B1 区域时,因电卡效应而温度升高,并对外界环境放热,之后进入 B16~B10 区域。而上层电卡材料刚进入 T9 区域时温度下降,对外界环境吸热同时进入 T8~T2 区域。B16~B10 区域与 T8~T2 区域在空间上相对应并接触,下层材料在此区域为刚刚升高温度,上层材料则为刚刚降低温度,因此在这半边区域内,下层材料会对上层材料放热,实现热量交换。同理,在 B8~B2 即 T16~T10 区域内,上层电卡材料对下层电卡材料放热。两层间的热量交换方向如图中虚线箭头所示。换言之,图 8-21 所示的原始结构中,电卡材料在冷端及热端之间运动时并没有发生任何作用,处于闲置的状态,而图 8-24 所示的圆盘

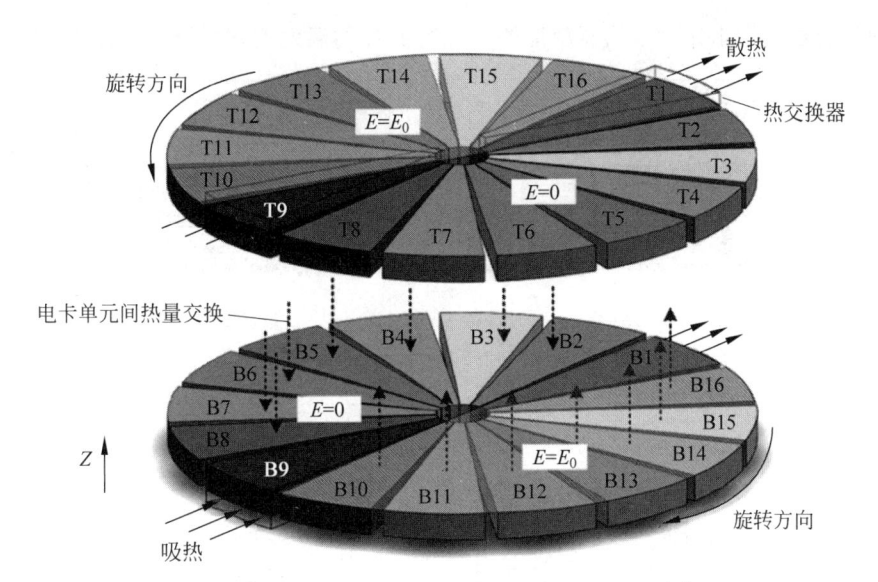

图 8-24　圆盘形电卡制冷器件工作原理示意图[24]

结构将这一中间过程利用了起来,中间的每个区域都在发生热交换,大幅增加了热交换的效率。所以,圆盘结构的电卡制冷器件能够运行得更快,制冷功率比起原始结构也会有很大的提高。

圆盘形电卡制冷器件在结构上同样有许多参数需要进行优化设计,例如整个圆盘具体分为多少个区域,即划分为多少个图中所示的小扇形部分,以及电场强度、温度区间、旋转速率等。其中优化效果较好的一组划分区域的个数为 16,施加电场强度为 150MV/m,温度区间为 20K,电卡材料类型为聚合物。当转速为约 65r/min 时,该器件的制冷功率密度可高达 35W/cm^3,要等效达到 2 匹空调的制冷效果只需要 132cm^3 的体积大小,只比一部智能手机略大一些。

电卡制冷除体积优势以外,另一个最主要的优势就是其能耗相对较低。在制冷领域,常用制冷性能系数(coefficient of performance,COP)或制冷系数来描述制冷设备的能量利用效率。COP 的计算方式为搬运热量的功率与输入功率的比值,即单位功耗能够获得的制冷量。COP 数值越大,代表制冷设备的能量利用效率越高。根据前文所述相关数据,常用压缩空气制冷空调的 COP 约为 3.2,而上述电卡制冷器件的 COP 最高能够达到 10 以上。这意味着要达到同样的制冷功率,电卡制冷器件的能耗还不到压缩气体制冷能耗的 1/3。不难想象,如果将现有压缩气体制冷空调全部换为电卡制冷的话,能够节约极其庞大的电量。

电卡制冷器件中的蓄热器材料除了使用固体,还可以使用液体。其基本结构及工作原理示意图如图 8-25 所示[25]。中间白色部分为电卡材料,蓝色部分为作为蓄热器的液体介质。初始状态(a),电卡材料被施加电场,温度升高,同时热量被液体吸收。然后将液体推动至散热器处,对外放热,即状态(b)。之后撤去电场,电卡材料温度降低,同时从液体中吸收热量,即状态(c)。最后状态(d),推动液体至热源处,从热负荷中吸热,完成一次热量搬运的循环。其根本原理与图 8-21 所示的原始结构其实一致,只不过将与外界进行热交换的蓄热器改为了液体。使用液体作为蓄热器的优势在于液体的摩擦影响较小,流动速度较快,且更易于实现热量交换。用水作为蓄热器就能够实现约 14K 的温度差，取得较好的制冷效果。

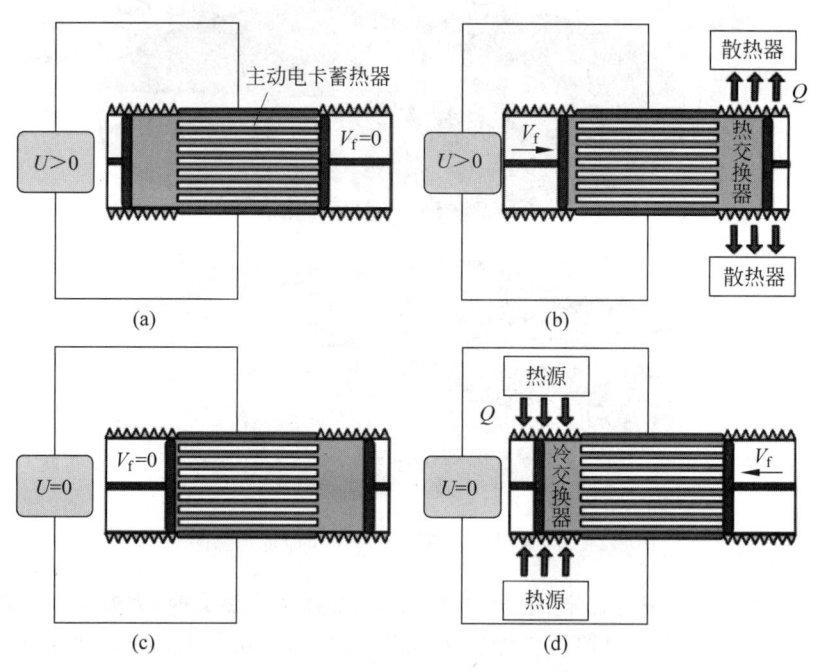

图 8-25　液体蓄热器电卡制冷器件示意图[25]

还有一种更加巧妙的结构设计，不需要使用额外的蓄热器，只需使用电卡材料就能实现热量的搬运，这种电卡制冷器件的结构示意图如图 8-26 所示[26]。其中，中间的多层结构为核心的电卡材料模块。浅蓝色部分为电卡材料层，灰色部分为电极层，且均为柔性材料。中间的左右两侧为机械结构部分，用于将电卡材料层的两侧固定。器件的上、下部分主要是热量交换部分，其中上方为散热端，下方为吸热端，即制冷端。

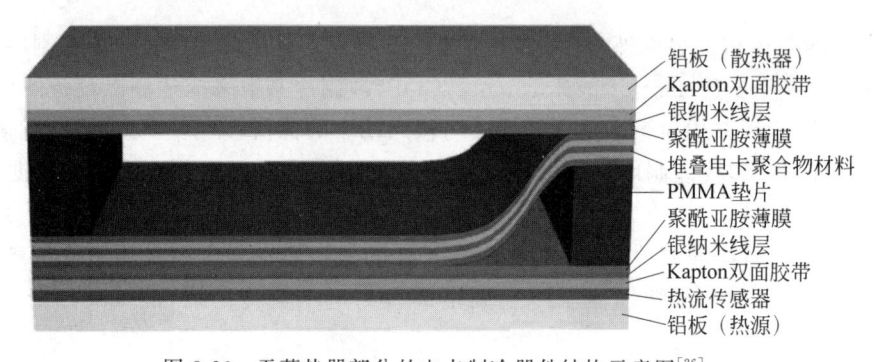

图 8-26　无蓄热器部分的电卡制冷器件结构示意图[26]

该电卡制冷器件的工作原理如图 8-27 所示。该器件的电路控制部分由两套电路组成，其中一套电路用于对电卡材料施加电场，引发电卡效应进行吸热或放热，另一套电路则在电卡材料层与器件的上下端之间施加静电场，利用静电吸引控制电卡层分别与上端或下端吸附，实现电卡材料与高温处和低温处的分别可控接触。当电卡材料层被上方吸附时，施加电场使电卡材料温度升高并放热，而当电卡材料层被下方吸附时，撤去施加在电卡材料上的电场使电卡材料温度降低并吸热。不断循环上述过程，就实现了热量搬运。

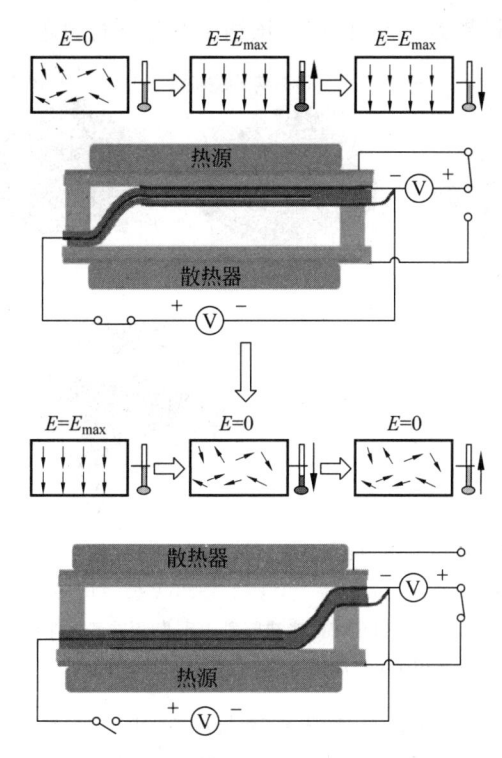

图 8-27　无蓄热器电卡制冷器件工作原理示意图[26]

使用静电吸引的方式移动电卡材料比起蓄热器有很大优势,因为这种移动方式基本不涉及摩擦,能大幅减小机械损耗。并且由于静电吸引对电卡材料层有一定的力的作用,能够使其与传热层之间贴合更加充分,加快热量交换的速度。实验测得该器件仅需约 0.15s 就能完成与外界环境热量的交换。并且这种设计只需要电路控制,不需要额外的机械装置,使得其整体结构更加简洁。

这种静电吸引式的电卡制冷器件的制冷功率密度为 2.8W/g,其 COP 可达 13。要达到 2 匹空调的制冷效果只需要 1.66kg,且用电量仅为普通空调的 1/4。由于其体积小、质量轻,且具有一定的柔性,能够应用于许多场合。例如对锂电池的降温,一块 52.5℃ 的锂电池,放置在空气中降温时,经过 50s 时间温度降低约 3℃,而使用上述电卡制冷器件,仅需 5s 就能实现约 8℃ 的降温。

现实生活中有许多场景,需要人们在高温的条件下进行工作,例如消防、矿工、航空航天以及士兵执行某些任务等,这些工作环境中不可能使用空调去制冷。如果能够将制冷器件制作成可穿戴的设备,就相当于把空调穿在身上,在炎热的环境下也能保持凉爽的工作状态。而想要达成这一目标,制冷设备必须要满足两个要求,即质量轻和具有一定的柔性,在此基础上还要有尽可能好的制冷效果。

虽然聚合物材料满足柔性以及质量轻的要求,但其电卡效应的效率相对较低,并且电卡强度低,即需要的电场强度或电压较大,在可穿戴设备中为了安全考虑往往不适合采用过高的电压。为了满足这些要求,可以将陶瓷材料制作成柔性,就能同时兼具高的制冷效果、高电卡强度和柔性的优势。一般来说,陶瓷材料与柔性材料之间似乎有一定的矛盾,但可以通过纳米线阵列的形式来实现。即将陶瓷材料制作成许多短的纳米线,以阵列形式嵌在基板上,如图 8-28 所示,基板材料为柔性材料时,该纳米线阵列材料也呈现为柔性[27]。

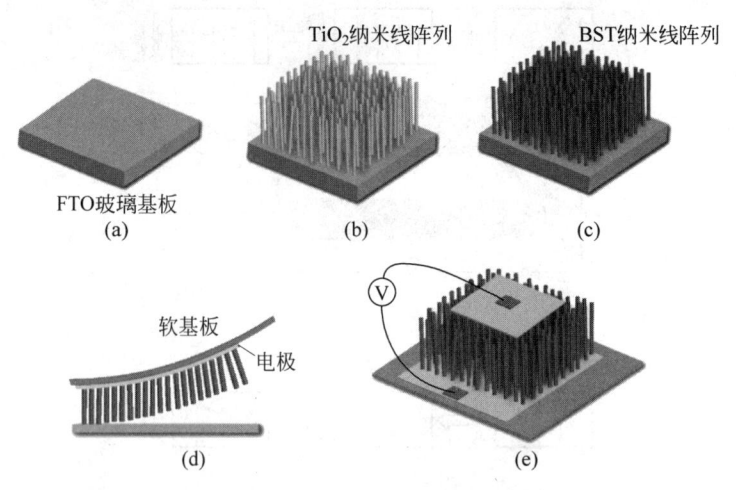

图 8-28 Ba$_{0.67}$Sr$_{0.33}$TiO$_3$(BST)纳米线阵列制备工艺示意图[27]

(a) 覆有氟掺杂氧化锡(fluorine-doped tin oxide,FTO)涂层玻璃基板;(b) 通过水热法在基板上生长 TiO$_2$ 纳米线阵列;(c) 水热离子交换反应得到 BST 纳米线阵列;(d) 使用软基板将 BST 纳米线阵列从 FTO 玻璃上剥离;(e) 在软基板上涂覆电极用于电性能测量

制备的陶瓷纳米线阵列电卡制冷器件实物图片如图 8-29 所示。可在 36V 人体安全电压以下有效工作,使用一块 iPad 大小的锂电池就能使 200g 的纳米线阵列以 300W 的制冷功率工作 2h,为人体提供舒适的温度环境。用这种材料制备成例如集成在衣服上的可穿戴制冷设备,能够满足前述的炎热环境中工作的人们的制冷需求。

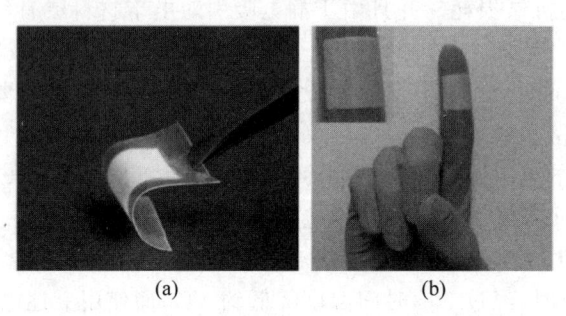

图 8-29 陶瓷纳米线阵列电卡制冷器件实物图[27]

(a) 将 BST 纳米线阵列粘在透明胶带上并用镊子弯曲;(b) 将 BST 纳米线阵列固定在手指上

本章介绍了热释电材料以及电卡材料的主要应用,聚焦于热释电传感、热释电能量收集以及电卡制冷三个方面。其中,热释电传感已经得到了大规模的应用,热释电能量收集以及电卡制冷技术也在不断发展,近年来不断有新的相关研究成果被发表。相信在不久的将来,能够见到这些技术的进一步突破甚至被广泛应用到我们的生活当中。

习 题

1. 热释电红外报警器是怎样排除环境温度波动对热辐射探测的影响的?请简要描述其工作原理。

2. 热释电红外成像仪相比其他类型的红外成像仪有哪些优势和不足？

3. 什么是热机的卡诺效率？实际热机有可能达到卡诺效率吗？

4. 根据表 8-2 中电卡效应热量、比热容、卡诺效率、奥尔森循环效率数据，试估算表中 P(VDF-TrFE-CFE)热释电能量收集器件工作的高温热源与散热器温度之差。

5. 请简要描述热释电能量收集器件奥尔森循环的过程，并说明其与卡诺循环有何不同。

6. 电卡制冷和半导体制冷这两种固体制冷技术的基本原理分别是什么？它们各自有哪些优势？

7. 请简述制冷设备的制冷量、制冷功率、COP 等概念的含义，说明电卡制冷相比传统的压缩空气制冷有哪些优势。

8. 电卡制冷器件通常都使用了"蓄热器"作为组成部分，其主要作用是什么？无蓄热器的电卡制冷器件是怎样实现该功能的？

参 考 文 献

[1] 李等.基于热释电红外传感器的人体定位系统研究[D].武汉：武汉理工大学,2015.

[2] WHATMORE R W,WATTON R. Pyroelectric ceramics and thin films for uncooled thermal imaging [J]. Ferroelectrics,2000,236(1)：259-279.

[3] HOSSAIN A,RASHID M H. Pyroelectric detectors and their applications[J]. IEEE Transactions on Industry Applications,1991,27(5)：824-829.

[4] 余黎静,唐利斌,杨文运,等.非制冷红外探测器研究进展（特邀）[J].红外与激光工程,2021,50(1)：3788/IRLA20211013.

[5] 朱惜辰.红外探测器的进展[J].红外技术,1999(6)：12-15,19.

[6] 杨文.非制冷焦平面用热释电材料研究[D].成都：电子科技大学,2002.

[7] 王司东,徐德辉,熊斌,等. MEMS 热电堆传感器的红外探测系统[J].传感器与微系统,2017,36(2)：107-109.

[8] RICHARDS P L. Bolometers for infrared and millimeter waves[J]. Journal of Applied Physics,1994,76(1)：1-24.

[9] IVANOV S D, KOSTSOV E G. Thermal detectors of uncooled multi-element infrared imaging arrays. I. Thermally insulated elements[J]. Optoelectronics, Instrumentation and Data Processing, 2015,51(6)：601-608.

[10] ALPAY S P,MANTESE J,TROLIER-MCKINSTRY S,et al. Next-generation electrocaloric and pyroelectric materials for solid-state electrothermal energy interconversion[J]. MRS Bulletin,2014,39(12)：1099-1111.

[11] VAN DER ZIEL A. Solar power generation with the pyroelectric effect[J]. Journal of Applied Physics,1974,45(9)：4128.

[12] CHILDRESS J. Application of a ferroelectric material in an energy conversion device[J]. Journal of Applied Physics,1962,33(5)：1793-1798.

[13] FATUZZO E,KIESS H,NITSCHE R. Theoretical efficiency of pyroelectric power converters[J]. Journal of Applied Physics,1966,37(2)：510-516.

[14] OLSEN R B,BRUNO D A,BRISCOE J M. Pyroelectric conversion cycles[J]. Journal of applied physics,1985,58(12)：4709-4716.

[15] SEBALD G,LEFEUVRE E,GUYOMAR D. Pyroelectric energy conversion：Optimization principles

[J]. IEEE Transactions on Ultrasonics,Ferroelectrics,and Frequency Control,2008,55(3): 538-551.

[16] BHATIA B,CHO H,KARTHIK J,et al. High power density pyroelectric energy conversion in nanometer-thick BaTiO$_3$ films[J]. Nanoscale and Microscale Thermophysical Engineering,2016,20(3-4): 137-146.

[17] LEE F Y,JO H R,LYNCH C S,et al. Pyroelectric energy conversion using PLZT ceramics and the ferroelectric-ergodic relaxor phase transition [J]. Smart Materials and Structures, 2013, 22(2): 025038.

[18] NAVID A,PILON L. Pyroelectric energy harvesting using Olsen cycles in purified and porous poly (vinylidene fluoride-trifluoroethylene)[P(VDF-TrFE)] thin films[J]. Smart Materials and Structures,2011,20(2): 025012.

[19] XUE H,YANG Q,WANG D Y,et al. A wearable pyroelectric nanogenerator and self-powered breathing sensor[J]. Nano Energy,2017,38: 147-154.

[20] GAO F X,LI W W,WANG X Q,et al. A self-sustaining pyroelectric nanogenerator driven by water vapor[J]. Nano Energy,2016,22: 19-26.

[21] ZHANG Q M,ZHANG T. The refrigerant is also the pump[J]. Science, 2017, 357 (6356): 1094-1095.

[22] ZHANG G Z,LI Q,GU H M,et al. Ferroelectric polymer nanocomposites for room-temperature electrocaloric refrigeration[J]. Advanced Materials,2015,27(8): 1450-1454.

[23] GU H,QIAN X,LI X,et al. A chip scale electrocaloric effect based cooling device[J]. Applied Physics Letters,2013,102(12): 122904.

[24] GU H,QIAN X S,YE H J,et al. An electrocaloric refrigerator without external regenerator[J]. Applied Physics Letters,2014,105(16): 162905.

[25] PLAZNIK U,KITANOVSKI A,ROŽIČ B,et al. Bulk relaxor ferroelectric ceramics as a working body for an electrocaloric cooling device[J]. Applied physics letters,2015,106(4): 043903.

[26] MA R J,ZHANG Z Y,TONG K,et al. Highly efficient electrocaloric cooling with electrostatic actuation[J]. Science,2017,357(6356): 1130-1134.

[27] ZHANG G Z,ZHANG X S,HUANG H B,et al. Toward wearable cooling devices: Highly flexible electrocaloric Ba$_{0.67}$Sr$_{0.33}$TiO$_3$ nanowire arrays[J]. Advanced Materials,2016,28(24): 4811-4816.

第 9 章

介电弹性体的特性及应用

作为聚合物的重要分类之一,弹性体(elastomers)表现出良好的弹性,在较低的应力作用下可发生明显的形变,并在应力撤去后又能够迅速恢复至与初始状态接近的尺寸。弹性体具有轻质、柔软、高弹性、高韧性、耐磨、耐候、防水等诸多优势,因而在日常生活中应用广泛,如运动器材、轮胎、密封圈、橡胶手套等。近年来,随着电子皮肤概念的提出和发展,基于弹性体基体的可拉伸器件如可拉伸显示器[1]、可拉伸触控面板[2]等已成为该领域的国际前沿热点。介电弹性体是一种能够在电场作用下发生显著形变的电响应材料,既具有弹性体的基本特性,又表现出优异的介电性能,可实现电能与机械能之间的高效转换,受到学术界的广泛关注,在传感、能量收集、人造肌肉、仿生机器人等领域均具有一定的应用前景。本章将介绍介电弹性体的结构特点、典型材料种类及其潜在应用。

9.1 弹性体的定义

目前对于弹性体的定义并不唯一。国际纯粹与应用化学联合会(International Union of Pure and Applied Chemistry,IUPAC)将弹性体定义为"具有橡胶弹性的聚合物",将天然橡胶作为标样用以规定弹性体的力学特性。美国材料与测试协会(American Society for Testing and Materials,ASTM)则给出弹性体的两大特点,分别为:①拉伸应变达到100%以前不会断裂;②在拉伸应变为100%状态下保持5min后释放应力,材料能够在之后的5min内恢复到原来的尺寸,误差不超过10%。一般来说,弹性体的弹性模量较低,且弹性限度大,拉伸至原尺寸的数倍再撤去外力后,弹性体的残余变形(也称不可恢复变形)很小。此外,一些学术著作将弹性体定义为交联的橡胶态聚合物网络[3]。在应力作用下,弹性体可被拉伸至初始尺寸的数倍,并且当应力释放时能够迅速恢复至其初始尺寸。这一定义对弹性体的结构特性进行限定,分别为"交联"和"橡胶态",在 9.2 节会对其做进一步解释。

介电弹性体是一种在外加电场作用下受静电力而产生显著电致形变的功能性电介质,既具有弹性体的基本特征,弹性模量低,弹性形变大,又具有优异的介电特性,经设计改性还可以得到介电常数较高的介电弹性体材料。由于涉及电能与机械能之间的相互转换,介电弹性体主要被应用于传感、能量收集、人造肌肉、仿生机器人等领域。

9.2 弹性体的结构特点

弹性体需具备以下三个结构特征。

第一，作为聚合物，弹性体在使用温度范围内应处于橡胶态。聚合物在不同温度下的力学状态具有较大的差异，对于线型无定形聚合物，根据其弹性模量 E_r 随温度的变化曲线（又称为热-机械曲线）可将其状态分为玻璃态（glassy state）、橡胶态（rubbery state）和黏流态（viscous state），如图 9-1 所示。

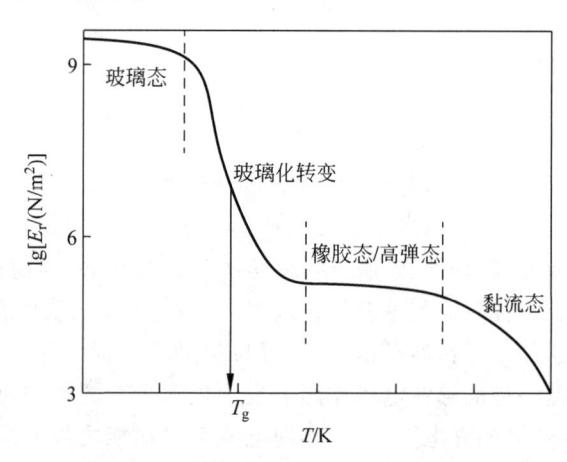

图 9-1 线型无定形聚合物的力学状态（对数模量）与温度的关系曲线

当温度较低时，聚合物分子链运动的能量很低，不足以克服主链内旋转的位垒，链段处于被冻结的状态，聚合物为硬而脆的玻璃态，其力学性质与小分子玻璃相似，在外力作用下只发生很小的应变，表现出高模量。当温度继续升高至某范围时，聚合物分子热运动能量足以克服主链单键内旋转位垒，链段运动被激发。当聚合物被拉伸时，分子链通过调整链段构象，从无规蜷曲状态转变为取向伸展状态以适应外力的作用。由于宏观形变主要由单键内旋转和链段运动导致，比玻璃态下因链段冻结而需要改变共价键键长和键角以适应外力要容易得多，故在低应力下即可产生较大的形变。此时，聚合物从玻璃态转变至橡胶态（也称为高弹态），模量急剧下降，并出现一个平台区。这一转变称为玻璃化转变，转变温度称为玻璃化转变温度，记为 T_g。在橡胶态的温度区间内，聚合物往往呈现出弹性体的特性，T_g 被认为是弹性体的最低使用温度。不同聚合物的玻璃化转变温度 T_g 存在差异，例如，聚甲基丙烯酸甲酯（polymethyl methacrylate，PMMA）的 T_g 约为 100℃，另有一些聚合物，如硅橡胶、聚氨酯等典型弹性体材料，T_g 远低于室温，一般在 $-120 \sim -20$℃ 之间，在室温使用条件下处于橡胶态。当温度继续上升，线型聚合物分子链的运动能力进一步增强，最终完全转变为黏性流体，表现为黏流态。此时，聚合物在外力作用下由于分子链之间的相互滑移而发生黏性流动，这种流动与低分子液体类似，材料发生不可逆变形，即使外力撤去，变形也无法自发恢复。橡胶态与黏流态之间的转变温度称为黏流温度，记为 T_f。

第二，弹性体的结晶度很低，通常在 30% 以下，有些则不结晶。对于结晶聚合物，其非晶区在不同温度下的力学状态与上述非晶聚合物类似，也会发生玻璃态-高弹态-黏流态的转变。但是，不同的结晶度对应结晶聚合物的宏观性能是不同的。轻度结晶的聚合物随着

9.2 弹性体的结构特点

温度的升高仍会出现明显的玻璃化转变,非晶部分从玻璃态转变为高弹态,材料在外力作用下出现较大的弹性形变。而随着结晶度的增大,晶区相互连接,形成连续结晶相,并在宏观上发挥决定性作用,无法观测到非晶区的玻璃化转变,直至温度升高至熔点 T_m 以上使晶区熔融后,聚合物的宏观力学状态才会出现明显变化。

当晶相占据主导地位时,结晶聚合物受外力冷拉伸约 10% 后,将会出现明显的屈服现象,即随着应变增大反而出现应力降低。在接近或超过屈服点时,晶相也开始沿拉伸方向取向重排,甚至伴随有结晶破裂与取向再结晶的过程。在撤去外力后,由于新取向的晶区起到类似于交联点的作用,导致非晶区分子链段的运动被附近大量新形成的交联点阻碍,在宏观上表现出较大的塑性,无法恢复至初始尺寸,产生明显的永久形变,直至加热至熔点 T_m 附近才可恢复到未拉伸状态。而结晶聚合物的熔点 T_m 一般比玻璃化转变温度 T_g 高得多,这可能是结晶度较高的聚合物弹性较差的原因之一。

以聚乙烯为例,由于分子链结构规整对称,其结晶度最高可达 90%,熔点 T_m 在 100~140℃ 之间。虽然其玻璃化转变温度 T_g 约 −70℃,远低于室温,但在室温下并不具有橡胶弹性。而将乙烯与 α-烯烃单体(如 1-丁烯、1-己烯、1-辛烯等)通过茂金属催化实现共聚,得到聚烯烃弹性体(polyolefin elastomer,POE),其结晶度大幅降低,无定形区起到主导作用,从而在室温下表现出良好的橡胶弹性。

第三,弹性体聚合物需要轻度交联。少量的交联点在聚合物分子链之间形成三维网状结构,能够抑制拉伸过程中分子链间的相对滑移,提高材料的弹性与形状保持能力。但需要注意的是,若交联过度,反而会使聚合物的弹性降低,硬度和脆性增大。按照交联点的类型,可将弹性体分为热固性弹性体和热塑性弹性体两大类。热固性弹性体通过化学共价键实现分子链间的连接,如天然橡胶、异戊橡胶、乙丙橡胶、顺丁橡胶、硅橡胶等,这些材料均需经化学交联后才具有弹性体的特征,如图 9-2 所示,其具体化学结构与交联机理见 9.3 节。热塑性弹性体的分子链往往通过共聚形成软段和硬段交替连接的化学结构,其中,软性链段的柔顺性高,具有良好的自旋转能力和弹性,而硬性链段之间则因具有较强的相互作用力而聚集产生玻璃化微区或结晶区,硬段凝集微区具有与化学交联点类似的作用,为与化学交联区分,将这种结构称为"物理交联"。硬段和软段的比例和种类决定了聚合物实际使用时的宏观力学性能,热塑性弹性体在常温下表现出橡胶弹性,而在一定条件的高温下由于硬段聚集微区的解离又可重新塑化成型。常用的热塑性弹性体主要有 POE、聚苯乙烯-丁二烯-苯乙烯嵌段共聚物(styrene-butadiene block copolymers,SBS)、热塑性聚氨酯(thermoplastic polyurethane,TPU)等。

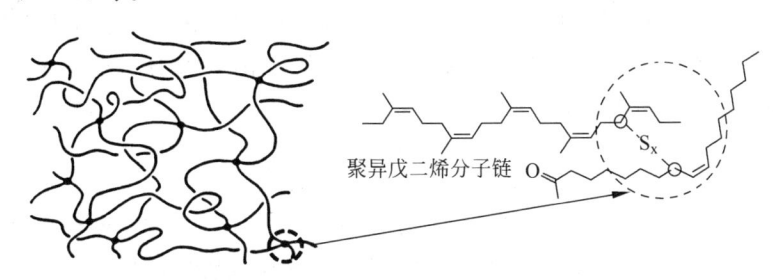

图 9-2 异戊橡胶弹性体的交联结构

下面通过热力学解释弹性体在撤去外力后会自发恢复至其初始形状的原因。根据热力学第一定律,物体内能的增加 dU 等于物体吸收的热量 dQ 和外界对物体做功 dW 之和,当弹性体受外部应力而被拉伸时,有 dW=Xdh,其中,X 为应力,h 为应变。进一步可推出

$$dU = dQ + dW = TdS + Xdh \tag{9.1}$$

式中,T 为温度;S 为熵。经实验测量发现,在拉伸过程中,弹性体的内能 U 基本保持不变,即 dU=0,或可写作

$$TdS = -Xdh \tag{9.2}$$

观察式(9.2),不难发现,随着拉伸应变的增大,弹性体体系的熵 S 不断减小。从定性角度分析,当处于高弹态时,由于链段的热运动增强,弹性体分子链不断通过单键内旋转随机改变其构象,并处于无规蜷曲的状态,分子链蜷曲程度越大,可能出现的构象种类越多,体系的熵越高。而当受到外力作用时,弹性体分子链被迫调整构象,由原蜷曲状态变为伸展取向状态,只能受限排列,可出现的构象种类明显减少,体系熵减小。因此,原始状态下的弹性体分子链比拉伸状态下具有更多的自由度进行排列,弹性体受外力拉伸的过程是熵减过程。由式(2.3)可知,体系的吉布斯自由能 $G=U-TS+pV$,假设拉伸过程中弹性体的密度保持不变,即其体积具有压缩不变性(perfectly incompressible),满足 dV=0,则吉布斯自由能 G 的变化只与熵 S 的变化有关。随着熵的降低,吉布斯自由能 G 不断增大,根据自由能最小原理,当撤去外力后,受拉伸发生形变的弹性体处于热力学不稳定状态,因而会自发恢复至初始的高熵状态。弹性体回弹的驱动力来自拉伸状态下的熵降,对于理想弹性体来说,只有分子链在应变状态下构象熵的降低对其弹性有贡献,因此这种弹性也称为熵弹性。

除构象熵的驱动作用外,体系中少量交联结构的存在也是弹性体具有良好弹性的关键,如图 9-3 所示。交联点可有效避免在拉伸过程中发生分子链的相对滑移,从而保证了分子链在较大形变下能够发生可逆的延展取向。

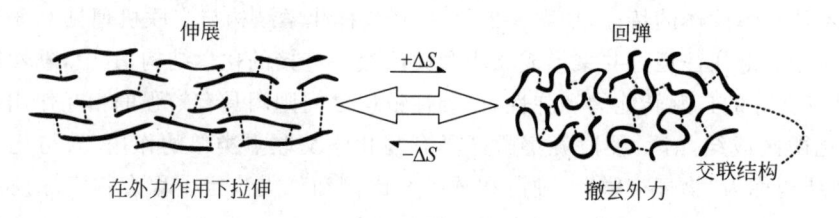

图 9-3 熵增驱动的弹性体回弹机理[4]

此外,弹性体的弹性恢复并不是瞬时实现的,而需要一定的时间,恢复过程中还会产生内耗。与理想弹性体不同,由于实际弹性体的链段在运动时需要克服分子间作用力和内摩擦力,跟不上外力的变化,导致材料表现出滞弹性,随着时间变化可观察到力学松弛现象,也称为力学弛豫。当弹性体在一定温度下受某恒定外力作用时,其分子链通过单键内旋转和链段运动逐渐伸展,宏观形变 h 与时间 t 满足

$$h = h_0 + \frac{X}{Y}(1 - e^{-t/\tau}) \tag{9.3}$$

式中,h_0 为受力后的瞬时形变;X 为应力;Y 为弹性模量;τ 为应变弛豫时间。撤去外力后,宏观形变中有一部分同样以指数形式随时间逐渐恢复至接近原尺寸。由于应变滞后于应力变化,弹性体在拉伸与回缩过程中会产生力学损耗,又称内耗。

9.3 典型的介电弹性体材料

9.3.1 天然橡胶

天然橡胶(natural rubber)是最早使用的弹性体材料。作为一种天然高分子材料,天然橡胶以顺1,4-聚异戊二烯(cis-1,4-polyisoprene)为主要成分,占总组分的90%～95%,并含有脂肪酸、蛋白质等少量有机杂质[5]。橡胶原料取自橡胶树,通过在树皮上切割出一条较浅的沟槽,橡胶树中的天然胶液即可沿切痕流出并被收集到特定容器中。此时,由于尚未交联,胶乳呈现可流动状态,不具有弹性,称为生胶。

向生胶加入硫或含硫化合物,一般在其他促进剂存在的条件下加热,在聚合物链之间会形成硫交联键,将其转化为具有不同硬度和弹性的弹性体,这一化学工艺称为硫化(sulfur vulcanization)。一般认为,天然橡胶分子链的硫化活性位点是烯丙基(—CH=CH—CH$_2$—),且交联位点之间的连接链段由一个或多个S原子组成,如图9-4所示[6],交联程度直接决定了天然橡胶表现出的力学性能。

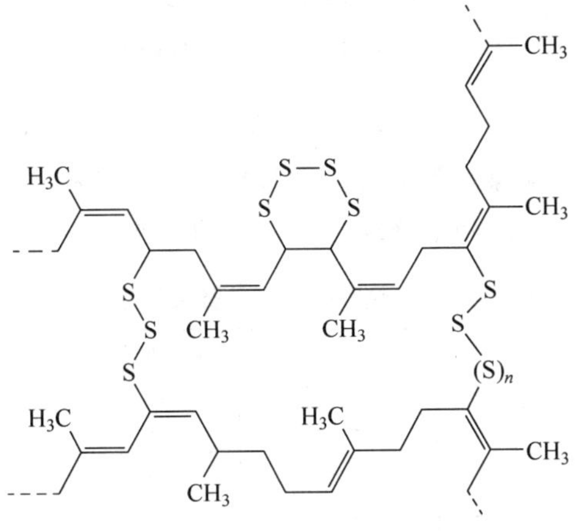

图9-4 天然橡胶硫化后的化学结构示意[6]

早在1832—1834年,Nathaniel Hayward和Friedrich Ludersdorf就发现用硫黄处理后的天然橡胶失去其原有的黏性流动特性。随后,Hayward可能与查尔斯·固特异(Charles Goodyear)分享了他的新发现,这对固特异发现橡胶能够通过硫化获得弹性提供了重要灵感。1844年,固特异首次申请并获得橡胶硫化工艺的专利,他也被公认为"现代橡胶之父"。天然橡胶可以被硫化交联并表现出良好柔韧性和弹性的发现使橡胶的应用得到突破性进展,人们认识到硫化橡胶的重要工业价值,并逐渐将其应用于轮胎、密封制品、减震器等中。1898年,Frank Seiberling与Charley Seiberling兄弟两人在美国俄亥俄州阿克伦市开始制造橡胶产品,为纪念美国化学家、工程师和发明家固特异在硫化橡胶领域的重要贡献,两人将公司取名"固特异轮胎橡胶公司"。目前,美国固特异是与日本普利司通、法国米其林、德国大陆并列的四大轮胎制造商。

19世纪末期,随着汽车的普及,用于制造轮胎的橡胶需求量大幅增加,使天然橡胶原料供不应求,从而促进了合成橡胶的研制与推广。各国化学家开始分析天然橡胶分子链的化学结构,并尝试通过将与之结构类似的烯烃类单体进行聚合以得到性能相近的合成橡胶。天然橡胶主要成分的分子链化学结构是顺1,4-聚异戊二烯,其中,聚异戊二烯可由其结构单元——异戊二烯单体通过工业加成聚合得到。但按照不同双键的聚合类型,聚异戊二烯可产生4种构型,如图9-5所示,分子链中每种构型的比例取决于聚合机理。1962年,固特异轮胎橡胶公司使用Ziegler-Natta催化剂成功聚合得到顺式结构超过98.5%的异戊橡胶,并实现商业推广。

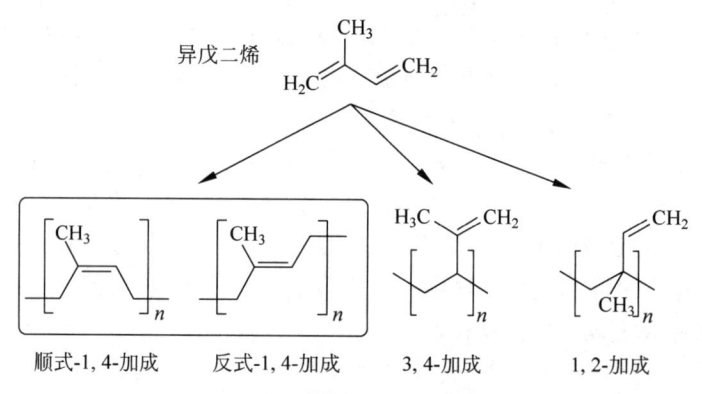

图 9-5 聚异戊二烯的4种构型[7]

当前,根据聚合单体的不同,合成橡胶主要包括异戊橡胶、氯丁橡胶、丁苯橡胶、顺丁橡胶、丁基橡胶、丁腈橡胶、乙丙橡胶等种类。这些橡胶与天然橡胶在弹性、抗撕裂性能、耐温性、耐油性、耐化学性、耐臭氧性和电绝缘性能方面的对比见表9-1。

表 9-1 常用橡胶的主要种类及其性能对比

种类	聚合单体	弹性	抗撕裂性	耐热性	耐寒性	耐油性	耐臭氧性	耐化学性	电绝缘性
天然橡胶	异戊二烯	A	A	100℃	−50℃	D	D	D	B
异戊橡胶	异戊二烯	A	B	100℃	−50℃	D	D	D	B
氯丁橡胶	2-氯-1,3-丁二烯	A	B	120℃	−40℃	B	B	B	C
丁苯橡胶	丁二烯、苯乙烯	B	C	100℃	−40℃	D	D	C	B
顺丁橡胶	丁二烯	A	B	100℃	−70℃	D	D	C	B
丁基橡胶	异丁烯、异戊二烯	C	B	150℃	−50℃	D	A	B	A
丁腈橡胶	丁二烯、丙烯腈	B	B	120℃	−40℃	A	D	D	D
乙丙橡胶	乙烯、丙烯	B	B	150℃	−55℃	D	A	A	A

注:A—优,B—良,C—可,D—差。

9.3.2 硅橡胶

硅橡胶的分子主链由Si原子和O原子交替连接构成,侧链为含碳基团,Si与O的键合称为硅氧键,这与常见聚合物的碳链结构有很大区别,使其具有更优异的热稳定性和化学稳定性,使用温度可在−100~300℃之间。其中,聚二甲基硅氧烷(polydimethylsiloxane,PDMS)是硅橡胶中用量最大的一种,其化学结构如图9-6所示。线型PDMS俗称硅油,以液态的形式存在,不具有弹性。为实现分子链间的硫化交联,二甲基硅氧烷还需要在分子链两端或侧链做改性处理。以全球最大有机硅生产厂商Dow corning的产品Sylgard 184为例,商品是一种双组分加成固化体系。A 组分是基础组分,主要包括乙烯基封端的 PDMS;B 组分为交联剂,主要包括含硅氢键的聚甲基硅氧烷和微量铂系催化剂。将 A 与 B 按照 10∶1 的质量比混合后充分搅拌,经脱气处理,浇铸至特定形状的模具中,在一定温度下静置固化一段时间,在催化剂的作用下,乙烯基与硅氢键(Si—H)发生氢化硅烷化反应,从而形成网状交联结构,得到透明的、具有良好弹性的有机硅弹性体。固化条件一般取室温下 48h 或 150℃下 10min。硅橡胶具有高透明度、优异的温度稳定性、耐气候性、耐臭氧性和良好的电绝缘性,但缺点是强度低,抗撕裂性能差,耐磨性能也差,主要用于航空工业、电气工业、食品工业及医疗工业等方面。由于基础性能优良,制备过程简单快速,硅橡胶在材料基础研究中常被作为柔性可拉伸的弹性基体。

图 9-6 聚二甲基硅氧烷的分子链结构

9.3.3 丙烯酸酯弹性体

丙烯酸酯基弹性体通常由各种丙烯酸酯单体通过自由基聚合制得。当前,使用最广泛的丙烯酸酯弹性体主要是 3M 公司商用胶带 VHB 4910 和 VHB 4905,其价格低廉、介电性能优异,且对柔性电极具有良好的附着力,因此常出现在基于介电弹性体的致动器研究中。

9.4 介电弹性体传感器

基于介电弹性体的传感机制众多,其中应用最为广泛的是电容式传感。如图 9-7 所示,在介电弹性体膜的两侧分别覆盖顺应性电极(compliant electrodes),方便引出导线以连接外部电信号测试装置。顺应性电极在器件拉伸或弯曲时仍能保持良好的导电性,利用介电弹性体在受力形变前后的电容变化即可实现应力或应变传感。假设弹性体的密度保持不变,即体积具有压缩不变性,当受到垂直于表面的应力时,弹性体发生形变,水平方向的面积 A 增大,厚度 d 减小。根据平板电容器的电容计算公式

$$C = \varepsilon_0 \varepsilon_r \frac{A}{d} \tag{9.4}$$

可知,传感器的电容也随着增大[8]。这种传感器件的设计原理简单,由于弹性体的模量低,故传感灵敏度也较高。

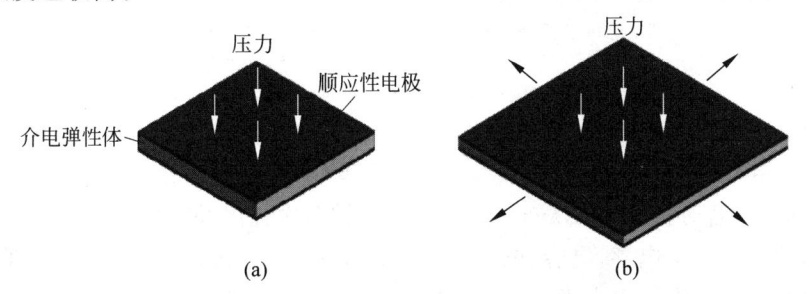

图 9-7 受力前后介电弹性体的形变示意图
(a) 受力前;(b) 受到垂直于表面的应力后

为了进一步提高传感精度或灵敏度,即在单位应力下产生更强更显著的变化信号,用于检测微弱的应力信号,一些研究开始重点考虑对器件结构的设计,并已证明表面微结构化(也称微图案化)可使传感器表现出极高的压力灵敏性,并具有极快的应力响应时间[9]。首先,在硅晶圆模具上光刻出具有微米尺寸的倒金字塔形或线形凹坑阵列,随后将Sylgard 184的A、B组分混合均匀,加入己烷稀释以降低黏度,并浇铸在模具中,经脱气固化得到具有对应微结构表面的聚二甲基硅氧烷(PDMS)弹性体膜。图9-8(a)分别为基于非结构化、线形微结构和金字塔形微结构PDMS介电弹性体的传感器的电容-压力响应,对比可以发现,结构化PDMS传感器在小应力下具有更显著的电容变化,在<2kPa的应力范围内,线形微结构PDMS的灵敏度是非结构化PDMS的5倍,而金字塔形微结构PDMS的灵敏度比非结构化PDMS提高近30倍($0.55kPa^{-1}$)。根据实验测试发现,基于金字塔微结构PDMS的传感器甚至能可靠检测质量约20mg的苍蝇在器件表面的停靠信号,而这仅仅相当于约3Pa的应力负载。之所以微结构化实现如此惊人的压力灵敏度,主要包括两个原因。第一,PDMS弹性体的微结构提供了气体空隙,而空气的相对介电常数约为1,小于PDMS基体(3~4),在受外部压力时,微结构之间的空气被排出,相当于宏观介电常数增大,使电容变化更为明显。第二,同样应力作用下,结构化PDMS形变更显著,表现为更低模量。此外,结构化设计较好地改善了硅橡胶的黏弹性蠕变问题,使器件的弹性阻力更小,卸载后的弛豫时间更短,可有效提高力的作用频率,如图9-8(b)所示。

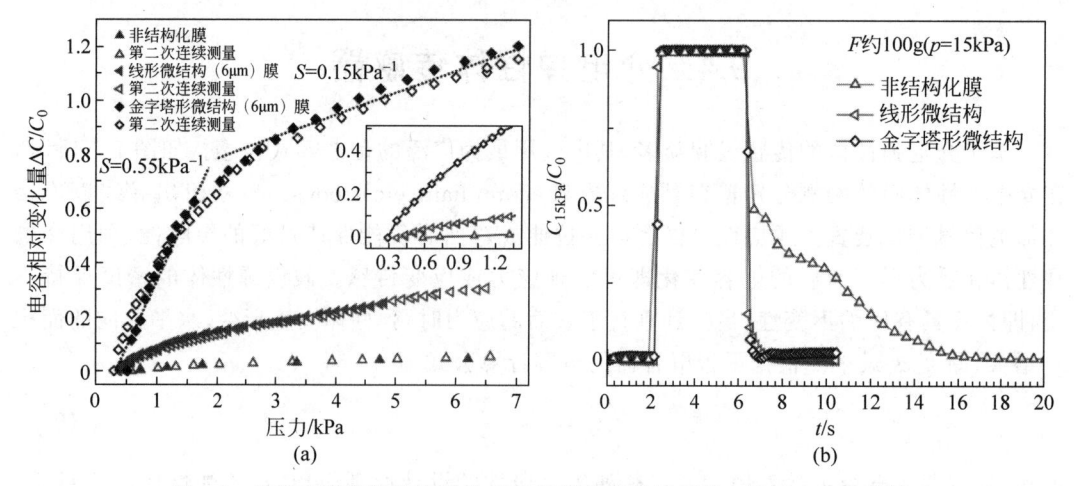

图9-8 具有不同微结构表面的PDMS弹性体传感器的电容压力响应特性
(a) 相对电容变化值-压力曲线;(b) 加载(15kPa持续4s)和卸载后的动态响应特性曲线
注:6μm既指微结构的尺寸,也指单个微结构之间的间隔。

近年来,随着电子皮肤(electronic skin,e-skin)概念的提出,大量研究集中于设计模仿生物皮肤触感的压力、应变和振动传感器件,并着重关注器件的可拉伸性、机械耐疲劳特性、灵敏度、生物相容性(biocompatibility)和生物可降解性(biodegradability)等[10-11]。2012年,生物可降解的暂时植入体(transient implants)被首次提出并设计[12]。如图9-9所示,器件的主要组成部分包括电感、电容、电阻、二极管、晶体管、连接线、基板和封装部分等,总体尺寸仅在毫米级。观察可以发现,器件所使用的材料均具有生物可降解性。例如,使用金属镁作为导体,氧化镁作为电介质,单晶硅作为半导体,蚕丝作为基底,这些材料均能发生水解或通过生物酶降解。在植入生物体并发挥作用后,器件在一段时间内即可被生物体吸收,以避免长期滞留体内的不良影响,无须额外再进行第二次手术以移除器件。

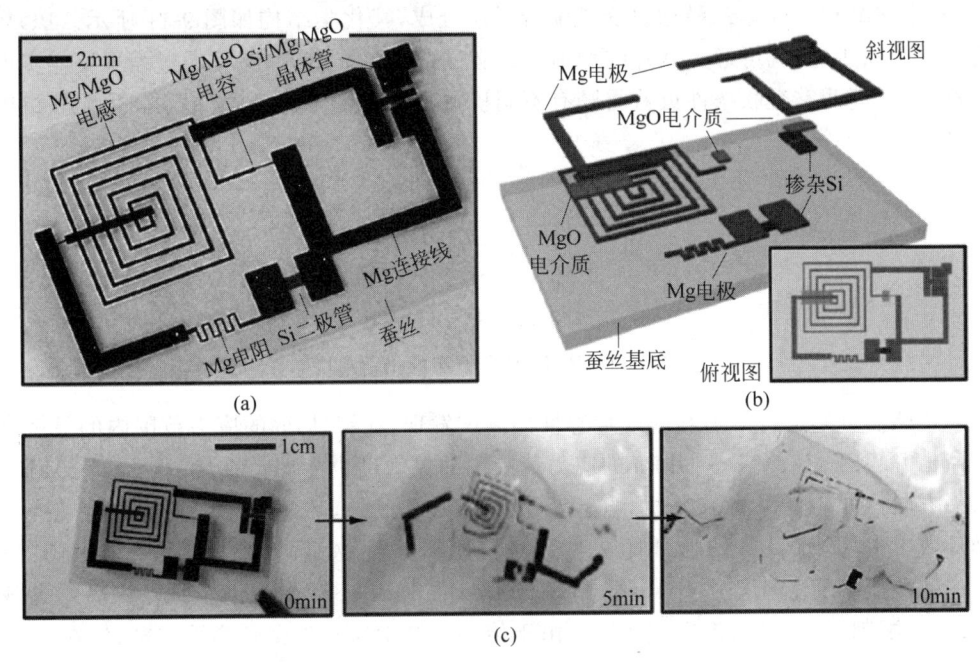

图 9-9　生物可降解电子器件的组成结构与可降解性实验[12]
(a) 器件组成结构;(b) 器件纵向分解的斜视图,右下角插图为俯视图;
(c) 随着时间的增加,器件在去离子水中逐渐溶解

2018 年,几乎能够满足电子皮肤所有要求,即具有良好生物相容性和生物可降解性、灵敏度优异且能够准确区分应变和压力刺激的传感器被成功设计[13]。其中,压力传感模块的介电弹性体层选用生物可降解弹性体——聚癸二酸甘油酯(poly(glycerol sebacate),PGS),采取前面所述的微结构化设计,使其具有较高的压力灵敏性和快速响应时间。应变传感模块的电极形状如图 9-10 所示,当受拉伸作用发生横向应变时,上下梳状电极发生相对滑移,导致有效电极面积降低,从而导致电容值减小,实现对侧向拉伸信号的传感。电极均通过将金属镁沉积在生物可降解聚乳酸(polylactic acid,PLLA)基体上得到。

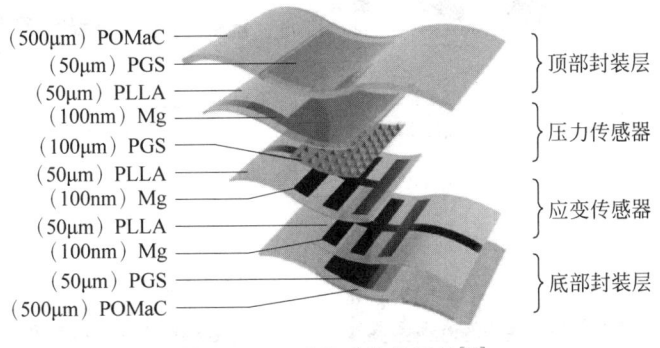

图 9-10　双重传感结构设计[13]

将压力传感和应变传感进行垂直堆叠,分别独立传感压力和应变信号,并通过聚八亚甲

基马来酸酯(酸酐)柠檬酸盐(poly(octamethylene maleate(anhydride) citrate), POMaC)弹性体进行整体封装保护。POMaC 具有良好的生物可降解性和细胞/组织生物相容性, 由柠檬酸、马来酸酐和 1,8-辛二醇通过受控缩合反应合成, 其化学结构如图 9-11 所示。POMaC 具有双重交联机制, 既可通过紫外线照射实现碳碳双键的光交联, 又可通过缩聚反应实现酯键交联, 故合理调整交联条件可获得具有不同机械特性的弹性体, 以模拟不同生物软组织的力学特点[14]。

图 9-11　POMaC 分子链的化学结构

对传感器分别进行压力和应变传感性能测试发现, 在<1kPa 的应力范围内的灵敏度可达$(0.7\pm0.4)kPa^{-1}$, 在 5~10kPa 的应力范围内的灵敏度也能保持在$(0.13\pm0.03)kPa^{-1}$。当水平方向拉伸应变率约 15%时, 电容变化约 50%。此外, 传感器的应变和压力响应可重复循环数千次, 具有良好的循环耐久性。对传感器的生物可降解性进行验证, 将其置于 37℃的磷酸盐平衡生理盐水(phosphate buffered saline, PBS)中浸泡 7 周。PBS 缓冲液的成分简单、配制方便, 且接近生理环境。由于传感器被 POMaC 交联弹性体密封, 在前 2~3 周内有效保护镁电极免受腐蚀, 器件可稳定运行。后期, PBS 缓冲液渗入器件内部, 镁电极快速水解, POMaC 等聚合物也随时间增长而不断降解, 证实了整个器件良好的可降解性。最后, 将传感器植入老鼠背部皮下, 并施加相应的应变和压力刺激, 以进一步验证器件在体内的灵敏度和生物相容性。将测试曲线的基线进行放大, 发现器件甚至能够记录动物呼吸引起的形变信号, 如图 9-12 所示。

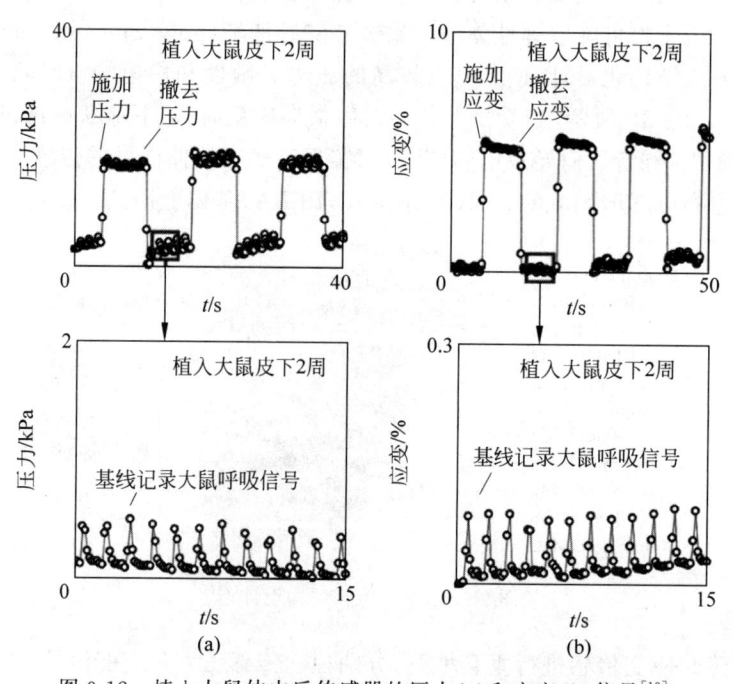

图 9-12　植入大鼠体内后传感器的压力(a)和应变(b)信号[13]

9.5 介电弹性体电能收集

基于介电弹性体的能量收集装置又称为静电发电机,装置结构用可变形的平板电容器等效,由一层或多层介电弹性体薄膜和两侧的顺应性电极组成,如图9-13所示。其工作机理与压电效应不同,在静电发电机的一个工作循环中,首先,外部机械应力使弹性体发生形变,厚度减小,横向面积增大,导致装置的电容值提高;然后对发生形变的装置进行充电,使介电弹性体两侧电极上带有等量异号的自由电荷;撤去电场,电容处于开路状态,电荷稳定保持在电极表面;此时再撤去外加应力,弹性体倾向于回弹至接近初始尺寸,导致装置的电容值降低。而由于电极上的电荷量保持不变,根据电容器储能公式(4.3)($W=Q^2/2C$)可知,装置储存的静电能增大。这是因为当外力撤去时,弹性体横向面积收缩,导致同号电荷间的距离减小,而厚度增大,导致异号电荷间的距离增大,相当于外力对电荷做功,从而将机械能转化为电能,实现电能收集[15]。

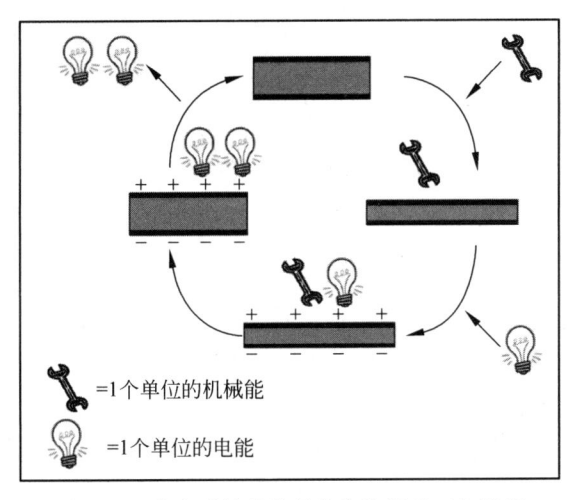

图 9-13 介电弹性体能量收集装置的工作机理

基于介电弹性体的电能收集装置通过对器件整体结构和控制电路进行特殊设计,以充分发挥弹性体的能量转换作用,例如,利用有机硅弹性体制备具有充气式圆形隔膜拓扑结构的静电发电机[16]。首先,将炭黑粉末与PDMS预聚体混合并浇铸在已固化成型的PDMS弹性体薄膜表面,经脱气固化得到可变形的顺应性电极,并实现与介电层的可靠自黏接。随后,将具有3层结构的隔膜裁剪为圆形,经预拉伸后安装在两环形支架之间,固定隔膜的外边界,避免弹性体发生滑动。弹性体隔膜与下方圆柱形管壁共同组成封闭空腔。上下两顺应性电极通过导电铜胶带引出用于电压和电荷测量。在安装好的组件外部装设机械执行器和高压功率放大器,其中,机械装置控制圆柱体下方活塞运动,使空腔内气体发生压缩或膨胀,随着腔内气压的变化,弹性体对应出现膨胀或回缩。高压装置提供直流高压,与机械装置配合,在设定条件下对隔膜进行充电。整个发电装置的工作示意图如图9-14所示。

整个能量收集循环过程中,装置各组件间的配合由控制电路和机械致动器共同实现,控制电路的接线如图9-15(a)所示,图中,将静电发电机等效为电容C_d,并额外引入电容器C_a对电荷和电压进行灵活控制。工作循环中发电机的充电电荷与两端电压的变化见图9-15(b)。

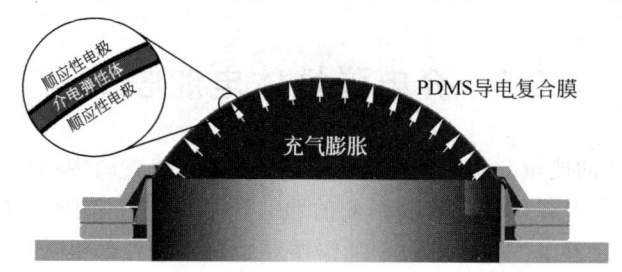

图 9-14 工作中的基于充气式圆形隔膜的静电发电机示意图[16]

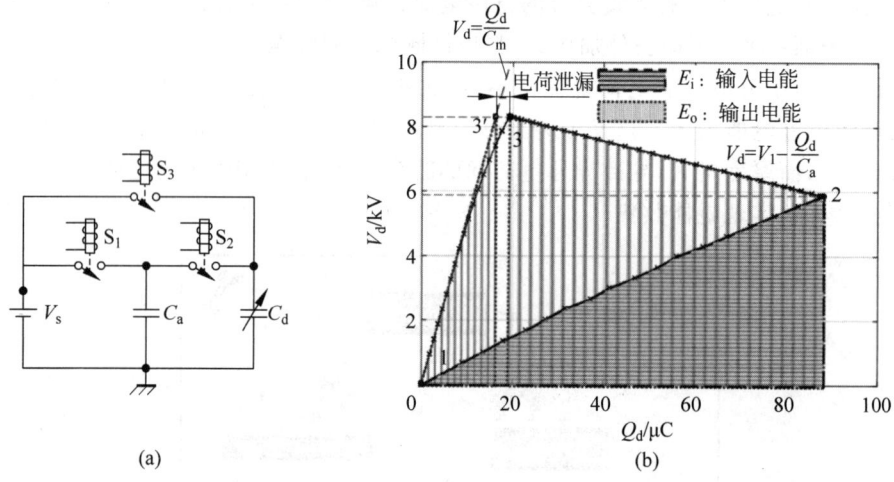

图 9-15 静电发电机的控制电路(a)与充电电荷-电压曲线(b)[16]

首先,断开开关 S_1、S_2,闭合开关 S_3,令直流电压 V_s 为 0,发电机位于点 1 处;随后,机械模块控制活塞压缩腔内气体,气压增大,PDMS 被迫膨胀,电容增大;保持活塞位置,断开 S_3,闭合 S_1,令 $V_s=V_1$,对电容 C_a 充电,有

$$Q = C_a V_1 \tag{9.5}$$

断开 S_1,闭合 S_2,使电容 C_a 对 C_d 充电,发电机两端电压增大至 V_2,从点 1 快速移动至点 2;随后,机械模块使活塞返回至初始位置,气压降低,PDMS 发生回弹,发电机的电容降低至最小值 C_m,其两端电压增大至 V_3,从点 2 移动至点 3 或 3′处。在点 2~点 3 的过程中,由于发电机 C_d 与电容 C_a 保持并联,有

$$V_a = V_d \tag{9.6}$$

而并联电容与外电路隔绝,总电荷量 $Q=Q_a+Q_d$ 保持不变。根据电容并联分配原理,有

$$Q_d = \frac{C_d}{C_d + C_a} Q = \frac{C_a C_d}{C_d + C_a} V_1 \tag{9.7}$$

式中,用 Q_d/V_d 替换变化电容 C_d,得

$$V_d = V_1 - \frac{Q_d}{C_a} \tag{9.8}$$

即发电机电极电荷量 Q_d 与两端电压 V_d 满足线性关系,而 3′点为实测值,由发电机在较高电压下的电荷泄漏导致;最后,令 $V_s=0$,断开 S_2,闭合 S_3,发电机对外完全放电,从点 3 或 3′又移动至初始点 1 处,完成整个能量收集的循环操作,如图 9-15(b)所示。通过增大活塞移动距离、提高直流电压(保证弹性体不发生击穿的前提下)等手段,静电发电机在一个循环

周期内转换的能量 $\Delta E=E_\circ-E_i$ 可达 0.3J，能量密度最大约 173J/kg，将 ΔE 与活塞在一个循环周期内输入的机械能 W 进行比较，发现具有该特殊结构的静电发电机具有约 30% 的能量转化效率。

自然界中存在大量可用的机械能，如人体运动、风能、潮汐能等，基于前面所述的充气式圆形隔膜式静电发电机，利用海水液面的涨落代替活塞运动做功，能够将波浪携带的振荡能量转换为电能[17]。装置使用商用 3M VHB 4905 聚丙烯酸酯作为介电弹性体，两侧涂覆导电碳脂，整体结构如图 9-16 所示。当被外部波浪撞击时，水平面发生垂直往复运动，使内部空气压缩或膨胀，进一步使介电弹性体发生形变。通过设计，使装置的固有频率与波浪振荡频率匹配，实现谐振，以增大外界能量传递。将样机置于提供波浪振动的水池中，调节电压幅值和波浪频率，最大电功率输出可达 870mW，每个循环周期内单位质量电介质材料的能量密度约 145J/kg。这一研究证明了将介电弹性体能量收集装置在海洋波浪能收集领域的应用潜力，根据波浪能系统的缩放规则，小规模原型的测量结果相当于等效实际尺寸系统的电功率输出可达数百千瓦，这一结果就相当可观了。

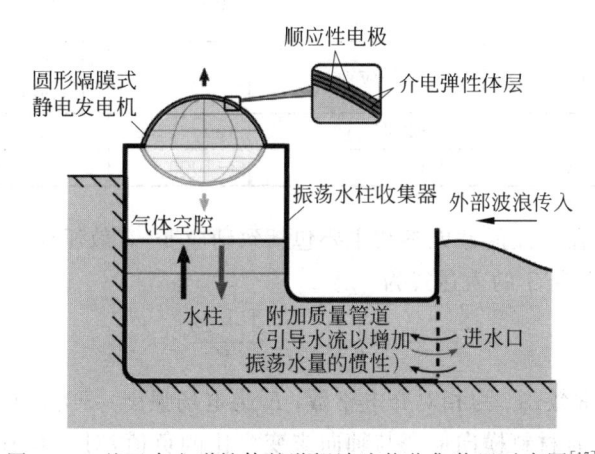

图 9-16　基于介电弹性体的谐振波浪能收集装置示意图[17]

9.6　介电弹性体致动器

在 9.5 节的介绍中，介电弹性体能量收集装置以机械应力或应变为外部输入能量，通过弹性体电容充电后的形状回弹时对电荷做功实现电能收集。而当介电弹性体两侧施加一定强度的外电场时，电极两侧异号电荷之间的相互吸引使其沿厚度方向受到静电力的作用，导致厚度减小，并在垂直于电场的方向上发生拉伸，使异号电荷相互靠近，同号电荷沿横向彼此扩散远离，实现由电能做功以驱动机械位移或形变。当撤去外电场后，静电力消失，弹性体又自发恢复初始形状。这就是介电弹性体在电场作用下实现致动的工作原理。

目前，可用于致动器的功能性材料除介电弹性体外，还包括弛豫铁电聚合物、导电聚合物和镍钛形状记忆合金等，其性能对比见表 9-2。不难发现，介电弹性体的致动应变高（最大可超过 100%）、密度低（接近 1g/cm³）、响应速率快（>450%/s）、循环寿命高（>10⁶ 次）、机电转换效率高（最高可达 90%），这使其在人造肌肉、仿生软机器人等致动领域具有广泛的应用前景。但其不足之处在于致动应力较小（<10MPa），且致动电压很高（>1kV），远大于人体的安全电压,导致实际使用时存在安全隐患。

表 9-2 致动器功能材料性能对比

性　　能	哺乳动物骨骼肌	介电弹性体	弛豫铁电聚合物	导电聚合物	镍钛形状记忆合金
应变/%	20~40	最大可超过 100	3~10	2~12	1~8
应力/MPa	0.1~0.35	一般在 0.1~2,最大可达 3~9	20~45	1~100	200
做功密度/(kJ/m³)	8~40	一般在 10~150,最高可达 3400	~1000	70~100	>1000
密度/(kg/m³)	1037	~1000	~2000	~1300	6450
应变速率/(%/s)	>50	450(VHB),34 000(硅橡胶)	>2000(0.1%应变)	1~12	300
持续功率/(W/kg)	50~280	~500	>1000	150	>1000
机电耦合效率/%	<40	一般在 30 左右,最高可达 90	10~40	<10	<5
循环寿命	>10⁹	10⁶(50%应变)	—	最高可达 800 000	300(5%应变) 10⁷(0.5%应变)
模量/MPa	10~60	0.1~3	400~1200	~500	20 000~80 000
致动电压/V	<1V	>1000	~1000	2	低

介电弹性体致动器关注的性能参数主要包括致动应变、有效压应力和弹性能量密度等。其中,致动器的致动应变 S 的表达式为

$$S = \frac{1}{2}\varepsilon_0\varepsilon_r E^2 \frac{1+2\sigma}{Y} \tag{9.9}$$

式中,ε_0 为真空介电常数;ε_r 为相对介电常数;E 为电场强度;σ 为泊松比;Y 为弹性模量。泊松比是在单向受压时材料横向应变与轴向应变之比的负值,对于具有体积不可压缩性的理想弹性体而言,其泊松比 σ 为 0.5,因此,式(9.9)可进一步改写为

$$S = \frac{\varepsilon_0\varepsilon_r E^2}{Y} \tag{9.10}$$

可见,致动器的致动应变 S 与介电弹性体的相对介电常数 ε_r、工作场强的平方 E^2 成正比,而与材料弹性模量 Y 成反比。致动器有效压应力 h 和弹性能量密度 U_s 分别为

$$h = S \times Y = \varepsilon_0\varepsilon_r E^2 \tag{9.11}$$

$$U_s = \frac{1}{2}YS^2 = \frac{\varepsilon_0^2\varepsilon_r^2 E^4}{2Y} \tag{9.12}$$

可见,提高介电弹性体致动器的弹性能量密度和致动应变性能需要提高弹性体的相对介电常数和击穿强度,并降低材料模量。

早期,针对介电弹性体致动器的设计多采用商业有机硅弹性体作为基体,如 Nusil CF19-2186 和 Dow Corning HS3 等,由于其介电常数较低(约 2~3),致动器的致动应变低于 50%。随后,3M VHB 4910 商业聚丙烯酸酯膜被发现为适用于介电弹性体致动器的理想材料,且通过在弹性体水平方向上施加较高的预拉伸应力,使致动器的电压致动应变首次超过 100%[18]。致动器的结构如图 9-17 所示,将预拉伸的 3M VHB 4910 薄膜固定在刚性

圆形框架上,并在薄膜中间两侧涂覆导电碳脂,形成顺应性圆形电极。分别采用 Nusil CF19-2186、Dow Corning HS3 和 3M VHB 4910 共 3 种材料作为介电弹性体,并施以不同大小和类型的预应变,测量致动器的致动性能,见表 9-3。可以发现,随着预应变的增大,弹性体的厚度变薄,但击穿强度 E 却有明显提升,从而大大提高致动器的最高工作电压,使相对面积应变量 S 随之增大。当预应变(x,y)取$(300\%,300\%)$时,基于 3M VHB 4910 的致动器的工作场强甚至可达 412MV/m,同时由于 3M VHB 4910 的介电常数更高(约 4.8),使致动器的相对应变量、有效压应力、弹性能量密度等性能参数均优于其他组别。但与硅橡胶相比,丙烯酸酯弹性体具有较高的黏弹性损耗,使致动器的工作频率被限制在 40Hz 以下。

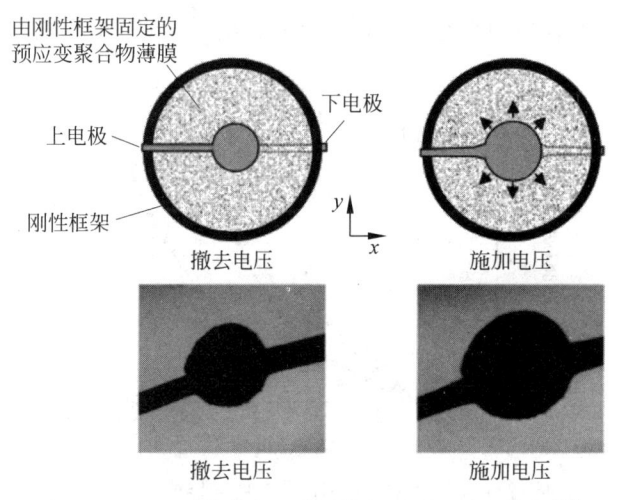

图 9-17 基于预拉伸介电弹性体的圆形致动器结构[18]

表 9-3 双向圆形预应变和单向线性预应变致动器的性能测量结果[18]

材　料	预应变 (x,y)/%	相对厚度致动应变/%	相对面积致动应变/%	电场强度/$(MV \cdot m^{-1})$	有效压应力/MPa	能量密度/$(MJ \cdot m^{-3})$
双向圆形预应变							
HS3	(68,68)	48	93	110	0.3	0.098
	(14,14)	41	69	72	0.13	0.034
CF19-2186	(45,45)	39	64	350	3.0	0.75
	(15,15)	25	33	160	0.6	0.091
VHB 4910	(300,300)	61	158	412	7.2	3.4
	(15,15)	29	40	55	0.13	0.022
单向线性预应变							
HS3	(280,0)	54	117	128	0.4	0.16
CF19-2186	(100,0)	39	63	181	0.8	0.3
VHB 4910	(540,75)	68	215	239	2.4	1.36

除使用商业介电弹性体材料外,还可以通过材料改性如掺杂无机纳米填料等手段得到复合材料,以提高弹性体的介电常数等关键参数。例如:将经甲基丙烯酸酯表面功能化的

铝纳米颗粒与丙烯酸酯单体共聚,当铝纳米颗粒掺杂量为4%(体积分数)时,弹性体纳米复合材料的介电常数 ε_r 提高至 8.4,电气强度约 140MV/m,致动器的最大面积致动应变为 56%[19]。将导电聚苯胺(polyaniline,PANI)通过微乳液聚合封装在聚乙烯基苯(poly(divinyl benzene),PDVB)中,可作为高介电填料与 PDMS 基体复合,提高其在电场作用下的致动响应[20]。如图 9-18 所示,将一系列复合改性弹性体与商业 3M VHB 4905 进行对比,可以发现复合材料在 30% 预应变和 40V/μm 的工作电场下的横向致动应变约为 12%,而在相同工作电场下预应变 300% 的 3M VHB 4905 薄膜致动应变仅为复合材料的一半,改性复合材料在较低电压下表现出优异的应变效果[21]。然而,随着无机粒子掺入量的增加,复合体系的弹性模量升高,电气强度劣化,这反而又对致动器性能造成不利影响,使循环可靠性下降。关于介电聚合物纳米复合材料的更多介绍可参见 10.1 节。

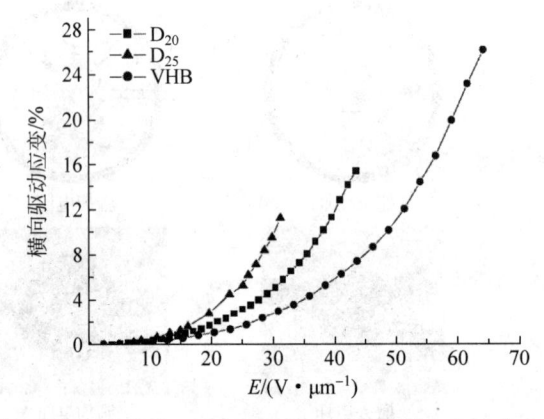

图 9-18 复合改性弹性体材料与商业 3M VHB 4905 致动器横向致动应变与工作电场的关系[21]

目前,已设计出具有隔膜式(diaphragm)、管式(tube)[22]、辊式(roll)[23]等结构的介电弹性体致动器,以适应不同的应用场景,如图 9-19 所示。进一步,通过学习并模仿自然界中动物的运动机制[24],考虑其肌肉、骨骼、神经、呼吸和循环系统之间的相互作用,将介电弹性体材料功能与器件结构进行配合,衍生出众多具有仿生特性的致动器类型。如:使用介电弹性体人造肌肉设计的仿生六足机器人[25]、多节蛇形机械手[26]、控制药物输送与释放流量的介电弹性体调节阀[27]、基于介电弹性体的类晶状体可调谐聚焦光学透镜[28]等。

此外,模仿生物系统损伤后的自主修复特性,向弹性体分子链结构中引入动态可逆键,例如将 PDMS 经动态金属-配体配位键交联,成功设计出新型自修复介电弹性体[29]。其中,Fe(III)-2,6-吡啶二甲酰胺(pyridinedicarboxamide,pdca)配位复合交联结构中既存在与典型共价键键能相当的强键,又包括与氢键强度类似的可逆弱键,前者可以增强弹性体的模量,使其保持良好的交联结构完整性和弹性,而后者则对弹性体的自修复特性起到重要作用。当 Fe(III)与 H_2pdca-PDMS 配体的摩尔比为 1:2 时,弹性体的介电常数 ε_r 约为 6.4,击穿强度约为 18.8MV/m,在 17.2MV/m 的低工作电场下的致动面积应变可达 3.6%,且在低应变下表现出较快的变形速率和较低的滞后性,是作为自修复人造肌肉的理想材料。关于自修复智能响应介电材料的更多介绍可参见 11.4 节。

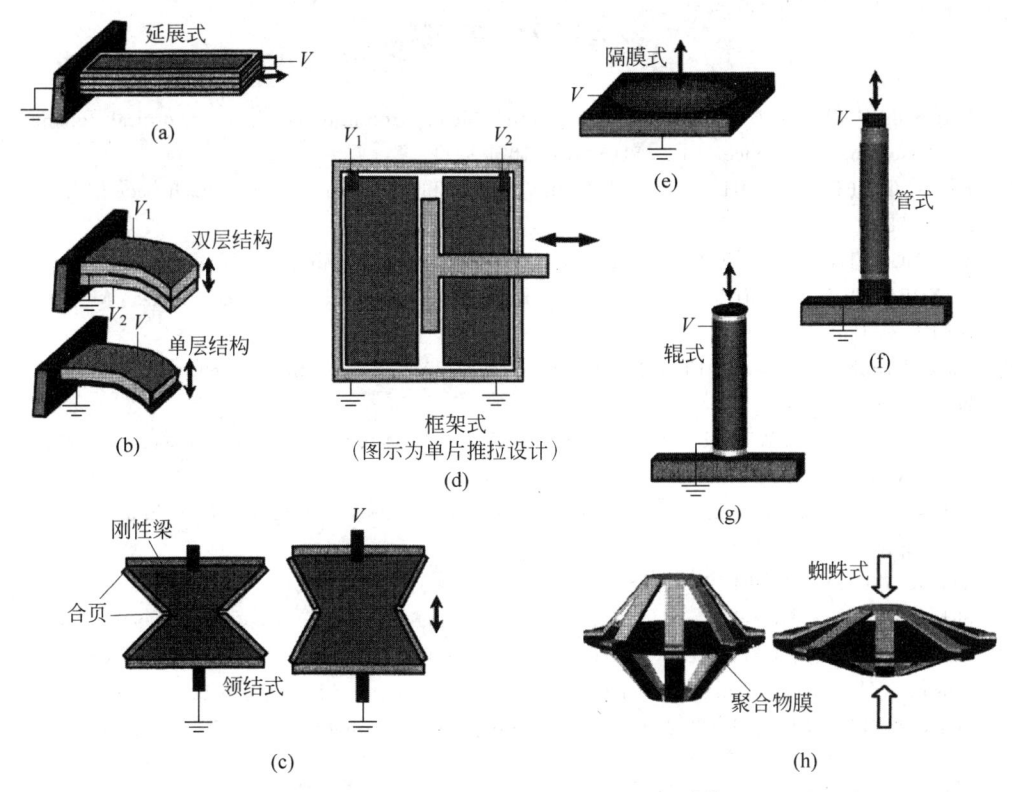

图 9-19 介电弹性体致动器的不同结构[26]
(a) 延展式；(b) 双层结构和单层结构；(c) 领结式；(d) 框架式；(e) 隔膜式；
(f) 管式；(g) 辊式；(h) 蜘蛛式

习　　题

1. 弹性体具有哪些结构特征？在日常生活中其多应用于哪些场景？
2. 调研热固性弹性体和热塑性弹性体的材料种类，根据链结构和聚集态结构分析其具有良好弹性的原因。
3. 提高介电弹性体电容式传感器灵敏度的方法有哪些，其优化机理是什么？
4. 解释基于介电弹性体的电能收集装置的工作原理，并尝试分析其能量转换损耗的可能来源。
5. 以丙烯酸酯弹性体为例，计算其致动应变和弹性能量密度，并分析工作场强对性能参数的影响。
6. 提高介电弹性体致动器致动性能的手段有哪些？存在什么问题？
7. 调研基于介电弹性体致动器的仿生结构设计，并考虑各个单独组件之间的配合运行原理。

参 考 文 献

[1] LARSON C, PEELE B, LI S, et al. Highly stretchable electroluminescent skin for optical signaling and tactile sensing[J]. Science, 2016, 351(6277): 1071-1074.

[2] KIM C C, LEE H H, OH K H, et al. Highly stretchable, transparent ionic touch panel[J]. Science, 2016, 353(6300): 682-687.

[3] YOUNG R J, LOVELL P A. Introduction to polymers[M]. CRC press, 2011.

[4] FUXREITER M, TOMPA P. Fuzziness: structural disorder in protein complexes [M]. Springer Science & Business Media, 2012.

[5] Natural rubber-Wikipedia[EB/OL]. (2006-09-13)[2024-09-05]. https://en.wikipedia.org/wiki/Natural_rubber.

[6] Sulfur vulcanization-Wikipedia[EB/OL]. (2019-03-29)[2024-09-05]. https://en.wikipedia.org/wiki/Sulfur_vulcanization.

[7] Polyisoprene-Wikipedia [EB/OL]. (2008-09-10) [2024-09-05]. https://en.wikipedia.org/wiki/Polyisoprene.

[8] YORK A, DUNN J, SEELECKE S. Systematic approach to development of pressure sensors using dielectric electro-active polymer membranes[J]. Smart Materials and Structures, 2013, 22(9): 094015.

[9] MANNSFELD S C B, TEE B C K, STOLTENBERG R M, et al. Highly sensitive flexible pressure sensors with microstructured rubber dielectric layers[J]. Nature Materials, 2010, 9: 859-864.

[10] CHORTOS A, LIU J, BAO Z N. Pursuing prosthetic electronic skin[J]. Nature Materials, 2016, 15(9): 937-950.

[11] HAMMOCK M L, CHORTOS A, TEE B C K, et al. 25th anniversary article: The evolution of electronic skin(e-skin): A brief history, design considerations, and recent progress[J]. Advanced Materials, 2013, 25(42): 5997-6038.

[12] HWANG S W, TAO H, KIM D H, et al. A physically transient form of silicon electronics[J]. Science, 2012, 337(6102): 1640-1644.

[13] BOUTRY C M, KAIZAWA Y, SCHROEDER B C, et al. A stretchable and biodegradable strain and pressure sensor for orthopaedic application[J]. Nature Electronics, 2018, 1: 314-321.

[14] TRAN R T, THEVENOT P, GYAWALI D, et al. Synthesis and characterization of a biodegradable elastomer featuring a dual crosslinking mechanism[J]. Soft Matter, 2010, 6(11): 2449-2461.

[15] GRAF C, HITZBLECK J, FELLER T, et al. Dielectric elastomer-based energy harvesting: Material, generator design, and optimization[J]. Journal of Intelligent Material Systems and Structures, 2014, 25(8): 951-966.

[16] MORETTI G, RIGHI M, VERTECHY R, et al. Fabrication and test of an inflated circular diaphragm dielectric elastomer generator based on PDMS rubber composite[J]. Polymers, 2017, 9(7): 283.

[17] MORETTI G, PAPINI G P R, RIGHI M, et al. Resonant wave energy harvester based on dielectric elastomer generator[J]. Smart Materials and Structures, 2018, 27(3): 035015.

[18] PELRINE R, KORNBLUH R, PEI Q, et al. High-speed electrically actuated elastomers with strain greater than 100%[J]. Science, 2000, 287(5454): 836-839.

[19] HU W, ZHANG S N, NIU X F, et al. An aluminum nanoparticle-acrylate copolymer nanocomposite as a dielectric elastomer with a high dielectric constant[J]. Journal of Materials Chemistry C, 2014, 2(9): 1658-1666.

[20] MOLBERG M, CRESPY D, RUPPER P, et al. High breakdown field dielectric elastomer actuators using encapsulated polyaniline as high dielectric constant filler[J]. Advanced Functional Materials,

2010,20(19): 3280-3291.
[21] OPRIS D M,MOLBERG M,WALDER C,et al. New silicone composites for dielectric elastomer actuator applications in competition with acrylic foil[J]. Advanced Functional Materials,2011,21(18): 3531-3539.
[22] VATANKHAH-VARNOOSFADERANI M,DANIEL W F M,ZHUSHMA A P,et al. Bottlebrush elastomers: A new platform for freestanding electroactuation[J]. Advanced Materials,2017,29(2): 1604209.
[23] HA S M,PARK I S,WISSLER M,et al. High electromechanical performance of electroelastomers based on interpenetrating polymer networks[C]//Electroactive Polymer Actuators and Devices (EAPAD) 2008. SPIE,2008,6927: 730-738.
[24] DICKINSON M H,FARLEY C T,FULL R J,et al. How animals move: An integrative view[J]. Science,2000,288(5463): 100-106.
[25] ECKERLE J,STANFORD S,MARLOW J,et al. Biologically inspired hexapedal robot using field-effect electroactive elastomer artificial muscles[C]//Smart structures and materials 2001: Industrial and commercial applications of smart structures technologies. SPIE,2001,4332: 269-280.
[26] WAX S G,SANDS R R. Electroactive polymer actuators and devices[C]//Smart Structures and Materials 1999: Electroactive Polymer Actuators and Devices. SPIE,1999,3669: 2-10.
[27] SALTZMAN W M,OLBRICHT W L. Building drug delivery into tissue engineering design[J]. Nature Reviews Drug Discovery,2002,1: 177-186.
[28] CARPI F,FREDIANI G,TURCO S,et al. Bioinspired tunable lens with muscle-like electroactive elastomers[J]. Advanced functional materials,2011,21(21): 4152-4158.
[29] LI C H,WANG C,KEPLINGER C,et al. A highly stretchable autonomous self-healing elastomer[J]. Nature Chemistry,2016,8(6): 618-624.

第 10 章

介电聚合物纳米复合材料

复合材料是由两种或两种以上不同性质的材料,通过物理或化学的方法,在宏观上组成具有新性能的材料。这些材料在性能上互相取长补短,产生协同效应,使复合材料的综合性能优于原组成材料。纳米复合材料是以聚合物基体为连续相,纳米填料为分散相的一类多相复合材料。自 1994 年纳米电介质(具有纳米结构的多组分电介质材料,即介电聚合物纳米复合材料)的概念被提出以来[1],大量的实验研究已经证实,通过向传统高分子体系中引入纳米尺度的填料能够显著提升材料的电、热、机械性能[2-5]。目前普遍认为,聚合物纳米复合电介质性能的提升与填料尺寸减小时产生的更高的界面区域体积占比密切相关。本章将重点阐述纳米粒子与聚合物之间界面的相关理论和分析表征技术,并介绍铁电、压电和热释电聚合物纳米复合材料的性能优势及其应用。

10.1 介电聚合物纳米复合材料简述

介电聚合物纳米复合材料是指以介电聚合物作为基体、纳米材料作为填充相的一类多相固体材料。纳米材料在三维空间上至少有一维是纳米级,即尺寸为 1~100nm。根据尺寸特性,可将纳米材料主要分为 3 类,当材料的 3 个维度都小于 100nm 时,属于 0 维纳米材料,如纳米球(nanospheres)、纳米立方体(nanocubes);材料中仅有 1 个维度大于 100nm 时,属于 1 维纳米材料,如纳米线(nanowires)、纳米管(nanotubes)或纳米纤维(nanofibers);当材料中有 2 个维度都大于 100nm 时,属于 2 维纳米材料,如纳米片(nanosheets),如图 10-1 所示。纳米填料的引入可能极大地改变高分子聚合物体系的结晶或改变无定形部分的分子链运动能力,并根据与聚合物和纳米填料结合方式的不同产生复杂的组织结构,整个体系大体上分成了填料区、结晶区、无定形区。由于受共价键作用和物理相互作用的束缚,无定形区的分子链运动能力在纳米填料和晶区附近均被限制,形成界面,从而表现出与其余部分截然不同的性质[6]。

纳米填料加入后,介电聚合物纳米复合材料表现出与聚合物基体材料不同的宏观性能。从力学性能的角度来说,介电聚合物纳米复合材料通常表现出比传统复合材料更高的强度,这得益于纳米颗粒的尺寸效应,使得材料的晶体结构更加致密,这种晶界强化效应增强了材料的强度。从热学性能的角度来说,介电聚合物纳米复合材料通常具有较高的热导率,这是

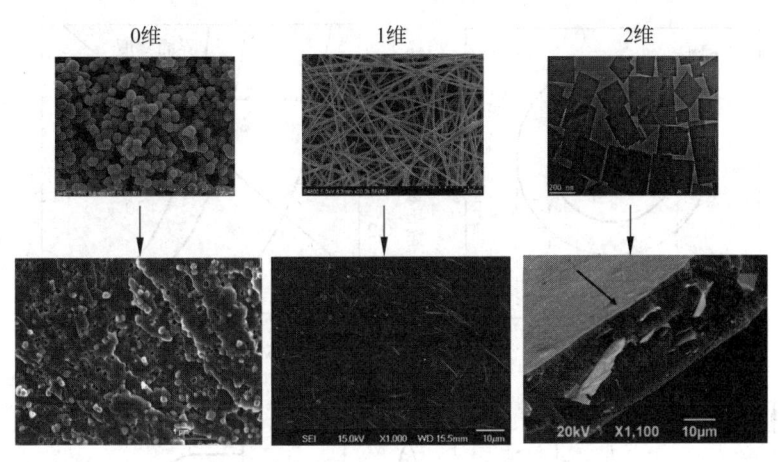

图 10-1　介电聚合物纳米复合材料的形貌图

因为纳米颗粒的尺寸效应和晶界的存在促进了热传导,使得这些材料在热管理应用中表现出色。从电学性能的角度来说,当向聚合物基体中加入介电纳米填料时,无机填料形成高机械强度的绝缘网络,可有效阻挡介电聚合物纳米复合材料中的泄漏电流和空间电荷传导、提升其介电常数并增强电击穿性能。这些功能通常来自纳米颗粒的高比表面积和表面活性中心,使得材料在生物医学、环境保护和能源转换等领域有着广泛的应用前景。

10.2　聚合物/纳米粒子的界面理论

从上节内容不难看出,向聚合物基体中引入纳米填料能够达到协同优化、多功能复合等目的。经过长期的深入研究,目前普遍认为,纳米粒子与聚合物基体之间形成的界面是影响介电聚合物纳米复合材料性能的关键,并且其性能的提升与很高的界面区域占比密切相关。

纳米填料与聚合物基体两相一般接触较为紧密,存在分子间相互作用,从而形成在组成、密度、性质上和两相有差异并存在梯度变化的过渡区域。纳米填料与聚合物基体之间的纳米级过渡区域即称为界面,如图10-2(a)所示。界面区特性与纳米填料和聚合物基体均有所不同,随着界面区域体积占比增大,界面区的特性逐渐成为影响介电聚合物纳米复合材料性能的主导因素。界面处聚合物聚集态结构(分子链排布)受到纳米填料的影响,如图10-2(b)所示,会影响复合体系的电气强度、介电常数、弛豫损耗等方面特性。介电聚合物纳米复合材料中的纳米填料具有高表面能,而高分子聚合物一般表面能较低,因此在制备介电聚合物纳米复合材料前有时需要对纳米填料进行表面处理[7],以降低其表面能,有助于纳米填料(分散相)更好地分散于聚合物基体(连续相)中。表面处理后,聚合物基体分子链的端基、侧基等特征基团与纳米填料表面的分子间可能形成化学键或氢键等相互作用,从而将纳米填料与聚合物基体连接在一起,提高了纳米填料在聚合物基体中的分散性。同时,通过特殊的表面设计也能够调控介电聚合物纳米复合材料的力学性能、模量匹配性、应力传递效率、相容性、耐老化等工程特性[8-9],这也使得界面的研究包含更为复杂的内容。

界面还具有小尺寸效应,即当纳米填料尺寸不断减小,其比表面积呈指数级增长,导致界面区体积占比随之增大。界面过渡区域的尺度仍存在争议,不同学者提出了几纳米到几百纳米的不同尺度。假定纳米填料为均一球形且均匀分布,界面的占比与粒径、界面厚度的

图 10-2 界面的概念和结构[10]

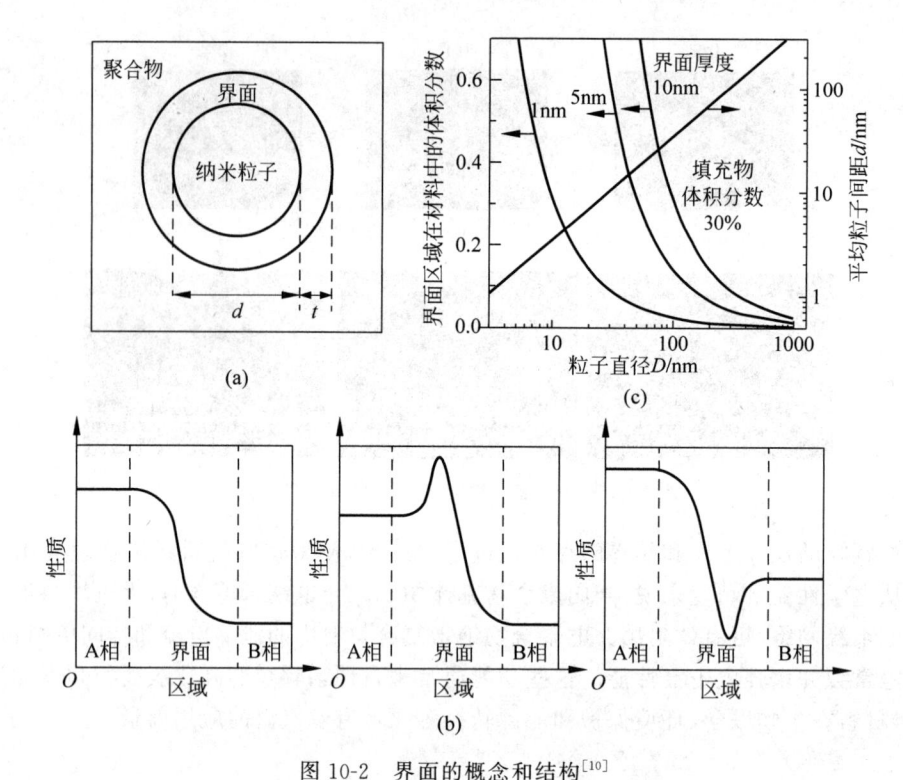

(a) 界面结构；(b) 聚合物、无机粒子和界面的性质区别；(c) 粒子尺寸对界面占比的影响

关系如图 10-2(c)所示。假设界面厚度为 5nm，填充体积分数为 30% 的纳米粒子(粒径为 20~30nm)，界面区域体积占比约 50%，即复合材料中绝大多数区域为界面区，导致填料在纳米尺度下，界面区域的特性决定了复合材料的宏观性能。

基于介电聚合物纳米复合材料性能的宏观表征，研究人员对复合体系中的界面特性进行了综合分析[4-5]。不同纳米填料产生的界面特性不同，尤其是界面对介电聚合物纳米复合材料机械性能的影响各不相同[11]。多种微观参数(如聚合物链段刚性、分子量、纳米填料尺寸和聚合物-纳米填料相互作用等)均影响界面层结构和动力学[12]，进而影响复合体系从分子尺度到中尺度到宏观尺度的结构与性能[13]。各领域专家以介电聚合物纳米复合材料产生的界面为核心，进行了一系列在界面理解、表征和调控方面的前沿研究[14]。根据复合体系的宏观特性与纯聚合物的差异可分析出界面的特殊贡献[15-16]。

早期，研究学者根据复合体系整体性能与纯聚合物的区别分析微区界面对性能的影响，且唯象地提出了不同的界面模型。这里主要介绍两种比较典型的界面模型，第一种为介电双层模型(electric double layer model)，如图 10-3(a)所示[1-2]。参考胶体化学的理论，介电双层模型认为复合材料中的纳米颗粒在电场作用下会在表面聚集一种电荷；而另一种异性电荷在纳米颗粒外部积聚起来，形成屏蔽层，屏蔽层外部的聚合物中存在的带电粒子则在电场力的作用下定向迁移和扩散，形成分散层。屏蔽层与分散层合称为介电双层，即复合材料的界面区。介电双层与聚合物基体相比具有很小的电阻率，多个粒子的介电双层连接在一起会形成导电通路，释放空间电荷，进而改变材料的击穿场强和老化性能；界面电荷的移动也等效为很大的介电常数 ε，影响材料的储能特性[17]。此后，有研究还将纳米颗粒作为电荷

10.2 聚合物/纳米粒子的界面理论

输运中的一个势垒分析复合体系的电导特性[18-19]。

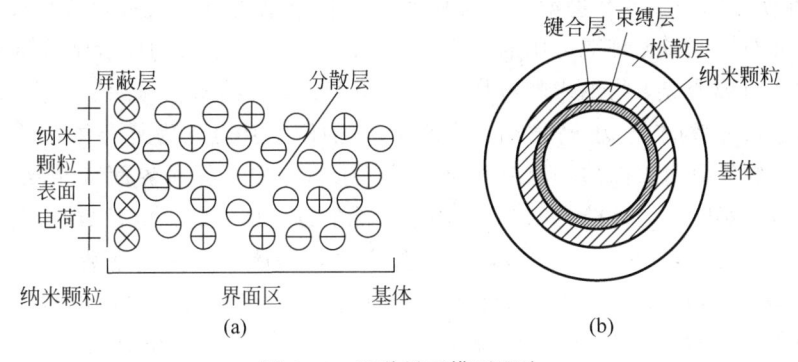

图 10-3 两种界面模型理论
(a) 介电双层模型；(b) 多核模型

第二种界面模型为多核模型(multi-core model)，如图 10-3(b)所示[4]。该模型假设复合材料中的颗粒均为球形，每一个纳米颗粒均被相同数量级尺寸的界面层包围，然后与外部的聚合物基体相连。界面区从内到外被划分成键合层(bonded layer)、束缚层(bound layer)和松散层(loose layer)。键合层主要由纳米颗粒表面基团与聚合物分子链之间形成的化学键构成，厚度约为1nm。束缚层由球晶、片晶等有序结构组成，主要为深陷阱区，不存在化学键作用。松散层由无定形结构构成，存在大量浅陷阱。该模型有助于解释纳米复合材料表现出的耐电晕放电、耐电树和介电性能等特性。此后，也研究了多核体系中界面弛豫与电荷输运抑制[20]、纳米颗粒库仑阻塞效应[21]，并试图给出各个组分更为详细的特性。但是，多核模型在不同体系的界面中存在显著差异，尚未能在实验中观察到三层结构，因此无法用于定量描述和性能预测。

在介电双层模型和多核模型这两种界面模型的基础上，又有一些研究沿用了原模型由宏观到微观的思路和相似的宏观测试手段，解释了聚合物纳米复合电介质材料中的界面对电导、极化、击穿的影响。例如：基于静电理论计算纳米颗粒周围永久偶极矩和感应偶极矩的陷阱的深度[22]、基于陷阱详细描述聚合物纳米复合电介质的电荷输运过程并根据分子链的柔性程度将界面分为"软界面"和"硬界面"[23]、提出势垒模型和相互作用区模型以解释界面区发生重叠后的电导率增加的现象[24]等。除这类分析思路外，还有研究提出对聚合物纳米复合电介质中界面的直接探测并完成界面极化、陷阱的直接测试[25-26]。未来，对界面特性进行深入探讨或开发直接探测界面技术的实验思路，对了解界面的本征特性大有裨益，有利于进一步完善界面模型。

聚合物纳米复合电介质的经典研究遵循从宏观性能分析微观性能的研究思路，即首先测定复合体系的整体特性，再考虑基体、纳米填料的影响，进而分析出界面的特性，此过程可概括为[14]

$$P = f(M, F, I) \tag{10.1}$$

式中，P 代表复合材料的宏观性质；M、F、I 分别代表基体、填料、界面的性质；f 即为三组分对宏观性质的本构关系。从宏观性能分析微观性能即可表述为，在已知 P、M、F 和 f 的情况下反推 I 的特性。若希望定量获取界面 I 的特性，至少要求 P、M、F 和本构关系 f 是已知的；即使只希望定性认识界面 I 的特性，也至少要求 f 的关系简单，I 对 F、M 和 f 的然而,在实际的介电聚合物纳米复合材料体系中,仍存在众多挑战:①纳米填料在高分子中的复杂分布导致尚无普适可用的本构关系 f;②聚合物丰富的层次结构带来的层展效应必然导致 f 非常复杂;③纳米颗粒特性 F 认识不完全。纳米颗粒除了巨大的表面积外,本身存在量子尺寸效应[27]、小尺寸效应等效应,有的研究甚至认为复合体系的界面特性主要来源于纳米颗粒自身表面的一层或几层原子[28]。除了复合体系界面特性,纳米颗粒本身的复杂特性也会影响宏观性能,如在研究用于储能的复合体系的介电常数时,纳米颗粒的库仑阻塞效应[17]、尺寸效应[29]、表面吸附水[7]都会对复合体系的介电常数产生影响;④M、F、I 之间的耦合密切。必须注意区分由于纳米颗粒的存在而引起的真正的物理动力学变化[30]。纳米颗粒的存在会对基体产生影响,比如基体的结晶[31-32]和交联[33],且目前已证明结晶和交联会影响复合材料体系的弛豫[14]和击穿特性[34]。

研究界面时必须首先厘清界面与其他纳米掺杂效应的界限。界面指聚合物中靠近纳米颗粒的部分,且这部分至少结构或某一性能不同于基体。界面问题需着重关注界面组分的结构与基体相比发生了怎样的变化,以及这种结构改变又如何影响了微区的性质以及整体的宏观性能。在介电聚合物纳米复合材料领域,我们更为关注的是界面区域的分子结构、弛豫极化和电荷输运性能,并试图解释界面如何产生、具有何种特性以及如何影响整体性能的问题,最终指导工程中聚合物的界面调控并为对界面的科学认识提供参考。

目前,关于界面的研究内容十分丰富,本章主要介绍其中的两类典型方法。第一类为基于宏观体系的界面表征,在介电聚合物纳米复合材料宏观形式下,基于传统的测试技术对复合物整体性能进行测试并分析微区界面特性。第二类为基于原位微区的界面表征,通过选择性地将颗粒与界面暴露在表面,借助高分辨表面分析技术对界面的结构与性能进行原位分析。下面将分别对这两类研究方法中的代表性研究展开介绍,并指出不同研究方法的优势与不足。

10.3　基于宏观体系的界面表征

在传统聚合物的研究中,研究人员已经开发出大量适用于聚合物的表征技术,如傅里叶红外光谱(Fourier transform infrared spectroscopy,FTIR)、X 射线衍射(X-ray diffraction,XRD)、X 射线光电子能谱(X-ray photoelectron spectroscopy,XPS)、差示扫描量热法(differential scanning calorimetry,DSC)、宽频介电谱(broadband dielectric spectroscopy,BDS)、动态热机械分析法(dynamic mechanical analysis,DMA)等,对聚合物的微观结构、组成相态、链段弛豫等特性进行研究。自制备出第一种纳米复合材料以来[35],传统的研究方法被十分自然地直接迁移到对聚合物纳米复合材料整体特性的表征中。介电聚合物纳米复合材料的研究也自然额外地引入了击穿场强、电荷输运等方面的表征。但当试图利用这些研究方法对界面进行研究时,必须分辨特征信号的来源究竟是基体或填料本身特性还是界面的影响。

10.3.1　界面组成结构研究

聚合物在界面处发生的分子结构的改变决定了界面的存在,界面处化学键、分子链构象、密度和相组成等特性不仅是界面的本征属性,也是界面其他所有性质的基础。

聚合物和纳米颗粒的相互作用首先体现在表面化学键的形成和聚合物分子链构象的改变。利用 FTIR、XPS 等技术对聚合物中化学键、官能团的研究已经非常成熟。在介电聚合物纳米复合材料中,由于空气中水分的吸附,纳米填料的表面常常带有羟基[36],为了改善纳米填料和高分子体系的相容性、分散性,研究人员也常常对纳米颗粒进行表面的修饰,因此,纳米填料的引入一定会在界面处产生化学键或官能团的差异。此外,界面的存在也可能导致分子链构象的改变,这些都可能反映在以 FTIR、XPS 为代表的聚合物化学键和官能团的研究中。

FTIR 谱的分峰技术可被用于分析 SiO_2 纳米颗粒表面与聚 2-乙烯基吡啶(poly(2-vinylpyridine),P2VP)形成氢键的密度[37]。氢键密度的计算式为

$$\text{H-bonds/nm}^2 = \frac{I_{1598}}{I_{1598} + \alpha I_{1590}} \frac{N_A \rho_{poly} V_{poly}}{M_W S_{SiO_2}} \tag{10.2}$$

式中,I_{1598} 为吸附的吡啶吸收峰(对应波数为 $1598 cm^{-1}$)的强度;I_{1590} 为自由的吡啶吸收峰(对应波数为 $1590 cm^{-1}$)的强度;α 是吸附系数($\alpha \approx 1$);N_A 是阿伏伽德罗常数;ρ_{poly} 是聚合物的密度;M_W 是聚合物的分子量;V_{poly} 是聚合物的体积;S_{SiO_2} 是纳米颗粒的表面积。最终得出表面氢键的密度数为 $1.5/nm^2$ 的结论。此外,当通过 FTIR 技术研究 PEO/SiO_2 体系中聚合物链的构象时[38],利用 $C-C_{trans}$($1325 cm^{-1}$)和 $C-C_{gauche}$($1350 cm^{-1}$)的信号计算构象的比例,发现纳米聚合物中—OCCO—的旁式构象含量随着填料的增加而增加,说明纳米颗粒的引入产生了更多—OCCO—的旁式构象。但是上述这些研究并未给出测量得到的改变(氢键、构象)来自界面区域的有力论证。

XPS 和和频振动光谱(sum frequency generation,SFG)也可用于研究 SiO_2 表面物理吸附 P2VP 链的结构和聚合物与纳米粒子之间的相互作用[39]。XPS 能够揭示表面元素的能态,可用于表面氢键的研究。相较于基体聚合物,在复合体系中观察到 400.3eV 新峰。由于 XPS 中 N1s 为 399.3eV,因此可能是吡啶环中的 N1s 核心能级和参与氢键形成的电子具有约 1eV 的结合能,从而产生了 400.3eV 峰,该峰强度被用于评估聚合物氢键的浓度。SFG 能够检测难以用 XPS 研究的—OH,与 XPS 形成极好的互补,结果显示氢键和自由—OH 位点的数量与聚合物的分子量有很大的关系:分子量越高,倾向于存在更多的羟基、更少的氢键。探测—OH 依赖的 SFG 是一种二阶非线性振动光谱技术,其通过入射两束不同的频率的光,利用和频信号表征化学结构特征。由于和频信号在对称位置不产生,所以具有极强的界面选择性,有力论证了—OH 位点的改变发生在界面的位置,并佐证了 XPS 测得氢键信号的改变来自界面。

聚合物在纳米颗粒附近的密度变化是界面最直观的结构特征,关系到对界面处自由体积增减的重要判断。基于比重瓶的经典测试能够给出整体密度变化趋势,但是无法确定密度改变的分布和程度。基于散射长度密度(scattering length density,SLD)的小角 X 射线散射(small angle X-ray scattering,SAXS)和小角中子散射(small angel neutron scattering,SANS),通过将测试结果与纳米颗粒-界面基体的球壳模型进行拟合,能够给出界面的密度和厚度信息。

SAXS 技术是研究亚微米级物质结构的有力工具。X 射线与物体相互作用后,原子中的电子发生能级跃迁,辐射出散射波,由于 X 射线的频率 ω 远高于电子振动的固有频率 ω_0,辐射出的散射光与入射光波长相同,但相位相反。将入射光与散射光的夹角记为 2θ,散射

矢量定义为入射光波矢与散射光波矢之差,散射矢量的模为

$$q = \frac{4\pi}{\lambda}\sin(2\theta) \tag{10.3}$$

式中,λ 为散射波长,也是入射波长。若材料是均匀无序的,即电子密度是均匀无序的,那么散射光将是均匀分布;若材料中存在某种结构,沿着这些结构的特定长度方向,散射光可能具有相同的相位,从而产生干涉。也就是说,散射强度 I 和波矢 q 的关系蕴含材料的结构特性,通过对散射光的光强与散射矢量的关系分析,可以获得材料的微结构参数。一般的,散射矢量可以表达为

$$I(q) = 4\pi \overline{(\Delta\rho)^2 V} \int_0^\infty r^2 \gamma(r) \frac{\sin(qr)}{qr} dr \tag{10.4}$$

式中,$\Delta\rho$ 是电子的密度起伏;V 是 X 射线辐照体积;r 为散射体间距;$\gamma(r)$ 为电荷密度自相关函数。SAXS 能够定性判断散射体的分散性和分形结构以及两相界面的清晰程度,并逐渐发展分析散射体尺寸分布[37]、平均界面厚度[40]等特征参数的定量方法。

利用 SAXS 研究不同分子量的 P2VP/SiO$_2$ 体系,发现分子量为 18kg/mol 和 140kg/mol 的高分子复合体系满足多分散核壳模型(polydisperse core-shell model,PCSM),即纳米颗粒表面存在一层密度差异的壳,两种分子量的样品的壳厚度分别为 3.4nm 和 3.8nm[41]。若对纳米颗粒表面预先进行接枝,则壳层厚度降低 20%~35%。而 6kg/mol 的短链高分子满足硬球模型(hard sphere model),并没有表现出明显的壳信号。SAXS 测定的 SLD 与材料的密度存在密切关系,PVAc/SiO$_2$ 体系中壳层的 SLD 显著低于基体的 SLD[36],且壳层的 SLD 与体积分数无关,这有力地证明了聚合物纳米复合体系中的界面是低密度区。研究者将其归因为纳米颗粒表面吸附分子链段成环后产生屏蔽效应,导致分子链堆积受阻。

利用 SANS 分析密度变化具有和 SAXS 类似的分析思路,分析 SANS 曲线同样是研究聚合物分子尺寸和构型的有力工具[42]。进一步考虑界面密度与温度的关系,理论上可以基于 SAXS 的分析方法对界面的热膨胀性进行分析,尽管目前尚未见此类研究。但是,Kumar 利用正电子湮没寿命谱(positron annihilation lifetime spectroscopy,PALS)对 P2VP/SiO$_2$ 的热膨胀系数进行估算[43],揭示了界面密度在玻璃态和橡胶态下不同的界面膨胀特性。该研究指出 PALS 得出的飞行时间与材料的自由体积密切相关,并将 PALS 视为一种高敏感的热膨胀测试。研究者认为,在玻璃态下,复合体系的热膨胀系数低于基体,且纳米复合物的热膨胀系数在不同含量下保持稳定;而在橡胶态下,随着颗粒含量增多,热膨胀系数大幅度下降,这很可能对应于一层 0.9nm 的低热膨胀层。尽管 PALS 作为一种宏观测试方法并不直接具备确定自由体积改变来源是否界面区域的能力,但通过对一系列纳米颗粒填充含量的复合体系研究,发现热膨胀改变值与纳米颗粒含量呈线性关系,从而佐证了热膨胀系数的差异主要来自界面的猜想。这样的佐证思路可以迁移到诸多宏观测试对界面的分析之中。

热测试是高分子的一项重要测试,能够对材料体系的热力学参数(如热焓、熵和比热容等)进行表征。其中,DSC 研究在温度程序控制下,物质 ΔQ 和 ΔH 的变化情况,其通过程序控制温度的变化,在温度变化的同时,测量试样和参比物的功率差(热流率)与温度的关系。DSC 在其温度范围内可定量地测定各种热力学参数,具有分辨材料的玻璃态、黏流态、结晶态组成的能力,在材料应用科学和理论研究中得到广泛应用。在传统聚合物研究中,基

于 DSC 对体系的结晶度[40]、玻璃相占比[44]和无定形相刚性组分(ragid amorphous fraction,RAF)与活动性组分(mobile amorphous fraction,MAF)的识别[12]已经有了充分的研究。纳米颗粒的引入,不仅新引入一相物质,而且也将产生新的界面,同时可能对高分子材料的组分产生复杂的影响。因此有必要重新关注基于 DSC 的对聚合物纳米复合材料组成的分析。

聚合物的结晶度与熔融热焓值成正比,因此 DSC 可以定量获取高聚物的百分结晶度,通过高聚物的 DSC 熔融峰面积计算熔融热焓 ΔH_f,进而求得结晶度

$$X_c = \frac{\Delta H_f}{\Delta H_f^*} \times 100\% \tag{10.5}$$

式中,ΔH_f^* 是同物质 100% 结晶熔融热焓。常用的无机纳米颗粒在聚合物晶体熔融的温度范围内能够保持热力学性质稳定,不存在吸热和放热过程,因此并不影响结晶度的计算。

多数聚合物无法完全结晶,随着温度降低,无定形相依次进入橡胶态和玻璃态。根据橡胶态和玻璃态的比热容的差值 Δc_p 可以对玻璃相的含量进行计算

$$X_g = \frac{\Delta c_p^{DSC}}{\Delta c_{p,amorphous}} \tag{10.6}$$

式中,Δc_p^{DSC} 是高分子发生玻璃化转变前后的比热容之差,$\Delta c_{p,amorphous}$ 是通过淬冷获取的纯无定形聚合物在发生玻璃化转变时的比热容之差。实验中,可以先测定体系发生玻璃化转变时的比热容之差 Δc_p^{DSC},随后将系统从高温淬冷以获得纯无定形态,记录此时发生玻璃化转变时的比热容之差 $\Delta c_{p,amorphous}$。若系统的结晶能力较强,则可以先根据式(10.5)计算淬冷后的体系中的晶体含量 X_c,再利用 $\Delta c_{p,amorphous} = \Delta c_p^2/(1-X_c)$ 将不发生玻璃化转变的结晶相排除,代入式(10.6)计算无定形含量,其中,Δc_p^2 是第二次测试体系发生玻璃化转变前后的比热容差值。

在复合体系中,$X_g \neq 1 - X_c$,因为聚合物的无定形中存在一部分受限组分无法发生玻璃化转变,这部分即为刚性组分 RAF,相对应的无定形的另一部分区域为活动性组分 MAF[12]。RAF 并非规整排列,既不存在晶体熔融的热焓过程,也不存在玻璃化转变过程。

在计算复合体系的无定形(玻璃态)含量时,虽然纳米掺杂改变了体系的 c_p,但热力学性质稳定的纳米颗粒的引入一般并不会影响玻璃化转变前后的 Δc_p。因此可通过

$$X_g = \frac{\Delta c_p^{DSC}}{\Delta c_{p,amorphous}} = \frac{\Delta c_p^{DSC}}{\Delta c_p^2}(1 - X_{filler}) \tag{10.7}$$

对玻璃区含量 X_g 进行计算。实验中,先测定了体系发生玻璃化转变时的比热容之差 Δc_p^{DSC},随后将系统从高温淬冷以直接获得纯无定形态发生玻璃化转变时的比热容之差 Δc_p^2。相似地,如果仍然存在结晶部分,则需要将 $\Delta c_p^2/(1-X_{filler})$ 替换为 $\Delta c_p^2/(1-X_{filler}-X_c)$。采用上述方法,研究聚二甲基硅氧烷(PDMS)/$SiO_2$ 体系时发现,此时测得的 $X_g \neq 1-X_{filler}-X_c$,将这部分差值定义为 X_{imm},即 $X_{imm}=1-X_{filler}-X_c-X_g$,认为其对应于受限在纳米颗粒表面无法发生玻璃化转变的部分,与之前定义的 RAF 类似[45]。进一步,通过体系的选择和退火条件的控制以尽可能避免结晶的影响。根据

$$d_{int} = \left[\left(\frac{X_{imm}}{X_{filler}}\right)^{\frac{1}{3}} - 1\right] R_{filler} \tag{10.8}$$

可估算界面的厚度 d_{int}。基于这种方法,研究人员们定量计算了 PDMS 在两种填料(TiO_2、

SiO$_2$)和三种结晶方式下体系中各个组分随着纳米填料含量变化的趋势[42]。此外,还分析了界面厚度 d_{int} 受颗粒种类、粒径、表面积、表面处理方式等影响的情况[46-47]。上述研究都表现出引入纳米颗粒对结晶的显著影响,这侧面说明了引入纳米颗粒后体系组分的计算方法的重新分析是必要的。

进一步分析,对于一般复合体系,特别是工程中应用的聚合物纳米复合物,这一部分 X_{imm} 应该包含 RAF$_{cry}$ 和 RAF$_{filler}$ 两部分,分别对应晶体和填料表面受限无法发生玻璃化转变的玻璃化部分,界面区域更类似于 RAF$_{filler}$。RAF$_{cry}$ 和 RAF$_{filler}$ 二者常常纠缠在一起,无法通过 DSC 测试区分,现有的区分思路大致有两种[14]:①假设 RAF$_{cry}$ 和结晶含量 X_c 相关[36],简单地认为 RAF$_{cry}$ = $R_c X_c$。这一假设中系数 R_c 的确定存在困难,已有研究发现 PDMS 200 的 R_c 为 3,而 PDMS 1000 的 R_c 为 0.18,此时 PDMS 200 相对于 PDMS 1000 很有可能遭受过冷,形成诸多零碎的晶体,故而具有不同的 R_c[36]。基于这样的认知,同样应该关注纳米掺杂后球晶破碎对 R_c 的影响,系数 R_c 的确定需要考虑到更多的内容[31]。②假设 RAF$_{filler}$ 不受结晶的影响[32],对同一纳米复合体系在非晶态(如淬火)和半晶态(如结晶退火后)进行两次 DSC 测量。在淬火获得的体系测量中,获取 RAF$_{filler}$。若期望获取 RAF$_{cry}$,则假设 RAF$_{filler}$ 在结晶过程中保持不变,根据 RAF$_{cry}$ = RAF - RAF$_{filler}$ 进行计算。但总体上看,这两种区分方式都基于非常强的假设,也分别适用于不同的情境[42]。

基于 DSC 的另一种界面分析思路是研究玻璃化转变的展宽[48]。按照聚合物基质的质量分数规范比热容 $\Delta c_{p,n}$,发现随着填料含量的增加,$\Delta c_{p,n}$ 始终保持不变,而玻璃化转变发生了展宽,且掺杂后的 T_g 的温度远高于纯基体的 T_g,这可能意味着界面层的存在,且界面层具有较慢的动力学和较高的 T_g。因此,也有人建议考虑 DSC 的过程,利用尾部来估算热力学测量中的界面层占比。

10.3.2 界面动力学研究

高分子及其动力学特性的研究一直是高分子领域的基本问题,电介质的极化和弛豫性质与高压绝缘、能量储存、信号传输等方面密切关联,对聚合物纳米复合电介质中界面的极化弛豫性质的分析具有重要的工程意义与科学意义。在宏观复合体系中,界面分子的弛豫和在电场、外部应力下的弛豫响应是研究者们分析的热点。

聚合物的分子具有多种自发的动力学过程,包括链段动力学(segmental dynamic)、中间动力学(intermediate dynamic)和分子链动力学(chain dynamic)。链段动力学一般指低于 Kuhn 长度的非扩散弛豫过程,代表性的弛豫是与玻璃化密切相关的 α 弛豫;分子链动力学是整条分子链的运动,包含非扩散(non-diffusive)弛豫和过渡扩散(transition diffusion),经典的 Rouse 模型、Reptation 模型等[49]都是对分子链动力学的描述;中间动力学介于两者之间。人们发现,高分子的弛豫并不是均一的,诸多研究者也根据分子链的活动性对高分子的体系进行了划分。纳米颗粒的引入改变了体系的分子的弛豫过程,关注这些自发弛豫性能的改变能够帮助从分子水平的动态过程中解释界面的特性。另外,相较于外场激励下弛豫过程,自发弛豫的技术测试信号中几乎都是来自高分子组分,能够避免纳米填料的影响,在解释聚合物纳米复合物的弛豫过程时有独特的优势。

近年来,核磁共振(nuclear magnetic resonance,NMR)已经成为研究聚合物链段动力

10.3 基于宏观体系的界面表征

学和分子间相互作用等微观信息的重要手段。NMR 技术以自旋不为零的原子核为探针,通过射频场脉冲对核自旋体系中不同类型的相互作用(偶极相互作用,化学位移各向异性等)进行精细调控并检测磁化矢量在静磁场下的演化过程,可以获取原子的成键、链结构和链构象、晶体取向、分子间相互作用等丰富的微观信息。固体 NMR 是研究多相聚合物微观结构和分子间相互作用的重要方法,NMR 技术的发展增强了 NMR 信号的灵敏度,提升了对组分定量表征的能力,有望进一步帮助对纳米复合材料的界面组成和结构性质关系的认知。原子核在电磁波下在两个能级之间跃迁产生核磁共振现象,核磁共振发生的条件是

$$\nu_0 = \frac{1}{2\pi}\gamma H_0 \tag{10.9}$$

式中,H_0 是外加磁场的强度;ν_0 是外加电磁波的频率;γ 是磁旋比:

$$\gamma = \frac{\mu}{I}\frac{2\pi}{h} \tag{10.10}$$

式中,h 是普朗克常数;μ 为原子核的磁矩;I 是原子核的自旋量子数。需要指出的是只有 $I \neq 0$ 的原子数才会产生核磁共振吸收,其中 $I=1/2$ 的核,可以看作核电荷均匀分布在球表面的自旋体,特别适用于做高分辨率的核磁共振实验,如 [1]H、[13]C、[15]N、[19]F、[29]Si、^{31}P 等,^{1}H NMR 和 ^{13}C NMR 较为成熟。

在最为广泛使用的 ^{1}H NMR 中,孤立 H 质子具有特定磁场共振频率,而当化学环境改变时,会影响实际作用在 H 质子上的磁场,导致共振频率的偏移,这样的偏移称为化学偏移,能够反映原子化学环境与链构象。式(10.9)和式(10.10)是基于磁场中单核的简化表达式,实际中氢原子核所处的环境会影响实际作用在其上的磁场,因而导致共振频率的偏移,称为化学位移。化学位移和氢的核外电子云分布有关。电子云密度高,其对核的屏蔽作用大,磁场减小,共振频率降低,反之共振频率升高。化学位移绝对数值一般难以测量,使用四甲基硅烷(TMS)中的氢作为基准测量相对数值。

被共振频率激发进入高能态的核子会通过两种弛豫恢复到低能态,而恢复的速度受分子振动和转动受到的限制的影响,表现在谱图中即是具有不同的谱线宽度。一种是将能量释放给周围环境的自旋-晶格弛豫,弛豫时间记为 T_1;另一种是将能量传递给临近低能态同类核的自旋-自旋弛豫,弛豫时间记为 T_2。对于固体样品,分子的振动和转动受到很大的限制,T_1 就会很大,此时上能级容易发生饱和,难以观察到核磁共振吸收。固体样品的 T_2 一般很小,谱线的宽度与弛豫时间 T_2 成反比,所以谱线很宽。已有研究基于固体核磁共振(solid state NMR,ssNMR)信号的峰形,分析了 LDPE/TiO_2 和 P(VDF-TrFE)/$BaTiO_3$ 中的弛豫组分,将低密度聚乙烯(low density polyethylene,LDPE)和 P(VDF-TrFE)的信号按照高斯分峰分解为 Rigid、Intermediate 和 Loose 三部分,发现 TiO_2 纳米颗粒掺杂使 LDPE 体系的 Intermediate 和 Loose 组分的含量增加,而 BTO 的掺杂使得 P(VDF-TrFE)的 Loose 组分和 VDF 的 Intermediate 组分增加[23-24]。

在固体体系中,NMR 谱线很宽,限制了对化学位移的识别,主要原因是质子引起的异核偶极的相互作用以及化学位移各向异性相互作用。为了获得高分辨率的 ssNMR 谱,众多去耦、提高精度的测试技术应运而生。如:①偶极去耦技术(dipolar decoupling,DD),用于消除质子引起的异核偶极相互作用,偶极去耦技术可以采取连续法或反转门控法;②魔角旋转技术(magic angle spinning,MAS),使样品管在与静磁场 H_0 成 54°47′方向快速旋

转,达到与液体中分子快速运动类似的结果,以消除化学位移各向异性引起的谱线加宽;③交叉极化技术(cross polarization,CP),将 ^1H 核较大的自旋状态的极化转移给较弱的 ^{13}C 核,从而提高测试精度。

使用不同的 NMR 技术可区分聚合物纳米颗粒复合体系中分子移动性的差异:使用 magic-sandwich-echo(MSE)NMR 技术,可提升对快速衰变部分响应的灵敏性,从而提升 NMR 对刚性组分的定量分析能力;使用多量子(multiple-quantum,MQ)NMR 技术,可分离并消除由于链式运动的实际时间尺度造成的松弛影响,帮助确定网络状链段的含量。已有研究发现颗粒诱导网络中聚合物段的比例随着聚合物分子量(300~20 000g/mol)和填充物浓度(0~30%)的增加而增加[50]。另外,使用双量子(double-quantum,DQ)NMR 技术[51],将高分子体系分解为网络、弹性非活性但缠结的线性链和各向同性可移动链末端三部分,该技术能够对表面修饰后的粒子的影响进行有效表征。已有研究指出添加 SiO_2 主要导致链末端部分的大量减少,并将其解释为部分分子链被固定到纳米颗粒上无法蠕动(reptation),波动降低。这一系列 NMR 技术的发展展现出了定量区分复合体系中聚合物不同组分含量的能力,能够更好地揭示复合体系界面弛豫性能改变的根源和强度。需要强调的是,和诸多之前介绍的所有测试技术一致,NMR 并不具备空间分辨信号界面区的能力,因此在实验数据分析中需要关注信号的来源。

中子散射技术非常适用于研究聚合物材料,因为聚合物往往是由含氢的长链分子构成,能够较为方便地进行氘化。中子探测技术在结构研究方面不仅可以弥补 X 射线的不足,并且迄今为止,在磁结构、动力学特性研究方面是不可替代的。在动力学性质研究方面,非弹性散射是指散射前后中子能量有变化的散射过程。对非弹性散射,中子和原子、分子一次碰撞中能量的变化就是原子、分子从中子吸收或交付给中子的能量,故只要分析散射中子的能谱,就能获知原子、分子的运动信息。处于扩散运动中的原子、分子在对中子散射时,由于多普勒效应,弹性散射中子的能量会产生微小的变化,形成准弹性散射。因此,准弹性中子散射(quasi-equilibrium neutron scattering,QENS)可以研究聚合物链段的扩散运动。测量准弹性中子散射要求谱仪有较高的分辨率,通常要用背散射谱仪、自旋回声谱仪或高分辨率飞行时间谱仪。近年来发展起来的中子散射技术在各种薄膜的研究中也有很广泛的应用。它可以研究膜的厚度、不同厚度层的膜密度和沿膜面垂直方向的密度变化以及双层或多层聚合物的界面及界面间的相互作用等,获得了许多其他方法难以获得的结果。中子自旋回波(neutron spin echo,NSE)技术成为研究聚合物分子动力过程的代表技术。应用 QENS 和 NSE 技术可以研究聚合物分子的高频运动(10^6~10^{11} Hz)。

利用 SANS 和 NSE 可原位研究在溶液环境下聚丁二烯(polybutadiene,PB)/炭黑(carbon black,CB)界面的特性[52]。使用溶剂法浸出 PB/CB 复合物中的含束缚聚合物层(bound polymer layer)的 CB,然后将其分散在氘化甲苯中,首先根据 SANS 在 $q>0.2nm^{-1}$ 处的过度散射,判断束缚聚合物层存在密度波动;然后解析复合体系的 NSE 谱图。CB 表面附有 $M_w=38k/157k$ 的 PB 分散在氘化甲苯中,其 $I(q,t)/I(q,0)$ 与 t 的关系可分别根据 NSE 和 SANS 的测试原理进行拟合,拟合中使用简单的抛物线型的 $\Phi(z)$ 描述颗粒外层聚合物浓度分布关系时存在较大误差,而使用

$$\varphi(z,z_1,L)=\begin{cases}\Phi_a, & 0\leqslant z<z_1 \\ \Phi_m[1-(z/L)^2], & z_1\leqslant z<L \\ 0, & L\leqslant z\end{cases} \quad (10.11)$$

的球壳模型则取得了良好的效果。式中,Φ_a是吸附层的聚合物链段的体积分数;Φ_m是第二部分关系外延至$z=0$处对应的体积分数;L是截断厚度。最佳的拟合结果显示,束缚聚合物层是由两部分组成的,内层约为0.5nm厚,其中没有任何溶剂($\Phi_a=1$),而外层的$\Phi_m=0.34$,聚合物链的分布呈抛物线型,扩散到8nm。

利用NSE可分析聚氧化乙烯(polyethylene oxide,PEO)基体和PEO/PMMA的两种复合物中的PEO的结构因子[53]。在高于5ns的时间范围内,PEO/PMMA前体链、PEO/PMMA单链晶体中PEO链的动态结构因子存在显著差异。在与线性前体链的共混物中,复合体系的动态结构因子与基体PEO的纠缠网络非常相似;而在纳米复合材料中,PEO链运动限制被显著释放。如果采用蠕动模型,则纳米复合材料中的表观管径$d_\text{tube-PEO/NC}$比$d_\text{tube-PEO}$大80%左右。

根据已有研究,NSE为代表的非弹性散射技术具有分析高分子链段运动能力的明显优势,展现出分析界面分子动态特性的潜力,随着中子源的建设和发展,其有望成为分析高分子界面动态特性的重要手段。

工程应用中,电介质总是处在外部应力作用下,并将发生一系列的弛豫过程,如基团的弛豫、链段的弛豫、分子链整体的弛豫等,这些弛豫对工程特性产生巨大的影响。通过施加周期性的正弦外部电压/应力,检测对应的电流/应变(亦可相反),能够获得对应频率的分子弛豫特性。现有的测试技术可以将这一测试过程在不同频率、不同温度中进行,从而获得弛豫的频率谱和温度谱。从这样的弛豫谱中,研究者不仅可以直接获取复合材料的工程特性,同时可以将不同的弛豫过程分离出来,并读出各类弛豫的强度、协同性、占比等重要信息。

电介质材料的基本应用场景是强电场环境,因此,必须关注复合体系在电场下发生的介电弛豫过程。关注介电聚合物纳米复合材料的介电弛豫过程不仅与工程应用中损耗密切相关,基于对电场下的弛豫模式的区分和认知,能够区分出界面处独特的弛豫方式,并基于此对界面的厚度进行估计。BDS通过给样品施加电场,并进行电场的频率扫描、温度扫描,最大能够在$10^{-6}\sim10^{12}$Hz的极宽频率范围内研究极性和非极性分子的相变、分子弛豫过程和传导现象[54]。

利用BDS对P2VP/SiO$_2$的介电谱进行研究,发现纳米掺杂后α弛豫减慢,但是弛豫模式未发生改变[37]。相同体系中,也有研究人员发现[55],SiO$_2$纳米颗粒的加入拓宽了α弛豫峰的宽度,并且随着掺杂含量的增加,弛豫损耗强度减弱,作者将这种弛豫损耗的降低归因于填充表面—OH和聚合物连上特定基团之间的吸引作用,并进一步研究了几何层厚度与颗粒尺寸和含量的关系。通过研究多种纳米颗粒对P2VP的影响[56],在所有体系中观察到了纳米掺杂后弛豫峰的展宽,但掺杂对弛豫峰的位置影响微弱。而将SiO$_2$纳米颗粒换成更小粒度的OAPS后,发生明显的玻璃化展宽、弛豫强度下降、弛豫峰低频偏移和协同性的增强[57]。

上述这类研究直接关注了纳米掺杂后对复合体系的弛豫峰强度、形状或温度特性的影响,另一类更细致的研究是将弛豫峰进行分峰,关注纳米颗粒引入后产生的新组分。将P2VP/SiO$_2$测得的弛豫谱分峰为两个组分[39],其中的α$_2$低频弛豫的速度比α$_1$弛豫低两个数量级,且随纳米掺杂量的增加而增加。此外,α$_1$弛豫强度和α$_2$弛豫强度之和基本恒定。这可能是因为α$_2$弛豫对应的是界面相,且界面组分是由基体分子迁移到界面并束缚在界面上,在界面处能够发生运动的链段总量不变而弛豫速度显著降低。进一步研究聚合物-纳米粒子相互作用下,界面与分子量的关系[58],再次确认了界面层的弛豫总是慢于基体的,且随

着 M_w 的增加,界面厚度减小,界面的减速程度降低。需要指出的是,这样的分峰结论依赖于分峰模型[59]。研究者在观察到界面的弛豫之外,还观察到了随着纳米颗粒掺杂的 α 弛豫和 β 弛豫的改变:α 弛豫在低频侧发生了展宽;β 弛豫的变化比较复杂。另有研究者观察到分峰后的界面组分随掺杂量先增加后减小的情况[60]。

已有研究进行了一种更为细致的弛豫划分[27],在研究 PDMS/SiO$_2$ 体系时,其将弛豫谱分峰区分出 α、α′、β、γ 四种弛豫特性,并在改变温度时,关注三种弛豫的峰值位置与温度的关系。研究发现,β 弛豫对应局部官能团的弛豫,具有 Arrhenius 的温度依赖性并基本与填料无关;通过在原位复合获得的均匀分散的体系中发现了界面的弛豫分离 α′,一种比 α 弛豫更慢、更不协同的弛豫。也有研究者以 PDMS/SiO$_2$ 为主要体系,以 DSC、BDS、TSDC 为主要研究手段,研究了一系列参数,如纳米颗粒尺寸、种类、表面粗糙度、形状、制备方法、表面修饰、高分子分子量、官能团、复合体系热退火、水含量等,对界面含量和动态特性的影响。其研究中关注分子量低于纠缠阈值的高分子体系,同时采用高颗粒含量(质量分数 20%~95%)以提升界面信号的占比,综合并比较多种研究方案,最终给出了综合的界面研究结论。在 DSC 测试中,在均匀分散的假设下依据界面含量推算了界面的厚度,且强调了纳米颗粒的存在对纳米颗粒结晶能力的影响[45]。在 BDS 测试中,按照 HN 模型将弛豫谱(ε^*-f)划分为不同的弛豫分量,即

$$\varepsilon^* = \frac{\Delta\varepsilon}{(1+(if/f_0)^\alpha)^\beta} \tag{10.12}$$

式中,$\Delta\varepsilon$ 是弛豫峰的强度,α 和 β 是描述弛豫峰形状的参数。根据不同温度下弛豫损耗峰的频率,绘制 f-$1/T$ 的关系,可将弛豫分为 Arrhenius 弛豫和 VFTH 弛豫两类弛豫:

$$f(T) = f_0 \exp\left(-\frac{E_{act}}{kT}\right) \tag{10.13}$$

$$f(T) = f_0 \exp\left(-\frac{DT_0}{T-T_0}\right) \tag{10.14}$$

在式(10.13)中,E_{act} 是弛豫的活化能;k 是玻耳兹曼常数;f_0 是待拟定的频率,对应无限高温时弛豫峰的频率。式(10.14)描述的 VFTH 弛豫是一种 super-Arrhenius 弛豫,T_0 是 Vogel 温度,是外推发散温度;D 是热宽度参数脆性指数(thermal breadth parameter fragile index),可用于描述 f-$1/T$ 的非线性程度。一般认为,线性的 Arrhenius 弛豫对应单偶极子在热激活下越过势垒的德拜弛豫,而非线性的 VFTH 弛豫是一种协同弛豫[14]。

复合体系的链段弛豫主要分 3 种:无定形区域的 α 主弛豫、层间半束缚聚合物的 α_c 弛豫、由于纳米粒子的作用产生的 α_{int} 界面弛豫。一般而言,α_{int} 是一种慢于 α 和 α_c 的 VFTH 弛豫,且协同性低于后两者。此外,有研究也观察到了分子基团局域的 β 弛豫、处于多孔 SiO$_2$ 孔内的 α_p 弛豫、界面水分子的 S 弛豫等。通过研究 SiO$_2$ 在不同表面修饰、不同退火条件下与 PDMS 形成的复合体系的介电弛豫谱[44],从频率谱中分辨出具体的弛豫类型,并结合温度谱绘制弛豫峰强度、频率与温度的关系,能够直观地揭示弛豫速度、强度和协同性的变化情况。

早期通过 PDMS 纳米复合体系的介电谱研究发现[46],界面弛豫是一种相较于 α 弛豫更慢、活化能更低、协同性更低的弛豫,依据这一活动性差异推测界面厚度为 2~5nm,其中 TiO$_2$ 对界面的作用效果强于 SiO$_2$。已有研究将纳米复合体系划分为 CF/MAF/RAF$_{cry}$/

RAF$_{filler}$ 四部分[47],并分析了各组分随着纳米填料含量的变化方式。随后,研究了 SiO$_2$ 的孔隙率对界面的影响[29],将这种更慢、更不协同的界面弛豫归因于吸附在纳米颗粒表面的"flatten"链段的"tail"构象,初步提出了考虑界面分子构象和弛豫性能关系的模型。通过研究不同粒径、比表面积和 ZrO$_2$ 改性对界面弛豫特性的影响[61-62],强调了纳米颗粒表面可接触位点对界面的影响,还强调了颗粒表面氢键和界面构型拓扑结构的重要性,正式提出了吸附在表面的链段呈现 loop/tail 双构象的模型,指出界面中的 tail 组分是协同性降低的原因。

在研究颗粒对界面的影响之外,聚合物分子链对界面特性同样会产生影响。在针对 PDMS/TiO$_2$ 体系中分子链长度与界面弛豫行为的关系的研究中发现[63],短链 PDMS 的复合体系中,界面区域的弛豫更为缓慢,协同性降低,且界面含量较高。这一发现不仅证实了界面弛豫特性主要受金属氧化物颗粒表面特性(如可交互表面及表面粗糙度)的控制,同时也对先前关于氢键强度对界面特性影响的假设提出了质疑。在此基础上,双构象界面弛豫模型得到了进一步完善[55]:界面分子的构象主要分为"tail"和"loop"两种形态,其中"tail"部分虽然与基体具有相似的密度,但其迁移率和协同性降低;而"loop"部分与纳米颗粒存在多个接触点,形成了致密的"flatten"链结构,这种结构的分子链取向程度较低,从而导致了介电常数 $\Delta\epsilon$ 的降低。短链分子由于折叠程度较低,因此更多地保持了"tail"形态,导致界面组分增大,弛豫变慢,协同性降低。此外,在对 PDMS 与 PEHS 的界面差异的研究过程中发现[64],PEHS 中 α_{int} 表现出非合作特征,推测是由于稀疏分布的"tail"所致,而 PDMS 中的 α_{int} 表现出较低的协同性,推测是由于"loop"和"tail"的双构象共存,并将这种差异归因于 PEHS 中含有的 Si—H 与 SiO$_2$ 之间形成了额外的共价键化学吸附。

在上述模型的框架内,研究发现表面水含量对界面特性有显著影响[65],认为水分子在颗粒表面为 PDMS 提供了更多松散的结合位点,从而产生更多的"loop"分子,加快了界面弛豫速度并增强了协同性,这可能解释了在退火过程中观察到界面含量下降这一现象。最近的研究探讨了 SiO$_2$ 预先接枝 PDMS 对界面特性的影响[66],进一步考虑了通过共价接枝实现表面分子链的定向性及其纠缠状态。结合先前的 DSC 研究,研究者完成了对 PDMS/SiO$_2$ 体系界面弛豫模式的识别,明确了影响界面弛豫的关键因素,并比较了不同探测技术所展现的分子特性,提出了界面分子构象与弛豫特性之间的完整模型。

除 BDS 外,热刺激电流法(TSDC)也是一种研究介电弛豫的有效方法。TSDC 通常首先在样品两端施加偏置电压以使材料极化,随后在线性升温过程中记录电流变化。随着温度的升高,原本被冻结的偶极子恢复至随机状态并释放电流,此时的电流-温度特性反映了特定活动能力的链段弛豫过程。比如,利用 TSDC 研究 PDMS/SiO$_2$ 体系[27],发现随着纳米掺杂的增加,α 弛豫的电流峰位置 T_α 发生右移,弛豫峰也发生了展宽,且在颗粒堆积 PDMS/SiO$_2$ 体系中未观察到与纯聚合物明显的差异。TSDC 在某种程度上等同于在固定频率下进行温度扫描的 BDS,其独特之处在于在低频($10^{-4} \sim 10^{-3}$ Hz)下具有极高的分辨率。然而,TSDC 在区分偶极子极化与注入电荷以及理解非等温过程中电荷释放的机制方面仍存在挑战。

与电应力下的响应相对应,工程材料在外部应力下也发生类似的弛豫过程。同样地,这种机械弛豫不仅有助于评估材料的宏观机械特性,而且能够识别不同的弛豫模式,从而明确界面对弛豫行为的影响。相较于电场弛豫在低频下受到泄漏电流、Maxwell-Wagner-Sillars(MWS)界面极化的影响,机械弛豫在低频下展现出的固体平台和黏度变化为研究颗粒与界面间的相互作用提供了有利的背景。动态机械分析(DMA)在低频段的分析测试中显示出其优势,能够揭示更缓慢的弛豫过程[67]。此外,机械方法的另一个优点是,在不太高的机械应力下相对容易达到线性极限,因此能够很好地研究材料的长期失效特性。特别地,通过比较介电弛豫和流变仪下 PVAc/SiO$_2$ 复合体系的动力学行为[68],发现在介电测量中聚合物基体的动力学行为与纯聚合物基本一致,而在流变学测量中,复合材料的动力学与纯聚合物表现出显著差异,这可能是因为介电测量仅对聚合物基体的动力学敏感,而流变学同时捕捉了聚合物基体和纳米颗粒网络的贡献。

利用 DMA 分析不同填充量下的 P2VP/SiO$_2$ 的 DMA 频谱[69],发现在理论的颗粒-颗粒接触之前,可能已经形成渗流,强调了纳米颗粒之间高分子连接对整体机械特性增强的重要作用。测定良好分散的 PMMA/SiO$_2$ 体系内的黏度变化情况[70],发现在高频下,纳米颗粒减缓了聚合物基体段的局部动力学,而在很长的时间尺度上,纳米颗粒会明显加速聚合物基体的松弛。研究者综合讨论了纳米掺杂对体系本身缠结的影响,并给出了纳米掺杂在各个时间尺度上的影响。

10.3.3 界面电荷输运研究

电荷的输运影响电介质的损耗、老化、击穿等多方面特性,是电介质应用中极为关注的特性。目前,聚合物的电荷输运特性只能通过在外部极板施加电压后测试通过的电流进行分析,受到电荷注入、导电路径、外部环境变化等多方面影响,聚合物本身的高电阻特性也限制了对电荷输运过程的分析能力,故目前尚无完善的聚合物电荷输运的分析理论和手段。但聚合物和聚合物纳米复合电介质领域中电荷输运的认知发展遵循由局部到整体、由简单到复杂的过程,因此本节对理论的研究过程进行总结,以期对界面的电荷输运分析有所启发。

基于 20 世纪 30—60 年代发展的能带理论,研究人员针对 PE 单晶的电导特性进行了讨论[71-73]。在这一时期,晶体内部被描述为一个具有大能隙的理想晶格,而外层为由链状褶皱组成的薄的不完美晶体,强调了晶体与晶体间、晶体与电极间势垒的作用。分析 PE 和 PP 体系的击穿的位置发现[34],击穿总是在晶区交界处发生,晶区的击穿场强几乎与结晶尺寸无关,而非晶区的击穿场强几乎总是低于晶区的击穿场强,且随着结晶尺寸的增加而不断下降,指出球晶尺寸是影响电性能的关键因素,球晶尺寸越小,电性能越好。其他研究者也发现了相似的结论[74-75]。结合 PE 的实际情况,分析载流子在电极、晶区、非晶区的输运形式[76],指出负的电子亲和能表明聚乙烯中的导电电子可能存在于真空能级上,输运方式与通常设想的非常不同。最低能量状态的电子将最可能存在于聚合物结构的外表面或内表面上。进一步地,考虑纳米颗粒引入产生的影响,认为纳米颗粒将作为电荷输运的复合中心或增加了输运中需要隧穿的等效势垒高度[77]。以上研究均着眼于从整体信号中分析界面小信号和更简便提取出界面信号这两方面。

10.4 基于原位微区的界面表征

聚合物多层次的组成结构和填料、界面、基体的复杂耦合关系下,基于宏观性能分析微观性能的研究思路存在从整体信号中分离出界面小信号的挑战,而高空间分辨率的仪器能够允许对纳米级微区进行直接探测,能够指向性地分析界面的组成结构和性能。除 10.3 节介绍的复合材料界面的传统表征分析方法外,近年来的研究发现,原子力显微镜(atomic force microscopy,AFM)表现出具有极高空间分辨率的原位探测能力,能够直接测量界面区域的极化响应和电荷输运情况。该技术基于接触模式,利用探针(最小可达1nm)在材料表面进行扫描,并通过激光反馈机制检测探针高度的微小变化。聚合物纳米复合电介质中界面尺寸约为10nm,这给通过原子力显微镜实现对界面微区的化学组成、模量、极化响应或电荷输运等特性的原位表征提供了可能。

原子力显微镜的工作原理基于探针与样品之间的范德华力变化。当探针与样品距离缩短时,范德华力增大,导致针尖抬起;反之,则针尖落下。通过保持探针和样品表面的范德华力恒定,可以获得样品表面高度差信息,从而精确绘制出形貌图,如图 10-4 所示。

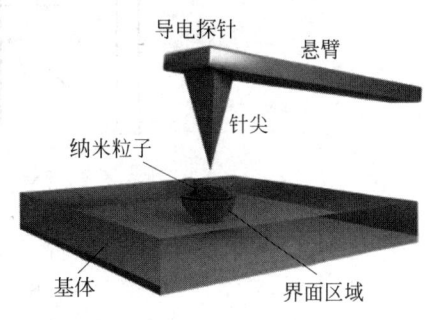

图 10-4 原子力显微镜测试原理

原子力显微镜不仅能测试形貌,还能通过调整基本原理中的控制对象,得到一系列衍生的测试方法,包括但不限于:静电力显微镜(electrostatic forcemicroscopy,EFM),用来测量极化和电荷;开尔文探针力显微镜(Kelvin probe forcemicroscopy,KPFM),用来测量电荷和表面电势;导电原子力显微镜(conductive atom forcemicroscopy,c-AFM),用来测量电导率;压电力显微镜(piezoelectric force microscopy,PFM),用来测量压电性;纳米红外原子力显微镜(Nano-Infrared,Nano-IR),用来测量微区分子振动。这些衍生的测试手段使得原子力显微镜还能测试样品的电极化、化学结构和电荷特性。

10.4.1 界面微区的电极化

利用原子力显微镜表征电极化的本质在于表征静电力的大小,可通过 KPFM 和 EFM 实现。KPFM 的具体原理是两种不同金属材料因功函数差异,即电子从金属材料内部逃逸到表面的能力不同,会产生表面电势差,进而产生电流,当施加反向电流时,可消除表面电势差,也称为闭环 KPFM,如图 10-5 所示。基于上述原理,开尔文探针法可测得材料表面电势,类似于存在电势差的平板电容器,针尖相当于参比电极板,对该极板施加震荡力,电容间距离发生改变,使外电路中产生电流,利用外加可调电源补偿表面电势差使外部电流为零,即可通过已知的针尖功函数得到样品表面电势,如图 10-6 所示。

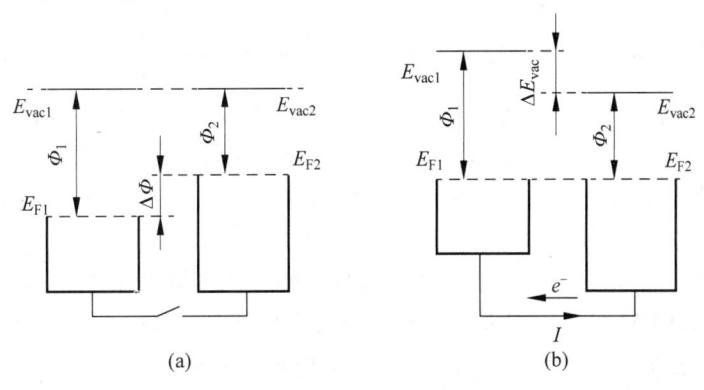

图 10-5 功函数与表面电势差的关系

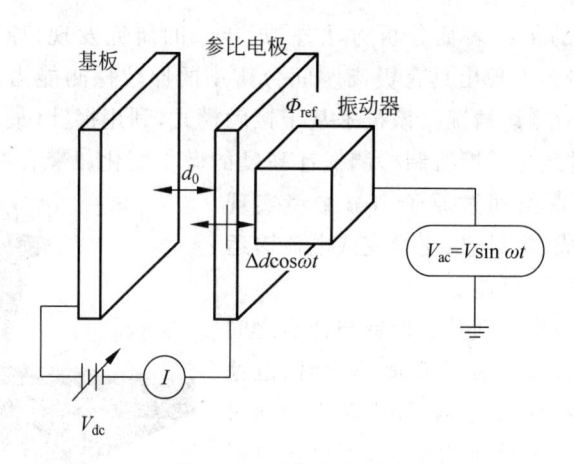

图 10-6　开尔文探针法

KPFM 测电极化时,理论上仅是束缚电荷的结果,但可能会受到自由电荷的影响。为避免自由电荷的影响,第一次探针扫描时仅获取样品的形貌信息,避免施加直流电压后发生电荷注入(图 10-7 实线),第二次探针扫描时根据形貌信息探针抬起约 50nm 高度,然后施加直流电压,激发样品的电极化,既能消除近程力(范德华力)的影响也能获取长程力(静电力)信息(图 10-7 虚线)。另外,功函数差的影响可通过第二次探针扫描时未施加电场获得。

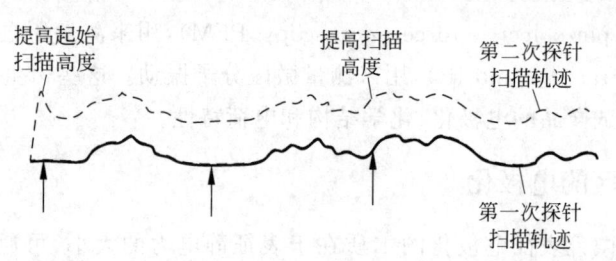

图 10-7　开尔文探针力显微镜的扫描过程

KPFM 测得的界面微区电势如图 10-8 所示,图中界面处电势与填料和聚合物基体间的电势存在明显差异。界面微区的电极化可通过取向极化产生的诱导表面电势差(induced surface potential difference,ISPD)(V_{dc})定量计算得到。具体来说,根据高斯定理,由有限尺寸的偶极层产生的电势可推导出电极化,且在直流电压下,诱导偶极矩与电场强度成正比(图 10-9(a)),综合可得

$$\text{ISPD}(V_{dc}) = \Delta V(V_{dc}) - \Delta V(0) = \varphi(V_{dc}) = -\frac{P(V_{dc})}{2\varepsilon_0} = -\frac{\chi}{2}E \quad (10.15)$$

式中,$P(V_{dc})$ 是诱导偶极矩;χ 是分子极化率。结合式(10.15),可绘制诱导表面电势差与电场强度的曲线,则其斜率正比于电极化率。由图 10-9(b)中斜率算得,界面的电极化率比基体高 17%。将该结果代入含界面的复合材料模型计算介电常数,与宏观样品的实验测试性能相符。进一步地,通过测试界面微区的杨氏模量以及对宏观样品的 ss-NMR 测试进行分析,认为界面的高极化强度是由于界面处的分子链与基体相比有更高的活动性[78]。

除了 KPFM,EFM 也可用于表征介电聚合物纳米复合材料的介电特性,其原理是探针抬起至距离样品表面固定的高度并高速振动。此时探针和样品之间的作用力包括范德华力

10.4 基于原位微区的界面表征

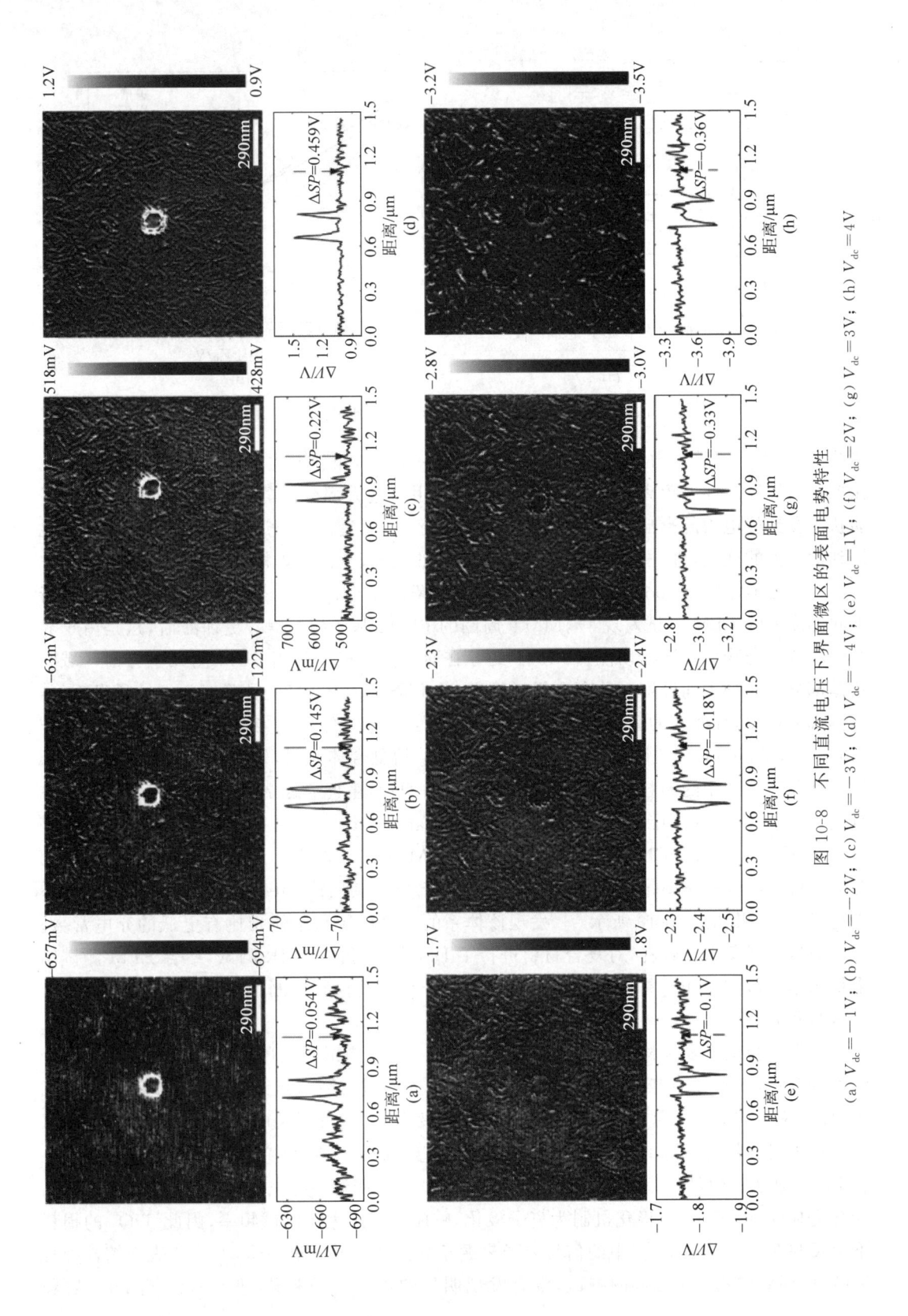

图10-8 不同直流电压下界面微区的表面电势特性

(a) $V_{dc}=-1V$; (b) $V_{dc}=-2V$; (c) $V_{dc}=-3V$; (d) $V_{dc}=-4V$; (e) $V_{dc}=1V$; (f) $V_{dc}=2V$; (g) $V_{dc}=3V$; (h) $V_{dc}=4V$

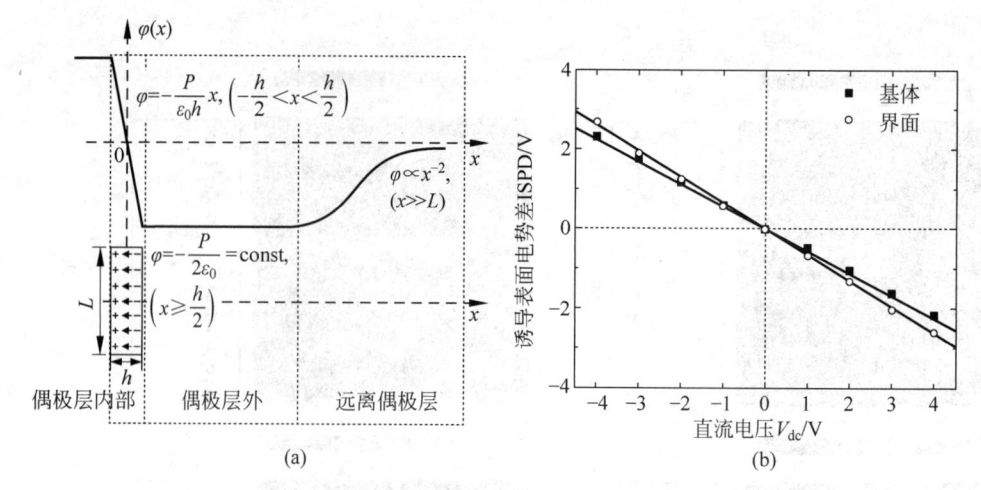

图 10-9 界面和基体的诱导表面电势差与电极化的关系

和静电力,由于范德华力随距离 r 以 r^{-6} 的速度衰减[79],而静电力以 r^{-2} 的速度衰减,因此在探针与样品之间的距离较大时,二者之间的作用力绝大部分是静电力的成分。探针的振动状态受到静电力的影响,其振幅或相位就会发生变化,进而可以通过探针振动状态的变化得到静电力的变化,进一步得到探针与样品之间的电容,从而获得样品的介电特性。

对聚乙酸乙烯酯(polyvinylacetate,PVAc)/蒙脱土(montmorillonite,MMT)体系进行不同温度下的 EFM 测试发现[80],MMT 周围的 PVAc 基体相位信号更加滞后,这是由于界面区域的聚合物分子链运动性因 MMT 的存在而降低。进一步用 EFM 测试了界面区域和基体部分在 3 种不同温度下的介电损耗频谱,并拟合了 2 个区域的弛豫时间。结果发现,与基体部分相比,界面区的弛豫时间增加,由此证实了该理论[81]。当利用 EFM 研究硅橡胶(silicone rubber)和硅树脂(silicone resin)与 SiO_2 的复合体系时,发现 EFM 相位图中的颗粒尺寸与形貌图中的颗粒尺寸相比有不同程度的增加,由此判断界面微区的存在[82-83]。在研究聚甲基丙烯酸甲酯(polymethyl methacrylate,PMMA)/单壁碳纳米管(single wall carbon nanotubes,SWCNT)体系时也采用了 EFM 测试来表征其介电特性[84]。利用 EFM 对低密度聚乙烯(low density polyethylene,LDPE)/二氧化钛(titaniumdioxide,TiO_2)体系进行研究,结果如图 10-10 所示[85],发现该体系的界面区域与基体相比有更低的介电常数。为了对这一现象做出解释,对复合材料进行了 DSC 测试和 ssNMR 测试,结合 EFM 测试结果得出结论,认为 TiO_2 颗粒对周围的聚乙烯分子链运动性有抑制作用,进而导致界面的介电常数降低。

对聚合物纳米复合材料的界面微区进行变温 EFM 测试可以用来研究界面玻璃化转变温度的变化,反映分子链的运动性和构象等特征。通过 DMA 测试发现,与纯环氧树脂相比,环氧树脂/TiO_2 复合材料有更高的玻璃化转变温度,这可能是由于 TiO_2 表面的羟基限制了周围聚合物分子链的运动[86]。为了验证猜想,利用 EFM 研究环氧树脂/TiO_2 体系在 4 种不同温度下的界面微区介电特性,结果如图 10-11 所示[86]。图 10-11(c)反映的是样品的介电损耗,由于 TiO_2 极化机制为离子极化,响应速度远大于测试频率,因此 TiO_2 的损耗不会反映在测试结果中,图中的信号差异来源于界面的损耗。进一步,对掺杂表面惰性处理 TiO_2 的环氧树脂做了相同的测试,没有发现明显的损耗信号差异,进而验证了 TiO_2 颗粒

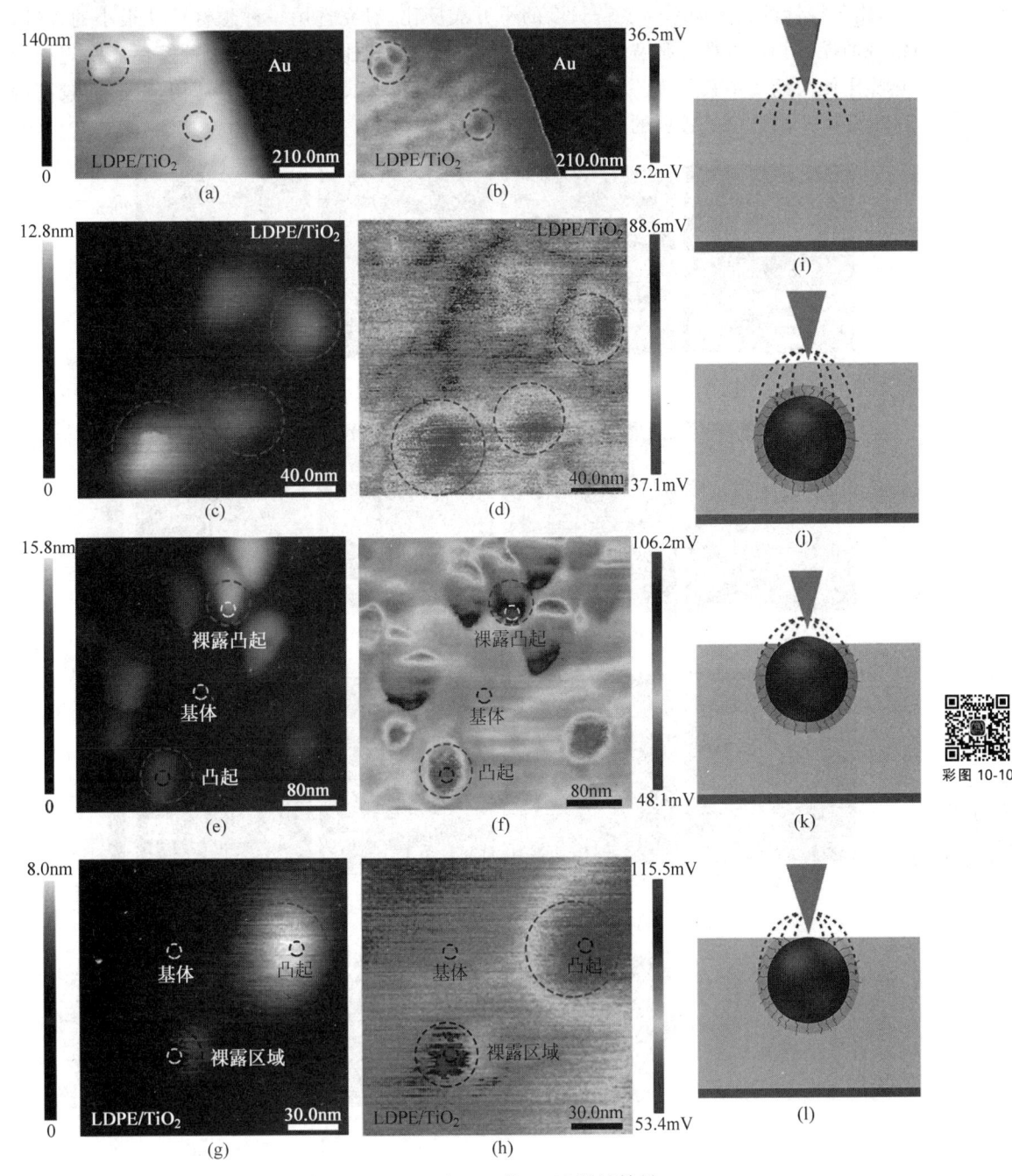

图 10-10 LDPE/TiO₂ 的 EFM 测试结果

(a) 基体形貌；(b) 基体 EFM 信号；(c) 凸起形貌；(d) 凸起 EFM 信号；(e) 裸露凸起形貌；(f) 裸露凸起 EFM 信号；(g) 裸露区域形貌；(h) 裸露区域 EFM 信号；(i) 基体示意图；(j) 凸起示意图；(k) 裸露凸起示意图；(l) 裸露区域示意图

对玻璃化转变温度影响的机理。一种具有超宽频率范围和较高信噪比的微区介电探测方法被用于测试聚酰亚胺(polyimide, PI)/SWCNT 的界面介电频谱[87]，利用二阶谐振静电力显微镜(second-harmonic EFM)原理，消除了材料和探针之间表面电势差对测试结果的影响。

另外,由于探针的共振频率与悬臂长度的平方成反比,研究选用一种悬臂尺寸很小的探针,与常规的探针相比可拥有很宽的频率测试范围。通过对比测试发现,这种探针比常规探针的热噪声低大约1个数量级。宽频带使得这种测试技术具有更广泛的适用范围,而较高的信噪比缓解了测试信号较弱的问题。

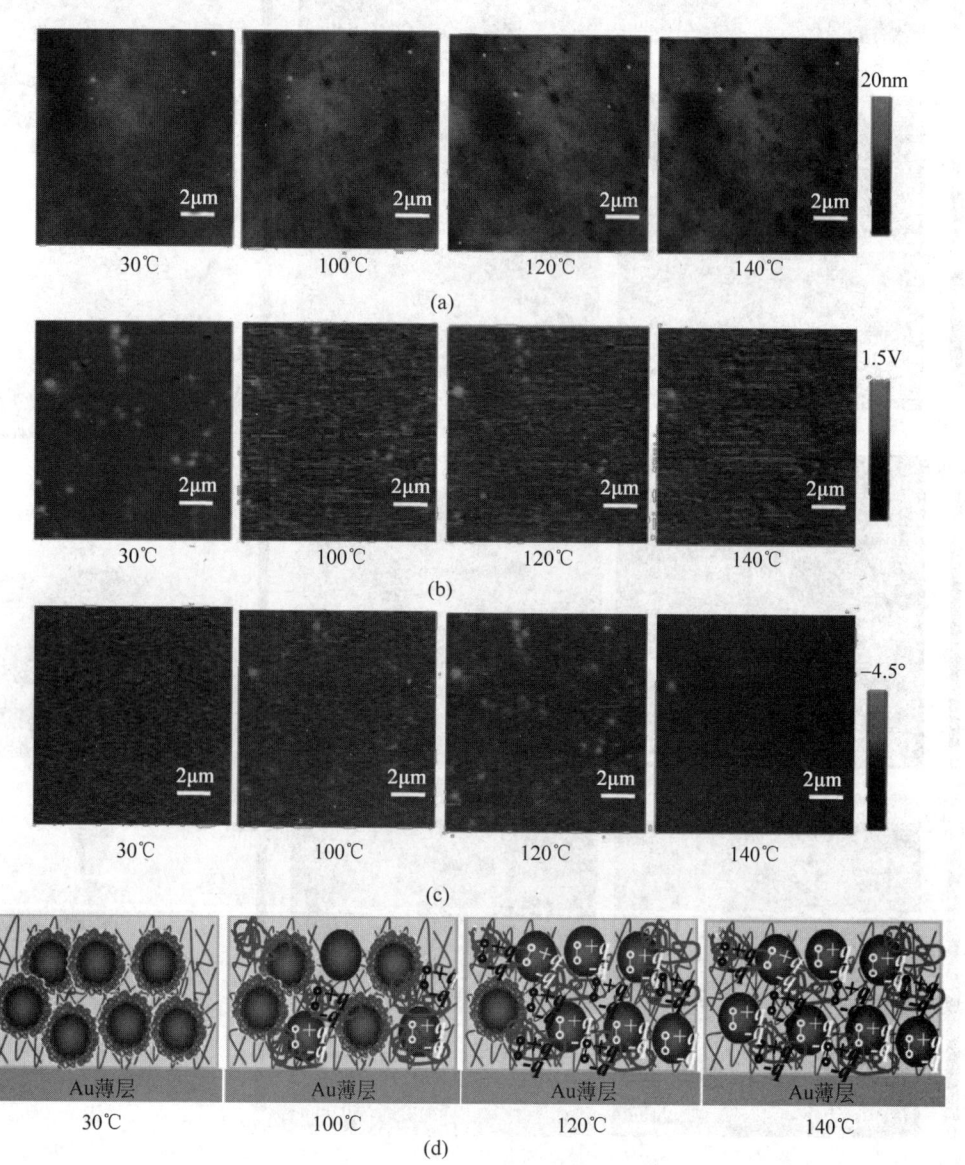

图 10-11 环氧树脂/TiO$_2$ 的变温 EFM 测试结果
(a) 不同温度下的形貌;(b) 不同温度下的介电响应;(c) 不同温度下的介电损耗;(d) 不同温度下的极化示意图

一种同时具有一定空间分辨率和时间分辨率的 EFM 测试方法被用于聚偏氟乙烯-三氟氯乙烯(poly(vinylidene fluoridechlorotrifluoroethylene),P(VDF-CTFE))/羧基改性聚苯乙烯(carboxy terminated polystyrene,PS-COOH)体系[88],发现 PS-COOH 颗粒的加入使得界面区域的聚合物极化强度得到了显著提升;还根据 EFM 信号随放电时间的变化,分析了样品放电过程中极化强度的变化,这一方法为 EFM 的时间分辨测试提供了很好的思路。

除适用于所有聚合物基材料表征的 EFM 和 KPFM 之外,用于表征铁电聚合物基复合材料的 PFM 也可以用来研究电极化特性,并且测试结果与极化的关系更为直接[89]。利用 PFM 对聚偏氟乙烯-三氟乙烯-氯氟乙烯(poly(vinylidene fluoride-trifluoroethylenechlorofluoroethylene),P(VDF-TrFE-CFE))/锆钛酸钡纳米线(barium zirconate titanate nanowires,BZTNW)体系进行测试,在界面微区用外电场完成极化后,分别测试撤去外电压后不同时刻的 PFM 信号强度,如图 10-12 所示[90]。结果发现,BZTNW 周围的界面区域与聚合物基体相比,信号强度能够在更长的时间内维持较高水平,这说明 BZTNW 能够帮助界面微区的极化强度维持稳定,并由此解释了复合材料的性能具有较好热稳定性的原因。

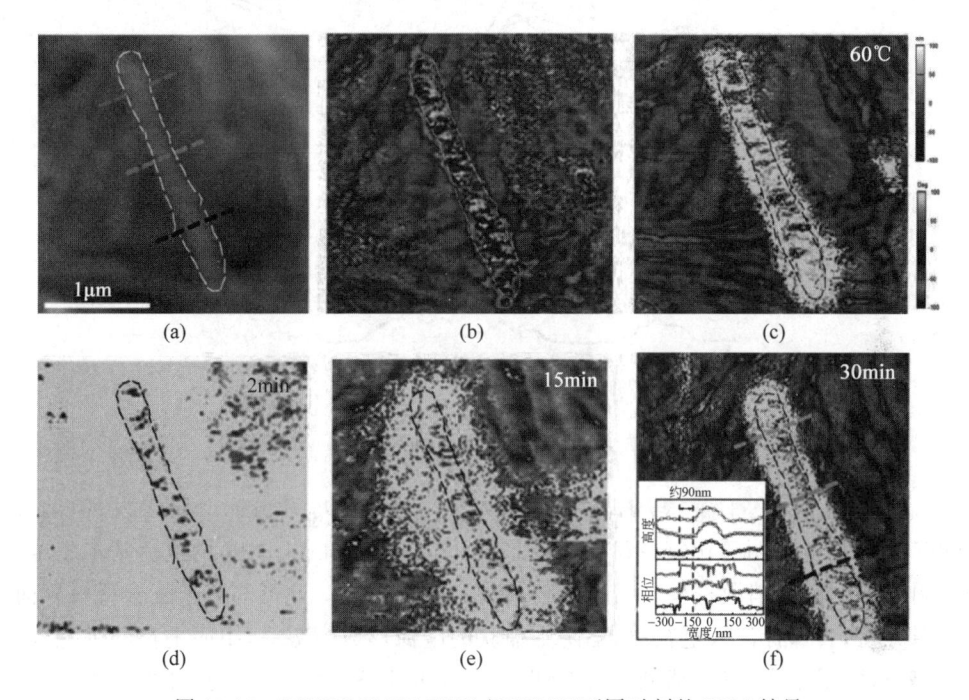

图 10-12 P(VDF-TrFE-CFE)/BZTNW 不同时刻的 PFM 结果

(a) AFM 测量形貌图像;纳米复合材料平面外方向的相位图像;(b) 极化前;(c) 极化后 30min,温度为 60℃;(d) 极化后 2min,室温;(e) 极化后 15min,室温;(f) 极化后 30min,室温,插图显示了纳米纤维在三个位置的高度和相位变化

10.4.2 界面微区的电荷特性

在绝缘材料中,加入纳米填料能提升电阻率、降低泄漏电流、增强电击穿性能,而这些均会受到电荷的影响,这是因为纳米粒子周围的界面区存在电荷陷阱能捕获电荷,且纳米粒子能散射载流子、降低载流子的迁移率。泄漏电流测试(图 10-13)只是宏观测试,陷阱峰只能反映宏观样品中存在陷阱,但是不能直接证明陷阱在纳米粒子界面处,因此采用原子力显微镜可以在第一次扫描获得形貌信息并同时加直流电压注入电荷,第二次扫描获得电势信息且同时不加直流电压避免极化(图 10-14),消除了表面电势测试中电极化的影响,即该方法中表面电势结果仅来自自由电荷。

利用 EFM 测试 LDPE/SiO$_2$ 体系(图 10-15)[92],通过探针分别对纯 LDPE 和 LDPE/

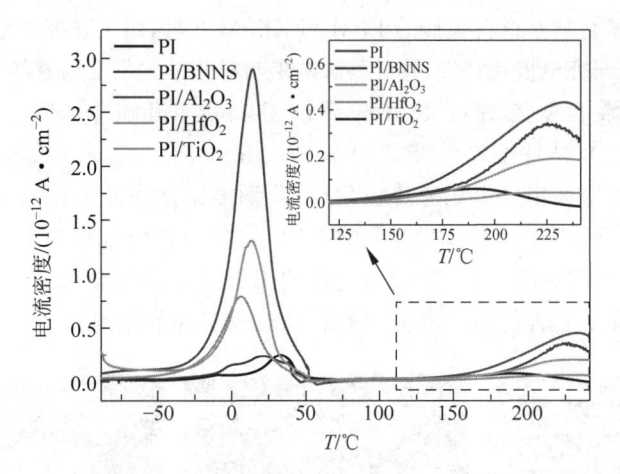

图 10-13 宏观漏电流测试界面深陷阱[91]

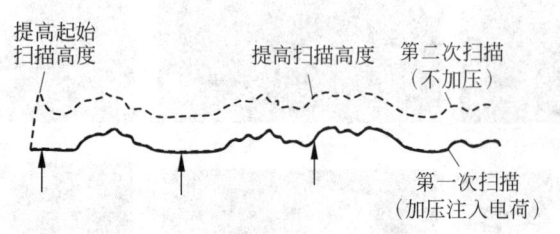

图 10-14 原子力显微镜直接测试界面深陷阱的原理

SiO$_2$ 样品注入电荷,并每隔一段时间测试一次注入位置的电荷分布。结果发现,前 20min 纯 LDPE 样品的电荷明显比复合材料样品多;而 30min 后,纯 LDPE 的电荷基本完全消散,复合材料样品的电荷消散较少,并且逐渐积聚在 SiO$_2$ 周围。这可能由于复合材料界面处有大量陷阱存在,当探针注入电荷时,陷阱中捕获的电荷形成高势垒,阻碍电荷的进一步注入;当探针停止注入后,被陷阱捕获的电荷也使得消散过程更慢。使用脉冲电声法(pulsed electro acoustic,PEA)测量两种宏观样品的空间电荷消散过程,结果与 EFM 测试的趋势一致。

研究人员在进行 KPFM 测试时,不进行电压的补偿,而是利用探针的一倍频和二倍频信号幅值的比值计算表面电势差,减少了反馈回路引入的噪声,从而更为精确地测定电势(也称为开环 KPFM)。利用开环 KPFM 测试环氧树脂/SiO$_2$@Al$_2$O$_3$ 体系[93],发现 Al$_2$O$_3$ 颗粒周围的界面表面电势有所降低。通过 TSDC 和有限元仿真两种手段分析界面电势下降的原因,认为探针上施加的外电压引起了聚合物界面微区的浅陷阱增加,使更多电荷入陷,进而导致表面电势降低。利用该方法对聚醚酰亚胺(polyetherimide,PEI)/富勒烯衍生物(fullerene derivative,PCBM)和电极之间的界面进行测试[94],并对材料施加横向电压,研究发现在电极附近的复合材料内部出现一层聚集电荷,并且抑制进一步电荷注入,由此证明了该复合材料中 PCBM 捕获电荷的能力。

当利用 KPFM 对横向偏压下的 P(VDF-TrFE)/BaTiO$_3$ 样品进行测试时[95],由于探针没有施加纵向的直流电压,该实验消除了纵向极化对结果的干扰。对测试得到的表面电势信号做出一系列分析计算,去除了信号中横向直流偏压的影响,得到了以电荷作用为主的信

10.4 基于原位微区的界面表征

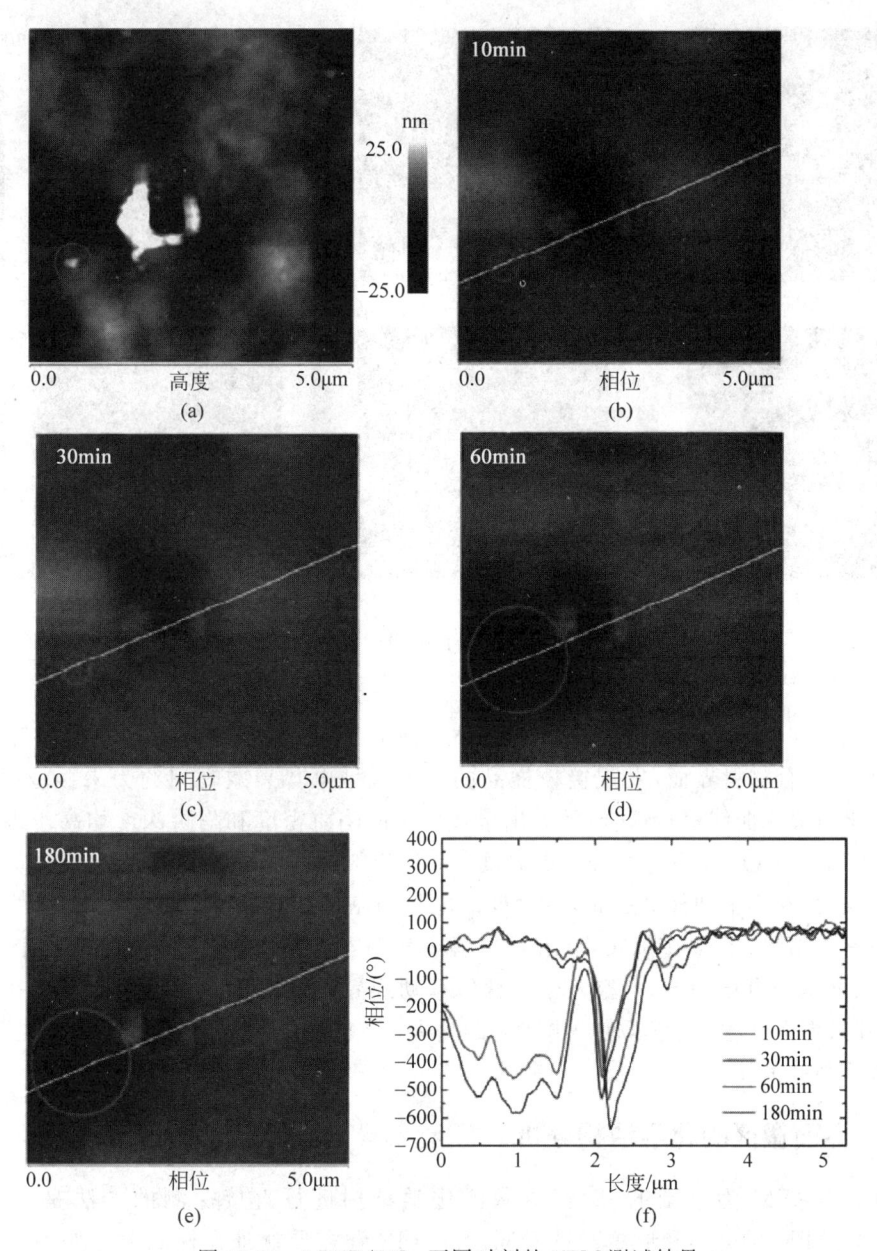

图 10-15 LDPE/SiO₂ 不同时刻的 EFM 测试结果

(a) 形貌；(b) 10min 后；(c) 30min 后；(d) 60min 后；(e) 180min 后；(f) 白线处的 EFM 信号

号图,如图 10-16 所示。结果发现,在横向直流偏压存在的情况下,电荷被束缚在 BaTiO₃ 颗粒周围 20～30nm 范围内的界面微区,证明了颗粒周围界面区存在陷阱。利用 TSDC 测试宏观样品分析样品的陷阱深度,结果发现电荷脱陷温度为 60℃。为了对结果进行验证,研究人员在 60℃ 的温度环境下进行相同的 KPFM 测试,发现电荷不再积聚在 BaTiO₃ 颗粒周围,与宏观测试的结果相符,验证了该方法的可靠性。

将 KPFM 与 ISPD 相结合,先对样品表面施加外电压直到样品表面电势稳定,然后撤去外电压,测量样品表面电势随时间的变化,进而得到微区的电荷衰减过程[96]。用这一方

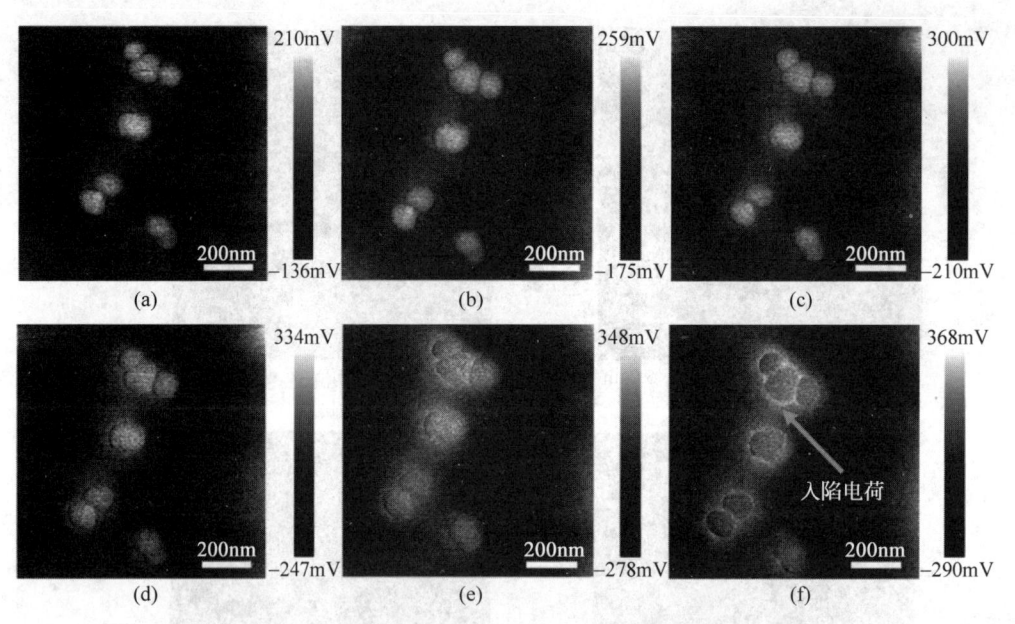

图 10-16 原子力显微镜直接表征界面入陷电荷[95]

(a) $E=-5V/\mu m$; (b) $E=-10V/\mu m$; (c) $E=-15V/\mu m$; (d) $E=-20V/\mu m$; (e) $E=-25V/\mu m$; (f) $E=-30V/\mu m$

法对 PP/氧化镁(magnesium oxide,MgO)体系进行研究,分别测试了掺杂接枝和未接枝 MgO 颗粒的复合材料界面,发现接枝样品的界面区域电势衰减时间约为未接枝样品的 3 倍。进一步对衰减曲线进行拟合,计算出接枝样品的陷阱密度和陷阱深度均高于未接枝样品。对 LDPE/Al_2O_3 体系进行 EFM 测试[97],并分别对样品施加正直流电压和负直流电压。结果表明,在不施加外电压时,界面处的电势与基体相比稍高;施加正电压时,二者电势差距进一步增大;但是施加负电压时,二者电势基本相同。Al_2O_3 周围的界面区域存在浅陷阱,在不施加电压扫描时,空穴会从探针移动到界面,使界面区域电势较高;在施加正压时,探针向界面处注入空穴,使得电势差距增大;在施加负压时,探针从界面处提取空穴,使得电势差距被消除。

10.4.3 界面微区的化学结构分析

目前,以 AFM 为基础的,能够对微区化学结构进行直接探测的方法是 Nano-IR。Nano-IR 与 AFM 的电学和形貌测试不同,Nano-IR 还需要额外在样品表面照射一束特定波数的红外光,其基本原理如图 10-17 所示。根据光热诱导共振(photo-thermal induced resonance,PTIR)原理,红外激光照射到样品表面,当激光波数与样品中基团或化学键的吸收峰波数相对应时,这些基团或化学键就会吸收激光能量并发生振动,使得样品温度升高,导致样品发生热膨胀,进而使样品表面上方的探针也产生形变或改变振动状态,从而实现对化学结构的探测。又根据散射式扫描近场光学显微镜(scattering-scanning near-field optical microscopy,s-SNOM)原理,将 AFM 针尖作为散射源,可在针尖形成一个具有明显增强光场的纳米焦点,这使得 Nano-IR 的分辨率可远小于红外光的波长,近年来 Nano-IR 已经发展到约 10nm 微区光谱的空间分辨率。由于 Nano-IR 的核心理论在 2005 年才被提出[98],这类设备真正投入使用的时间并不长。近年来,Nano-IR 在纯聚合物体系的研究中

10.4 基于原位微区的界面表征

已经有了一些应用[99],但是在介电聚合物纳米复合材料界面的研究中应用极少。利用 Nano-IR 对 P(VDF-TrFE-CFE)/BaTiO$_3$ 等体系进行研究[100],测试的特征峰对应聚合物的 β 晶相,测试信号的强弱就反映了该位置 β 晶相的含量多少。研究发现,与粒子距离相近的位置信号强度却可能有很大差别,如图 10-18 所示[100]。纳米颗粒附近的聚合物受纳米颗粒的影响,构象发生了混乱。对比测试不同尺寸的纳米颗粒界面区域 β 晶相的信号强度,结果发现与纯聚合物相比,纳米复合材料的 β 晶相含量均有所增加,且粒径越小,增加的幅度越大,纳米颗粒对界面的聚合物 β 晶相有稳定作用。最后,利用相场模拟仿真和第一性原理计算等方式验证所提出的理论,计算结果与实验结果相符。尽管目前 Nano-IR 技术在聚合物纳米复合电介质界面研究中还处于起步阶段,但它展现出的重要作用预示着未来它在该研究领域极具潜力。

图 10-17 纳米红外原子力显微镜的原理示意(a)和实物图(b)

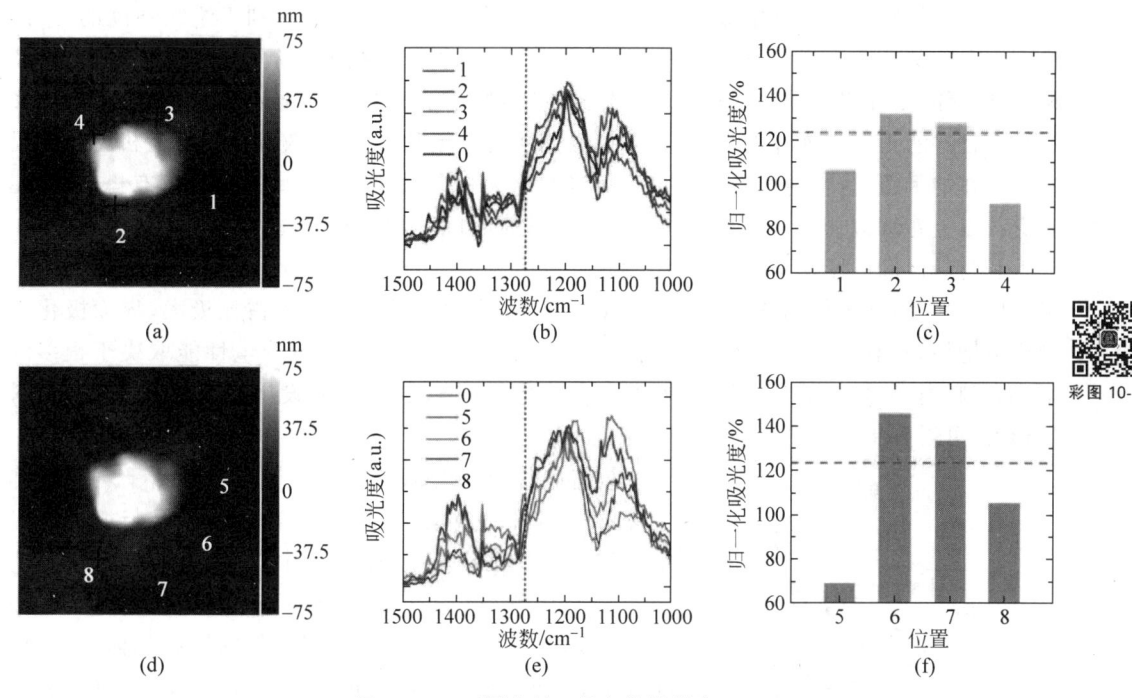

图 10-18 不同点的 β 晶相信号强度

(a) 形貌(点 1 至点 4);(b) 点 1 至点 4 的红外光谱;(c) 1275cm^{-1} 信号强度(点 1 至点 4);(d) 形貌(点 5 至点 8);(e) 点 5 至点 8 的红外光谱;(f) 1275cm^{-1} 信号强度(点 5 至点 8)

以 AFM 为基础实现的一系列界面微区原位测试方法,与传统研究手段相比具有诸多优势。上面提到的绝大多数研究主要是利用了 AFM 测试界面微区的电学性能,只有极少数研究测试了微区结构。复合材料的界面微区之所以具有特殊的性能,正是由界面处聚合物的特殊结构所导致的。可以预见,对同一个微区进行结构与性能的对应测试能够获得界面微区更为完整的信息,进而对界面的作用机理有更深入的认识。基于 AFM 开发的 Nano-IR 由于具有较高的空间分辨率,在未来很可能成为对微区结构与性能进行同步测试的最为有效的方法之一。

10.5 介电聚合物纳米复合材料的应用

介电聚合物纳米复合材料目前已广泛应用于电力电缆、绝缘子、设备内绝缘等绝缘领域。其中,纳米填料的加入主要用于提高材料的绝缘性,降低泄漏电流、提高电阻率、提高击穿场强。此外,介电聚合物纳米复合材料作为传感器中的功能性组分可实现对振动、温度、电场等的监测功能,或应用于电介质电容器和能量收集与转换等领域。下面将举例介绍将功能性纳米与聚合物基体进行有效结合后,材料在铁电性、压电性和热释电性等宏观性能中表现出的协同调控作用及其应用场景。

10.5.1 电介质电容器

提高铁电聚合物储能特性的重要方法即与无机材料进行复合。随着第二相(无机填料相)的引入,材料击穿过程中载流子需要通过的路径长度增大[101],有利于绝缘强度的提升。然而聚合物基体与无机填料在介电常数上的较大差异导致局部电场发生严重畸变,且两者相容性不佳,易在界面处出现结合不良导致的空隙缺陷,或出现局部团聚,这可能又反而降低复合材料的击穿强度并增大损耗,对提高储能特性不利。因此,改性采用的无机填料的尺寸一般在纳米级,且常对填料表面进行适当的化学修饰,如接枝羟基、多巴胺等有机基团,在一定程度上能够改善无机填料与有机聚合物基体之间的物理相互作用,有利于填料的均匀分散和与基体间的紧密结合,最大限度减小复合材料的宏观不均匀性,尽可能保证较高的击穿强度。另外,通过使用纳米级的无机填料,使复合材料的界面区域占比极大,界面极化分量显著增加,有利于材料整体极化率的提高。铁电纳米复合材料的介电性能取决于很多因素,如填料类型、填料的各向异性、填料与基体的界面等,通过有效设计并控制纳米复合材料的形态,可得到具有不同特性的复合体。

具有高长径比的纳米填料已被证明有利于缓解局部电场集中,抑制电树枝形成[102-103],因此,一维与二维无机纳米材料是目前研究铁电复合材料改性所考虑的热点。以六方氮化硼(hexagonal boron nitride,h-BN)为例,如图 10-19 所示,h-BN 具有与石墨类似的层状晶体结构,机械强度高,导热性好,是一种宽带隙绝缘体,带隙宽度约 6eV[104],相对介电常数在 3~4 之间,击穿强度约 800MV/m[105]。若将 h-BN 纳米片(BNNS)的厚度降低至几层,可进一步提高 h-BN 的绝缘强度,如 5 层 BNNS 的击穿强度

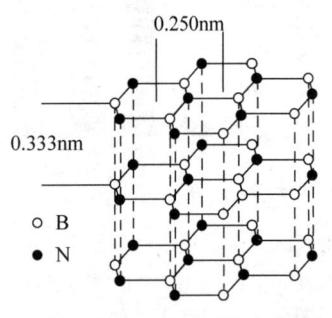

图 10-19 六方氮化硼的晶体结构

10.5 介电聚合物纳米复合材料的应用

为 1500MV/m,而单层 BNNS 的击穿强度已超过 5000MV/m[106]。

基于 BNNS 优越的绝缘性能,将超薄氮化硼纳米片与 P(VDF-TrFE-CFE)三元共聚物通过溶液法复合,材料的击穿强度显著提高,介电损耗降低[107]。以 h-BN 为原料,通过液相剥离法得到超薄氮化硼纳米片,分散在 N,N-二甲基甲酰胺中呈稳定悬浮液,由于 B-N 键诱导的极性表面使 BNNS 很容易均匀分散在极性铁电共聚物基体中,无须对填料进行额外的表面官能化处理。同时,BNNS 具有高长径比和比表面积,在聚合物基体中易形成致密的网状结构,如图 10-20(a)所示,复合材料中无机 BNNS 相与有机 P(VDF-TrFE-CFE)相之间表现出良好的相容性。

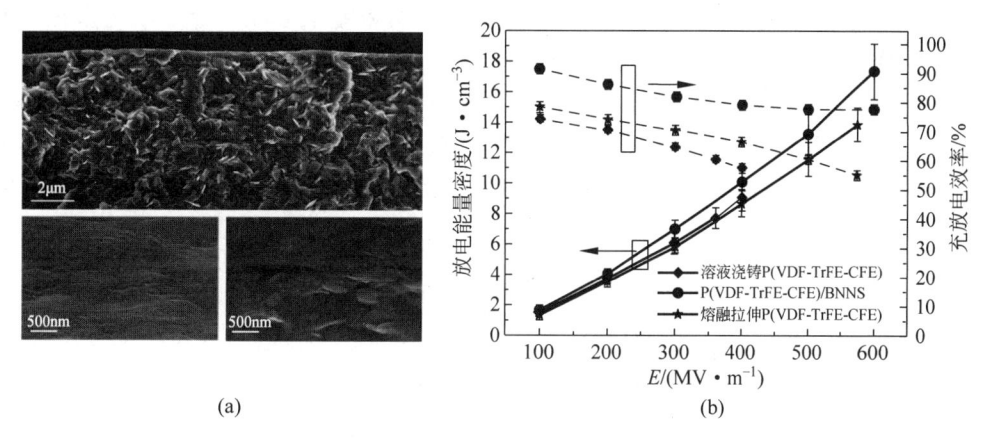

图 10-20 含 12%(质量分数)BNNS 的 P(VDF-TrFE-CFE)/BNNS 形貌与储能性能比较[107]
(a) SEM 断面图;(b) 储能特性

由于 BNNS 在聚合物基体中形成高机械强度的绝缘网络,有效阻挡了泄漏电流和空间电荷传导,并抑制了复合材料的机电击穿,介质损耗 tanδ 降低,击穿强度 E_b 显著提高。通过 XRD 分析发现,随着 BNNS 的加入,P(VDF-TrFE-CFE)的晶粒尺寸减小,但晶型基本不变,这有利于铁电偶极子的可逆反转,降低电滞损耗。综合击穿强度的提高与介电损耗的降低,P(VDF-TrFE-CFE)/BNNS 铁电复合材料的放电能量密度与充放电效率比有机相 P(VDF-TrFE-CFE)均有明显改善,如图 10-20(b)所示。

然而,BNNS 的相对介电常数 ε_r 仅在 3~4 之间,远小于 P(VDF-TrFE-CFE)聚合物基体(ε_r 约为 50),随着 BNNS 填料的加入,铁电复合材料的整体介电常数有所下降,这不利于储能密度的提升。通过加入第二种纳米填料——高介电常数 $BaTiO_3$ 纳米球,与基体 P(VDF-CTFE)复合得到 P(VDF-CTFE)/BNNS/BT 三元聚合物纳米复合材料,可同时提高复合材料的击穿强度 E_b 和介电常数 ε_r,并实现复合材料性能的可控调节[108]。由于 BNNS 致密网络形成的屏障抑制了 BT 纳米颗粒的聚集,因此纳米填料在基体中具有良好的分散性。通过分别调整 BNNS 和 BT 的添加量,复合材料在频率 1kHz 下的介电常数可在 8.0~15.3 之间变化,以适用于不同的应用要求。对于含有 12%(质量分数)BNNS 和 15%(质量分数)BT 的 P(VDF-CTFE)/BNNS/BT 复合材料,其介电常数 ε_r 为 12,击穿强度 E_b 为 552MV/m,放电能量密度 w_e 在电场强度为 552MV/m 时取到最高值,可达 21.2J/cm³。

与传统单层结构的薄膜相比,多层结构使调整铁电纳米复合材料的化学成分以及纳米填料在聚合物基体中的空间排布更为灵活,为高性能复合材料提供了新的思路。例如,通过

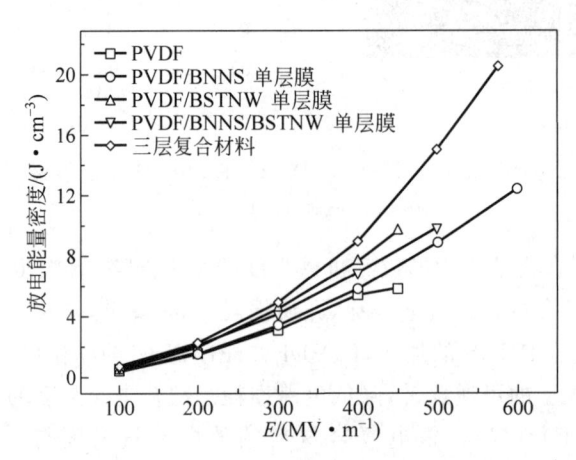

一种三明治结构的铁电纳米复合材料的设计,依靠不同组合层特性的协同互补,能够同时改善介电常数 ε_r 和击穿强度 E_b,进而表现出更高的能量密度[109]。首先,电介质在高电场下的主要损耗来自隧穿电流,由于 BNNS 具有高机械强度、宽带隙、高绝缘强度,将氮化硼纳米片(BNNS)分散在 PVDF 中,得到 PVDF/BNNS 复合材料作为三层结构的外层,形成阻挡泄漏电流和空间电荷的屏障,提高复合材料的击穿强度,降低电导损耗。其次,中间层由 PVDF 和高介电常数的铁电 $Ba_{0.5}Sr_{0.5}TiO_3$ 纳米线(BSTNW)复合而成,以提高三层复合膜的极化特性,获得更高的介电常数。将 PVDF/BNNS、PVDF/BSTNW 和 PVDF/BNNS 三层材料堆叠在一起,通过热压法制备三明治结构的纳米复合材料,复合膜的厚度在 13~15μm 之间。通过比较 PVDF、单层 PVDF/BNNS 纳米复合材料(含 10%(体积分数)BNNS)、单层 PVDF/BSTNW 纳米复合材料(含 4%(体积分数)BSTNW)、单层三元 PVDF/BNNS/BST 纳米复合材料(含 10%(体积分数)BNNS 和 4%(体积分数)BSTNW)和中央层含 8%(体积分数)BSTNW 的三层纳米复合材料(中间层含 8%(体积分数)BSTNW,外层含 10%(体积分数)BNNS),可以发现,三层结构复合材料的放电能量密度明显高于其他几种材料,当电场强度为 588MV/m 时,其放电能量密度可达 20.5J/cm³,如图 10-21 所示。

图 10-21 三层结构复合薄膜与其他材料的放电能量密度对比[109]

10.5.2 压电能量收集

在聚合物复合材料的压电效应研究中,这类材料的优势在于能结合无机粒子的高压电性和聚合物的柔性。常见的聚合物复合材料有 PZT/PDMS[110]、BTO/CNT/PDMS[111]、PMN-PT 纳米线-PDMS[112]等。其中,PDMS 虽无压电性但提供了柔性,压电无机粒子能明显提高压电性。而碳纳米管则增强了机械支撑强度、应力传递效率和载流子传输效率。特别是纳米线无机填料,因其更有利于应力传递,从而可进一步提升复合材料的压电性能。除弹性体基体外,聚偏氟乙烯 PVDF 具有通用树脂的特性,有良好的耐化学腐蚀性,耐高温性,耐氧化性,且集压电性、介电性、热电性于一身,因而压电陶瓷也常与压电聚合物 PVDF 进行复合,以降低材料的密度、声阻抗和介电常数,同时提高机电耦合系数。例如,采用硅橡胶作为高分子基体,PMN-PT 陶瓷粉体作为活性压电材料,通过机械共混的工艺制备了有机-无机复合压电能量收集器[113]。如图 10-22 所示,它具有优越的电学输出特性和柔韧性,

10.5 介电聚合物纳米复合材料的应用

输出电能可直接点亮 LED 二极管,同时其拉伸率高达 500%。

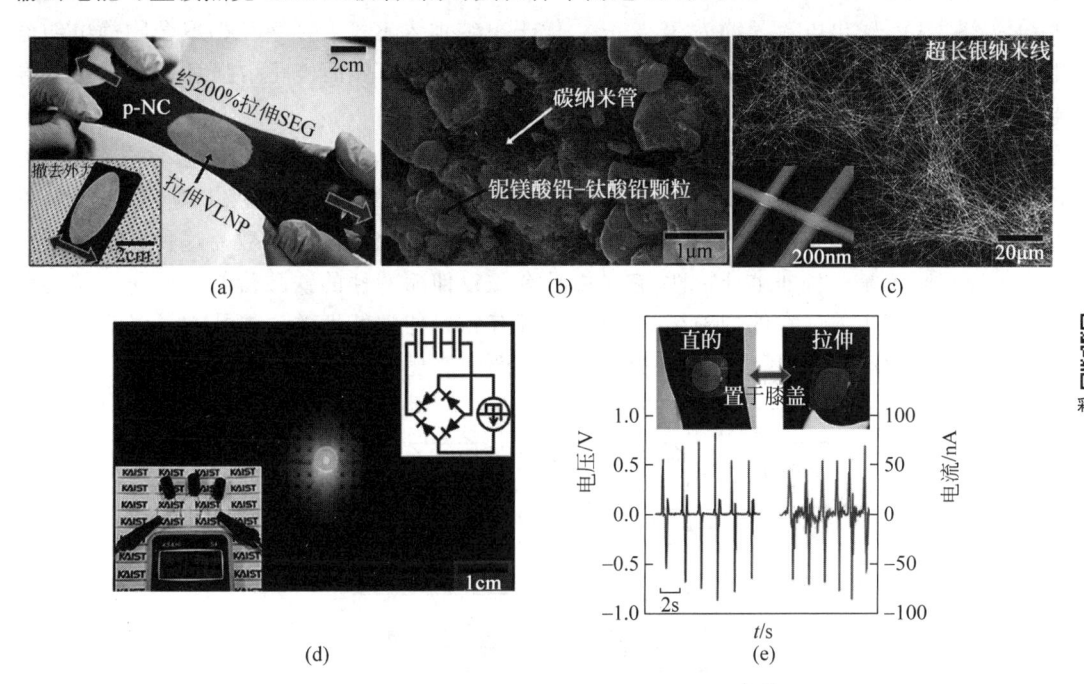

图 10-22 压电复合材料用作压电发电装置[113]

(a) 装置示意图;(b) PMN-PT 和 MWCNT 分散在硅橡胶中的 SEM 图像;(c) 超长 AgNW 的 SEM 图像;(d) LED 灯由左下插图电容器中存储的电能点亮,右上插图为能量收集装置经整流对电容器充电的电路图;(e) 通过弯曲和伸直膝盖,黏附在袜子上的压电能量收集装置产生电压和电流

当施加压力时,材料内部发生电荷分离,随后电荷进入电极材料。因此,可能会发生产生的电荷不能全部进入电极材料的情况。在此背景下,研究人员开发了一类基于静电纺丝纳米纤维的新型压电材料,该材料具有至少一个由压电聚合物组成的导电填充层。导电填料在压电材料中提供导电路径,因此,当对压电材料施加压力时,材料内部的电荷将通过该路径流动,进而导致压电输出性能提升。例如,已有研究人员[114]报道了一种由导电填料 Ag 纳米线(Ag NW)掺入 PDMS 聚合物组成的压电纳米发电机,这种纳米发电机是通过在 P(VDF-TrFE)压电织物上旋涂一层 Ag NW 制备得到的,上下面由两片溅射有 Cr/Au 层的微图案 PDMS 薄膜作电极。Ag NW 夹在 P(VDF-TrFE)压电纺织品和 PDMS 电极中,作为高效电荷传输层。Ag NW 和微图案 PDMS 薄膜电极均增强了纳米发电机的输出性能,所制备的纳米发电机的开路电压和短路电流分别可达 1.2V 和 82nA。此外,为了验证 Ag NW 填料对压电性能的影响,对照组采用了 P(VDF-TrFE)纳米纤维垫和表面平滑的 PDMS 层以及 Cr/Au 层作为电极。结果发现,在相同的力和频率下,含 Ag NW 的压电器件的短路电流为 68nA,而对照组器件的短路电流仅为 33nA。从这些结果可以得出结论,Ag NW 填料对压电材料的压电性有很大的影响。这是由于 PDMS 聚合物中的导电路径,由 Ag NW 填料提供。这些结果证明了所开发的压电纳米发电机可以与小型电子器件集成,使其成为自供电的电子器件。这些纳米发电机在更低频率下量化了外部压缩信号,例如由人类(行走)引起的运动。同样,另一研究再次证实了电荷传输增强输出性能这一理论[115]。在 PVDF 聚合物中使用 CNT 作为 KNN 纳米棒的附加填料,采用静电纺丝法制备

了 KNN/CNT 掺杂 PVDF 聚合物基纳米复合材料。该压电材料基纳米发电机的输出电压大约为 23.24V，输出电流大约为 52.29μA，优于单纯加入 KNN 的 PVDF 聚合物静电纺丝纳米发电机。这可能是由于在 PVDF 基体中存在 CNT 时，界面极化增强且形成了更多导电路径。

一些由压电功能相和磁致伸缩功能相构成的纳米复合材料可表现出磁电效应，实现磁-机-电耦合。例如，$CoFe_2O_4/BaTiO_3$、铁酸盐/锆钛酸盐及 Terfenol-D/PZT 等复合材料，它们由铁酸盐与压电陶瓷构成，展现出比单相多铁体更高的磁电耦合系数。这种复合材料的磁电效应实际上是一种非本征特性，它是由具有磁致伸缩特性的铁酸盐与具有压电特性的陶瓷协同作用产生的。在外加磁场的作用下，具有磁致伸缩特性的铁酸盐粒子发生了明显的形变，这种形变传递到压电相后通过压电效应产生宏观极化（图 10-23）。

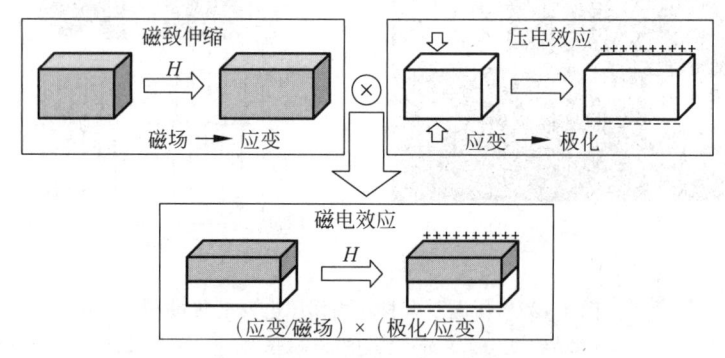

图 10-23 压电材料应用之磁-机-电耦合

10.5.3 热释电能量收集与电卡制冷

热释电聚合物纳米复合材料同样是结合聚合物与无机材料两者的优势，从而得到高性能材料的重要手段。针对最常用的 0 维-3 维复合材料体系（即由不连续的 0 维纳米颗粒分散于 3 维连通的聚合物基体中形成），复合材料整体的热释电系数可用

$$p = \frac{\varepsilon - \varepsilon_m}{\varepsilon_i - \varepsilon_m} p_i - \frac{\varepsilon_i - \varepsilon}{\varepsilon_i - \varepsilon_m} p_m \tag{10.16}$$

进行简单估算[116]。式中，p 为复合材料整体热释电系数；ε 为复合材料整体介电常数；p_i 为填料材料热释电系数；ε_i 为填料材料介电常数；p_m 为基体材料热释电系数；ε_m 为基体材料介电常数。

复合材料的整体等效物理性质取决于组分的性质、体积比以及组分的形状和空间排列（例如连通性）等多种因素，且关系往往十分复杂，因此想要根据基体材料性能来准确预测复合材料非常困难。以下对复合材料热释电系数计算公式，即式（10.16）的推导过程做一简要的说明。

与描述复合材料介电性能的大量理论工作相比，现有描述热释电基体中由热释电包裹体组成的复合材料的有效热释电系数的理论模型相对较少。最简单的情况下，如果一种具有热释电效应的材料作为填料被嵌入到一种不具备热释电效应的基体中，则整体复合材料的等效热释电系数可以根据具备热释电效应的材料所占的体积比以及局部电场系数作简单估算。

10.5 介电聚合物纳米复合材料的应用

接下来,考虑两种热释电材料的复合,分别是填料以及基体,两种组分的极化以及热释电系数分别用 P_i、P_m、p_i、p_m 表示。其中,P 表示极化,p 表示热释电系数,下标 i 表示填料,下标 m 表示基体。假设发生的温度变化 ΔT 足够小,因此电场的变化不影响材料的极化和介电常数、热释电常数等,则此时两种材料的电位移 D 的变化可被写为

$$\Delta D_x = \varepsilon_0 \varepsilon_x \Delta E_x + \Delta P_x = \varepsilon_0 \varepsilon_x \Delta E_x + p_x \Delta T \tag{10.17}$$

式中,下标 x 分别替换为 i 或 m 时表示填料材料或基体材料,表达形式一样。假设只有填料为热释电材料,显然复合材料整体的热释电系数将只与填料材料的热释电系数相关,且与之成正比。同样,若只有基体为热释电材料,复合材料整体的热释电系数也只会与基体材料的热释电系数成正比,与其他量无关。由于两种材料选择的任意性,基体材料和填料材料两者的性能之间并无关联,根据电场的叠加原理,复合材料整体的热释电系数可以看作仅由两种原料的热释电系数决定,且分别与之成正比关系,即复合材料整体热释电系数 p 可以表示为

$$p = \alpha_i p_i + \alpha_m p_m \tag{10.18}$$

式中,α_i、α_m 代表复合材料整体热释电系数分别与填料、基体之间的比例系数,均为常数且两者不相关,此外也不取决于其各自的热释电系数(即表达式中应该不包含 p_i、p_m)。然而,直接计算某种给定几何形状、介电常数等条件下的 α_i、α_m 十分困难,可以利用其不取决于热释电系数这一性质从侧面进行分析,即通过找到两组特殊值,以方程的形式将 α_i、α_m 作为未知数来反解式(10.18)得到。

第一种特殊情况是在开路条件下,复合材料内部没有可移动电荷,即复合材料中的 $\Delta D = 0$,那么根据式(10.17),得

$$\frac{\Delta E}{\Delta T} = -\frac{1}{\varepsilon_0} \frac{p}{\varepsilon} \tag{10.19}$$

为这一特殊情况选取填料的一个特殊值:$p_{i1} = p_m \varepsilon_i / \varepsilon_m$,同时,假设电场的变化是各向同性的,即

$$\frac{p}{\varepsilon} = \frac{p_{i1}}{\varepsilon_i} = \frac{p_m}{\varepsilon_m} \tag{10.20}$$

结合式(10.19)以及式(10.20),不难得到第一种特殊情况时的方程式

$$\alpha_i \varepsilon_i + \alpha_m \varepsilon_m = \varepsilon \tag{10.21}$$

第二种特殊情况,选取材料热释电系数特殊值:$p_{i2} = p_m = p$,即两种原料热释电系数都相等,自然此时整体复合材料的热释电系数也一样。由式(10.18)易得此条件下的方程为

$$\alpha_i + \alpha_m = 1 \tag{10.22}$$

联立式(10.21)以及式(10.22),解得 α_i、α_m,并将其代入式(10.18)便可得到最终的表达式,即式(10.16)。

由于无机材料的热释电系数往往要高于有机聚合物材料,因此,向聚合物基体材料中添加无机纳米粒子时,随着无机粒子含量增加,复合材料的热释电系数随之提升。图10-24 为 PVDF/BTO 纳米复合材料热释电系数随 BTO 体积分数的变化[117]。可以看到,随着 BTO 含量的提升,复合材料的热释电系数也随之提升。另外,还有其他种类的热释电纳米复合材料,例如 P(VDF-TrFE)/PZT、(PVDF-TrFE)/PT、PVDF/PT、PVDF/TGS 等,都能观察到随着填料含量的上升,复合材料热释电系数随之增大的关系。

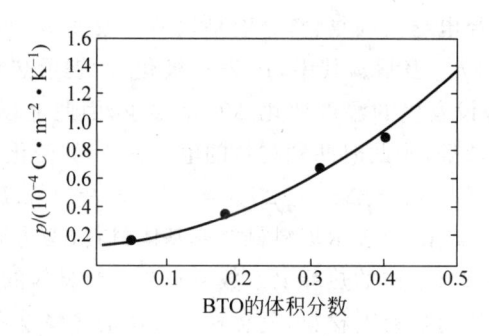

图 10-24 PVDF/BTO 纳米复合材料热释电系数随 BTO 体积分数的变化

容易产生误解的是,既然计算复合材料热释电系数的公式(10.16)中只含有两种材料的介电常数和热释电系数,那么似乎体积分数等因素不应当对复合材料的热释电系数产生影响,而许多实验结果却都表明了无机填料体积分数的增加会导致复合材料整体热释电系数明显增加。式(10.16)虽未显式表现出如原料的体积比、几何尺寸、分布情况等因素,但式中的复合材料介电常数 ε 直接包含了上述这些因素,因为复合材料的这些因素会对整体介电常数产生影响。当已知两种原料的介电常数和热释电系数,并测量出复合材料的整体介电常数和热释电系数时,就可以用该公式来检验组分是否完全极化、确定极化比或验证组分热释电系数的平行或反平行取向。

此外,考虑到热释电效应的逆效应,通过向 P(VDF-TrFE-CFE)基体中掺入不同比例的 BaSrTiO$_3$ 纳米粒子能够实现不同温度范围下的电卡效应,在保有聚合物电卡材料优势的同时还能够大幅提高其电卡效应的强度[118]。如图 10-25 所示,添加了 BaSrTiO$_3$ 纳米粒子后,复合材料在相同的电场强度变化下发生的温变以及熵变均明显高于纳米填料与聚合物基体性能的简单加和。

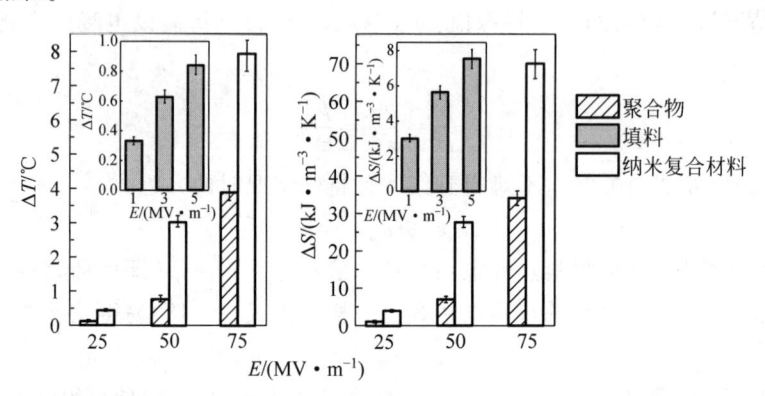

图 10-25 P(VDF-TrFE-CFE)/BaSrTiO$_3$ 复合材料电卡效应强度

还有研究者将热释电材料能够实现温度检测的功能与能量收集的功能两者相结合,实现了可自供电的温度传感器[119]。其选用的材料是 PVDF 基体与 PZT 微/纳米线的复合材料,能够实现约 0.9s 内的温度变化响应速度以及约 3s 的复位速度。用人体手指作为热源接触该传感器,能够得到幅值约 60mV 的输出电压,并且热释电效应产生的电能还会被收集并用于液晶显示屏的供电。

从器件结构的角度继续优化,还可以把热释电能量收集器件制作成如图 10-26 所示的可拉伸复合型微型发电机的形式[120]。这种微型发电机同时利用了 P(VDF-TrFE)这一典型功能聚合物电介质的热释电效应以及压电效应,能够更好地实现能量收集。如图 10-26 所示,这种可拉伸压电-热释电复合微型发电机整体包含三层结构,按照从下至上的顺序合成制备。底层电极为碳纳米管/硅橡胶(CNT/PDMS)复合材料,可通过旋涂、光刻等手段制备,具有三角状凸起的特殊形状结构,使器件具备高度的灵活性以及可拉伸性。之后的 P(VDF-TrFE)作为核心功能层,提供其热释电效应以及压电效应,厚度约 $7\mu m$,直接在底层电极上旋涂制备。顶层电极为多层石墨烯(multilayer graphene),通过化学气相沉积法(chemical vapor deposition,CVD)制备,并被转移到 P(VDF-TrFE)功能层上。利用石墨烯的高热导率、灵活性以及极低厚度,将其作为电极能够提高器件的效率。这种压电-热释电复合型微型发电机器件在施加机械应力(拉伸或压缩)以及加热或冷却时都能够产生电信号,收集电能。同时这两种效应之间相互耦合,当机械信号与热信号的作用时机一致且相互配合时(例如压缩的同时加热或拉伸的同时冷却),能够产生更明显的电信号,更有利于能量收集。

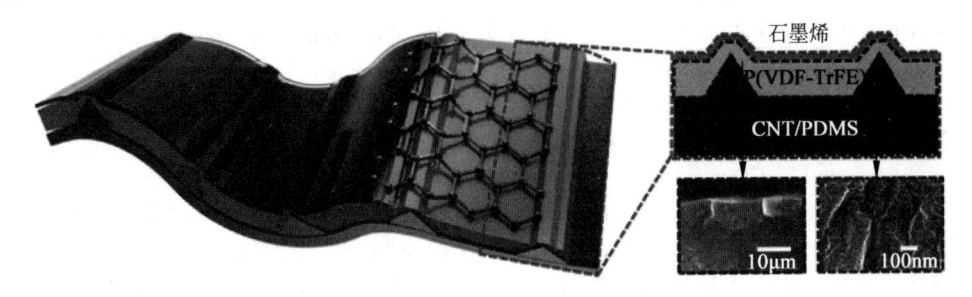

图 10-26 可拉伸压电-热释电复合微型发电机[120]

习　题

1. 从宏观和微观研究界面对复合材料的影响有何区别?
2. 原子力显微镜能研究界面的哪些特性?这些特性分别对电性能有哪些影响?
3. 界面陷阱对纳米复合材料的影响可从哪几方面分析?
4. 如何利用界面提升纳米复合材料的击穿强度?其原理是什么?
5. 在纳米复合材料中,填料的哪些因素会影响界面特性进而影响材料整体的电性能?
6. 如何理解介电弛豫现象?界面对弛豫的影响有哪些?请举例说明。
7. 请详细描述开尔文探针力显微镜表征界面微区电势的原理。
8. 如何利用原子力显微镜研究界面表面电势,并消除电极化的影响?
9. 压电发电装置中,复合材料的优势是什么?哪种类型的复合材料能表现出更高的压电输出性能?并解释其原因。
10. 最新报道中,研究者还开发出了哪些压电材料与其他材料耦合的多功能复合材料?
11. 两种不同的热释电材料薄膜,其热释电系数分别为 p_1、p_2,厚度分别为 d_1、d_2,介电常数分别为 ε_1、ε_2,将其紧密叠放在一起,整体构成一块新的热释电薄膜,测得其整体等效的介电常数为 ε,试求整体的等效热释电系数。

参 考 文 献

[1] LEWIS T J. Nanometric dielectrics[J]. IEEE Transactions on Dielectrics and Electrical Insulation, 1994,1(5):812-825.

[2] NELSON J K,UTRACKI L A,MACCRONE R K,et al. Role of the interface in determining the dielectric properties of nanocomposites[C]//The 17th Annual Meeting of the IEEE Lasers and Electro-Optics Society,2004. LEOS 2004. IEEE,2004:314-317.

[3] YANG C,IRWIN P C,YOUNSI K. The future of nanodielectrics in the electrical power industry[J]. IEEE Transactions on Dielectrics and Electrical Insulation,2004,11(5):797-807.

[4] TANAKA T,MONTANARI G C,MULHAUPT R. Polymer nanocomposites as dielectrics and electrical insulation-perspectives for processing technologies, material characterization and future applications[J]. IEEE Transactions on Dielectrics and Electrical Insulation,2004,11(5):763-784.

[5] TANAKA T. Dielectric nanocomposites with insulating properties [J]. IEEE Transactions on Dielectrics and Electrical Insulation,2005,12(5):914-928.

[6] KLONOS P A,PEOGLOS V,BIKIARIS D N,et al. Rigid amorphous fraction and thermal diffusivity in nanocomposites based on poly(L-lactic acid) filled with carbon nanotubes and graphene oxide[J]. Journal of Physical Chemistry C,2020,124(9):5469-5479.

[7] LUO H,ZHOU X F,ELLINGFORD C, et al. Interface design for high energy density polymer nanocomposites[J]. Chemical Society Reviews,2019,48(16):4424-4465.

[8] NIU Y J,WANG H. Dielectric nanomaterials for power energy storage: surface modification and characterization[J]. Acs Applied Nano Materials,2019,2(2):627-642.

[9] CAO Y,IRWIN P C,YOUNSI K. The future of nanodielectrics in the electrical power industry[J]. IEEE Transactions on Dielectrics and Electrical Insulation,2004,11(5):797-807.

[10] LEWIS T J. Interfaces are the dominant feature of dielectrics at the nanometric level[J]. IEEE Transactions on Dielectrics and Electrical Insulation,2004,11(5):739-753.

[11] FU S Y,SUN Z,HUANG P,et al. Some basic aspects of polymer nanocomposites: A critical review [J]. Nano Materials Science,2019,1(1):2-30.

[12] CHENG S W,CARROLL B,BOCHAROVA V,et al. Focus: Structure and dynamics of the interfacial layer in polymer nanocomposites with attractive interactions[J]. The Journal of Chemical Physics,2017,146(20):203201.

[13] ZENG Q H,YU A B,LU G Q. Multiscale modeling and simulation of polymer nanocomposites[J]. Progress in Polymer Science,2008,33(2):191-269.

[14] NETRAVALI A N,MITTAL K L. Interface/interphase in polymer nanocomposites[M]. John Wiley & Sons,2016.

[15] HOSIER I L,PRAEGER M,HOLT A F,et al. On the effect of functionalizer chain length and water content in polyethylene/silica nanocomposites: Part I—Dielectric properties and breakdown strength[J]. IEEE Transactions on Dielectrics and Electrical Insulation,2017,24(3):1698-1707.

[16] PRAEGER M,HOSIER I L,HOLT A F,et al. On the effect of functionalizer chain length and water content in polyethylene/silica nanocomposites: Part II—Charge transport[J]. IEEE Transactions on Dielectrics and Electrical Insulation,2017,24(4):2410-2420.

[17] GHOSH K,GUO J L,LOPEZ-PAMIES O. Homogenization of time-dependent dielectric composites containing space charges, with applications to polymer nanoparticulate composites[J]. International Journal of Non-Linear Mechanics,2019,116:155-166.

[18] LEWIS T J. A model for nano-composite polymer dielectrics under electrical stress[C]//2007 IEEE

International Conference on Solid Dielectrics. IEEE,2007: 11-14.

[19] LEWIS T J. Charge transport in polyethylene nano dielectrics[J]. IEEE Transactions on Dielectrics and Electrical Insulation,2014,21(2): 497-502.

[20] FUSE N,SATO H,OHKI Y,et al. Effects of nanofiller loading on the molecular motion and carrier transport in polyamide[J]. IEEE Transactions on Dielectrics and Electrical Insulation,2009,16(2): 524-530.

[21] TANAKA T. A novel concept for electronic transport in nanoscale spaces formed by islandic multi-cored nanoparticles[C]//2016 IEEE International Conference on Dielectrics(ICD). IEEE,2016,1: 23-26.

[22] TAKADA T,HAYASE Y,TANAKA Y,et al. Space charge trapping in electrical potential well caused by permanent and induced dipoles for LDPE/MgO nanocomposite[J]. IEEE Transactions on Dielectrics and Electrical Insulation,2008,15(1): 152-160.

[23] LI S T,XIE D R,LEI Q Q. Understanding insulation failure of nanodielectrics: tailoring carrier energy[J]. High Voltage,2020,5(6): 643-649.

[24] LI S T,YIN G L,BAI S N,et al. A new potential barrier model in epoxy resin nanodielectrics[J]. IEEE Transactions on Dielectrics and Electrical Insulation,2011,18(5): 1535-1543.

[25] PENG S M,ZENG Q B,YANG X,et al. Local dielectric property detection of the interface between nanoparticle and polymer in nanocomposite dielectrics[J]. Scientific Reports,2016,6: 38978.

[26] PENG S M,YANG X,YANG Y,et al. Direct detection of local electric polarization in the interfacial region in ferroelectric polymer nanocomposites[J]. Advanced Materials,2019,31(21): e1807722.

[27] NELSON J K. The promise of dielectric nanocomposites[C]//Conference Record of the 2006 IEEE International Symposium on Electrical Insulation. IEEE,2006: 452-457.

[28] ALHABILL F N,AYOOB R,ANDRITSCH T,et al. Introducing particle interphase model for describing the electrical behaviour of nanodielectrics[J]. Materials & Design,2018,158: 62-73.

[29] KLONOS P,SULYM I Y,BORYSENKO M V,et al. Interfacial interactions and complex segmental dynamics in systems based on silica-polydimethylsiloxane core-shell nanoparticles: Dielectric and thermal study[J]. Polymer,2015,58: 9-21.

[30] FRAGIADAKIS D,BOKOBZA L,PISSIS P. Dynamics near the filler surface in natural rubber-silica nanocomposites[J]. Polymer,2011,52(14): 3175-3182.

[31] LENG J,SZYMONIAK P,KANG N J,et al. Influence of interfaces on the crystallization behavior and the rigid amorphous phase of poly(L-lactide)-based nanocomposites with different layered doubled hydroxides as nanofiller[J]. Polymer,2019,184: 121929.

[32] CHENG S W,CARROLL B,LU W,et al. Interfacial properties of polymer nanocomposites: role of Chain Rigidity and Dynamic Heterogeneity Length Scale[J]. Macromolecules,2017,50(6): 2397-2406.

[33] KHALID M Y,AL RASHID A,ARIF Z U,et al. Natural fiber reinforced composites: Sustainable materials for emerging applications[J]. Results in Engineering,2021,11: 100263.

[34] KOLESOV S N. The influence of morphology on the electric strength of polymer insulation[J]. IEEE Transactions on Electrical Insulation,1980,15(5): 382-388.

[35] OKADA A,KAWASUMI M,USUKI A,et al. Nylon 6-Clay Hybrid[J]. Materials Research Society Symposium Proceedings,2011,171: 45-50.

[36] CHENG S W,BOCHAROVA V,BELIANINOV A,et al. Unraveling the mechanism of nanoscale mechanical reinforcement in glassy polymer nanocomposites[J]. Nano Letters,2016,16(6): 3630-3637.

[37] XIANG Y W,ZHANG J Y,LIU C L. Verification for particle size distribution of ultrafine powders

by the SAXS method[J]. Materials Characterization,2000,44(4/5): 435-439.

[38] RISSANOU A N,PAPANANOU H,PETRAKIS V S,et al. Structural and conformational properties of Poly(ethylene oxide)/silica nanocomposites: effect of confinement[J]. Macromolecules,2017,50(16): 6273-6284.

[39] VOYLOV D N,HOLT A P,DOUGHTY B,et al. Unraveling the molecular weight dependence of interfacial interactions in poly(2-vinylpyridine)/silica nanocomposites[J]. ACS Macro Letters,2017, 6(2): 68-72.

[40] KOBERSTEIN J T,MORRA B,STEIN R S. The determination of diffuse-boundary thicknesses of polymers by small-angle X-ray scattering[J]. Journal of Applied Crystallography,1980,13(1): 34-45.

[41] HOLT A P,BOCHAROVA V,CHENG S W,et al. Controlling interfacial dynamics: covalent bonding versus physical adsorption in polymer nanocomposites[J]. ACS Nano,2016,10(7): 6843-6852.

[42] GENIX A C,BOCHAROVA V,CARROLL B,et al. Understanding the static interfacial polymer layer by exploring the dispersion states of nanocomposites[J]. ACS Applied Materials & Interfaces, 2019,11(19): 17863-17872.

[43] HARTON S E,KUMAR S K,YANG H C,et al. Immobilized polymer layers on spherical nanoparticles[J]. Macromolecules,2010,43(7): 3415-3421.

[44] KLONOS P,KYRITSIS A,PISSIS P. Effects of surface modification and thermal annealing on the interfacial dynamics in core-shell nanocomposites based on silica and adsorbed PDMS[J]. European Polymer Journal,2015,70: 342-359.

[45] KLONOS P,PANAGOPOULOU A,BOKOBZA L,et al. Comparative studies on effects of silica and titania nanoparticles on crystallization and complex segmental dynamics in poly(dimethylsiloxane) [J]. Polymer,2010,51(23): 5490-5499.

[46] KLONOS P,BOLBUKH Y,KOUTSIARA C S,et al. Morphology and molecular dynamics investigation of low molecular weight PDMS adsorbed onto Stöber, fumed, and Sol-gel silica nanoparticles[J]. Polymer,2018,148: 1-13.

[47] KLONOS P,PANDIS C,KRIPOTOU S,et al. Interfacial effects in polymer nanocomposites studied by dielectric and thermal techniques[J]. IEEE Transactions on Dielectrics and Electrical Insulation, 2012,19(4): 1283-1290.

[48] HOLT A P,GRIFFIN P J,BOCHAROVA V,et al. Dynamics at the polymer/nanoparticle interface in poly(2-vinylpyridine)/silica nanocomposites[J]. Macromolecules,2014,47(5): 1837-1843.

[49] KREMER F,TRESS M,MAPESA E U. Glassy dynamics and glass transition in nanometric layers and films: A silver lining on the horizon[J]. Journal of Non-Crystalline Solids,2015,407: 277-283.

[50] KIM S Y,MEYER H W,SAALWÄCHTER K,et al. Polymer dynamics in PEG-Silica nanocomposites: effects of polymer molecular weight, temperature and solvent dilution[J]. Macromolecules,2012,45(10): 4225-4237.

[51] ŞERBESCU A,SAALWÄCHTER K. Particle-induced network formation in linear PDMS filled with silica[J]. Polymer,2009,50(23): 5434-5442.

[52] JIANG N S,ENDOH M K,KOGA T,et al. Nanostructures and dynamics of macromolecules bound to attractive filler surfaces[J]. ACS Macro Letters,2015,4(8): 838-842.

[53] KOGA T,BARKLEY D,NAGAO M,et al. Interphase structures and dynamics near nanofiller surfaces in polymer solutions[J]. Macromolecules,2018,51(23): 9462-9470.

[54] NAPOLITANO S. Topical issue on dielectric spectroscopy applied to soft matter[J]. The European Physical Journal E,2020,43(1): 4.

[55] GONG S S,CHEN Q,MOLL J F, et al. Segmental dynamics of polymer melts with spherical nanoparticles[J]. ACS Macro Letters,2014,3(8): 773-777.

[56] HOLT A P,SANGORO J R,WANG Y Y, et al. Chain and segmental dynamics of poly(2-vinylpyridine) nanocomposites[J]. Macromolecules,2013,46(10): 4168-4173.

[57] CHENG S W,XIE S J,CARRILLO J M Y, et al. Big effect of small nanoparticles: a shift in paradigm for polymer nanocomposites[J]. ACS Nano,2017,11(1): 752-759.

[58] CHENG S W,HOLT A P,WANG H Q, et al. Unexpected molecular weight effect in polymer nanocomposites[J]. Physical Review Letters,2016,116(3): 038302.

[59] CARROLL B,CHENG S W,SOKOLOV A P. Analyzing the interfacial layer properties in polymer nanocomposites by broadband dielectric spectroscopy[J]. Macromolecules,2017,50(16): 6149-6163.

[60] MIN D M,CUI H Z,HAI Y L, et al. Interfacial regions and network dynamics in epoxy/POSS nanocomposites unravelling through their effects on the motion of molecular chains[J]. Composites Science and Technology,2020,199: 108329.

[61] KLONOS P,KYRITSIS A,PISSIS P. Interfacial dynamics of polydimethylsiloxane adsorbed on fumed metal oxide particles of a wide range of specific surface area[J]. Polymer,2015,77: 10-13.

[62] KLONOS P,SULYM I Y,KYRIAKOS K,et al. Interfacial phenomena in core-shell nanocomposites of PDMS adsorbed onto low specific surface area fumed silica nanooxides: Effects of surface modification[J]. Polymer,2015,68: 158-167.

[63] KLONOS P,DAPEI G,SULYM I Y, et al. Morphology and molecular dynamics investigation of PDMS adsorbed on titania nanoparticles: Effects of polymer molecular weight[J]. European Polymer Journal,2016,74: 64-80.

[64] KLONOS P A,NOSACH L V,VORONIN E F, et al. Glass transition and molecular dynamics in core-shell-type nanocomposites based on fumed silica and polysiloxanes: comparison between poly (dimethylsiloxane) and poly(ethylhydrosiloxane)[J]. The Journal of Physical Chemistry C,2019, 123(46): 28427-28436.

[65] KLONOS P,PISSIS P,KYRITSIS A. Effects of hydration/dehydration on interfacial polymer fraction and dynamics in nanocomposites based on metal-oxides and physically adsorbed polymer[J]. The Journal of Physical Chemistry C,2017,121(35): 19428-19441.

[66] KLONOS P A,GONCHARUK O V,PAKHLOV E M,et al. Morphology, molecular dynamics, and interfacial phenomena in systems based on silica modified by grafting polydimethylsiloxane chains and physically adsorbed polydimethylsiloxane[J]. Macromolecules,2019,52(7): 2863-2877.

[67] TRESS M,XING K, GE S, et al. What dielectric spectroscopy can tell us about supramolecular networks(small star, filled)[J]. The European Physical Journal E,2019,42(10): 133.

[68] YANG J,MELTON M,SUN R K, et al. Decoupling the polymer dynamics and the nanoparticle network dynamics of polymer nanocomposites through dielectric spectroscopy and rheology[J]. Macromolecules,2020,53(1): 302-311.

[69] ZHAO D,GE S F,SENSES E,et al. Role of filler shape and connectivity on the viscoelastic behavior in polymer nanocomposites[J]. Macromolecules,2015,48(15): 5433-5438.

[70] MANGAL R,SRIVASTAVA S,ARCHER L A. Phase stability and dynamics of entangled polymer-nanoparticle composites[J]. Nature Communications,2015,6: 7198.

[71] VANROGGEN A. Electronic conduction of polymer single crystals[J]. Physical Review Letters, 1962,9(9): 368.

[72] VANROGGEN A,MEIJER P H E. The Effect of electrode-polymer interfacial layers on polymer conduction[J]. IEEE Transactions on Electrical Insulation,1986,21(3): 307-311.

[73] MIYOSHI Y,CHINO K I. Electrical properties of polyethylene single crystals[J]. Japanese Journal

of Applied Physics,1967,6(2):181.

[74] KITAGAWA K, SAWA G, IEDA M. Self-Healing breakdown at spherulite boundaries of polyethylene thin-films[J]. Japanese Journal of Applied Physics,1981,20(1):87-94.

[75] KITAGAWA K, SAWA G, IEDA M. Electric breakdown of solution-grown polyethylene films without spherulite[J]. Japanese Journal of Applied Physics,1982,21(8R):1117.

[76] LEWIS T J. Polyethylene under electrical stress[J]. IEEE Transactions on Dielectrics and Electrical Insulation,2002,9(5):717-729.

[77] REED C. Polymer nanodielectrics-basic concepts[J]. IEEE Electrical Insulation Magazine,2013,29(6):12-15.

[78] PENG S M, YANG X, Yang Y, et al. Direct detection of local electric polarization in the interfacial region in ferroelectric polymer nanocomposites[J]. Advanced Materials,2019,31(21):e1807722.

[79] SAINT JEAN M, HUDLET S, GUTHMANN C, et al. Van der Waals and capacitive forces in atomic force microscopies[J]. Journal of Applied Physics,1999,86(9):5245-5248.

[80] LABARDI M, PREVOSTO D, NGUYEN K H, et al. Local dielectric spectroscopy of nanocomposite materials interfaces[J]. Journal of Vacuum Science & Technology B,2010,28(3):C4D11-C4D17.

[81] BINNIG G, QUATE C F, GERBER C. Atomic force microscope[J]. Physical Review Letters,1986,56(9):930-933.

[82] SEILER J, KINDERSBERGER J. Insight into the interphase in polymer nanocomposites[J]. IEEE Transactions on Dielectrics and Electrical Insulation,2014,21(2):537-547.

[83] SEILER J, KINDERSBERGER J. Polymer-filler interactions and polymer chain dynamics in the interphase in silicon nanocomposites[C]//2016 IEEE International Conference on Dielectrics. Montpellier,France:IEEE,2016.

[84] JESPERSEN T S, NYGÅRD J. Mapping of individual carbon nanotubes in polymer/nanotube composites using electrostatic force microscopy[J]. Applied Physics Letters,2007,90(18):183108.

[85] PENG S M, ZENG Q B, YANG X, et al. Local dielectric property detection of the interface between nanoparticle and polymer in nanocomposite dielectrics[J]. Scientific Reports,2016,6:38978.

[86] 彭金平,张冬冬,关丽,等.纳米复合材料中界面动态特性的扫描静电显微技术研究[J].物理化学学报,2013,29(7):1603-1608.

[87] CADENA M J, SUNG S H, BOUDOURIS B W, et al. Nanoscale mapping of dielectric properties of nanomaterials from kilohertz to megahertz using ultrasmall cantilevers[J]. ACS Nano,2016,10(4):4062-4071.

[88] CHEN Y X, CHEN X, ZHANG X F, et al. Spatial-and time-resolved mapping of interfacial polarization and polar nanoregions at nanoscale in high-energy-density ferroelectric nanocomposites[J]. ACS Applied Energy Materials,2020,3(4):3665-3672.

[89] LI F, LIN D B, CHEN Z B, et al. Ultrahigh piezoelectricity in ferroelectric ceramics by design[J]. Nature Materials,2018,17(4):349-354.

[90] QIAN J F, PENG R C, SHEN Z H, et al. Interfacial coupling boosts giant electrocaloric effects in relaxor polymer nanocomposites:in situ characterization and phase-field simulation[J]. Advanced Materials,2019,31(5):e1801949.

[91] AI D, LI H, ZHOU Y, et al. Tuning nanofillers in situ prepared polyimide nanocomposites for high-temperature capacitive energy storage[J]. Advanced Energy Materials,2020,10(16):1903881.

[92] HAN B, CHANG J X, SONG W, et al. Study on micro interfacial charge motion of polyethylene nanocomposite based on electrostatic force microscope[J]. Polymers,2019,11(12):2035.

[93] ZHOU J, LI Y F, WU Y, et al. Tuned local surface potential of epoxy resin composites by inorganic core-shell microspheres:Key roles of the interface[J]. Langmuir,2019,35(37):12053-12060.

参考文献

[94] YUAN C, ZHOU Y, ZHU Y J, et al. Polymer/molecular semiconductor all-organic composites for high-temperature dielectric energy storage[J]. Nature Communications, 2020, 11(1): 3919.

[95] PENG S M, LUO Z, WANG S J, et al. Mapping the space charge at nanoscale in dielectric polymer nanocomposites[J]. ACS Applied Materials & Interfaces, 2020, 12(47): 53425-53434.

[96] ZHOU Y, YUAN C, WANG S J, et al. Interface-modulated nanocomposites based on polypropylene for high-temperature energy storage[J]. Energy Storage Materials, 2020, 28: 255-263.

[97] BORGANI R, PALLON L K H, HEDENQVIST M S, et al. Local charge injection and extraction on surface-modified Al_2O_3 nanoparticles in LDPE[J]. Nano Letters, 2016, 16(9): 5934-5937.

[98] DAZZI A, PRAZERES R, GLOTIN F, et al. Local infrared microspectroscopy with subwavelength spatial resolution with an atomic force microscope tip used as a photothermal sensor[J]. Optics Letters, 2005, 30(18): 2388-2390.

[99] LIU Y, ZHANG B, XU W H, et al. Chirality-induced relaxor properties in ferroelectric polymers[J]. Nature Materials, 2020, 19(11): 1169-1174.

[100] LIU Y, YANG T, ZHANG B, et al. Structural insight in the interfacial effect in ferroelectric polymer nanocomposites[J]. Advanced Materials(Deerfield Beach, Fla), 2022, 34(7): e2109926.

[101] FUJITA S, RUIKE M, BABA M. Treeing breakdown voltage and TSC of alumina filled epoxy resin [C]//Proceedings of Conference on Electrical Insulation and Dielectric Phenomena-CEIDP'96. IEEE, 1996, 2: 738-741.

[102] WANG Y U, TAN D Q. Computational study of filler microstructure and effective property relations in dielectric composites[J]. Journal of Applied Physics, 2011, 109(10): 104102.

[103] TOMER V, POLIZOS G, RANDALL C A, et al. Polyethylene nanocomposite dielectrics: implications of nanofiller orientation on high field properties and energy storage[J]. Journal of Applied Physics, 2011, 109(7): 074113.

[104] WATANABE K, TANIGUCHI T, KANDA H. Direct-bandgap properties and evidence for ultraviolet lasing of hexagonal boron nitride single crystal[J]. Nature Materials, 2004, 3(6): 404-409.

[105] YOUNG A F, DEAN C R, MERIC I, et al. Electronic compressibility of layer-polarized bilayer graphene[J]. Physical Review B, 2012, 85(23): 235458.

[106] PADILHA J E, PONTES R B, FAZZIO A. Bilayer graphene on h-BN substrate: Investigating the breakdown voltage and tuning the bandgap by electric field[J]. Journal of Physics Condensed Matter, 2012, 24(7): 075301.

[107] LI Q, ZHANG G Z, LIU F H, et al. Solution-processed ferroelectric terpolymer nanocomposites with high breakdown strength and energy density utilizing boron nitride nanosheets[J]. Energy & Environmental Science, 2015, 8(3): 922-931.

[108] LI Q, HAN K, GADINSKI M R, et al. High energy and power density capacitors from solution-processed ternary ferroelectric polymer nanocomposites[J]. Advanced Materials, 2014, 26(36): 6244-6249.

[109] LIU F, LI Q, CUI J, et al. High-energy-density dielectric polymer nanocomposites with trilayered architecture[J]. Advanced Functional Materials, 2017, 27(20): 1606292.

[110] BABU I, DE WITH G. Highly flexible piezoelectric 0-3 PZT-PDMS composites with high filler content[J]. Composites Science and Technology, 2014, 91: 91-97.

[111] PARK K I, LEE M, LIU Y, et al. Flexible nanocomposite generator made of $BaTiO_3$ nanoparticles and graphitic carbons[J]. Advanced Materials, 2012, 24(22): 2999-3004, 2937.

[112] XU S Y, YEH Y W, POIRIER G, et al. Flexible piezoelectric PMN-PT nanowire-based nanocomposite and device[J]. Nano Letters, 2013, 13(6): 2393-2398.

[113] JEONG C K, LEE J, HAN S, et al. A hyper-stretchable elastic-composite energy harvester[J]. Advanced Materials, 2015, 27(18): 2866-2875.

[114] LIU C, HUA B, YOU S, et al. Self-amplified piezoelectric nanogenerator with enhanced output performance: the synergistic effect of micropatterned polymer film and interweaved silver nanowires[J]. Applied Physics Letters, 2015, 106(16): 163901.

[115] BAIRAGI S, ALI S W. Investigating the role of carbon nanotubes(CNTs) in the piezoelectric performance of a PVDF/KNN-based electrospun nanogenerator[J]. Soft Matter, 2020, 16(20): 4876-4886.

[116] PLOSS B, SHIN F G. A general formula for the effective pyroelectric coefficient of composites[J]. IEEE Transactions on Dielectrics and Electrical Insulation, 2006, 13(5): 1170-1176.

[117] WANG Y, ZHONG W, ZHANG P. Pyroelectric properties of ferroelectric-polymer composite[J]. Journal of Applied Physics, 1993, 74(1): 521-524.

[118] ZHANG G Z, LI Q, GU H M, et al. Ferroelectric polymer nanocomposites for room-temperature electrocaloric refrigeration[J]. Advanced Materials, 2015, 27(8): 1450-1454.

[119] YANG Y, ZHOU Y S, WU J M, et al. Single micro/nanowire pyroelectric nanogenerators as self-powered temperature sensors[J]. ACS Nano, 2012, 6(9): 8456-8461.

[120] LEE J H, LEE K Y, GUPTA M K, et al. Highly stretchable piezoelectric-pyroelectric hybrid nanogenerator[J]. Advanced Materials, 2014, 26(5): 765-769.

第 11 章

智能响应介电绝缘材料

有一些特殊的功能电介质材料,基于仿生设计,当遇到特定的外界刺激时能够做出响应,主动规避、预警或修复电气损伤或机械损伤,保证电网的稳定可靠运行。这种具有刺激-响应特性的材料被称作智能响应材料。目前,主要的智能响应介电绝缘材料按照其功能可以分为三类,分别是自适应(self-adaptive)材料、自诊断(self-reporting)材料和自修复(self-healing)材料。本章将主要介绍具有这三类智能功能的聚合物电介质材料的设计原理、响应机理及其在绝缘领域的应用。

11.1 智能响应介电绝缘材料研究背景

介电高分子等电介质材料拥有两个重要的性质,分别是能够在电场作用下产生电极化以及允许电场穿过,但不允许载流子通过。其在电场作用下能够产生极化的性质,可以被用于功率型电能储存以及能量转换。而其不允许载流子通过的特性使其被广泛应用到绝缘领域。

绝缘材料问题是电子器件、能源系统的核心问题之一,以下两组数据能够直观地说明这一点:国内30%左右的电力系统故障由设备绝缘故障引起,导致关键设备电击穿,造成巨大经济损失;发电机绝缘强度提高6%,就能够使欧洲少建一座核电站,或10座火电站。除此以外,其他一些高端技术领域如特高压远距离输电线路、大功率电子器件、核聚变超导托卡马克装置、国际空间站的太阳能电池板等,都与绝缘材料问题息息相关。

绝缘材料故障的主要原因就是发生了绝缘击穿,导致失去了隔离高低电位间载流子流通的能力。图 11-1 展示了常见的绝缘材料击穿类型及发生击穿所需的时间。电击穿、热击穿、电机械击穿等击穿类型,发生所需的时间仅为秒量级以下,局部放电击穿所需的时间也只是分钟或小时量级,所以只要通过合适的出厂质量检测手段,就可以很大程度上判断并排除上述击穿故障的发生。但电老化(electrical aging)发生的时间为数年甚至更久,面对如此长的时间周期,难以通过简单的出厂检测等手段将其排查。因此,难以预测绝缘材料在运行时会不会发生电老化导致的故障,也无法预测何时会发生电老化,这就带来了很大的隐患,而前述的绝缘材料问题很大程度上就是由此引起的。

对于高分子绝缘材料而言,电老化的主要原因是分子链在高能电子的持续轰击下发生断裂从而老化降解。以常见的电晕放电为例,电子在局部强电场的作用下获得很高的能量,从而以极高的速度撞击到绝缘材料表面的分子链上,将其破坏。绝缘材料表面的老化就会导致沿面击穿的发生,如绝缘子串的沿闪或者滑闪等。而在材料内部,由于制备过程或其他原因难免会有一些微小的缺陷,例如细小的空腔、杂质等,在外界电场作用的情况下,这些缺陷处往往是电场集中的区域,电老化破坏更易于在这些地方产生,从而形成电树枝,如图 11-2 所示即为电树枝的光学显微图像。电树枝也称电树,形状类似树枝一样有许多分叉,其粗细尺寸往往为微米级,难以发现。随着老化程度的加深,电树枝会不断生长,其长度最终甚至能够贯穿整块绝缘材料,对材料有很大危害。

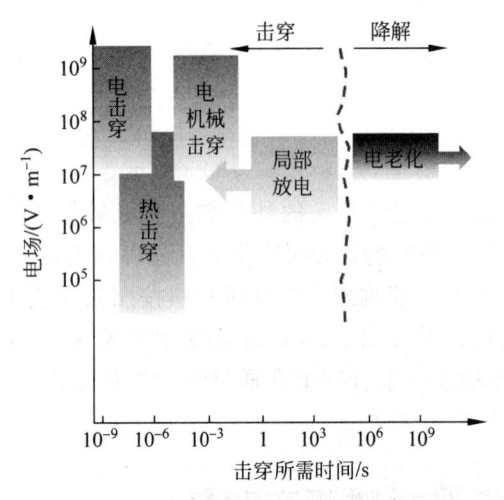

图 11-1 绝缘材料击穿类型及所需时间

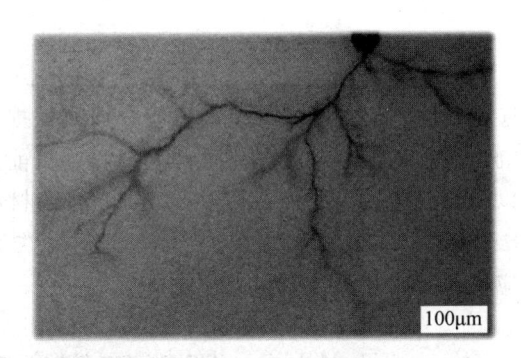

图 11-2 电树枝光学显微图像

这些老化在初期都难以发现,但随着其不断加深最终都会导致绝缘击穿等严重后果。研究者为解决这一问题,通过改进设备的结构设计或是采用额外的监测系统等手段尽量减缓材料老化的发生或是及时检测到绝缘老化的现象,但目前仍没有足够完善的方法。而从材料的角度,利用智能响应材料,就有助于解决绝缘材料领域目前遇到的一系列问题。

智能响应绝缘材料的优势在于不需要人为干预或额外的设备操作,仅仅由材料自身就能实现如电老化损伤的诊断、修复等功能。在电气绝缘领域,可以设计和制造对环境有害因素或绝缘缺陷具有自主响应功能的智能电介质绝缘材料,来主动避免、探测甚至修复电老化和电损伤。其中,自适应电介质材料的电导率随电场强度非线性变化,具有优异的均匀材料内部电场分布和快速释放积聚的空间电荷的能力,从而有效避免了电场局部增强引起的绝缘破坏;自诊断电介质材料可以通过颜色或荧光的变化,来探测材料内部的绝缘性能劣化或外部环境中潜在的不利因素,从而使得引发绝缘失效的潜在风险可以通过肉眼或光学监测设备检测出来;自修复电介质材料可以实现绝缘劣化或损伤后的自主修复,从而恢复材料的绝缘性能并延长其使用寿命。

11.2 自适应电介质材料

在各种高压电气设备中,电场分布都不是均匀的。由于各种设备中往往呈现出如棒-棒电极、棒-板电极等结构,因此也常常产生极不均匀的电场分布,局部电场集中区域的电场强度往往是平均电场强度的数倍甚至更多。另外,局部的微小缺陷破坏也会导致电场在缺陷处集中。这些局部的高电场强度往往会导致绝缘失效在该处发生,即使绝缘材料能够在短期内耐受高电场,也会加剧材料老化的进程,严重影响设备长期运行的安全可靠性。因此,改善高压设备内电场分布,使其中关键局部或整体电场分布更加均匀(常简称为"均压"),对于保证设备长期运行的可靠性乃至电力系统安全稳定的电能输送有着重要的意义。

11.2.1 传统均压技术

改善绝缘设备或部件整体电场分布均匀程度的传统方法主要从绝缘结构入手,控制绝缘体内和表面的电场分布,主要措施包括:改变电极形状、在绝缘介质内嵌入金属起到内屏蔽作用、在绝缘介质内部加多层平行电容极板、在绝缘介质表面或外围布置均压环作为中间电极、安装并联的均压电容等[1]。典型的例子包括绝缘子、出线套管、电缆终端与穿墙套管这四类结构,其结构示意图如图11-3所示。

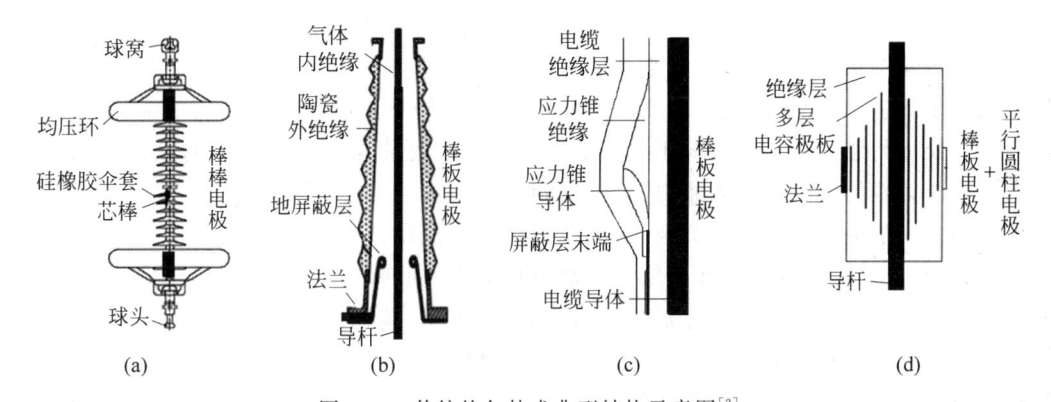

图 11-3 传统均匀技术典型结构示意图[2]
(a) 绝缘子;(b) 出线套管;(c) 电缆终端;(d) 穿墙套管

图11-3(a)所示为线路复合绝缘子,其中绝缘子高、低压端金具能够形成类似于棒-棒电极的结构。造成绝缘子轴向电场分布"两边高,中间低"的"U"形曲线分布,电场分布非常不均匀。对绝缘子两侧安装金属均压环,则能够使得绝缘子串两端的棒-棒电极的结构向平板电极结构过渡,从而达到改善电场分布的目的。

图11-3(b)所示为断路器出线套管,其中法兰部分为接地端,导杆部分为高压端,二者之间能够形成类似于棒-板电极的结构,因此在棒电极(即法兰周围)附近会产生较为严重的电场畸变,该处电场强度能够达到临近电场的数倍。通过安装金属地屏蔽层能够将电场线沿屏蔽层产生延伸作用,改变了原先的棒-板电极结构,从而使电场不再集中于法兰附近,起到缓解法兰附近电场的效果。

图11-3(c)所示为电缆附件中的应力锥结构,图中电缆导体部分为高压端,外屏蔽层为接地端,则电缆外屏蔽层的末端与导体部分也形成了类似于负极性的棒-板电极的结构,与出线套管的情况类似。因此在外屏蔽层末端附近也会因为电场线集中因而有较高的电场强度。电缆附件中的应力锥结构能够利用具有较高电导率的应力锥导体将外屏蔽层带有的低电位向远离电缆导体部分的一侧延伸[3],这样就能够改变原先的棒-板电极结构,使等电场线不再集中于某一局部,因而降低了设备内的最高电场强度。

图 11-3(d)所示为穿墙套管结构,其电场分布情况最为复杂,其中导杆部分为高压端,法兰为接地端。带有低电位的法兰末端与带有高电位的导杆也能形成类似于负极性的棒板电极,因而法兰末端会产生远高于设备内平均场强的局部电场。此外,法兰整体与套管导杆之间也会形成类似于平行圆柱电极的结构,因此沿着套管绝缘层径向的电场分布也较为不均。使用该电容极板的结构进行均压,其基本原理是由于等电位线永远与导体表面相平行,电容极板无论在交流还是在直流电场中均能够起到强制分压的作用。合理地安排每层电容极板的间距与长度,就能够有效地均化绝缘层中的径向电场。

上述各种方法中,改变电极形状、采用均压元件等措施对于缓和绝缘设备或部件局部的高电场强度具有一定效果,但也具有比较明显的局限性。改变的电极结构、附加的均压元件等增加了设备制造的复杂度和困难度,而均压效果往往并不能达到理想的程度。例如,有实验研究证明即使采取均压环结构,复合绝缘子串上最高电场强度仍能达到最低电场的数倍[4],即均压环的均压效果有限。为使出线套管内的气体绝缘留有一定的绝缘裕度,套管体积一般较大,增加了设备生产与运输的成本,其在绝缘结构上还有能够优化的空间。电缆附件中的应力锥结构较为复杂,装配难度较大,导致工程差错时有发生。并且应力锥结构的均压作用对于制造、装配中的偶然因素以及材料参数变化的稳定性也较差,在电缆长期运行中的老化以及运行温度变化的影响下材料的电气参数有可能会超出设计时的允许范围,从而大大影响应力锥结构的均压效果,成为电缆附件的事故隐患。而穿墙套管的电容极板结构比电缆附件中的应力锥结构更为复杂,因此设计、制造、加工的难度也更大。

综上,传统均压技术虽然在缓解局部高电场集中方面有一定的作用,但仍然有着以下这些主要问题:均压几何结构较为复杂,设计、制造、加工、装配的难度较大,并且在这些环节中容易出现问题,带来事故隐患;设备尺寸的增加对其绝缘性能的提升效果有限,并且会增加设备制造与运输等成本,同时带来不利于散热等新的问题;均匀电场效果对于材料参数非常敏感,因此容易受到材料老化、设备内温度梯度分布等因素的影响导致均压效果不理想甚至失效。

11.2.2 自适应电介质材料设计

针对上述传统均匀技术的问题,研究者从材料的角度入手,以自适应材料的手段来调控材料本身所受的电场分布。自适应材料指的是材料自身的某些性能能够随着环境刺激而自动改变,从而更好地适应环境。例如机械自适应材料能够在不同的应力作用下表现出不同的机械性能,而自适应电介质材料的介电性能会随着电场的改变而变化。一般来说,自适应电介质材料的基本特性是:在外加电场超过某一阈值以后,材料的电导率或介电常数(或两者兼有)随着电场的增加而迅速增加,并能够在电场不断变化的过程中稳定地呈现这一特性。由于在特定阈值电场之上材料的电流密度随电场强度的变化是非线性的,并且材料一般通过聚合物进行微纳米功能填料改性来实现[5],因此自适应材料也称为非线性复合材料。

自适应电介质材料的自适应功能体现在其介电常数或电导率能够随着电场强度的提高而显著提高,当空间中某处电场分布较为集中,导致通常情况下该处电场强度远高于平均值时,由于其自适应功能,高电场强度处的电性能参数也更高,从而使该处电场有所降低,达成均压的效果。本质上,自适应电介质材料相比传统电介质材料多了一个从电场分布到电气性能参数的负反馈环节,如图 11-4 所示。传统电介质材料自身电气性能参数固定,外界条

11.2 自适应电介质材料

件直接决定电场分布情况,属于"开环调节"过程。而自适应电介质材料在电场分布确定后,能够自适应地改变自身电气性能参数的分布,从而使得电场分布更加均匀,属于"闭环调节"过程。此外,当温度变化、材料老化缺陷等扰动情况发生后,传统电介质材料的电场分布受到扰动影响而改变,可能造成某些位置的电场分布集中。而自适应电介质材料由于具有上述负反馈过程,扰动发生后电场集中处的电气性能参数变化,能够减小电场分布的不均匀状况。因此,自适应电介质对电场分布的调节作用还具有一定的稳定性,不易受扰动影响。

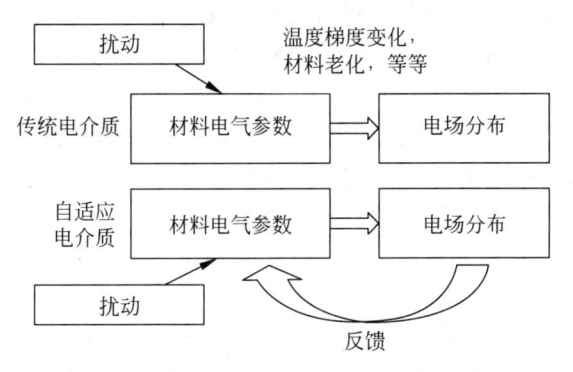

图 11-4 自适应电介质反馈调节过程[6]

以电导自适应材料为例,典型的电导率随电场强度的变化曲线如图 11-5 所示。正是这种非线性的电导率变化使得电导自适应材料具有自适应调控电场分布以及释放掉不需要的电荷的能力。当电场强度较低时,电导自适应材料的电导率也处于极低的状态,数量级约为 10^{-14} S/m,略微高于常见的绝缘用聚合物,此时就像正常的其他绝缘材料一样具有良好的绝缘性能。当电场强度增加到超过某一阈值时,自适应电介质的电导率迅速升高,使得该处材料分压减小,起到调节电场均匀分布的作用。若电场强度进一步上升到危险值,自适应电介质的电导率也会上升到极高值,发挥导体的作用以迅速释放积累的电荷以免造成更严重的材料或设备损坏。

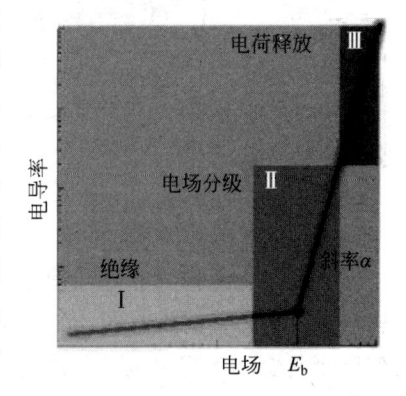

图 11-5 典型电导自适应材料的电导率随电场强度变化的曲线[6]

自适应电介质需要自适应调节的电气性能参数主要有介电常数和电导率两种。对于自适应介电常数这一材料功能,由于只具备自适应介电常数而不具备自适应电导特性的材料较少,仅有的几种材料如以钛酸钡为填料的复合物其介电常数的非线性系数又很低,难以满足实际应用中均匀电场的需要,并且这些材料介电常数相对较低,变化范围有限,因此研究者当前主要关注具有自适应电导特性(或称非线性电导特性)或者兼具非线性电导与介电特性的材料,实际应用中主要也以电导率的非线性变化作为调控电场分布的主要手段。

对于电导自适应材料而言,学者公认的最重要的两个参数为压敏电场 E_b 与非线性系数 α。材料的压敏电场 E_b 主要表征在这一阈值电场之上时材料开始表现出明显的非线性电导特性,如图 11-5 所示的拐点处。材料的非线性系数 α 可由式(11.1)计算:

$$\alpha = \frac{\lg(J_a/J_b)}{\lg(E_a/E_b)} \tag{11.1}$$

式中，J_b 为外加电场为压敏电场 E_b 时材料的电流密度；E_a 为计算非线性系数选取的参考电场，应选在材料非线性区且较远离压敏电场 E_b 的位置；J_a 为外加电场为参考电场 E_a 时材料的电流密度。材料的非线性系数 α 主要表征材料非线性水平的高低，非线性系数越高，表示流过材料的电流密度随电场升高的幅度越大，其均匀电场的效果就越好。一般材料的非线性系数在 10 左右就基本能够满足设备均匀电场的需求。

电导自适应电场调控复合材料主要分为两类，其非线性导电通路结构示意图如图 11-6 所示。第一类为传统电导自适应材料，通常是以碳化硅、炭黑、氧化铝等粉体的一种或者多种为填料，以聚乙烯、环氧树脂及硅橡胶等塑料、树脂、橡胶类绝缘聚合物为基体的复合材料。其在填料体积分数超过一定数值（即渗流阈值）时，能够表现出非线性电导特性，其非线性电导特性主要依靠填料粉体之间接触面上的双肖特基势垒来实现，如图 11-6(a) 所示。但这些接触面的非线性系数较低，并且填料间的接触容易受到基体作用力或流过其电流的电动力的影响，因此早期自适应材料的非线性系数较低，一般在 5 以下，并且非线性性能的稳定性较差。

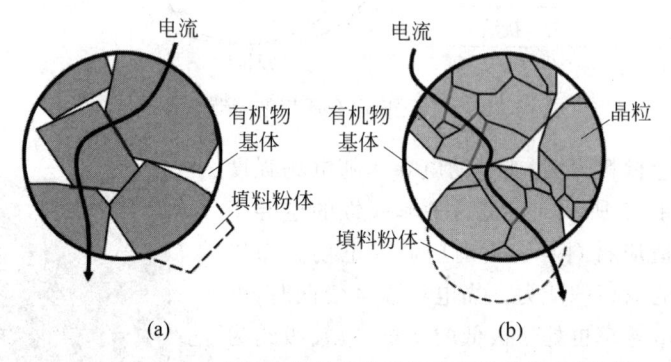

图 11-6 两类电导自适应材料非线性导电通路结构示意图[7]

第二类为新型电导自适应材料，通过向聚合物基体中加入微型压敏电阻陶瓷颗粒，以氧化锌（ZnO）压敏电阻陶瓷微球为代表，利用压敏陶瓷颗粒自身内部存在晶界的电导非线性，而使整个复合物表现出电导非线性特性。近年来随着喷雾造粒工艺的成熟，工业上已经能够大规模量产粒径在数十微米级别的 ZnO 压敏微球，使 ZnO 压敏电阻能够作为微米填料对绝缘聚合物进行功能改性。以 ZnO 压敏微球为填料的电导自适应材料（以下简称 ZnO 复合物）其非线性电导特性主要来源于填料内部的晶界而非填料间的接触面，如图 11-6(b) 所示。这些晶界的非线性系数一般在 10 以上，甚至能够达到 20～30；并且晶界经过烧结等过程，在未发生严重老化或者击穿的情况下非线性电导特性非常稳定。因此 ZnO 复合物的非线性电导特性性能优异并且稳定性较强，成为目前国际上学者主要关注与研究的自适应材料。

无论是早期的填料还是 ZnO 压敏微球，其长宽比较低因而渗流阈值较高，即需要通过在聚合物中大量（体积分数一般需要超过 30%）掺杂来实现非线性电导功能，这样会对材料的机械性能等造成较大的影响。因此有学者希望采用长宽比较高并具备非线性电导特性的一维功能材料，例如氧化石墨烯（GO），来作为电导自适应材料的填料，这样能将填料体积分数降低至 3%～5%，并获得很好的非线性电导特性[8]。但由于目前的制备工艺，GO 尚无法大规模生产并且其适用的基体非常有限，因此目前仍然主要以 ZnO 复合物作为应用于高压设备均匀电场的电导自适应材料开展研究。

针对复合自适应电介质材料的电学性能调控主要从以下几个方面入手：①通过控制外部条件人为构建导电通路；②改变颗粒间接触电阻大小；③改变填料体积分数，从而改变导电通路长度。对于电导自适应材料而言，最关键的电学参数为压敏电场与非线性系数：压敏电场为一阈值电场，超过这一电场材料电导率随电场升高而显著提升；非线性系数表征的是当材料外加电场超过压敏电场时电流随电场提升的陡度，材料的非线性系数越高[9]，其用于均匀电场的效果越好。然而，在实际绝缘结构的应用中，绝缘基体一般是给定的，而通过改变填料体积分数对于电导自适应材料压敏电场的调控范围也十分有限。因此要在较大范围对自适应材料的压敏电场进行较为灵活的控制，还需要对填料粒径、形状、晶界尺寸等参数给自适应材料压敏电场带来的影响开展进一步的研究。

11.2.3 自适应电介质材料性能及应用

由于常用绝缘电介质聚合物材料本身不具备自适应功能，通常通过各种功能填料的掺杂使其具有非线性的电性能参数特性。最常用的功能性（非线性导电）填料是 SiC 和 ZnO，它们也是广泛应用于电力系统的浪涌避雷器的材料[10]。也有研究报道称，由氧化石墨烯或石墨纳米片和绝缘聚合物基体构成的复合材料具有非线性电导率，这可能来自这些填料表面形成的能垒。由于这种材料的基础研究还不够全面，尚未应用于工程实践中。

图 11-7 所示为几种典型自适应电介质材料的非线性导电通路示意图以及其非线性电导特性曲线。对含 SiC 填料的自适应电介质材料而言，在 SiC 填料相接触的界面上形成肖特基势垒从而构成非线性导电通路，如图 11-7(a)所示。在这种情况下，界面的势垒高度相对较低，这意味着非线性系数相对较低，同时也很容易受到填料浓度和温度的影响。

但对于 ZnO 微球填料的自适应电介质，其肖特基势垒位于每个填料颗粒内的晶界内部，如图 11-7(b)所示。因此，该材料的势垒高度相对较高，且其非线性性能比 SiC 填料稳定得多。此外，通过控制填料的粒径、填料直径和填料浓度，可以根据具体要求在 0.3~2kV/mm 范围内灵活调整自适应材料 ZnO 的切换电场强度[11]。

由于自适应电介质材料通常需要功能填料构成的完整导电路径，以保证稳定的非线性电导特性以及电荷释放路径，因此，材料中的填料体积分数较高，往往超过 30%。填料的大量添加会导致复合材料的力学性能差，介电损耗大，这大大限制了其在高压电力装置中的应用。因此，如何在保证良好非线性电导特性的前提下尽可能降低填料浓度成为研究重点。其中一种方式是利用第二类填料来减小非线性电导填料的添加。例如向 ZnO 微球/硅橡胶体系中添加碳纤维[12]，可以取代部分 ZnO 填料形成传导路径，从而降低 ZnO 的浓度，如图 11-7(c)所示。另外，碳纤维还可以提高聚合物材料的抗拉强度等机械性能。但第二类填料的添加仍对材料的性能造成影响，若两种填料的总体浓度仍然较高则并不能解决这一问题。另一种方法是在聚合物基体凝固过程中，通过施加交流电场，使功能填料形成一个直接的传导路径，如图 11-7(d)所示。这一方法能够将填料的体积分数降低到 10% 以下[13]，大幅减小了填料对材料本身性能的影响。

上述典型自适应材料中，填料浓度最低的自适应电介质材料是片状氧化石墨烯(GO)/PDMS 复合材料，如图 11-7(e)所示。氧化石墨烯具有良好的非线性导电行为，因为在其导电相和绝缘相之间的界面上存在局域态，可以形成类似于肖特基势垒的能带结构。由于具有较高的长径比，体积分数仅 3% 的氧化石墨烯就可以形成稳定的传导路径，复合材料表现出良好的非线性特性，非线性系数在 10 以上[14]。

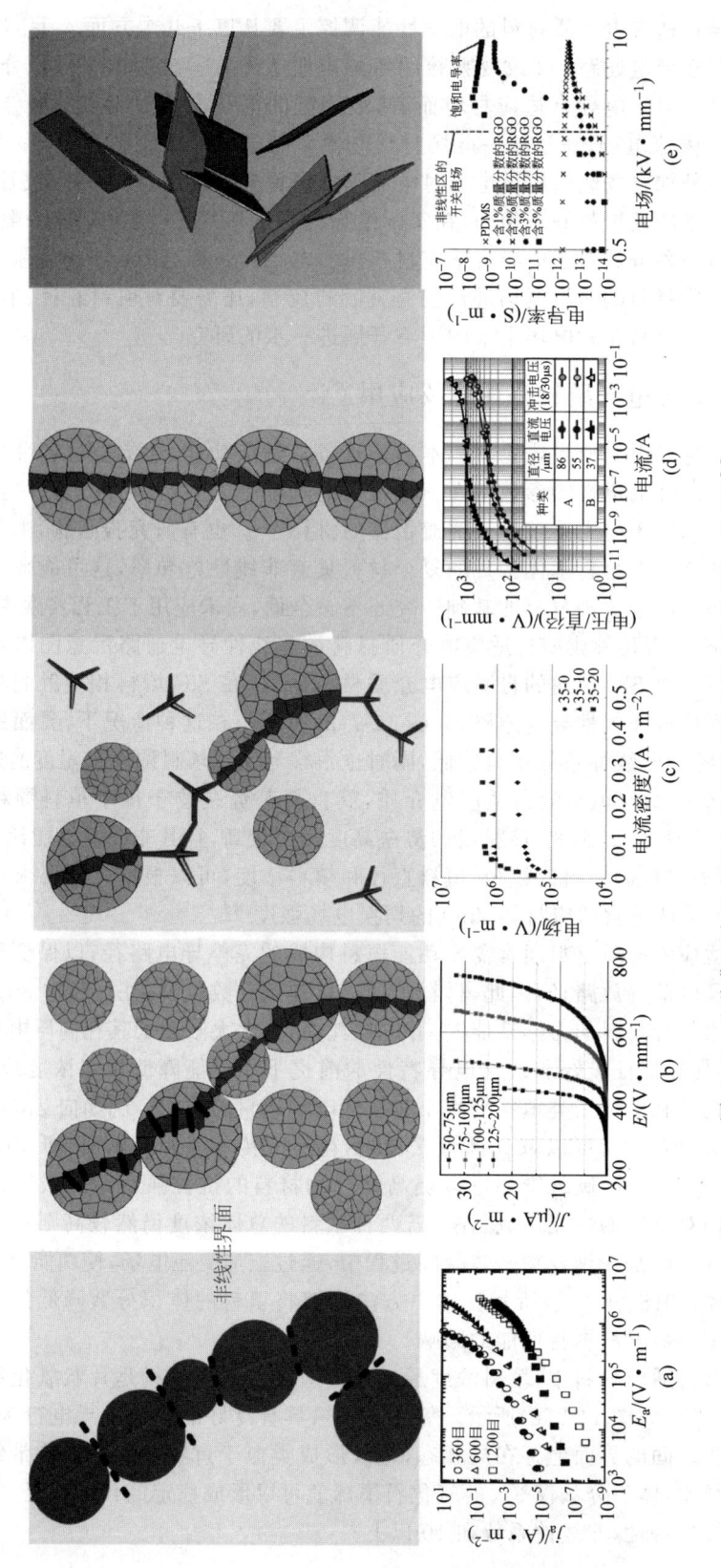

图 11-7 几种典型自适应电介质材料非线性导电通路及电导特性[6]

(a) SiC 填料；(b) ZnO 球；(c) ZnO 微球和 ZnO 晶须；(d) 取向 ZnO；(e) 片状氧化石墨烯非线性填料

为进一步降低填料的含量,可以将填料制备成具有高长宽比的纳米线结构。然而,在传统 ZnO 电阻的加工过程中,需要 1000℃ 以上的烧结温度以使掺杂剂在晶界处偏析,导致 ZnO 晶粒尺寸为几微米,因此很难应用于 ZnO 纳米线的制造。不同于传统方法,有研究者制造了核-壳结构的 ZnO 纳米线,以 Bi_2O_3 作为纳米线的涂层材料,并掺杂 Co 和 Mn 等元素来增强界面势垒[15]。在核心的 ZnO 纳米线和包裹纳米线的壳体之间同样会形成类似传统 ZnO 晶区之间的肖特基势垒,能表现出优秀的非线性导电性质。使用该方法制备的 ZnO 纳米线作为自适应填料,仅需 0.5% 的体积分数就能实现 10 以上的非线性系数以及接近原始聚合物基体的介电常数。此外,由于极低的填料含量,不会明显影响聚合物基体的透光率,能够用于制作如显示器静电防护涂层等对透光率有需求的特殊应用场景。

传统自适应电场调控复合材料在电机线圈中已得到应用,并且已进行了大量仿真分析与试验验证。例如,向高密度聚乙烯中添加 SiC 或 Fe_3O_4,使复合物具有不同非线性电导特性,得到可应用于高压电机的非线性均压胶带[16]。SiC 复合物的阈值场强相对较高,同时当填料体积分数在渗流阈值之上时,复合物具有恒定的非线性系数。对于 Fe_3O_4 复合物,通过改变填料的体积分数可以调控复合物的阈值场强:填料体积分数小,复合物阈值场强高;填料体积分数大,复合物阈值场强低。将不同体积分数的非线性均压胶带组合使用,可以得到能够有效抑制局部放电的半导电胶带,从而提高电机可靠性。另外,还有研究分析了温度对电动机绕线中的非线性均压设计效果的影响[17],以 SiC 为填料,制备出具有电导非线性特性的半导电胶带,通过实际测量得出复合材料电导随温度和电场强度的变化特性,代入有限元仿真中,研究绕线中电势分布,并与实验结果进行比较,得出温度对场强均匀效果影响较小,非线性均压带具有良好的温度稳定性的结论。

相较于传统自适应电场调控复合材料,由 ZnO 压敏微球或 SiC 压敏电阻粉体填充的新型自适应电场调控复合材料的研究相对较晚。尽管该研究在实际应用中尚处于起步阶段,但存在大量针对新型自适应电场调控复合材料的仿真分析,包括在电缆附件、绝缘子等设备中。非线性复合材料在电缆终端附件中具有良好的应用可能性[18],以 ZnO 压敏电阻陶瓷粉体作为填料制备电导非线性复合材料,首先仿真设计 84kV 电缆终端模型,结合材料参数进行设计,并且根据设计方案制备出了 84kV 终端附件成品。对 84kV 电缆终端附件进行局部放电、交流耐压和雷电冲击耐压试验,并且全部满足要求。向 145kV 绝缘子的高压端引入非线性 ZnO 压敏微球复合物均压结构[19],通过仿真计算,采用非线性均压结构的复合绝缘子最大场强比未采用非线性均压结构的复绝缘子最大场强降低 40%。根据仿真结构,制作出实际 145kV 复合绝缘子。实验结果表明,采用非线性均压结构后,绝缘子抗雷电冲击特性明显增强。

随着电子器件向高集成度、高功率的方向发展,产品尺寸的急剧缩小和功率密度的不断提高使电子器件面临局部高电场、过冲电压和静电放电等问题。正如自然界中的生物适应环境一样,我们希望看到自适应电介质材料可以用于解决各种由电场分布不均匀而引起的绝缘问题。

11.3 自诊断电介质材料

类似电树枝的电老化,虽然从显微图像上能观察到现象,但却几乎无法通过肉眼直接观察到。这些初期的电老化在外观上往往无明显的现象,也不会对整体绝缘材料的性能造成显著的影响,因此很难被发现。而若不能及时发现这些初期老化,随着老化程度的加深,最终可能导致绝缘击穿的发生而造成巨大的损失。绝缘材料老化状态的检测一直是电力行业所面临的一个重要问题,已有大量研究致力于解决这一问题。

11.3.1 传统绝缘材料老化监测技术

按照电气设备的类型,绝缘监测可以分为外绝缘监测以及内绝缘监测两种。外绝缘监测包括悬式绝缘子、支柱绝缘子、复合横担、复合套管等电气绝缘设备的监测,其主要内容是复合绝缘子的老化监测。内绝缘被封闭在电气设备的外壳中,与外界隔绝,如电缆、电机、变压器等设备的绝缘就属于内绝缘。对这类设备的绝缘监测即为内绝缘监测。

现有的复合绝缘子老化状态监测手段利用的是老化的绝缘子在各项性能上与正常绝缘子的差异,通过直接或间接的方式测量这些性能来判断绝缘子老化状态。直接检测的常用方法主要有外观检查法以及喷水测试法,间接的常用方式包括红外成像、紫外成像及超声测量等方法[20]。

外观检查法即监测工作人员通过肉眼、望远镜或无人机等方式直接观察复合绝缘子伞裙表面外观,检查是否有明显可见的缺陷,例如断裂、破损、烧蚀、粉化、滑移等情况。这种方法的好处是操作简便快捷,也是目前使用最普遍的一种检测手段。但其缺陷是只能观察到明显可见的缺陷,当绝缘子发生这种程度的损伤时往往已经对输电线路的稳定运行带来了隐患。仅靠外观检查这种方法不能发现早期无明显外观变化的老化,也就难以完全保证输电线路绝缘的可靠性。喷水测试法,也即喷水分级法,使用憎水性等级(hydrophobicity class,HC)对复合绝缘子表面憎水性进行定性的分级,这一方法最早由瑞典输电研究所提出[21]。其测试过程也较为简单,首先向复合绝缘子表面喷洒一定量的水,之后通过观察绝缘子表面的水滴的状态,根据HC分级标准给出憎水性分级,以憎水性来判断绝缘子老化状态。这一方法同样简单易行,可依靠肉眼观察完成,且无须停电进行,也是目前受到广泛应用的一种方法。但这种方式的问题在于准确度不足,一方面HC分级仅是定性的分级,一定程度上受到进行分级判断的工作人员的主观影响;另一方面,绝缘子的老化涉及多个方面,这种方法只能得出表面憎水性相关的变化状况,其他性能的老化以及绝缘子内部的缺陷则难以检测出来。

红外成像法即通过红外热成像仪监测复合绝缘子,进而观察绝缘子的发热状况。复合绝缘子老化后由于各种原因会产生相较于正常绝缘子更严重的发热现象,其原因包括绝缘子伞套电阻下降、内部产生气隙缺陷放电,以及大气中水分等侵入在电场作用下反复极化等。利用这一性质,可将复合绝缘子发热程度作为判断其老化程度的标准。图11-8所示为实际拍摄的绝缘子运行时的红外热成像图像。红外成像法的主要缺陷在于其准确度不够高,同时易受到日照等环境因素的干扰。

紫外成像法主要利用绝缘子表面发生放电现象时伴随产生的释放紫外线的现象,通过紫外成像来间接观测肉眼无法观察到的放电现象,以放电情况是否异常作为判断绝缘子是否老化的标准。图11-9所示为绝缘子运行时的紫外成像图像,其中白色即为观察到的放电现象。紫外成像法并不能直接反映材料的老化程度,而且也同样易受日照等环境因素干扰,所以只能用作辅助检测手段[23]。

11.3 自诊断电介质材料

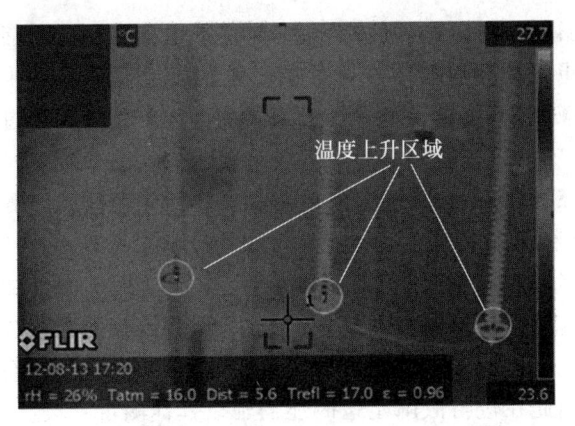

图 11-8 绝缘子运行时的红外热成像图像[22]

图 11-9 绝缘子运行时的紫外成像图像

内绝缘材料由于被设备的外壳隔离，常用于外绝缘诊断的光学观测等手段都不再适用。因此，内绝缘的老化监测通常需要依靠局部放电、泄漏电流以及设备温度等物理量的测量。

局部放电的在线监测是一种广泛应用于各种电力装备中的绝缘缺陷检测技术。当聚合物内部出现绝缘老化后，缺陷中的气体相比于周围的固体电介质具有更小的介电常数，电场强度交流分量的分布更为集中，又因为气体电介质的击穿场强远低于固体，所以缺陷处的空气容易被反复击穿而形成局部放电。不同设备在不同的缺陷状态下的局部放电信号也具有不同的特征，通过对局部放电信号的测试，就能够了解设备的绝缘状态。图 11-10 所示为某

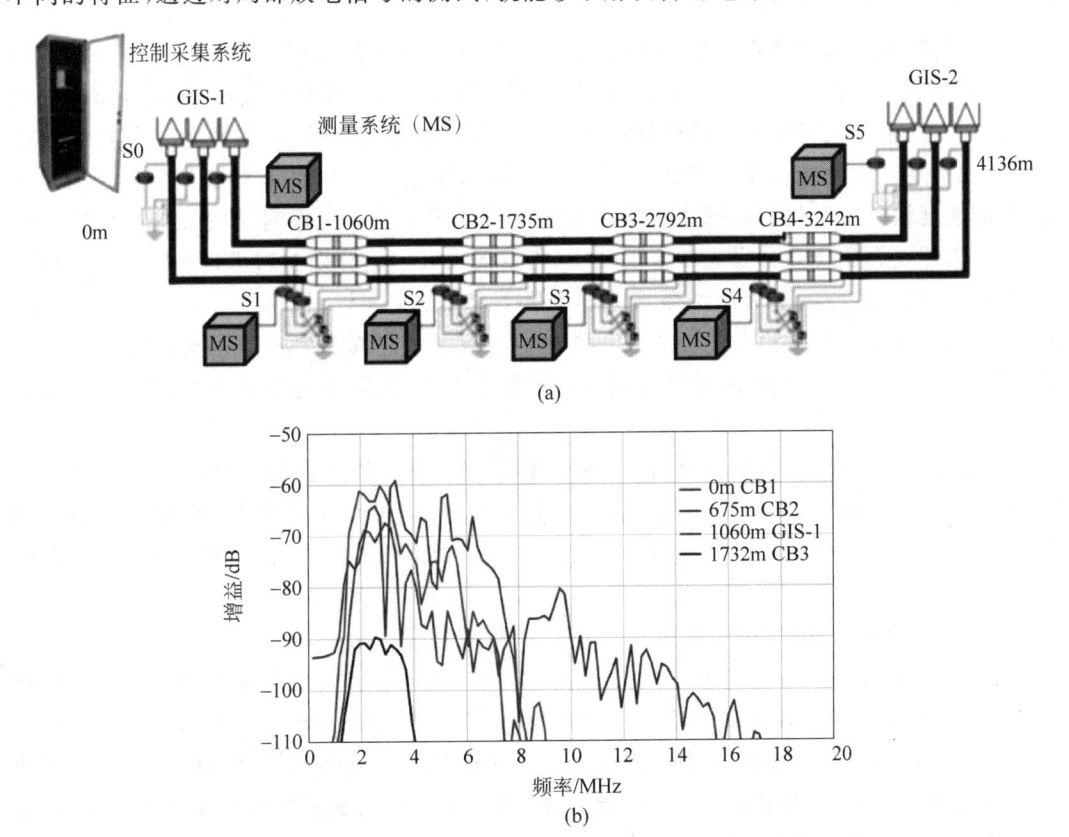

(a)

(b)

图 11-10 某 45kV 电力电缆的局部放电在线监测系统(a)及在不同位置测得的局部放电脉冲频谱(b)[24]

电缆的局部放电在线监测系统示意图及测得的局部放电脉冲频谱。局部放电的高频分量能够在数据后处理中给出很多的缺陷信息,想要提升诊断的准确性就必须提升监测设备的采样频率,而且频率越高的信号在采集时衰减越快,这也会导致信号采集困难或后处理算法过于复杂。

基于测量泄漏电流的监测方法,可以在线测得设备绝缘的电气参数,例如等效电容、等效电阻、介质损耗等,这些物理量可以反映材料是否发生老化、受潮等绝缘状态的改变[25]。聚合物在微观上的结构降解会在宏观上导致设备的绝缘电阻下降、泄漏电流增大从而增加了漏导损耗。由于设备的绝缘电阻都很大,所以泄漏电流通常幅值很小,并且容易受到系统中其他杂散参数的干扰。此外,泄漏电流只能监测整个设备或一段线路的绝缘老化情况,而无法通过测量获知缺陷发生的具体位置,因此在进行故障定位时还需辅以其他测量手段。

综上所述,以上这些传统的绝缘监测技术都有一些缺点,不够完善。首先是通用性差,针对不同设备和场景,适合使用的检测技术不同,不具备足够的通用性。其次是操作困难,这些方法往往需要额外的硬件测量设备来辅助测试,引入额外的操作,并且设备的使用及维护等都会对操作带来一定的困难。再次是易于受到环境的干扰,例如红外、紫外等会严重受到日照辐射的干扰,要想获得良好的效果只有在晚上测量;局部放电的测量受到电磁环境的干扰很大,需要在电磁屏蔽较好的环境内才能准确测量。这些环境的影响有时能够排除或减弱,有时则对检测技术的使用场景有所限制,不利于广泛应用。

11.3.2 自诊断电介质材料设计

对于传统绝缘监测技术面临的种种问题,一种解决思路就是摆脱传统基于设备测试的复杂诊断方法,构建材料电老化的直观诊断方法。即通过自诊断材料技术,从材料层面让绝缘材料在发生电老化时能够自动以颜色变化或荧光等形式做出响应,使得电老化缺陷能够被肉眼或常规光学设备直接检测出来。理想的自诊断电介质材料应具备如下的特性:首先,响应速度快。一旦材料内部出现绝缘劣化或周围环境出现可能对电气性能造成影响的恶化,自诊断电介质应立即做出响应。其次,指示效果好。电介质材料出现预警的部位应在不借助辅助设备的前提下能用肉眼或光学监测设备(如无人机、摄像头等)轻易分辨出来。最后,判别准确性高。自诊断电介质在正常运行状况下应尽量少地出现假阳性或假阴性响应。材料的绝缘性能或外部环境恢复到可以被接受的水平后,自诊断电介质的示警信号应立即消失。

自诊断材料,也称为自报告材料、自感知材料,是一种智能聚合物材料,可以响应外界刺激,如光、温度、机械应力、电势、pH、离子、生物配体等,通过改变物理或化学性质来报告内部性能和外界环境的信息。目前,自诊断材料主要应用于机械应力、损伤和金属腐蚀的感知和诊断。

从具体实现自诊断效果的原理上,可将自诊断材料大致分为两类,即内在型和外在型。内在型需要利用某些具有特殊性质的分子或官能团,将其通过物理化学手段添加至基体材料中。这些特定的分子在遇到相应的外界刺激时,自身的化学结构发生改变,从而宏观上表现出颜色变化或产生荧光等,实现自诊断功能。外在型通常指向基体材料中添加微胶囊或微管系统,并在其中添加用于自诊断的指示剂。当材料受损导致微胶囊或微管系统破损,指示剂流出,发出荧光或发生化学变化改变颜色。

11.3 自诊断电介质材料

外在型自诊断材料的设计灵感来源于自然界中动物受伤后流血的创伤指示。动物受伤后,血管破裂,里面的血液流出,能够起到除疼痛以外的另一重创伤指示的功能。仿照这一自然现象,利用微胶囊系统实现了具有机械损伤自诊断功能的智能材料,如图 11-11 所示。在聚合物基体中添加微胶囊,微胶囊内包裹着一种有变色功能的指示剂液体,指示剂通常为无色状态,但遇到催化剂后会立刻变为红色。在聚合物基体中、微胶囊之外添加少量的上述催化剂,当机械损伤发生,导致微胶囊破裂时,微胶囊内部的指示剂流出,与基体中的催化剂相遇发生变色反应,就能呈现出红色,起到机械损伤自诊断的功能。

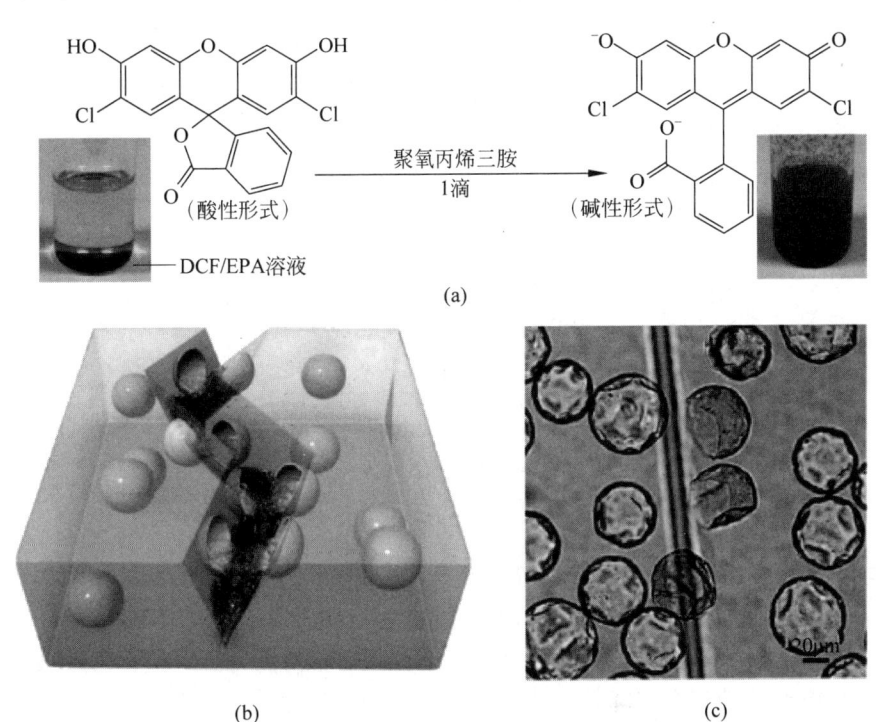

图 11-11 利用微胶囊实现机械损伤自诊断材料[26]
(a) 2′,7′-二氯荧光素(2′,7′-dichloro-fluorescein,DCF)颜色变化指示机制;(b) 自主损伤指示概念示意图;
(c) 损伤指示的光学图像

然而上述自诊断技术虽然能够实现机械损伤的自诊断,却并不适用于电损伤的自诊断。内在型自诊断对材料基体类型有一定要求,常用的绝缘电介质材料通常不具备实现自诊断功能的官能团。电老化过程导致聚合物材料降解的主要原因是高能电子的轰击使得分子链断裂,这一过程往往不足以产生足够大的机械损伤。类似电树枝等电老化缺陷的程度远比一般的机械损伤小,对内在型而言,不一定能够使自诊断官能团变色,对外在型而言,不一定能够使微胶囊破裂,并且其影响的范围不像机械划痕等损伤那样大,很可能并不会碰到微胶囊。因此,针对电老化,需要专门设计其自诊断机理。

要设计具有电老化自诊断功能的智能材料,首先要了解聚合物电老化机理及其中的各种物理化学过程,如图 11-12 所示。首先,在强电场的电离作用下,会产生高能电子、离子、紫外光辐射以及一些腐蚀性气体。高能电子等与聚合物基体反应又会产生各种自由基,并经过自由基链式反应(自氧化过程)形成氧自由基。理论上,这些过程中产生的物理化学现象都能够作为电老化自诊断的检测对象,例如用紫外光致变色材料检测紫外光或用能够与某些腐蚀性气体发生反应的指示剂检测腐蚀性气体的产生,都有可能实现电老化的自诊断。但通过实际的实验测试,电老化过程中紫外光、腐蚀性气体等强度太低,现有的指示剂材料难以实现这种量级的自诊断。

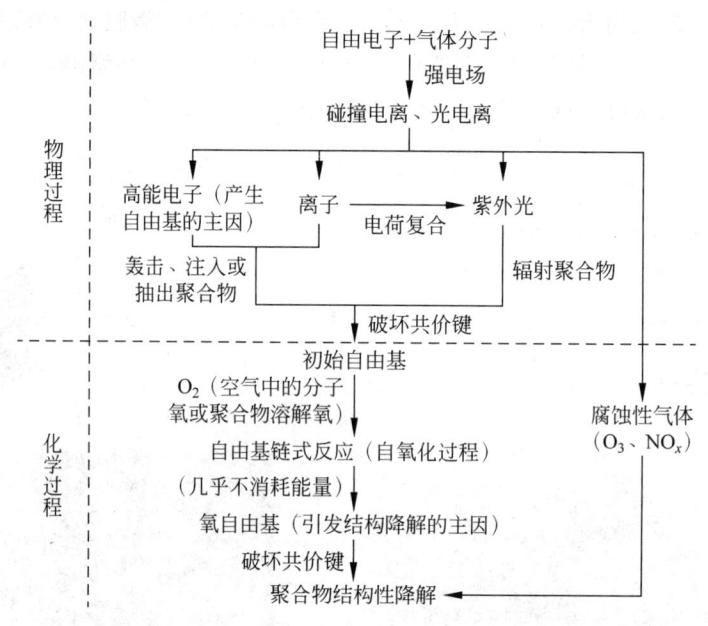

图 11-12 聚合物电介质材料电老化机理

电老化过程中由于高能电子轰击等原因会产生一些自由基。所谓自由基,化学上也称为"游离基",是指在光热等外界条件下,共价键发生均裂而形成的具有不成对电子的原子或基团。由于存在单个未成对电子,自由基的化学性质非常活泼,能够与氧气分子发生反应形成氧自由基,并最终使聚合物降解。此处氧气分子的来源主要是空气中的氧气以及材料制备过程中的溶解氧,这些微量的氧气分子的存在基本无法避免。由于氧自由基能够与聚合物基体反应产生更多自由基且自氧化过程几乎不消耗能量,能够形成链式反应,因此在聚合物降解的过程中会产生大量的氧自由基。所以,使用能够检测氧自由基的指示剂,也是实现电老化自诊断的一种方式。

因此,能够用作指示剂的材料应当满足以下条件:自由基指示剂可以与氧自由基发生化学反应;该反应可以导致指示剂分子的化学结构发生不可逆改变;生成的产物中含有新的发色团。理想情况下,指示剂在初始状态应在可见光区几乎无吸收,即初始几乎无色。在与氧自由基反应后应当表现出明显的可见光吸收增强,从而使激活后的指示剂相比于原始状态出现肉眼可辨的颜色变化。反应后的指示剂分子变色产物也应具有一定的物理、化学稳定性,从而使颜色信号可以保持足够长的时间,起到自诊断的作用。

根据以上要求,符合条件的指示剂可从含有杂原子助色团的芳香族有机小分子当中寻找。杂原子的价层电子能够发生 n→π* 跃迁并在近紫外或可见光区吸收光能,而芳香族化合物的分子结构在氧化后容易产生共轭 π 键系统发色团,使分子的紫外可见光吸收峰进一步向长波可见光区移动,从而在宏观上表现为颜色加深。例如螺吡喃(spiropyran,SP)、螺噁嗪(spirooxazine,SO)、吲哚(indole,IND)和邻苯二胺(o-phenylenediamine,OPD)等,都

11.3 自诊断电介质材料

是符合上述要求的潜在可行的氧自由基指示剂。

其中一种利用螺恶嗪的自诊断电介质的原理如图 11-13 所示,第一行代表材料的宏观状态,第二、三行为其微观结构示意图,绿色部分为聚合物基体的高分子链,灰色圆点代表螺恶嗪分子。初始状态下,由于螺恶嗪分子无色,因此材料宏观上颜色与基体材料相同。然后高能电子轰击材料导致材料降解时,产生氧自由基。当指示剂分子接触到氧自由基时,指示剂发生反应,其化学结构变化同时材料宏观上颜色也发生变化,实现了电老化的自诊断。

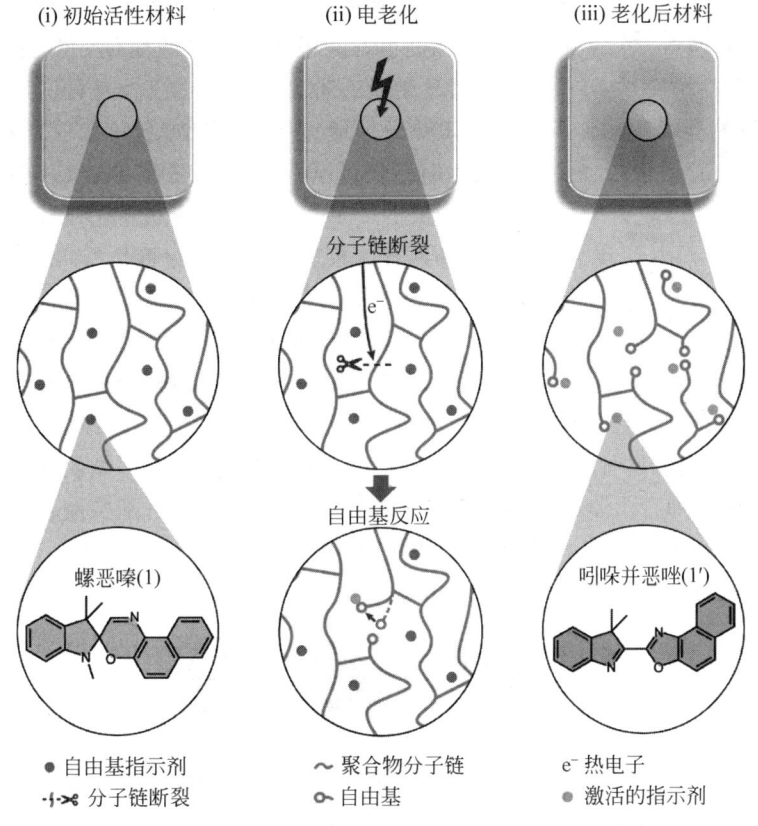

图 11-13 螺恶嗪作为指示剂的自诊断电介质材料[27]

螺恶嗪分子具有光致变色效应,其变色机理如图 11-14 所示。在紫外光照的作用下,螺恶嗪分子中图示处的碳-氧键会断开,形成右侧所示的含有一对共轭碳-氮双键发色团的结构。然而这种结构并不稳定,在可见光照射以及一定的温度条件下,该结构会可逆地变化为

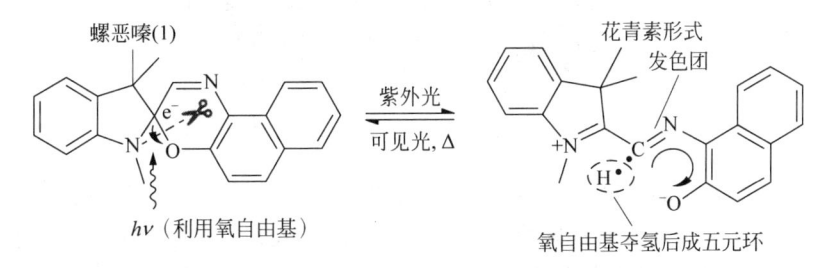

图 11-14 螺恶嗪分子变色机理

初始螺恶嗪的状态。但在有氧自由基存在的状态下,碳-氧键断裂处碳原子上的氢原子会被氧自由基反应夺去,进而使得碳-氧键再次闭合形成五元环,具备稳定的共轭碳-氮双键发色团结构从而保持颜色的改变。

11.3.3 自诊断效果及应用

通过实际电老化试验能够验证自诊断电介质材料的自诊断效果。例如硅橡胶这种典型的电介质材料,初始状态下其颜色为无色透明,经过电晕老化处理后宏观上也不能观察到明显的变化。但当用显微镜观察时,能够清楚地发现材料表面的微观结构已经被电晕老化破坏。若向其中添加螺恶嗪分子,初始状态下材料仍然为无色透明状态,但当经过电晕老化处理后,老化区域能够呈现出明显的黄色,如图 11-15 所示。除电晕老化以外,电树枝等材料内部的损伤同样也能被该指示剂诊断。

图 11-15 螺恶嗪指示剂实现硅橡胶电老化自诊断效果

为了验证这种自诊断材料确实按照所设想的那样仅针对电老化损伤具备自诊断功能,还需对其进行一系列进一步的实验。例如紫外辐照、热处理、机械划痕、穿刺、撕裂等其他损伤方式,发现机械损伤和热处理不会引起材料变色,并且紫外辐照虽然能够引发指示剂的光致变色,但由于该变色过程可逆,在常规条件下很快便恢复原状,不能使该材料永久变色。然而当向材料中添加自由基抑制剂后,如图 11-16 所示,随着自由基抑制剂添加量的提高,经过同样的电晕老化处理时,自诊断变色程度明显降低。这进一步证明了螺恶嗪实现自诊断的机理是与氧自由基发生的变色反应。

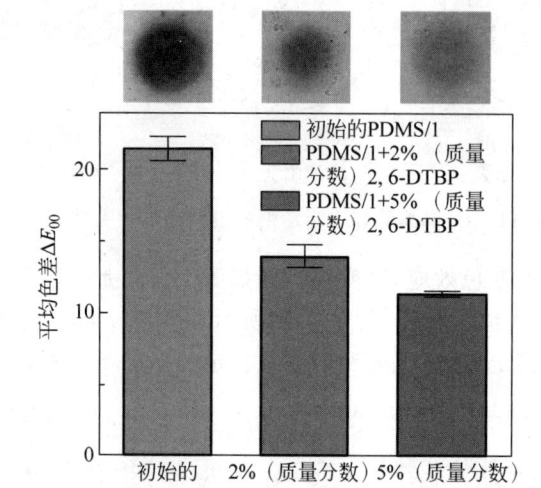

图 11-16 自由基抑制剂对螺恶嗪自诊断材料颜色变化的影响

作为一种材料老化的诊断方式,理想状况下诊断示警信号还需要与材料老化程度之间呈正相关关系。自诊断材料最常见的实现诊断效果的方式都是通过材料颜色的变化来实现示警功能,而颜色本身仅仅是人眼的一种主观感受,并不具有量化属性,为了更合理地描述颜色变化,需要引入有关的定量评价标准。若自诊断电介质材料随着电老化程度的加深,其

11.3 自诊断电介质材料

颜色的变色程度定量评价值也随之增大,就能说明其具备我们所期望的自诊断老化状态评价功能。

光谱学方法是一种常见的定量表征颜色变化的方法,其优点是光源和测试环境稳定、量化结果的可重复性好、灵敏度高、受环境光和温湿度等环境因素影响小。但是,该方法对于自诊断材料变色效果的定量评价却存在诸多不足。首先,使用可见光吸收强度来量化颜色,与人眼的观测结果存在差异,评价方法不够直观。例如当电老化样品的颜色转变为黄色后,其可见光光谱却在青蓝光区的吸收强度变化最为显著。其次,在进行性能优化或老化诊断时,通常只关心颜色总体上的变化程度或老化区域传递出的颜色示警信号强度,而不关心某一具体的单色光波段内色彩强度如何改变,通过光谱难以获得准确的总体变色程度量化结果。最后,实际应用层面,光谱学方法表征颜色改变空间分布的能力有限,若使用光谱法量化颜色空间分布,需要在样品上离散地选取采样点逐一对准光路进行光谱测量,过程烦琐且空间分辨率低,因此不是行之有效的评价手段。

为解决上述问题,采用国际照明委员会(Commission Internationale del'Eclairage,CIE)所提出的CIEDE2000色差计算公式[28]

$$\Delta E_{00} = \sqrt{\left(\frac{\Delta L'}{k_L S_L}\right)^2 + \left(\frac{\Delta C'}{k_C S_C}\right)^2 + \left(\frac{\Delta H'}{k_H S_H}\right)^2 + R_T \left(\frac{\Delta C'}{k_C S_C}\right)\left(\frac{\Delta H'}{k_H S_H}\right)} \quad (11.2)$$

作为定量表征自诊断硅橡胶变色程度的手段。这一公式在大量工业实践中被证明其色差计算结果与人眼对颜色变化的主观感知评价结果高度近似,因此可以准确量化自诊断材料的颜色示警效果。该公式既能分析色差空间分布,又可定量评估变色区域的总体变色情况。根据该色差公式应用的经验,变色区域平均色差超过10即肉眼可辨,超过20可认为发生明显变色。

利用上述色差公式,测试不同老化时间下自诊断材料变色区域的平均色差如图11-17所示。可以明显看出变色程度与老化时间两者间呈正相关关系,这可以初步证明其变色程度能够评价材料的老化状态。若还能测试并定量表征材料在不同老化条件下的结构降解程度或某项性能的下降程度,还能建立其与自诊断变色色差之间的定量关系,就能通过测量计算自诊断材料变色色差来判断甚至定量预测材料的具体老化程度。

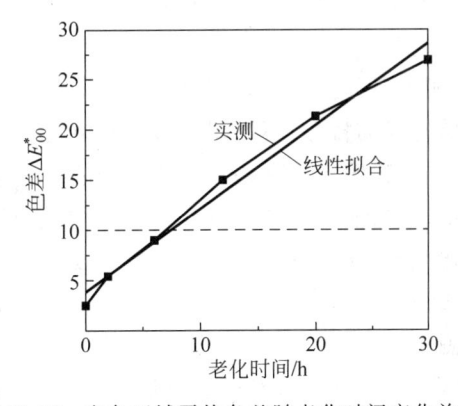

图11-17 变色区域平均色差随老化时间变化关系

虽然本节主要围绕螺恶嗪作为指示剂,硅橡胶作为基体的这一种材料展开,但以上所说的利用氧自由基指示剂实现材料电老化自诊断的方式并不仅仅局限于此。如图11-18所示,在不同基体、指示剂、电老化形式下,都能实现自诊断变色效果。

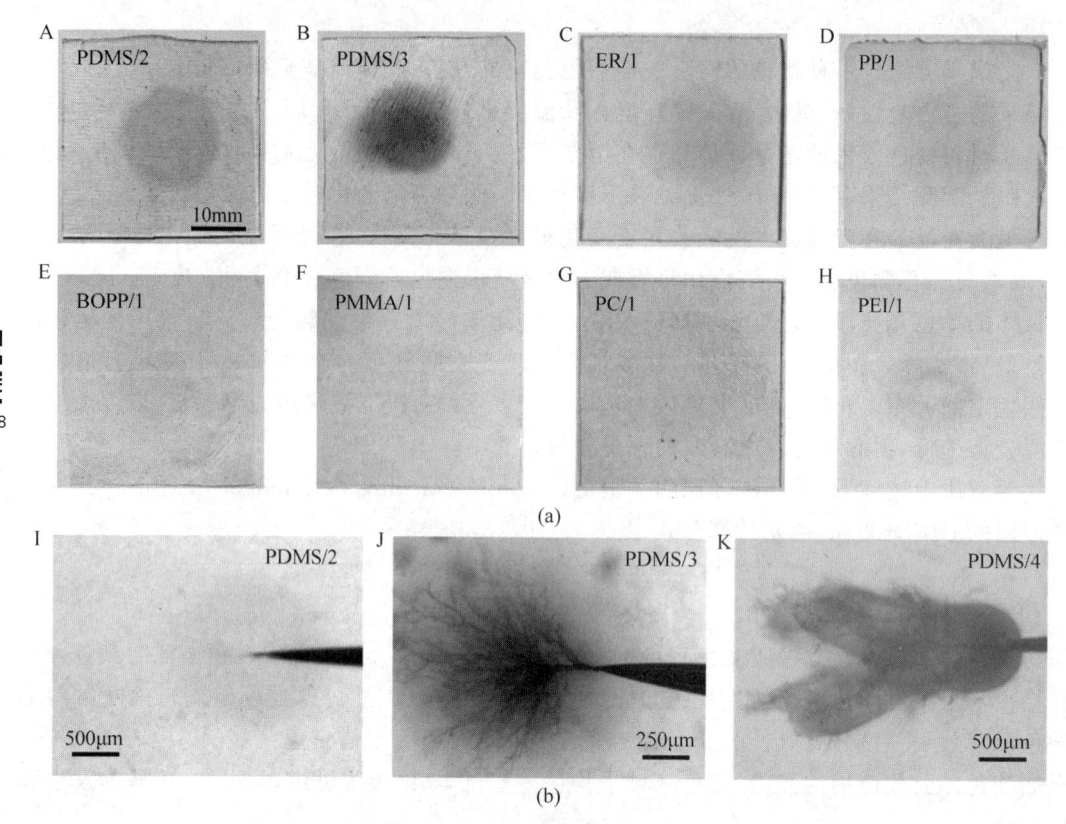

图 11-18 不同基体、指示剂、电老化形式下自诊断变色效果
(a) 表面电晕引发的老化变色;(b) 材料内部的电树枝老化引发的变色
注:1—螺恶嗪;2—螺吡喃;3—吲哚;4—邻苯二胺。

不同种类的聚合物基体包含了热塑/热固性、半结晶/无定形、-125~220℃的玻璃化转变温度,不同的电老化形式包括在材料表面的电晕老化以及材料内部发生的电树枝老化,证明了这种自诊断材料的实现方法具备普适性。而不同指示剂的活性和颜色有所差异,可根据实际应用场景灵活选择。

目前,自诊断电介质的相关研究主要仍处于材料研究的阶段,尚无较为成熟的实际应用研究。但根据自诊断电介质材料的特性,不难想象其可以在很多领域有巨大的潜在应用价值,以下简要举出两个例子作为说明。首先是复合绝缘子的在线监测,这一向是保障高压输电线路稳定运行所必需的工作,目前仍大规模依赖于人工巡线,即工作人员爬上杆塔,亲自观察并检测绝缘子串的老化状况,这样不仅耗费人力时间成本,还具有很大的安全隐患。若能用自诊断电介质材料制成绝缘子串,则只需通过在地面观察或是无人机巡检的方式就能实现绝缘子老化状况的监测。另外,像电力电子器件封装材料的电老化监测上,若使用自诊断电介质材料,就只需打开器件封装外壳,然后用肉眼观察就能判断器件的封装材料是否发生老化,而不需使用各种复杂的仪器设备去检测。

阻碍自诊断技术从实验室走向实际工程应用的一个重要的问题是现有的有机小分子指示剂容易受到环境因素影响而先于聚合物基体和无机填充剂降解失活。因此,寻找热稳定性、光稳定性、抗氧化性、耐酸碱腐蚀性更强的自由基指示剂,探索自诊断功能更稳定、更耐久的复合材料配方,是实现自诊断电介质材料实际应用的主要研究方向。由于有机小分子的化学稳定性普遍较差,可以考虑寻找能够与氧自由基发生显色反应的无机材料作为自由基指示剂,也可以考虑将有机小分子与SiO_2、ZnO、TiO_2等无机纳米颗粒结合,制备对氧自由基敏感的纳米复合材料作为自由基指示剂,以增强自诊断材料体系的老化稳定性。自诊断材料应用研究的最终目标是实现基于视觉感知的材料寿命估计与失效判定方法。在复合绝缘子应用场景下,还需要通过大量实验建立颜色变化程度与沿面绝缘水平之间的定量关系,提出应用价值较高且适用范围较广的绝缘子剩余寿命定量计算方法。在车用电机槽绝缘、电缆附件、电力电子封装材料等其他潜在应用场景下,开发具有电老化自诊断功能的新型电气设备,并提出满足实际需求的可靠性评价方法和失效判据,能够进一步提升自诊断电介质材料的应用价值。

11.4 自修复电介质材料

11.4.1 自修复电介质材料研究背景

按照绝缘电介质材料的状态不同,可以把常用的绝缘手段分为气体绝缘、液体绝缘和固体绝缘三类。气体绝缘的典型例子是架空线路空气绝缘,其优势是成本低、化学性质稳定且无老化问题,但通常空气绝缘的绝缘强度低,而高气压、高真空或非空气绝缘需密封环境。液体绝缘的典型例子是油断路器液体绝缘及油浸式变压器内绝缘,其绝缘强度相较于气体绝缘更强,且液体同时还具有冷却、填充等附加功能,但液体绝缘也有着易受潮、脏污和老化,需密封、散热结构及定期净化清理等缺点。而电缆、电力电子器件封装等都属于固体绝缘,固体绝缘最大的优势是其绝缘强度大,此外空间利用率高,兼具机械支撑作用,因此被广泛使用。然而比起气体、液体绝缘,固体绝缘最大的劣势在于其不可自修复。由于气体、液体良好的流动性,即使偶然情况下发生击穿,在很短的时间内也能恢复如初,击穿处的电气强度与击穿前相比几乎不会发生变化。但固体电介质若发生击穿,其机械破坏或化学变化会保留在击穿发生处,具有不可逆性,造成击穿处电气强度的下降,从而更易发生击穿破坏,这些微小损伤的积累最终将会导致材料绝缘效果的丧失。

在实际的工业生产中,固体电介质内的绝缘缺陷是不可避免的。但同时,固体电介质电老化或电损伤的产生并不是突然发生或随着时间线性加深的,而是有着一定的发展规律,并且在最初一段时间内老化程度都不高。以电树枝为例,图 11-19 为电树枝损伤发展过程,可以看出直到最后的失控阶段,电树枝才会以较快的速度加速生长导致材料击穿。在初始的起树阶段以及占电树枝发展总时长约60%~70%的生长阶段中,电树枝的尺寸很小,并且生长速度也很缓慢。在这一阶段中若能采取某些措施使材料自主修复这些相对轻微的损伤,就能大大提升电介质绝缘的可靠性。清除和修复固体电介质内部的绝缘缺陷,将有效延缓固体电介质的电气老化,提高电力设备使用寿命,这也就是自修复电介质材料所希望实现的功能。

由于电树枝缺陷老化机理复杂且伴随化学降解,固体电介质的电树枝老化长期以来被认为是不可逆转的永久损伤,因此针对电树枝老化研究主要是抑制电树枝缺陷的形成和发展。对于抑制电树枝起始的研究,主要是通过添加电压稳定剂来提高聚合物电介质的起树

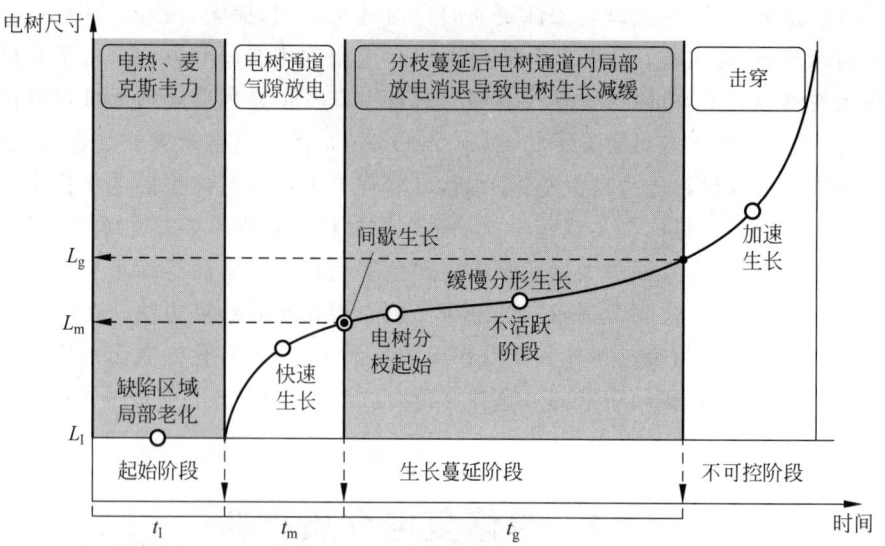

图 11-19 电树枝损伤发展过程

L_I：通常<2μm；L_m：约10μm；L_g：几十微米；
t_I：电树起始时间：取决于材料、工艺、电极表面粗糙度、电场等条件；
t_m：较短，秒~分钟量级；t_g：约占电树生长周期的60%~70%

电压。富勒烯和噻吨酮等分子的衍生物具有较高的电子亲和能，能够捕获并束缚热电子，是常用的电压稳定剂。例如，通过添加噻吨酮衍生物电压稳定剂，能够把交联聚乙烯的63%概率起树电压从296kV/mm 提高到459kV/mm[29]。对于抑制电树枝缺陷发展的研究，主要是通过物理阻挡的方法。例如添加片层状高绝缘强度的无机添加剂或聚合物阻挡膜，并通过电场诱导控制片层的取向，使其与外加电场方向垂直，从而阻挡电树枝的生长路径，延长电树枝老化时间。由于长期运行下绝缘介质的老化损伤不可避免，尽管上述电树枝抑制方法能够有效抑制电树枝缺陷的产生和发展，仍有必要研究能够实现自修复的电介质材料以进一步为大幅提高绝缘介质使用寿命提供思路。

自修复材料的概念由 S.R.White 等研究者于 2001 年首次提出[30]，指材料受到一定程度的损伤时能够自发地将损伤修复同时使其性能也尽可能恢复，从而提高材料可靠性以及延长材料寿命的一种手段。

迄今为止，国内外研究者已经提出了包括微封装系统、可逆化学键和相互作用、物理相互扩散等在内的多种自修复机理。根据修复机理的不同，自修复策略可以分为本征型修复和外援型修复两大类。本征自修复材料又称为动态化学键修复，是指材料本身具有可逆化学键成分，能够在不需要补充其他物质的条件下自行完成损伤区域材料网络的重构。外援型自修复材料则需要预埋或者在修复时提供修复剂，通过物质搬运实现损伤区域的材料重构，常常由微胶囊、微网管等微封装系统实现。图 11-20 所示即为常见的几种自修复材料原理示意图，从左至右分别为微胶囊、微网管以及本征型自修复。

本征型自修复体系是研究最为广泛的自修复策略，目前已有许多基于可逆化学键的自修复聚合物。根据可逆键的类型可以将本征修复体系分为两类：非共价键，包括氢键、主客体相互作用、疏水相互作用、离子相互作用、范德华力等；可逆共价键（也称动态共价键），主要包括可逆二硫键、硼酸酯键、亚胺键、金属-配位键、狄尔斯-阿尔德（Diels-Alder）相互作用

11.4 自修复电介质材料

图 11-20　常见自修复材料原理示意图[31]
(a) 微胶囊型；(b) 微网管型；(c) 本征型

等，如图 11-21 所示。本征自修复材料主要依靠材料自身的流动性和可逆键来实现材料迁移和网络重构，因此均为热塑性聚合物体系。由于热塑性聚合物在玻璃化转变温度以上时，分子链具有一定的流动性，只要损伤断裂面彼此靠近，聚合物分子就会发生链段的迁移。当损伤区域分子链相互交接，且满足一定的环境条件（如光、热、电磁场等）时，其中的高活性基团就会重新形成可逆键，从而重新构成分子链交联网络。一般来说，本征型自修复材料可以实现多次重复修复，且对微小尺度损伤表现出较高的敏感性。

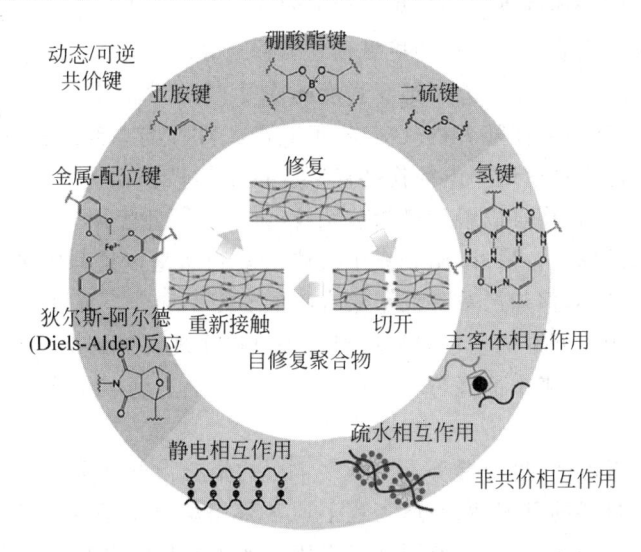

图 11-21　本征自修复体系的一些可逆键作用机制[32]

本征型自修复的特点在于其只依赖材料自身，因此不需要修复剂材料的输运过程。但由于材料自身的迁移范围和可逆键作用范围有限，因此本征型自修复材料只能在损伤断面直接接触的情况下，修复纳米级甚至分子尺度的裂纹。可逆键的高活性虽然能够使其自修复过程在较短时间内完成，但同时也使得其修复需要在损伤触发后尽快完成，否则长时间暴露的损伤断面会失去反应活性和自修复功能。最重要的缺陷是这一机理对材料本身的类型有所要求，需要材料自身能够形成可逆键。然而工程上常用的聚烯烃、环氧树脂、硅氧烷等聚合物材料都不具备上述功能，且具有可逆键的材料在机械、电气性能等方面仍难以满足应用需求。因此，虽然近年来研究发现了很多本征自修复材料，但鲜有取得工程应用的例子。

非本征型自修复材料,例如预埋微胶囊等修复剂载体的自修复体系能够实现大范围的物质输运,因此相比本征型更加适用于大尺度损伤的修复。以微胶囊体系为例,如图11-20(a)所示,当材料发生损伤导致微胶囊破裂时,其中的修复剂流出,与掺杂在材料基体中的催化剂相接触,引发修复液固化,从而实现损伤区域的交联重构。为了使材料原本的性能不受过大影响,微胶囊尺寸和含量不能过高,因此基于微胶囊的自修复材料只能修复有限尺寸的损伤(通常为$10\sim100\mu m$)。相比于本征型自修复材料的可多次重复修复,基于微胶囊的自修复材料因为修复剂的消耗往往只能实现单次自修复。通过设计优化,采用微管取代微胶囊,能够向损伤区域输送大量的修复液,因而解决了预埋胶囊修复液不足的问题,将修复次数提高到了近30次,并能够实现毫米级大尺度损伤的修复[33]。但微管结构的设计和制造过程远比微胶囊复杂,需要使用如软光刻等精密技术,复杂的制备工艺仍然是制约微管自修复网络应用的瓶颈问题。另外,虽然非本征自修复体系相比本征型能够实现更大尺寸的损伤自修复,但由于非本征自修复材料依靠修复剂载体的破裂触发修复机制,因此反而无法实现微尺寸损伤($<10\mu m$)的修复。

11.4.2 自修复电介质材料设计

目前有关自修复材料的研究大多集中在机械损伤的愈合上,通常使用拉伸强度等各种机械性能的恢复程度来评价修复的效果。然而对于电介质材料来说,除机械性能外,介电性能和绝缘强度也至关重要。但上述的机械损伤自修复领域常用的自修复手段通常只是把损伤缺口填满,但不能保证介电性能和绝缘强度的恢复。

除此以外,电损伤虽然伴随着机械损伤,但其形式往往与单纯的机械损伤有所不同,上述自修复手段并不能直接适用于电损伤的修复。以电树枝损伤为例,其初期损伤尺寸为微米级以下,这样微小的损伤难以触发微封装系统的破损,因此使用非本征型自修复材料难以实现电树初期损伤的修复。另外,微胶囊中液体修复剂和基体材料中催化剂成分的添加虽然对机械性能影响较小,但却严重降低了聚合物的电阻率和介电强度等绝缘性能,不利于电介质材料的实际应用。而本征型自修复材料一来难以实现发展到中后期尺寸达到微米级以上的电树损伤的修复,二来本征型材料基础性能往往难以达到电介质材料应用的需求,因此也不适用。

聚烯烃材料如聚乙烯、聚丙烯等是工程中常用的聚合物电介质材料,且通常都为热塑性材料。利用热塑性材料的可塑性特点,工程上通常采用熔融重塑的方法实现聚烯烃等热塑性聚合物的回收和再利用,这一特性同样可以用于实现材料的自修复。当材料发生损伤时,如果能够对材料进行加热,使其温度升高至玻璃化转变温度以上,由于热运动导致的分子链重排、扩散和随机化缠结等过程,损伤处材料能够愈合,并且其性能也会得到恢复。根据这一原理,有研究者将磁纳米颗粒添加到热塑性聚合物中,利用磁纳米颗粒在高频磁场下的热效应将复合材料加热至熔点,实现材料机械裂纹的修复。但这需要添加大量的磁性纳米颗粒(质量分数10%以上)才能实现最大的修复效果,且这种对材料整体进行加热的方法还有可能造成材料的过热和形变,带来新的问题[34]。

为解决这一问题,一种创新的方法是通过向材料中添加超顺磁纳米颗粒来实现的。这种方法相比添加普通磁性纳米颗粒的一个关键改进在于赋予了磁性纳米颗粒向微裂纹迁移的能量,这与动物体内血管损伤的止血机制类似。如图11-22所示,当血管损伤时,信号传

11.4 自修复电介质材料

导过程被激活,血小板在损伤部位聚集,在纤维蛋白的辅助下,血小板聚集在一起,形成血凝块,以防止进一步出血。

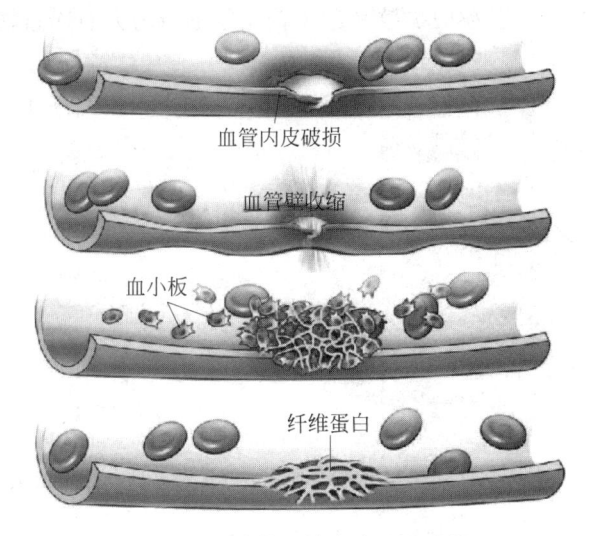

图 11-22 动物血管自愈止血过程

这种利用超顺磁纳米颗粒的靶向磁热效应自修复材料的自修复过程原理示意图如图 11-23 所示。均匀分散在绝缘介质内的超顺磁纳米颗粒在振荡磁场作用下会因磁热效应产生热量,磁热效应下的表面功能化纳米颗粒将周围聚合物基材加热,并在分子链构象熵耗散作用的驱动下自动向材料内部的缺陷表面聚集。随着电树枝缺陷表面聚集的纳米颗粒不断增加,磁热效应引起的局部高温将缺陷区域的聚合物熔化、重塑。当缺陷区域修复后,纳米颗粒在浓度梯度的驱动下趋于均匀分散,并为下一次修复过程做准备。

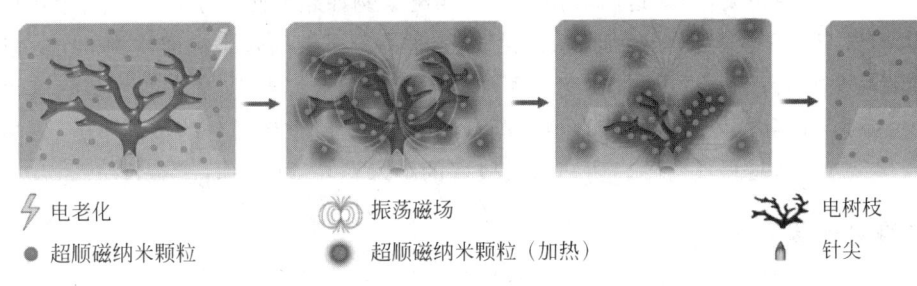

图 11-23 利用超顺磁纳米颗粒实现自修复原理示意图

纳米颗粒靶向迁移的原理是构象熵耗散作用。一定尺寸的纳米颗粒填充到聚合物材料内,会对周围聚合物产生挤压作用,使得包裹在纳米颗粒周围的聚合物分子链构象熵降低(耗散)。这一部分构象熵耗散会产生一种将纳米颗粒排空到材料表面的作用,以增加体系的总熵,该作用即为聚合物对纳米颗粒的构象熵耗散作用,也叫熵排空力(entropic depletion force)作用。当材料内部出现空隙缺陷时,构象熵耗散作用下这些纳米颗粒将聚集到缺陷附近,从而实现纳米颗粒向缺陷处的靶向迁移。要想实现构象熵驱动的粒子靶向迁移,需要满足两个条件:体系温度高于聚合物的玻璃化转变温度,即分子链能够松弛;纳米颗粒外尺寸达到聚合物分子链回转半径或更大[35]。因为当颗粒粒径大于分子链纠缠尺寸时,颗粒的扩散行为才开始受到分子链蠕动过程的影响。

球形纳米颗粒在聚合物体系中的扩散特性具有复杂的尺寸效应,这主要是由于聚合物不规则的分子链构形和不同尺寸链段松弛行为的不同。大量的实验和理论研究表明,在聚合物熔体或浓溶液中,纳米颗粒的扩散系数随着粒径不断增大而逐渐降低,衰减规律具有尺寸效应,如图 11-24 所示。

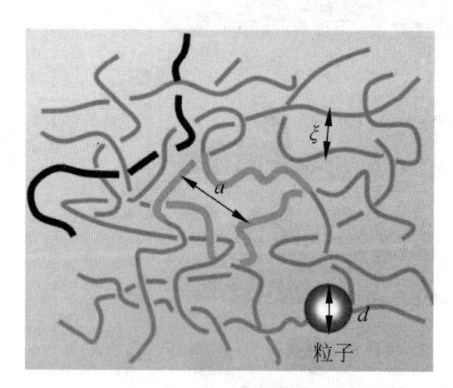

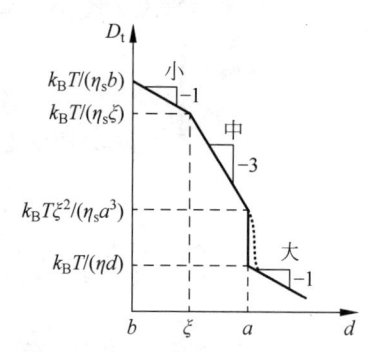

图 11-24 纳米颗粒在聚合物体系中的扩散系数与粒径的关系

为了通过构象熵耗散作用实现纳米颗粒向缺陷处的靶向迁移,需要使纳米颗粒的粒径达到与聚合物分子链尺寸的回转半径相当的量级。而为了提高颗粒的迁移速度,即提高其扩散系数,需要尽可能减小颗粒的粒径。因此,若需同时满足颗粒缺陷靶向迁移和扩散系数两方面的要求,理想情况下纳米颗粒的粒径应当与聚合物分子链尺寸的回转半径一致。

除此以外,磁热效应的发热功率也与纳米颗粒的粒径相关,且磁热功率是关于粒径的非单调函数,在某一特定粒径下能够取得最好的磁热效应效果。使得磁热功率最大化的粒径与纳米颗粒的材料种类相关,而使得纳米粒子迁移效应最佳的粒径是聚合物分子链尺寸的回转半径,与聚合物类型相关,因此这两者往往并不匹配。例如超顺磁性 $\gamma\text{-}Fe_2O_3$ 纳米颗粒磁热功率最大时对应的粒径为 17nm,而常用工程高分子的分子链回转半径通常为 30nm 以上,难以同时满足两方面。解决方法是在纳米颗粒的表面进行化学接枝如聚乙二醇等其他材料以增大其粒径与聚合物分子链回转半径匹配,同时由于磁性材料部分的尺寸不变,磁热功率也基本不变,这样就能兼具高磁热功率以及较好的纳米颗粒缺陷靶向迁移效应。

11.4.3 自修复效果及应用

由于具有缺陷靶向迁移功能,不需像整体磁热加热自修复那样向材料基体中添加大量的磁性纳米颗粒材料。如上述利用超顺磁性 $\gamma\text{-}Fe_2O_3$ 纳米颗粒的研究中,只需添加体积分数 0.09% 的纳米颗粒就能满足自修复需求,且同时能够实现机械损伤和电损伤的修复。此外,纳米颗粒仅通过磁热效应实现对聚合物的加热,其本身在这一过程中并不会被消耗,因此能够实现多次自修复。

通过扫描电镜以及 X 射线显微镜等手段,能够实现对微小电树枝损伤自修复效果的表征。如图 11-25 即为通过微纳米尺度 X 射线 CT(micro-CT)技术得到的材料内部结构的三维重构形貌图像,三幅图像分别为自修复前、自修复中以及自修复完成后某电树枝损伤区域的状况。

从材料形貌上,能够明显观察到电树枝损伤的裂隙被重新填满,达成了自修复最基本的

11.4 自修复电介质材料

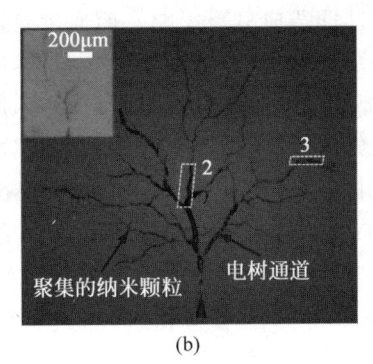

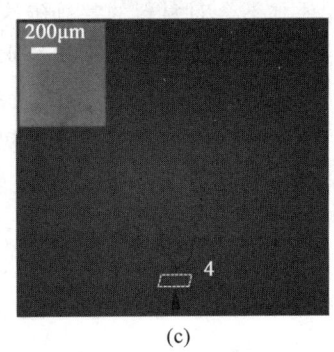

(a)   (b)   (c)

图 11-25　不同修复阶段下自修复样品的 micro-CT 三维重构结果
(a) 修复前；(b) 修复中（部分修复）；(c) 修复完成

要求。为了进一步评价其自修复效果，需要测试其绝缘性能的变化。以绝缘电阻和局部放电作为表征其绝缘性能的主要指标，实验结果分别如图 11-26(a) 和 (b) 所示。

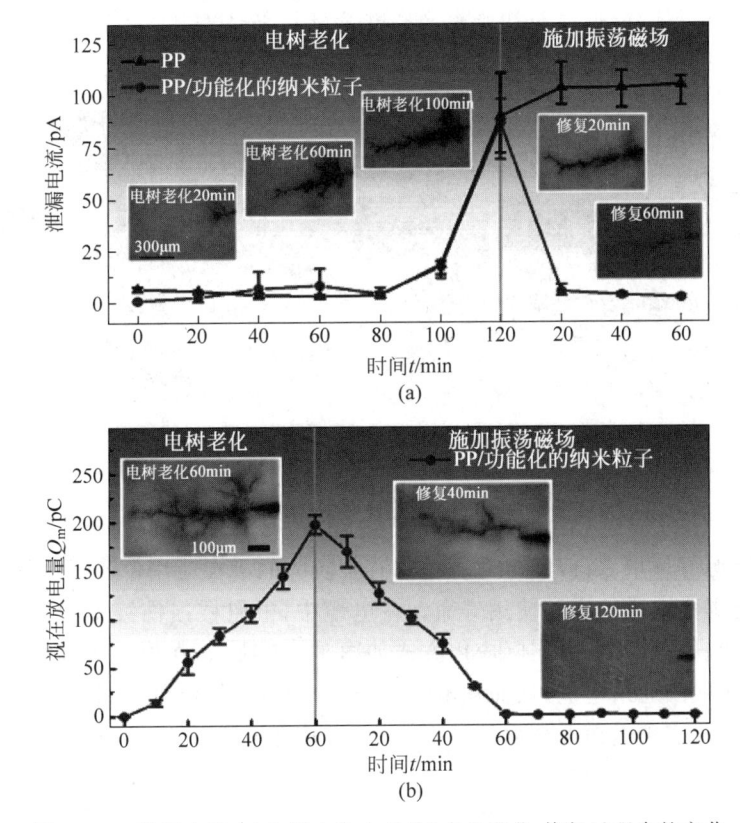

图 11-26　泄漏电流(a)和视在放电量(b)在电老化-修复过程中的变化

泄漏电流是衡量电介质绝缘性能的基础电学测试，对于严重老化的绝缘电介质，其泄漏电流会发生数量级的变化。分别对纯聚丙烯样品和掺杂超顺磁纳米颗粒的自修复聚丙烯样品进行同样的老化和磁场处理过程，每进行 20min 老化实验后，对样品施加 10kV 直流电压，并记录其泄漏电流稳定值，绘制出泄漏电流随老化时间的变化曲线如图 11-26(a) 所示。可以看到两组样品发生老化的时间以及自修复前泄漏电流变化基本一致，即少量纳米颗粒的添加不会对材料的基础绝缘性能造成显著影响。而通过磁场修复仅 20min 后,自修复样品的泄漏电流就恢复到初始水平,即绝缘电阻恢复到基本与初始时一致。

类似地,自修复样品的局部放电量随老化时间及自修复时间的变化曲线如图 11-26(b)所示。在电树枝缺陷发展的初始阶段,局部放电的最大视在放电量能够在一定程度上描述电树枝的破坏程度,且电树枝引发初期,单位时间内的最大视在放电量随着电树枝的生长基本呈线性增大[36]。结果表明,局部放电信号随着磁场处理时间增加而减弱,而局部放电信号回到<0.6pC 的背景噪声水平可以作为电树缺陷完全修复和绝缘性能恢复的判据。磁场作用 60min 后,样品的局部放电量恢复到老化前的水平,表明其绝缘性能已经恢复到老化前的水平。

通过老化-修复的循环能够测试自修复样品多次重复修复的效果。对自修复电介质样品进行循环修复测试,每个测试循环包含 60min 的老化过程和 60min 的磁场处理修复过程,并且以纯聚丙烯样品作为对照组,得到结果如图 11-27 所示。可以看出,在相同条件下纯聚丙烯样品无恢复迹象,在四次老化周期内发生绝缘击穿,而自修复绝缘材料,每次修复结束后其局部放电量都能恢复至初始水平。继续延长循环次数,发现即使经过 20 次循环,该自修复电介质的绝缘性能也能恢复至初始水平。

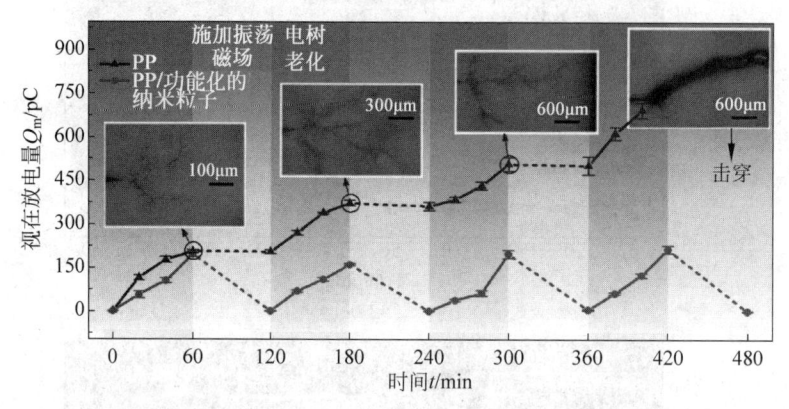

图 11-27 自修复电介质的多次老化-修复循环测试结果

在电气、能源等领域,自修复电介质材料有着较大的潜在应用价值。例如电缆绝缘材料的自修复,就能提高电缆的实际使用寿命。在电缆中,电树枝损伤极易发生,且会大幅影响其实际使用寿命。一种可能的实际应用方式如图 11-28 所示,在电缆周围加装一些线圈,通过换流站向这些线圈通入电流,从而在电缆中产生环绕电缆轴线的磁场,进而就能通过上述磁纳米颗粒的方式实现电缆电介质的损伤自修复,并且不需更改电缆的内部结构。此外,还

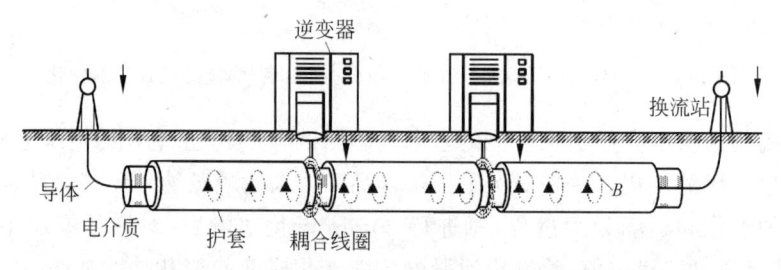

图 11-28 自修复电介质用于电缆修复及维护

能实现高频电力电子器件的封装材料的自动维护,因为在高频电力电子器件工作时,其封装材料就会处于高频的磁场环境中,通过合理的设计有希望实现完全自动的封装材料自修复。

传统电介质材料已无法满足迅速发展的电力、能源系统的应用需求。在自然界中,为了在恶劣的环境中生存,动物和植物通过自然选择进化出了适应环境、检测损伤和愈合伤口的各种能力。同样,开发用于下一代电绝缘的智能电介质材料,如具有生物启发和自主功能的自适应、自诊断和自修复电介质,是解决上述问题的全新技术路线。尽管如此,无论是在实验室还是在工业领域,设计、制造和使用智能材料仍面临诸多挑战,需要各个学科以及产业界的通力协作才能将这类技术变为现实。

习 题

1. 典型的电导自适应材料电导率随电场强度变化呈现什么规律?为什么可以实现电场的自适应调控?
2. 自适应电介质材料中 ZnO 等功能填料的含量如果过高或过低分别有什么影响?
3. 常见的传统外绝缘老化检测手段有哪些?这些手段都有哪些不足?
4. 请简单描述聚合物电老化的微观过程,该过程中有哪些因素有可能被用于老化检测?
5. 微胶囊是常用的机械损伤自诊断材料的设计方式,为什么不一定适用于电树枝等电老化的自诊断?
6. 电树枝损伤的发展一般可分为哪几个阶段?自修复材料在哪个阶段起主要作用?
7. 本征型和外援型自修复材料在实现材料损伤自修复时各有什么优缺点?
8. 使用超顺磁性纳米颗粒实现电树枝自修复时,纳米颗粒的尺寸受哪些因素限制?

参 考 文 献

[1] 何金良,谢竟成,胡军.改善不均匀电场的非线性复合材料研究进展[J].高电压技术,2014,40(3):637-647.
[2] 孙西昌,彭宗仁,党镇平,等.特高压交流架空线路用复合绝缘子均压特性研究[J].高压电器,2008,44(6):527-530.
[3] 韩轩,马永其.高压交联电缆终端预制橡胶应力锥的研究进展[J].绝缘材料,2007,40(4):12-17.
[4] PHILLIPS A J, KUFFEL J, BAKER A, et al. Electric fields on AC composite transmission line insulators[J]. IEEE Transactions on Power Delivery, 2008, 23(2): 823-830.
[5] STRUMPLER R, RHYNER J, GREUTER F, et al. Nonlinear dielectric composites[J]. Smart Materials and Structures, 1995, 4(3): 215.
[6] HUANG X, HAN L, YANG X, et al. Smart dielectric materials for next-generation electrical insulation[J]. iEnergy, 2022, 1(1): 19-49.
[7] LISE D, FELIX G, THOMAS C. Nonlinear resistive electric field grading part 2: materials and applications[J]. IEEE Electrical Insulation Magazine, 2011, 27(2): 18-29.
[8] WANG Z P, NELSON J K, HILLBORG H, et al. Graphene oxide filled nanocomposite with novel electrical and dielectric properties[J]. Advanced Materials, 2012, 24(23): 3134-3137.
[9] THOMAS C, LISE D, FELIX G. Nonlinear resistive electric field grading part 1: theory and

simulation[J]. IEEE Electrical Insulation Magazine,2010,26(6):47-59.

[10] HE J L,HU J. Discussions on nonuniformity of energy absorption capabilities of ZnO varistors[J]. IEEE transactions on power delivery,2007,22(3):1523-1532.

[11] YANG X,MENG P,ZHAO X,et al. How nonlinear VI characteristics of single ZnO microvaristor influences the performance of its silicone rubber composite[J]. IEEE Transactions on Dielectrics and Electrical Insulation,2018,25(2):623-630.

[12] ZHAO X L,YANG X,LI Q,et al. Synergistic effect of ZnO microspherical varistors and carbon fibers on nonlinear conductivity and mechanical properties of the silicone rubber-based material[J]. Composites Science and Technology,2017,150:187-193.

[13] ISHIBE S,MORI M,KOZAKO M,et al. A new concept varistor with epoxy/microvaristor composite[J]. IEEE Transactions on Power Delivery,2013,29(2):677-682.

[14] YUAN Z,HU J,HUANG Z,et al. Non-linearly conductive ZnO microvaristors/epoxy resin composite prepared by wet winding with polyester fibre cloth[J]. High Voltage,2022,7(1):32-40.

[15] YANG X,HU J,WANG S J,et al. A dielectric polymer/metal oxide nanowire composite for self-adaptive charge release[J]. Nano Letters,2022,22(13):5167-5174.

[16] OKAMOTO T,YOSHIYUKI I,KAWAHARA M,et al. Development of potential grading layer for high voltage rotating machine[C]//Conference Record of the 2004 IEEE International Symposium on Electrical Insulation. IEEE,2004:210-215.

[17] SHARIFI E,JAYARAM S,CHERNEY E. Temperature and electric field dependence of stress grading on form-wound motor coils[J]. IEEE Transactions on Dielectrics and Electrical Insulation,2010,17(1):264-270.

[18] DONZEL L,CHRISTEN T,KESSLER R,et al. Silicone composites for HV applications based on microvaristors[C]//Proceedings of the 2004 IEEE International Conference on Solid Dielectrics,2004. ICSD 2004. IEEE,2004,1:403-406.

[19] BOETTCHER B,MALIN G,STROBL R. Stress control system for composite insulators based on ZnO-technology[C]//2001 IEEE/PES Transmission and Distribution Conference and Exposition. Developing New Perspectives (Cat. No. 01CH37294). IEEE,2001,2:776-780.

[20] 曾磊磊,张宇,曾鑫,等. 复合绝缘子硅橡胶伞裙老化状态评估方法综述[J]. 电瓷避雷器,2022(2):139-145.

[21] PHILLIPS A. EPRI Survey of application of overhead transmission line polymer insulators in North America and summary of EPRI polymer insulator in North America and summary of EPRI polymer insulator failure database[C]//World Congress on Insulators Arresters and Bushings. 2003:147-157.

[22] YUAN Z,TU Y,LI R,et al. Review on the characteristics, heating sources and evolutionary processes of the operating composite insulators with abnormal temperature rise[J]. CSEE Journal of Power and Energy Systems,2022,8(3):910-921.

[23] GUBANSKI S M,DERNFALK A,ANDERSSON J,et al. Diagnostic methods for outdoor polymeric insulators[J]. IEEE Transactions on Dielectrics and Electrical Insulation,2007,14(5):1065-1680.

[24] ÁLVAREZ F,GARNACHO F,ORTEGO J,et al. Application of HFCT and UHF sensors in on-line partial discharge measurements for insulation diagnosis of high voltage equipment[J]. Sensors,2015,15(4):7360-7387.

[25] ZHOU L,CHEN Q,LI H,et al. A non-contact micro-ampere dc current digital sensor based on the open-loop structure[J]. IEEE Sensors Journal,2021,21(5):5923-5931.

[26] LI W L,MATTHEWS C C,YANG K,et al. Autonomous indication of mechanical damage in polymeric coatings[J]. Advanced Materials,2016,28(11):2189-2194.

[27] HUANG X Y,ZHANG S,ZHANG P,et al. Autonomous indication of electrical degradation in polymers[J]. Nature Materials,2024,23(2):237-243.

[28] SHARMA G,WU W,DALAL E N. The CIEDE2000 color-difference formula: Implementation notes,supplementary test data,and mathematical observations[J]. Color Research & Application,2005,30(1):21-30.

[29] WUTZEL H,JARVID M,BJUGGREN J M,et al. Thioxanthone derivatives as stabilizers against electrical breakdown in cross-linked polyethylene for high voltage cable applications[J]. Polymer Degradation and Stability,2015,112:63-69.

[30] WHITE S R,SOTTOS N R,GEUBELLE P H,et al. Autonomic healing of polymer composites[J]. Nature,2001,409(6822):794-797.

[31] GUIMARD N K,OEHLENSCHLAEGER K K,ZHOU J,et al. Current trends in the field of self-healing materials[J]. Macromolecular Chemistry and Physics,2012,213(2):131-143.

[32] ZHAI L,NARKAR A,AHN K. Self-healing polymers with nanomaterials and nanostructures[J]. Nano Today,2020,30:100826.

[33] TOOHEY K S,SOTTOS N R,LEWIS J A,et al. Self-healing materials with microvascular networks[J]. Nature Materials,2007,6(8):581-585.

[34] CORTEN C C,URBAN M W. Repairing polymers using oscillating magnetic field[J]. Advanced Materials,2009,21(48):5011-5015.

[35] GUPTA S,ZHANG Q L,EMRICK T,et al. Entropy-driven segregation of nanoparticles to cracks in multilayered composite polymer structures[J]. Nature Materials,2006,5:229-233.

[36] 廖瑞金,周天春,刘玲,等.交联聚乙烯电力电缆的电树枝化试验及其局部放电特征[J].中国电机工程学报,2011,31(28):136-143.